高 等 院 校 农 林 生 物 类 规 划 教 材

动物科学

主 编 陈永富　　副主编 朱秋华 尹尚军

A n i m a l　S c i e n c e

A n i m a l　S c i e n c e

ZHEJIANG UNIVERSITY PRESS
浙江大学出版社

内容简介

本教材是配合教学改革试验区——"基于合作性学习的生物技术专业应用型人才培养模式改革与实践"并结合生物技术专业特点而编写的。本书包括四部分共二十三章内容，主要介绍了动物各主要类群的特征、代表性动物的形态、结构机能、生理功能与人类的关系等。全书注重学生自主学习能力培养，每一章节附录课外拓展、课堂讨论、研究进展等。

本教材适合生物技术专业使用，也可供其他相关专业师生参考。

图书在版编目（CIP）数据

动物科学 / 陈永富主编. —杭州 : 浙江大学出版社，
2009.8（2020.7 重印）
高等院校农林生物类规划教材
ISBN 978-7-308-06916-8

Ⅰ.动… Ⅱ.陈… Ⅲ.动物学－高等学校－教材 Ⅳ.Q95

中国版本图书馆 CIP 数据核字（2009）第 121805 号

动物科学

陈永富　主编

朱秋华　尹尚军　副主编

责任编辑	周卫群
封面设计	卢　涛
出版发行	浙江大学出版社
	（杭州市天目山路 148 号　邮政编码 310028）
	（网址：http://www.zjupress.com）
排　　版	杭州中大图文设计有限公司
印　　刷	虎彩印艺股份有限公司
开　　本	787mm×1092mm　1/16
印　　张	21.5
字　　数	530 千
版 印 次	2009 年 8 月第 1 版　2020 年 7 月第 3 次印刷
书　　号	ISBN 978-7-308-06916-8
定　　价	37.00 元

自　序

近年来,随着生命科学的迅猛发展和高等教育改革的不断深入,浙江万里学院紧紧围绕"育创新性人才,建创业型大学,构建具有鲜明办学特色的一流本科院校"主题,不断优化人才培养方案,造就创新创业型人才;优化课程体系,融会贯通,不断提升学生的通识能力和专业实力,于 2007 年 9 月开始进行中国高等教育学会宁波高等教育教学改革试验区——合作性学习教学改革项目试点,生物技术专业名列其中。

根据生物技术专业的学科特点和社会对应用型人才所提出的要求,生物技术专业应用型人才的目标确定为:培养德、智、体全面发展;系统掌握生物科学基本理论和较系统的生物技术知识,具有一定的农学、医学、食品以及社会科学、管理、经济等方面的知识,具有较强的生物技术专业技能、学习能力,一定的创新创业能力、经营管理能力,能够在生物科学与技术相关行业的企事业和行政部门,从事应用研究、技术开发、教学、生产经营管理等工作,并具有继续深造的基础和发展潜能的高素质应用型人才。理论课程体系以"基础实,知识面宽,应用能力强"为准则进行一系列改革,其中理论课教材的建设是整个教学改革的一个重要组成部分。

本教材是配合教学改革试验区——"基于合作性学习的生物技术专业应用型人才培养模式改革与实践"并结合生物技术专业特点而编写的。本书以动物学分类为主线,以各动物门的生理特点为基点,介绍了动物各主要类群的特征、代表性动物的形态、结构机能、与人类的关系等。全书力求叙述简明,并附有多幅插图,尽量避免与其他课程不必要的重复,同时努力反映动物科学的最新进展。

本书特色:(1)教材体系清晰,以动物的分类、动物机体的基本结构与成分、生理功能为主线,将整个动物界有机联系起来;(2)每一章教学内容前有课程体系、课前思考、重点、教学要求,明确结构框架与学习要求;(3)针对书本教学内容的不足,设置课外拓展内容,要求学生自学相关内容;(4)体现合作性教学的要求,每一章节后设置课堂讨论,要求学生查阅资料、分组研讨、写出小论文;(5)为增加学生的学习兴趣和课后复习需要,章节后附有小资料与课后作业;(6)提供课外资料来源,附有常用网站、杂志目录、参考教材等。

本教材由陈永富、朱秋华、尹尚军等老师编写,由陈永富老师统稿。本校 07 级部分学生如:王典政、吴晓琼、李文辰、刘赵玲、王成暖、王柏炯、成奇、郑丽敏、顾陈洁、许美芬、张雪娇、蔡萍等同学对教材的编写提出了许多建议,收集了部分资料;在编撰过程中得到了浙江万里学院副院长钱国英教授的热忱关怀与帮助,给予了具体的指导,在此,表示由衷的感谢。

书中的一些资料与图谱参阅了相关教材、杂志,利用了网络上的一些资源,在此,不一一表明出处,对原作者表示衷心感谢。

本教材适合生物技术专业使用,也可供其他相关专业师生参考。

本书作为生物技术专业教改教材,我们力求使之适应教学改革、培养学生自主学习能力的需要,但限于我们的学识和水平,一定还会存在许多不足之处,敬请各位老师与同学提出宝贵意见。谢谢!

编者

2009 年 8 月

前　　言

　　欢迎大家进入动物科学的学习！

　　动物科学是一门内容十分广博的基础学科,在整个生物技术专业课程体系中与植物科学一样处于专业基础课的地位,是为其他专业课学习打下生物学基础。

　　动物科学是研究动物的形态结构、分类、生命活动机理及与人类关系的一门科学,不仅学科本身的理论研究内容广博,与农、林、牧、渔、医、工等多方面的实践也有密不可分的关系,与以下几个方面:(1)动物资源保护、开发和持续利用方面,(2)农业和畜牧业的发展方面,(3)生物制药与医药卫生方面,(4)遗传育种方面,(5)工业工程方面都有密切的联系。学好动物科学能为后续的相关课程,如免疫学、遗传学、分子生物学、细胞工程、基因工程等打下扎实的专业基础。

　　学习动物科学,应该以辩证的观点去分析有关内容,特别是有机体整体与局部的关系、形态结构与生理功能的关系、动物与环境间相互联系又相互制约的关系。既要注意到形态结构,又要注意到生理功能的保护;既要注意到种的稳定性,又要注意到种的变异性;既要注意基础理论知识学习,又要能将知识应用于实践;既要注意经典知识,又要不断跟上学科发展的步伐,在更新中求发展,在发展中求更新。

　　大学阶段不同于中学阶段的学习,要更新中学阶段过分依赖课堂、依赖老师的讲授、依赖教材而忽略查阅资料能力的培养、忽略自主学习能力的培养、忽略与他人交流能力的培养的状况。大学期间,要求同学们注重自主学习能力培养,注重课外学习探索。整个动物科学学习中,除了老师在有限的时间讲授基本的教学内容外,要求同学们在学习每一章节后,查阅有关资料,写出小论文,建立合作性学习小组,同学间彼此交流,安排一定的时间作课堂讲解,增强同学们的自学能力、语言表达能力,提高 ppt 制作水平。期末考试仅是反映学习水平的一小部分。动物科学总成绩构成(满分 100 分)具体包括:合作性论文交流 20 分(见附录《动物科学》合作性学习教学规则)、课堂讲解交流 20 分(交流内容 12 分、语言表达 4 分、ppt 4 分)、平时作业与课堂提问 10 分、课堂纪律与出勤 10 分、期末考试 40 分。如果同学有额外写的高质量论文及学习心得给予另外成绩。

　　希望师生共同努力,为创造生物产业美好的未来,打下扎实的基础！

目　　录

绪　论

  动物科学是生命科学研究的一大分支,是以动物为研究对象,以生物学的观点和方法,系统地研究动物的形态结构、生理、生态、分类及与人类的关系的科学。

  自然界是一个相互依存、互相制约、错综复杂的整体,动物是生物界的一个组成部分。要学习研究生命科学,首先要具有正确的生物学观点。对复杂的生命现象的本质的探讨,不能用简单的方法作出结论,需要用生物学的观点善于对科学的事实加以分析和综合。

第一节　生物的基本特征

物质世界由生物和非生物两部分组成。

  非生物界:包括所有无生命的物质,如:空气、阳光、岩石、土壤、水等。非生物界组成了生物生存的环境。

  生物界:包括一切有生命的生物。生物的形式多样,种类繁多。各种生物在形态结构、生活习性及对环境的适应方式等方面千差万别,变化无穷,共同组成了五彩缤纷而又生机勃勃的生物界。最小的生物为病毒,如细小病毒只有 20nm(nanometer,纳米),它是一种只有 1600 对核苷酸的单一 DNA 链的二十面体,没有蛋白膜。最大的动物是海洋哺乳动物——蓝鲸,它身长可达 30 米左右,体重约 170 吨,一张嘴就可以开到容 10 个成年人自由进出的宽度。蓝鲸捕食方式属"吞食型",主要食物是小虾、水母、硅藻等浮游生物。它常在水面张开血盆大口,把虾和海水一起吞入口中,接着闭嘴滤出海水,把小虾吞进腹内。一头蓝鲸每天要吃约 4 吨重的小磷虾。蓝鲸的力气很大,大约相当于一台中型火车头的拉力。据说,曾有一头蓝鲸把一艘 27 米多长的捕鲸快艇拖着跑了 70 多公里,而当时那艘快艇正开足马力向后退行。

图 1　生物的多样性

一、生物的基本特征

  1. 除病毒以外的一切生物都由细胞组成。

  2. 生物都有新陈代谢作用。

  (1)同化作用或称合成代谢:是指生物体把从食物中摄取的养料加以改造,转换成自身的组成物质,并把能量储藏起来的过程。

（2）异化作用或称分解代谢：是指生物体将自身的组成物质进行分解，并释放出能量和排出废物的过程。

3. 生物都有生长、发育和繁殖的现象。

任何生物体在其一生中都要经过从小到大的生长过程。在生长过程中，生物的形态结构和生理机能都要经过一系列的变化，才能从幼体长成与亲代相似的个体，然后逐渐衰老死亡。这种转变过程总称为发育。当生物体生长到一定阶段就能产生后代，使个体数目增多，种族得以绵延。这种现象称为繁殖。

4. 生物都有遗传和变异的特性。

生物在繁殖时，通常都产生与自身相似的后代，这就是遗传。但两者之间不会完全一样，这种不同就是"变异"。生物具有遗传性才能保持种的相对稳定和生物类型间的区别。生物具有变异性才能导致物种的变化发展。

二、动物的基本特征

动物自身不能将无机物合成有机物，只能通过摄取食物从外界获得自身建设所需的营养。这种营养方式称为异养。

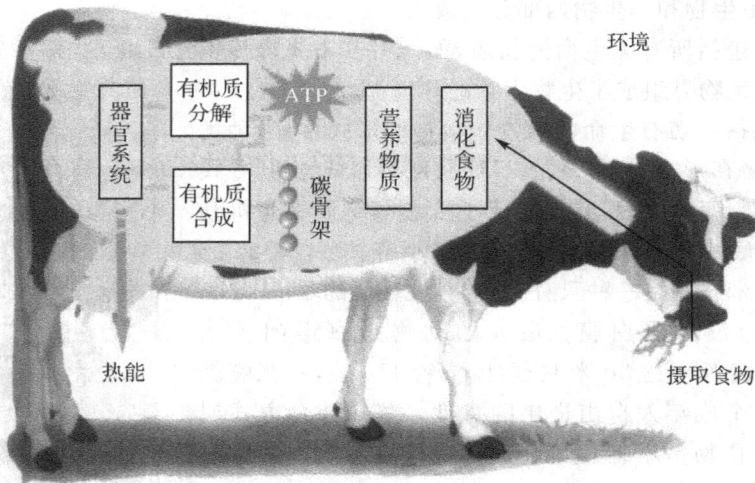

图 2　动物的异养作用

第二节　生物的分界及动物在生物界的地位

生物的种类繁多，目前已鉴定的约有 200 万种，其中 26 万种植物、75 万种昆虫、50 万种脊椎动物。随着时间的推移，新发现的种还会逐年增加，有人（R. C. Brusca 等，1990）估计，约有 2000 万至 5000 万种有待发现和命名。为了辨认、研究和利用如此丰富多彩的生物世界，人们将它们系统整理、分门别类，分为若干不同的界。

长期以来，生物被分为两界：植物界和动物界。随着科学的发展，认识的深入，新的分界学说不断提出，到现在还有争论。

林奈时代，以肉眼所能观察到的特征来区分，以生物能否运动提出动物界和植物界两界系统。

显微镜广泛使用后发现，许多单细胞生物兼有动物和植物的特性（如眼虫），因此提出原生生物界、植物界和动物界三界系统。

电镜技术发展后，提出原核生物和真核生物的概念，于是有了四界、五界、六界、八界分类系统。

表 1　生物的分界

分　界		代 表 人 物	依　据
两界系统	动物界 植物界	Carl von Linné 1735	肉眼特征　能否运动
三界系统	原生生物界 动物界 植物界	J. Hogg 1860 E. H. Haeckel 1866	光镜　动植物兼性
四界系统	原核生物界 原始有核界 后生植物界 后生动物界	H. F. Copeland 1938	电镜 原核与真核
五界系统	原核生物界 原生生物界 真菌界 植物界 动物界	R. H. Whittaker 1969	真菌
三总界六界系统	非细胞生物　病毒界 原核生物　细菌界 　　　　　蓝藻界 真核生物　植物界 　　　　　真菌界 　　　　　动物界	陈世骧 1979	非细胞生物
六界系统	原核生物界 古细菌界 原生生物界 真菌界 植物界 动物界	R. C. Brusca 1990	
八界系统	古细菌界 真细菌界 古真核生物界 原生生物界 藻界 植物界 真菌界 动物界	T. Cavalier-Smith 1989	

表 2　六界分类系统简介

六界分类系统	特征	类别	代表生物	作用或用途
病毒界	无细胞结构、只是一团核酸或蛋白质、无独立代谢、内寄生	微生物病毒、植物病毒、无脊椎动物病毒、脊椎动物病毒	禽流感病毒、口蹄疫病毒、疯牛病病毒	人类 80% 的传染病、15%的肿瘤是由病毒引起或诱发的；利用病毒防治害虫
原核生物界	无明显的细胞核，单细胞	古细菌、细菌、蓝细菌	大肠杆菌、螺旋菌	有机物降解、工业发酵、致病
原生生物界	真核细胞，单细胞或多细胞	原生动物类、真核藻类	草履虫、小球藻	是海洋、湖泊的原初生产者
真菌界	真核细胞，但无叶绿素，腐食营养	霉菌、子囊菌、担子菌	青霉、木耳、猴头菇	降解有机物、致病，作物病害、制药、食品
植物界	真核、多细胞，具有根、茎、叶和繁殖器官的分化，光合自养	苔藓植物、蕨类植物、裸子植物、被子植物	各种植物	吸收二氧化碳，放出氧气，与人类衣食住行联系密切
动物界	真核、多细胞，异养，无细胞壁，大多数组织和器官发达，能运动	海绵动物、腔肠动物、环节动物、软体动物	各种动物	吸收氧气，放出二氧化碳，有的是高蛋白食物的主要来源

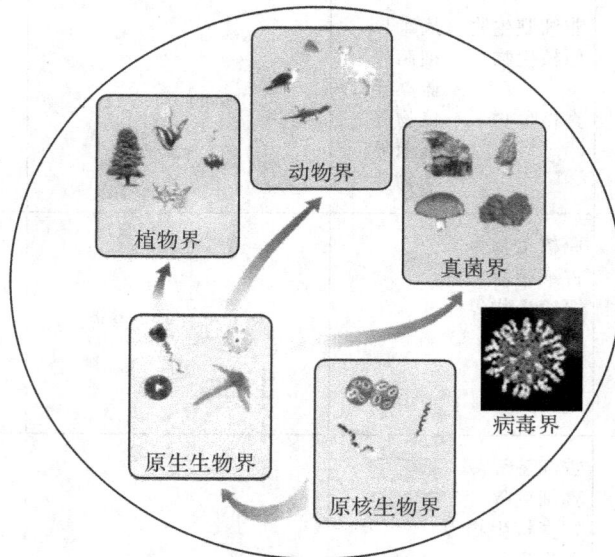

图 3　六界分类系统

生物间的关系错综复杂：

动物 —————— 异养，消费者
植物 —————— 自养，生产者
真菌、细菌 —————— 分解、吸收，分解者

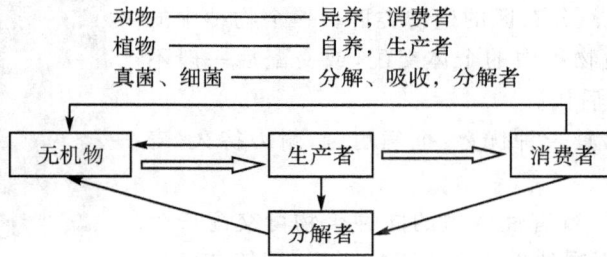

图 4

第三节　动物学的概念及其分科

一、概念

动物科学(Zoology)是研究动物的形态结构、分类、生命活动、与环境的关系以及发生发展的规律的科学。

目的：通过研究，掌握规律，保护并充分利用动物资源，使动物更有利于人类。

二、动物学的主要分科

按研究的内容和方法分为 5 大类：

1. 系统动物学：包括分类、生态、分布等；
2. 形态学：包括比较解剖学、组织学、细胞学、胚胎学、古生物学等；
3. 生理学：包括人体生理学、动物生理学、比较生理学、生理化学等；
4. 实验动物学：包括动物遗传学、实验胚胎学等；
5. 分子生物学。

按研究的动物对象分为：

原生动物学、寄生虫学、贝类学、甲壳动物学、昆虫学、鱼类学、两栖爬行动物学、鸟类学、兽类学等，与医学、农学、物理、化学等相互渗透，形成了许多边缘学科。

第四节　动物的分类

动物种类已知的有 150 多万种，还在不断地发现新种，若无科学的分类方法，研究起来将杂乱无章，需进行系统的分类。

一、分类依据

对动物进行分类的标准和方法很多。

现用自然分类系统：以形态或解剖学上的相似性和差异性的总和为基础，以比较解剖学、比较胚胎学、古生物学等方面的许多证据为依据，基本能反映动物界的自然亲缘关系。

按照自然法，分门别类的最基本阶元是种。

种(Species)的定义:生物的种是具有一定形态特征和生理特性以及一定自然分布区的生物类群。一个物种中的个体一般不能与其他物种中的个体交配,或交配后一般不能产生有生殖能力的后代。

例:驴×马→骡,具杂种优势:抗病耐劳,耐力持久,寿命长于亲代。

在自然的条件下,行有性生殖的同种生物可交配产生有生殖能力的后代,不同种生物之间不能交配,即使交配也不能产生有生殖能力的后代,这叫"生殖隔离"。

图5　上:骡　中:驴　下:马

科学的发展及学科渗透又建立了新的分类准则:生化准则、免疫准则等,还不完善。

二、分类等级

根据动物之间相同、相异的程度与亲缘关系的远近,将动物逐级分类。

表3　动物的分类等级

动物分类等级	狼	人
界 Kingdom	动物界	动物界
门 Phylum	脊索动物门	脊索动物门
纲 Class	哺乳纲	哺乳纲
目 Order	食肉目	灵长目
科 Family	犬科	人科
属 Genus	犬属	人属
种 Species	狼	人种

有时为了将种的分类地位更精确地表达出来,在上述六个基本分类等级之间加入中间阶元。如在某一分类等级下可加设"亚—(Sub—)",如:亚门、亚纲、亚目、亚科等。在某一分类等级上可加设"总—(Super—)",如:总纲、总目、总科等。

界 Kingdom
　门 Phylum
　　亚门 Subphylum
　　　总纲 Superclass
　　　　纲 Class
　　　　　亚纲 Subclass
　　　　　　总目 Superorder
　　　　　　　目 Order
　　　　　　　　亚目 Suborder
　　　　　　　　　总科 Superfamily(-oidea)

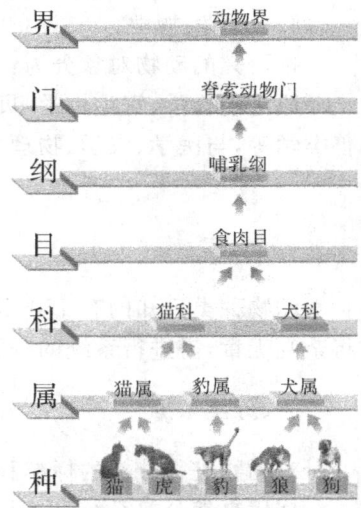

图6　动物的分类等级

科 Family(-idea)

亚科 Subfamily(-inae)

属 Genus

亚属 Subgenus

种 Species

亚种 Subspecies

例：小家鼠 *Mus musculus* 的分类等级

动物界　Animal

脊索动物门　Chordata

脊椎动物亚门　Vertebrata

哺乳纲　Mammalia

啮齿目　Rodentia

鼠科　Muridae

小家鼠属 *Mus*

小家鼠　*M. musculus*

三、动物的命名

目前统一采用的物种命名法是"双名法"。每一个动物都应有一个学名，学名由两个拉丁字或拉丁化的文字所组成，前者是属名，后者是种名。

狼　　*Canis lupus*　　　　意大利蜂　*Apis mellifera* Linnaeus

北狐　*Vulpes schiliensis*

四、动物的分门

分门的依据：根据细胞数量及分化体型胚层、体腔、体节、附肢以及内部器官的布局和特点等，将整个动物界分为若干门。根据近年来许多学者的意见，将动物界分为 34 门，与生物技术专业有关的主要有 10 门：原生动物门（Protezoa）、多孔动物门（Porifera）（海绵动物门）、腔肠动物门（Coelenterata）、扁形动物门（Platyhelminthes）、线形动物门（Nemathelminthes）、环节动物门（Annelida）、软体动物门（Mollusca）、节肢动物门（Arthropoda）、棘皮动物门（Echinodermata）、脊索动物门（Chordata）。

【课外拓展】

1. 整个非生物界与生物界、生物界各门动物是如何构成有机统一体的？

2. 根据生物的基本特征，病毒是否是生物？亚病毒、卫星病毒呢？如果你是生物学家，如何归纳生物的基本特征？

【课程研讨】

1.2007 年，陕县张茅乡苏村少年苏伟在河道里发现一个神秘的"肉团"，它是不是生物？你如何判断？请阐述你的理由。

2.2008 年，厦门龙舟池出现成群不明生物如散开蟹肉棒。"不明水生物"身体呈粉嫩的肉色,两头颜色较浅而且形状比较尖。请查阅资料,将这不明生物归类。

3. 举例说明生物个体的大小、结构、生存方式与生活环境的关系。

4. 在你的一生中,与你关系密切的各种生物不过百十种,而地球上绝大多数生物你甚至没有见过,关系疏远,为什么我们还是要不遗余力地保护现存的各种生物?

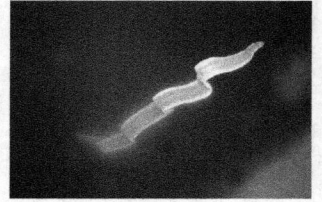

图 7　不明水生物

第一部分

无脊椎动物

无脊椎动物的形态与结构特征

一、体制

所谓体制就是动物身体的对称形式。

1. 无对称：大多原生动物、腔肠动物的珊瑚虫纲、苔藓动物均无对称。

2. 球形辐射对称：身体呈圆球形，通过中心轴可分为无限或有限个相同的两半，此对称形式适应于在水中生活，上下、左右环境都一样。如放射虫、太阳虫。

3. 辐射对称：通过身体和固定的轴可分为若干对称面，也适应于水中漂浮和固定生活，能分为上、下端，身体的其余部分相似。如腔肠动物、原生动物中的表壳虫、钟虫、许多海绵动物。

4. 两侧对称：是扁形动物及以后的动物所具有，能适应水底爬行生活，动物的生理机能有所加强。

另外：棘皮动物为五辐对称；腹足类为不对称，但它的头部和足是左右对称的。

二、胚层

1. 无胚层：多孔动物无胚层，原生动物没有所谓胚层的构造。

2. 两胚层：腔肠动物，在形态和机能上有分化和分工。

3. 三胚层：从扁形动物开始都具三胚层，中胚层的产生具有重要意义。体腔的形成有端细胞法——原口动物；体腔囊法——后口动物。

三、体节

1. 无体节：线形动物以前的各类动物。扁形动物的绦虫类是假分节现象，具有真体腔的动物才有分节现象，但软体动物无分节，而棘皮动物的幼体具有分节现象，它具有三个体腔囊。

2. 同律分节：是指组成躯体的体节在形态和机能上大致相同，且内部器官按体节排列。同律分节较原始。如环节动物。

3. 异律分节：是指组成躯体的各体节在形态和机能上均有不同，在分节的体节中出现愈合现象。在愈合中出现了体节群现象。异律分节对生物功能具有重要意义。如节肢动物。

四、运动器官和肌肉

(一)运动器官

最初的形式是纤毛或鞭毛，随着机能的高能化，出现肌肉。运动器官复杂化，使得运动大大加强。

1. 运动胞器:原生动物具有,如纤毛、鞭毛、伪足。原生动物的鞭毛或纤毛是由细胞表皮突起形成。

2. 鞭毛、纤毛(指多细胞动物):如海绵动物的幼体用鞭毛来运动,腔肠动物的幼体以纤毛运动,扁形动物的幼体也以纤毛运动。

3. 疣足和刚毛:环节动物具有的原始附肢。疣足可帮助运动、呼吸,它分为背肢、腹肢,还有背须、腹须各一个,上面还有针毛、刚毛。刚毛着生在刚毛囊中,它们是原始的运动附肢。

4. 节肢和翅:节肢动物所具有的运动器。在节肢动物中,很多种类的附肢呈双肢型。翅是无脊椎动物中昆虫唯一所具有的,有的有一对,有的有两对,在翅上有翅脉,翅脉分为纵脉和横脉等。

5. 斧足、腹足、头足:软体动物具有,足为块状(腹足纲)、斧状(瓣鳃纲)、柱状(掘足纲的角见)、腕状(乌贼)、完全没有(牡蛎)。

6. 腕和管足:棘皮动物具有,腕上有步带沟或无,步带沟中有管足。

(二)肌肉

1. 皮肌细胞:腔肠动物,具原始的皮肤与肌肉,在皮肌细胞基部肌纤维收缩产生运动。

2. 皮肌囊:蠕形动物所具有,其中环节动物的皮肌囊较复杂,它还具脏壁体腔膜。

3. 束肌:节肢动物所具有,节肢动物有外骨骼,束肌附着在外骨骼上,节肢动物以前的动物具平滑肌和斜纹肌,节肢动物是横纹肌,其迅速而强有力的收缩,可使各体节及附肢产生灵活、多变的运动。

五、体腔

体节和体腔是高等无脊椎动物的标志,体腔是体壁与消化道之间的空隙。

1. 无体腔:腔肠动物只有消化循环腔,扁形动物中央由实质组织所填充。

2. 有体腔

(1)假体腔:线形动物具有,来源于胚胎时期的囊胚腔。位于中胚层的单层纵肌与内胚层的单层肠上皮之间的空腔。

(2)真体腔:环节动物以后的各类动物所具有,是在中胚层之内的腔,它是脏壁体腔膜与体壁体腔膜之间的空腔。

真体腔与假体腔相比的特点:

①来源于由肠腔法形成的体腔囊;

②体腔有与外面相通的通道;

③在体腔里面充满体腔液,在体腔液中有体腔细胞。

乌贼的体腔发达,包围心腔、肾腔及生殖腔。

(3)混合体腔(节肢动物):是由次生体腔退化与原生体腔混合在一起,内充满血液称为血腔。软体动物是真、假体腔同时存在,环节动物中的蛭纲也具真体腔,里面填充了结缔组织,也充满血液,称血窦。

棘皮动物的真体腔一部分变成微血系统和水管系统。

六、体表和骨骼

各种动物的体壁都直接与外界环境相接触,并有不同的结构,担负着一定的功能。

1. 单细胞原生动物的体表是细胞膜,有保护、吸收、分泌、物质交换、粘附等功能。
2. 多孔动物的体壁由皮层和胃层组成。
3. 腔肠动物的体壁由内、外两胚层发育而成。
4. 扁形、线形、环节具皮肌囊,环节动物的体表具较薄的角质膜。
5. 软体动物的体表具贝壳,有外、内壳之分,都是由外套膜分泌而成的。
6. 贝壳分角质、棱柱及珍珠层,外套膜分外表皮层、结缔组织层及内表皮层。
7. 节肢动物具几丁质的外骨骼(由外胚层分泌而来),此外骨骼就是表皮。
8. 头足类有软骨的构造,软骨来源于中胚层。
9. 棘皮动物具有中胚层形成的骨骼,骨骼形成骨板。

七、消化系统

原生动物进行细胞内消化,在一个细胞内完成。海绵动物基本上也是细胞内消化,它是通过领细胞打动水流来进行消化。

1. 消化循环腔:腔肠动物所具有,但它不具真正的消化道,有口无肛门,可进行细胞内、外消化。
2. 不完全消化管:扁形动物,有口无肛门,涡虫也可进行细胞内、外消化。
3. 完全消化管:线形动物,口→咽→肠→直肠→肛门,但消化道较简单,由单层上皮组成,无肌肉层,机能不发达。
4. 完全的消化系统:环节动物出现了真体腔,肠壁有肌肉,肠管在宽广的体腔内蠕动的结果,促进了前、中、后肠各段在形态和生理机能上进一步分化,如前肠分化为口、咽、食道、嗉囊、砂囊等,此外,消化腺的出现,使动物在机械消化的同时,还伴随着化学消化作用,环毛蚓的盲肠为消化腺。

少数例外情况:

营寄生生活的绦虫纲,其消化系统完全消失,棘皮动物蛇尾纲无肛门,海星虽有肛门,但无作用。此外,无脊椎动物中较高级的类群,亦有细胞内消化的现象,如瓣鳃纲的肝上皮细胞、蜗牛、蜘蛛、海星等都有细胞内和细胞外消化两种方式。

八、循环系统

1. 无循环系统:低等的无脊椎动物无专门的循环系统,如:原生动物靠细胞质环流;腔肠动物的消化循环腔和扁形动物分枝的肠管,可将营养物质输送至身体各个部分;线形动物假体腔中的体腔液有输送养料的功能。
2. 有循环系统

(1)闭管式循环:软体动物的头足类及环节动物具有。闭管式的产生与真体腔的出现有关。棘皮动物也具有所谓的闭管式循环(棘皮动物的中轴器为心脏残余,中轴体为围血系统,即体腔的一部分)。

(2)开管式循环:软体、节肢动物所具有。软体动物的血窦是原体腔位置,蛭纲的血窦是真体腔部分,节肢动物的血腔是混合体腔的位置。节肢动物的血液循环系统相对来说比较不发达,有的用体表呼吸的种类,其循环系统完全消失;气管系统发达的昆虫其循环系统也不发达。

九、神经系统和感觉器官

1. 无神经系统:原生动物及海绵动物无神经系统,但它们体中有起传导束作用的器官。

2. 散漫式(网状)神经系统:腔肠动物具有,有简单的感觉器官——平衡囊、触手囊,无神经中枢,神经传导无定向,且速度慢。

3. 梯形神经系:扁形动物及软体动物的双神经纲,开始出现了神经中枢(脑的雏形)。

4. 圆筒形神经系:线形动物具有。圆筒形神经系是梯形神经系的较高级形式,比梯形神经系统能产生局部的更准确的反应。

5. 链式神经系:环节、节肢动物所具有。节肢动物由于身体分部的结果,前、后神经节有愈合的情况,神经节更集中。

6. 集中的神经节:软体动物具有。软体动物具有 4 对神经节(脑、足、侧、脏神经节),各神经节间还有神经相连,其中头足类的四对神经节非常集中,并有软骨保护,在无脊椎动物中属于高级类型。软体动物中的脑、眼,在无脊椎动物中是较发达的。

7. 辐射状的神经节:棘皮动物有外、下、内三个神经系统,其中下、内神经系统来源于中胚层,是动物界唯一的例子。

无脊椎动物的感觉器官可分为嗅觉器、味觉器、视觉器、听觉器、触觉器等,除海绵动物没什么感觉器官外,其他各门动物都有某些感觉器官。

十、呼吸和排泄系统

1. 没有专门的呼吸和排泄器

(1)线形动物以前各门类,皆无专门的呼吸器官,自由生活的种类通过体表扩散作用和周围环境进行气体交换,寄生种类一般进行厌氧呼吸。

(2)原生、海绵、腔肠动物无专门的排泄系统,一般借体表扩散作用,排出氮废物。

(3)原生动物的伸缩泡,除调节渗透压外,还兼有部分排泄功能。

此外,环节动物多数种类也是靠皮肤呼吸的,棘皮动物也无呼吸器及排泄器。

2. 有排泄器的种类

(1)原肾管:扁形、纽形、线形,来源于外胚层。

(2)后肾管:环节动物以后的动物所具有,是一种两端开口的管子,一端开口于体腔(肾口),另一端开口于体外(肾孔)。环节动物具典型的后肾管(肾口、细肾管、排泄管、肾孔),寡毛类形成了很多小肾管(体壁、咽头、隔膜),多毛类每一体节有一对大肾管。

(3)肾脏:软体动物具有。一端通围心腔(肾口),另一端通外套腔(鳃上腔),称肾孔(排泄孔)。

(4)绿腺(成体)、颚腺:甲壳纲具有。绿腺又称触角腺,位于大触角基部,由残留体腔所形成,它们都是由后肾管演变来的。

(5)马氏管:蜘蛛类、昆虫类具有,蜘蛛类幼体,具基节腺。有人认为蜘蛛的马氏管来源于内胚层,数量少,昆虫的马氏管来源于中胚层,数量多。

3. 有呼吸器的类型

(1)疣足:环节动物多毛类具有。有的动物其疣足的背须条特化为鳃条。

(2)鳃:软体及节肢动物的甲壳类具有。它们都是体壁向外突出而成的,但软体动物是由体壁内膜向外突出而成的,节肢动物是由足基部向外突出而成的。

(3)书鳃:是节肢动物肢口纲中的种类所具有。它是由足基部表皮突出而形成的薄片状突起。

(4)书肺:是节肢动物蛛形纲所具有。书肺是由体壁内陷而成的。

(5)气管系统:昆虫所具有的呼吸系。有的气管特化为气囊,在气管的里面就是外骨骼(螺旋型的内膜),增加弹性。气管系统是靠气体的扩散作用及气门的开闭来控制的。

(6)鳃是靠水中的氧气来进行气体交换的。

(7)管足和皮鳃:棘皮动物所具有。

十一、内分泌系统:昆虫纲具有

几个重要的内分泌腺:心侧体、咽侧体、前胸腺。这几个腺体在神经系统的神经分泌细胞所分泌的物质活化后分化出不同的激素,这些激素控制昆虫的变态和发育。

十二、生殖系统和发育

生殖分有性生殖及无性生殖。较低等的种类二者兼而有之,较高等的种类只有有性生殖。比较完善的生殖系统一般由生殖腺、生殖导管和附腺所组成。

1. 原生动物和海绵动物都无专门的生殖腺,后者的生殖细胞分散在中胶层中。

2. 腔肠动物的生殖腺较原始,来源于外胚或内胚,无生殖导管,精子或卵直接从体壁上的穿孔排入水中。

3. 扁形动物有生殖腺、生殖导管和附属腺,皆起源于中胚层,多为雌雄同体(日本血吸虫例外)。

4. 线形动物有生殖腺及导管,但为雌雄异体。

5. 环节动物以后,生殖腺都由体腔上皮产生,蚯蚓在受精时形成蚓茧。

6. 水生无脊椎动物多体外受精,而陆生种类多为体内受精。

第一章　原生动物门

【课程体系】

【课前思考】

1. 原生动物门的主要特征。
2. 原生动物门的分类及代表动物。
3. 草履虫的基本结构。
4. 原生动物与人类的关系。

【本章重点】

原生动物门的主要特征。

【教学要求】

1. 掌握原生动物门的主要特征及分类。
2. 掌握原生动物门各纲的代表动物。

一、主要特征

原生动物门是动物界最低等的类群,约 3 万种,大都由一个细胞构成,因此又称为单细胞动物。也有多细胞群体,但各个细胞具有相对的独立性。

原生动物的定义:原生动物是一个完整的、能营独立生活的、单细胞结构的有机体,整个身体由单个细胞组成。体形一般很微小,需在显微镜下才能看到。

(一)结构

具有一般细胞所有的基本结构:细胞膜、细胞核、细胞质、细胞器(线粒体、核糖体、内质网等)。这种单细胞又是一个具有一切动物特性和生理机能的、独立完整的

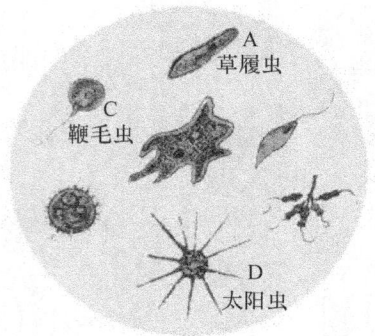

图 1-1　一滴池水中的原生动物

有机体。如具有运动、消化、呼吸、排泄、感应、生殖等机能,以上生理机能是由各种特殊的细胞器来完成的。如:

运动胞器:纤毛、鞭毛、伪足。

摄食胞器:胞口、胞咽、食物泡。

感觉胞器:眼点。

调节体内水分的胞器:收集管、伸缩泡。

（二）运动方式

许多原生动物利用鞭毛、纤毛或伪足运动,也有不少原生动物固着生活。

（三）营养方式

多为异养性营养,有的能够摄取固体食物,有的则营腐生性营养,有的寄生种类和一部分自由生活种类通过体表渗透作用吸收营养;也有少数种类,含有叶绿素,能够进行光合作用而营自养性营养。

（四）分布

海水、淡水和潮湿的土壤中都有分布,营共生和寄生生活的种类也不少,有些寄生原虫往往是人、畜某些严重寄生虫病的病原体。

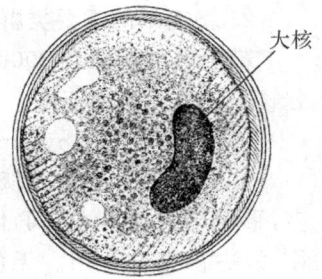

图 1-2　结肠小袋纤毛虫包囊

（五）包囊的形成

在不良环境下能形成包囊,在失去大部分结构后缩成一团,并分泌胶质在体外形成包囊膜,使自身与外界环境隔开,新陈代谢水平降低,处于休眠状态。等环境条件良好时又长出相应结构,脱囊而出,恢复正常生活。

（六）生殖方式

某些原生动物没有有性生殖,但大多数原生动物兼有无性生殖和有性生殖两种方式。无性生殖又有四种方式,包括二裂(有纵二分裂和横二分裂两种)、复分裂、出芽、质裂等。有性生殖包括配子生殖(同配生殖、异配生殖)、接合生殖(纤毛虫特有)等。

（七）分类

主要分为四纲:鞭毛纲、肉足纲、孢子纲和纤毛纲。

表 1-1　原生动物门的分类

分　类	运动器官	营养方式		代表性动物
鞭毛纲	鞭毛	植鞭亚纲,自养		眼虫
		动鞭亚纲,异养(渗透、吞食)		锥虫
纤毛纲	纤毛	异养		草履虫
肉足纲	伪足	异养		变形虫
孢子纲	无	异养		疟原虫

二、分类

（一）鞭毛纲（*Mastigophora*）

1. 鞭毛纲的主要特征

（1）以鞭毛为运动器，通常为1～4条，少数种类具有较多鞭毛。

（2）营养方式有光合营养、渗透营养、吞噬营养等。

（3）生殖方式，无性生殖为纵二裂（绿眼虫）、出芽（夜光虫）；有性生殖为同配生殖（盘藻虫）、异配生殖（团藻虫）。

（4）环境不良时能形成包囊。

2. 鞭毛纲的重要类群

鞭毛纲已知约有2000种，依营养方式不同分为2个亚纲。

（1）植鞭亚纲（phytomastigina）

自由生活在海水或淡水中，种类多，形状各异，单体或群体。具色素体，能进行光合作用。无色素体种类失去色素体。主要种类有：眼虫（*Euglena*）、盘藻（*Gonium*）、团藻（*Volvox*）、夜光虫（*Noctiluca*）、沟腰鞭毛虫（*Gonvaulax* spp.）和裸甲腰鞭毛虫（*Cymnodinium* spp.）等。

（2）动鞭亚纲（Zoomastigim）

无色素体，不能自己制造食物，异

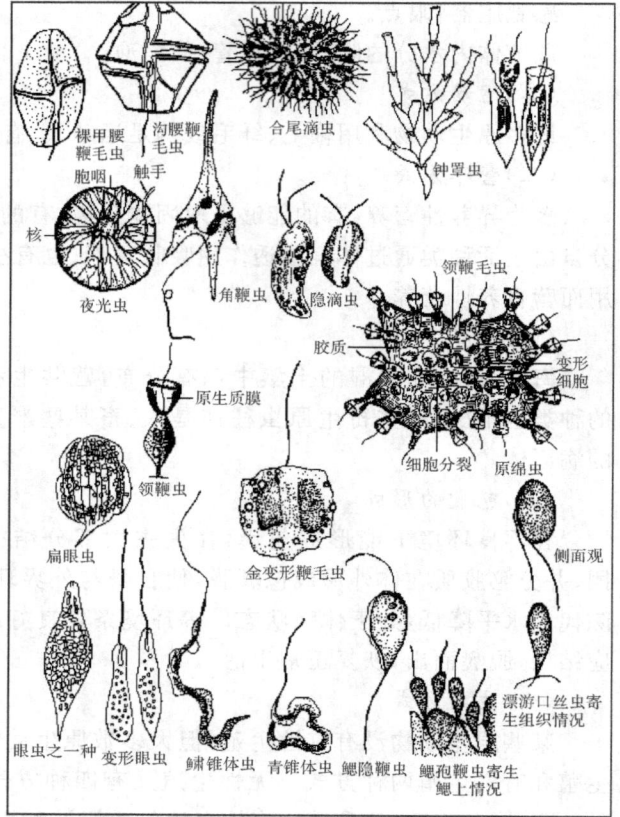

图 1-3　几种鞭毛纲动物

养，自由生活或寄生。不少种类行寄生生活，对人和动物有害，主要有：利什曼原虫（*leishmania*）、锥虫（*Trypanosoma*）、鳃隐鞭虫（*C. branchialis*）、人毛滴虫（*Trichomonas hominis*）、阴道毛滴虫（*T. vaginalis*）等。此外本亚纲还有自由生活的种类，如夜光虫（*Noctiluca*）、角鞭毛虫（*Ceratium*）等。

3. 代表动物——眼虫（*Euglena*）

（1）生活环境

眼虫生活在有机质丰富的水沟、池沼或积水中，其单细胞的动物体内含有大量的叶绿体。在温暖季节可大量繁殖，使水呈绿色。

（2）结构特征

虫体梭形，前端钝圆，后端尖，长约 $60\mu m$。体表覆有具弹性的表膜，具沟和嵴交替排列形成的斜纹表膜，使眼虫保持一定形状，又能做收缩变形运动。表膜斜纹是眼虫科的特征，其数目多少是种的分类特征之一。

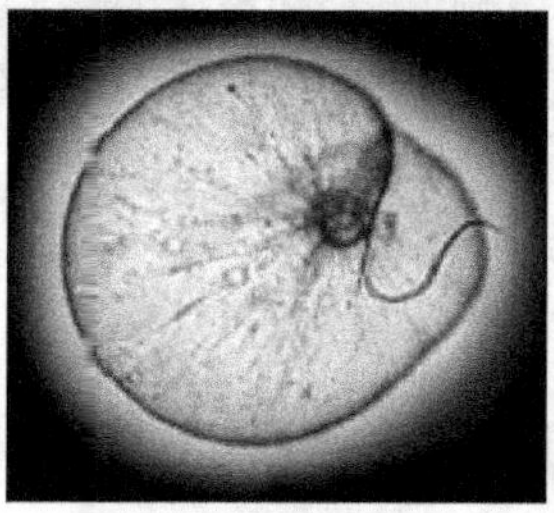

夜光虫
(*Noctiluca*)

用肉眼可看到它们。黑暗的晚上可在海面上看到成一条光带的夜光虫，它们的光是受波涛震荡而激发出的荧光。

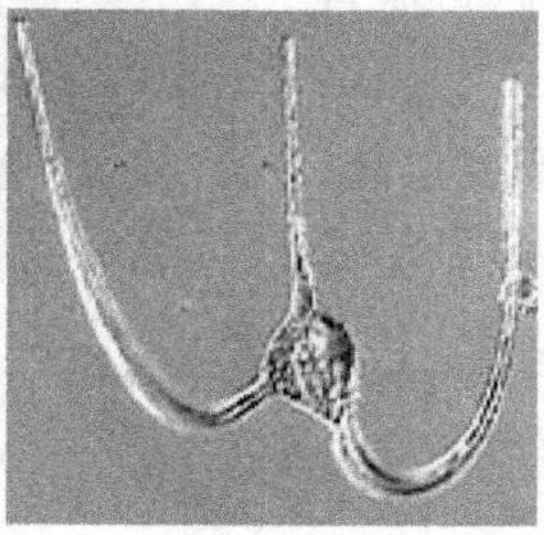

角鞭毛虫
(*Ceratium*)

在动植物之间有争议的原生物，它们多数是淡水品种（海水中也有），通常可用为鱼的饵料。

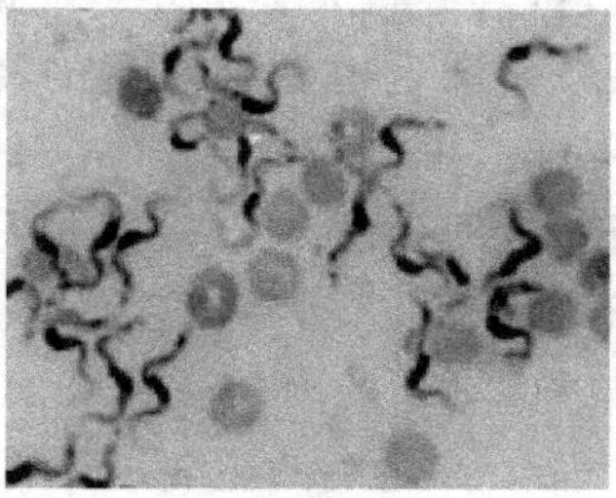

锥体虫
(*Trypanosoma*)

鞭毛演化为膜状，种类很多。这是类讨厌的原虫，多寄生于人、畜体内而引起严重病疫。世界性流行。

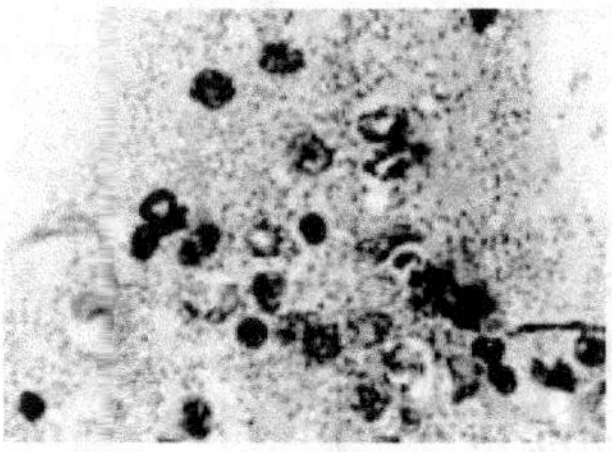

利什曼原虫
(*Leishmania*)

由昆虫叮咬传播，进入人和其他动物体内后，细胞变成球状且胞核很大，鞭毛萎缩，称利杜体，引起黑热病。

人毛滴虫
(*Trichomonas hominis*)

寄生于人的肠道里，它不会引起疾病。

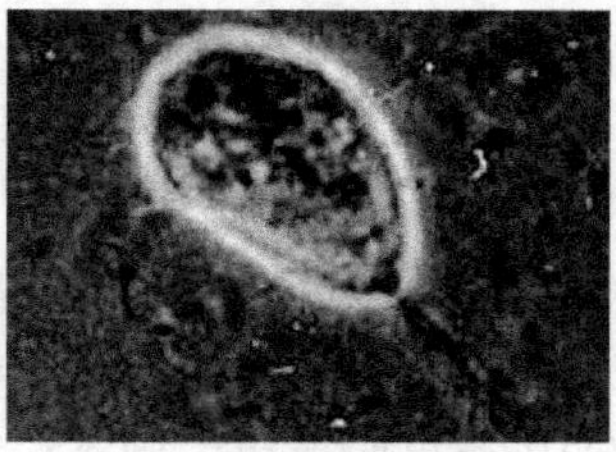

阴道毛滴虫
(*T. vaginalis*)

能引起疾病，多寄生于女子阴道黏膜上，引起阴道炎，通过接触也会导致男性尿道感染。

图 1-4　鞭毛纲的重要类群

虫体中部稍后有一个大而圆核，生活时透明。体前端有一胞口（cytostome），不能进食，只排出多余水分，后端连一膨大的储蓄泡（reservior）。一条鞭毛（flagellum）从胞口中伸出，鞭毛是细胞表面能动的突起。鞭毛连两条轴丝，各与储蓄泡底部的一个基体（basalbody）相连，一个基体有一细丝状根丝体（rhizoplast）至细胞核，说明鞭毛受核控制。借鞭毛摆动运动。储蓄泡旁还有一个伸缩泡和一个红色眼点（stigma），伸缩泡可调节水分平衡，排出代谢废物。眼点由埋在无色基质中的类胡萝卜素组成；光感受器（photoreceptor）是靠近鞭毛基部的膨大部分，能接受光线，与进行光合作用的营养方式有关。眼点和光感受器普遍存在于绿色鞭毛虫体内。眼虫细胞质内叶绿体的形状、大小、数量及其结构是眼虫属、种的分类特征。

有光时，绿眼虫能利用光合作用放出的氧进行呼吸作用，利用呼吸作用产生的二氧化碳进行光合作用；无光时，通过体表吸收水中的氧，排出二氧化碳等代谢废物。

绿眼虫具有三种营养方式。副淀粉粒是眼虫类特有的，与淀粉相似，但与碘作用不呈紫

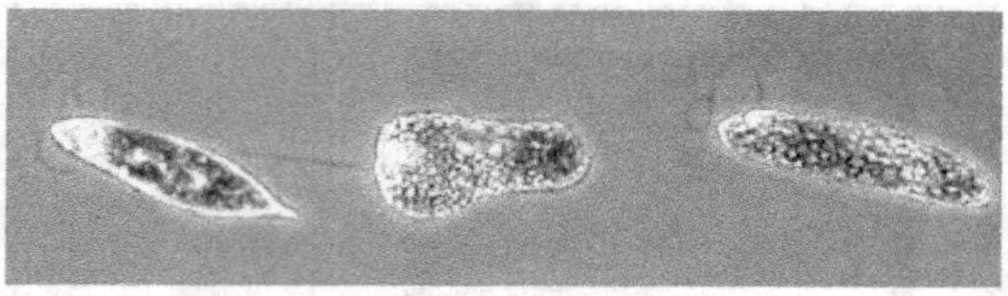

蓝色,其形状大小是分类依据。绿眼虫所行纵二分裂生殖是鞭毛纲的特征之一。环境不良时,虫体变圆,分泌一种胶质形成包囊;当环境适合时,虫体多次纵分裂最多可形成32个小眼虫,然后破囊而出。

图 1-5　眼虫

（二）肉足纲（Sarcodina）

1. 肉足纲的主要特征

（1）广泛生活于淡水、海水中,也有寄生种类。

（2）体表仅有极薄的质膜。

（3）细胞质明显分为外质和内质。内质又分为可相互转换的凝胶质和溶胶质。

（4）虫体裸露,或质膜外具石灰质或几丁质或矽质外壳。

（5）通常二分裂繁殖,除有孔虫和放射虫外,一般不行有性生殖,形成包囊者极为普遍。

（6）伪足是本纲动物运动、摄食的细胞结构。

2. 肉足纲的重要类群

肉足纲约 8000 多种,依伪足形态不同分为两个亚纲。

（1）根足亚纲

生活在水中,或潮湿土壤中,还有的寄生。伪足为叶状、指状、丝状或根状。变形虫种类很多,但伪足大都似大变形虫,有的与人关系密切。主要有:痢疾内变形虫（*Enmmoeba histolytlca*,也叫溶组织阿米巴）、砂壳虫（*Difflugia*）、有孔虫（*Foraminifera*）。

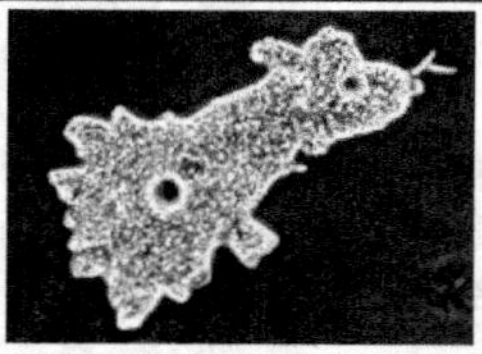

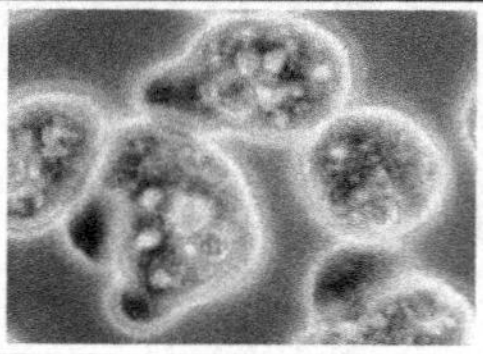

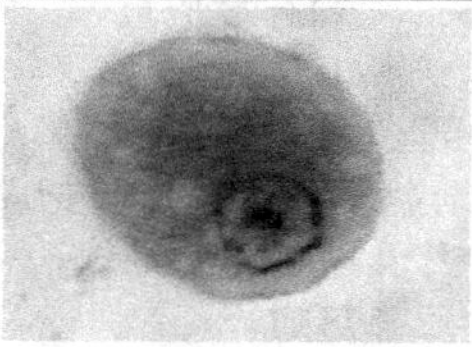

变形虫（*Amoeba*）
多生活在水中,你在水中找到的通常是大变形虫（*A. peoteus*）。

痢疾阿米巴（*Entamoba histolytica*）
除能引起痢疾外,还会造成肝脓肿。

结肠内变形虫（*E. coli*）
寄生于结肠。由于它们以细菌和酵母为食,不侵入组织内,不会引起疾病。

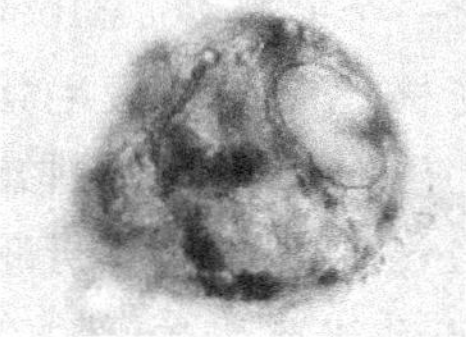

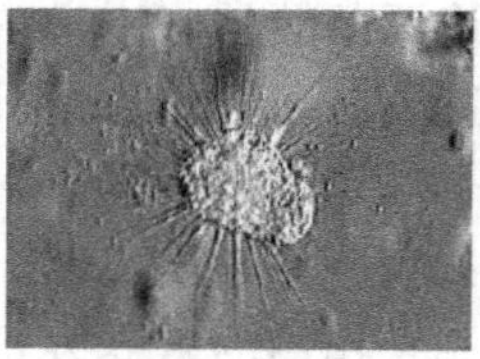

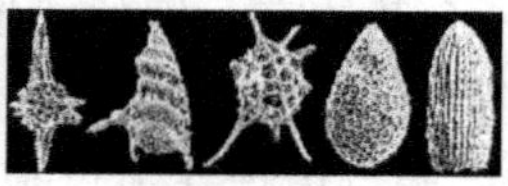

砂壳虫（*Difflugia*）
类似变形虫,但体外被有一角质壳,壳上常胶粘着许多砂粒,伪足从壳中伸出。淡水生。

太阳虫（*Heliozoa*）
伪足为辐射状,仅用来捕食,差不多全生活在淡水中。

放射虫（*Radiolaria*）
是浮游生物的主力军,多生活在热带海洋。骨骼结构很美、精巧。分裂、出芽生殖兼而有之。

图 1-6　肉足纲的重要类群

（2）辐足亚纲（Actinopoda）

在淡水或海水中营漂浮生活，具轴伪足，体多呈球形。主要有：太阳虫（*Actinophrys*）、放射虫（*Radiolaria*）等。

3. 代表动物——大变形虫（Amoebaproteus）

（1）生活环境

大变形虫生活在清水池塘或水流缓慢的浅水中，在富生藻类的浅水中分布较多，于水中植物或其他物体的粘性沉渣中。其最大特点是体型随原生质的流动而经常改变，故名。

（2）结构特征

变形虫结构简单，体长约 $200\sim600\mu m$，体表为一层极薄质膜。质膜下的一层外质（Ectoplasm）特点是，无颗粒，均质透明。外质之内的内质（Endoplasm）特点是，具颗粒，可流动，不透明，含有扁盘形的细胞核、伸缩泡、食物泡等。内质中泡状结构的伸缩泡，无固定位置，外有一层单位膜，由许多小泡围绕；再外有一圈线粒体，通过有节律地膨大、收缩，排出体内过多的水分和代谢废物调节水平衡。变形虫呼吸作用通过体表进行。

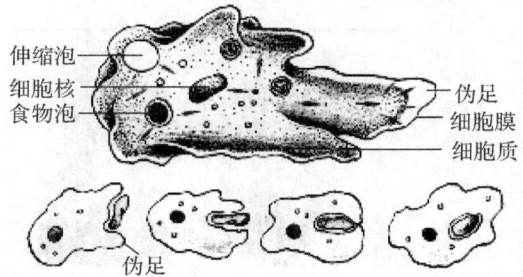

图 1-7 变形虫

在运动时，变形虫由体表任何部位都可形成临时性的原生质突起，因内质分为位于外层相对固态的凝胶质（Plasmagel）和位于内部呈液态的溶胶质（Plasmasol），可随时形成、消失伪足（Pseudopodium）。这是临时性运动器，形成时前部外质向外突出呈指状，后部凝胶质转变为溶胶质流入其中，流到临时突起前端即向外分开，接着变为凝胶质。同时后边的凝胶质又转变为溶胶质，不断向前流动，这样虫体就不断向伪足伸出的方向移动形成变形运动。

伪足还有摄食作用，变形虫主要以单细胞藻类和小型原生动物为食。运动中如接触到食物，就伸出伪足包围将食物连同部分水分一起裹进细胞内形成食物泡，这种摄食方式叫吞噬作用（Phagocytosis）。食物泡与质膜脱离进入内质中和溶酶体融合消化食物，并随内质流动，整个消化过程在食物泡中进行。已消化食物进入周围胞质中，不消化的残渣随虫体前进，留在后端，最后通过质膜排出体外，这种现象称为排遗。

变形虫摄取液体食物，如在含有蛋白质、氨基酸或某些盐类的液体环境中。分子或离子吸附到变形虫质膜表面，使膜发生反应凹陷下去形成管道，在管道内断裂形成一些液泡，将吸附物包裹其中移到细胞质中和溶酶体结合形成多泡小体，经消化后营养物质进入细胞质，这种现象称为胞饮作用（Pinocytosis）。

变形虫只进行二分裂无性繁殖。

（三）孢子纲（Sporovoa）

1. 孢子纲的主要特征

寄生种类，无运动器或只在生活史一定阶段有，异养，生活史复杂，有世代交替现象。无性世代在脊椎动物（或人）体内，有性世代在无脊椎动物体内。先进行无性裂体生殖，再是有性的配子生殖，最后是无性孢子生殖。

2. 孢子纲的重要类群

(1)球虫:寄生于脊椎动物消化器官的细胞内,生活史似疟原虫,但它只在一个寄主体内。卵囊在寄主体外进行发育,抗逆境能力强,常规消毒无效。80℃以上水处理可使卵囊迅速死亡。

(2)粘孢子虫:大多寄生于鱼类,少数在两栖、爬虫体内。科类多,寄生部位为几乎所有器官。发育初期变形虫状,裂体生殖刺激寄生组织形成小肿瘤,并在其内发育出很多孢子。孢子结构复杂,具1~4个极囊和极丝,孢子逸出后遇其他寄主,极丝翻出刺到新寄主体上继续发育。

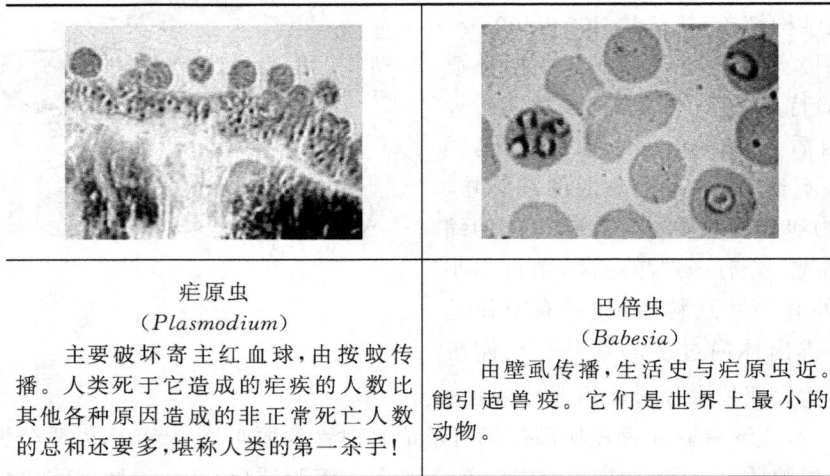

疟原虫 (*Plasmodium*)	巴倍虫 (*Babesia*)
主要破坏寄主红血球,由按蚊传播。人类死于它造成的疟疾的人数比其他各种原因造成的非正常死亡人数的总和还要多,堪称人类的第一杀手!	由壁虱传播,生活史与疟原虫近。能引起兽疫。它们是世界上最小的动物。

图 1-8 孢子纲的重要类群

3. 代表动物——间日疟原虫(*Plasrnodium Vivax* Grassi&Feletti)

疟原虫能引起疟疾(打摆子),是我国五大寄生虫病之一。寄生在人体的疟原虫有间日疟原虫、三日疟原虫、恶性疟原虫和卵形疟原虫4种。它们遍布全世界,我国以间日疟和恶性疟(瘴气)最为常见,由于生活史相似故以间日疟为例简述其形态和生活史。

间日疟原虫有人和按蚊2个寄主,生活史复杂,有世代交替现象。无性世代裂体生殖在人体内进行,有性世代在雌蚊体内进行,雌蚊传播疟疾。

当传染疟原虫的雌蚊吸人血时,疟原虫子孢子随蚊唾液进入人体血液中。半小时后进入肝细胞进行裂体生殖,形成数万圆形裂殖子,侵入红细胞继续裂体生殖,发育成戒指形的小滋养体(环状体),发育成大滋养体,继续分裂成16个核时停止分裂,此时称裂殖体。子核分裂最终形成16个裂殖子,红血细胞破裂,裂殖子散入血浆侵入其他红细胞再次裂体生殖。当红细胞大量破裂,裂殖子及疟色素等代谢产物进入血液时,患者出现先寒后热、盗汗等病状,此过程每发生一次,间日疟48h,三日疟72h,恶性疟36~48h。故疟原虫对人危害很大,能大量破坏红细胞,造成贫血,使人肝脾肿大,并能损害脑组织,严重影响人的健康,甚至造成死亡。

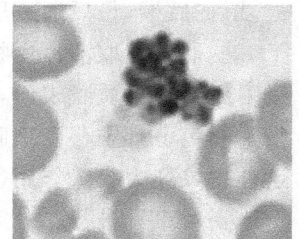

图 1-9 疟原虫

配子生殖:进入红细胞的裂殖子发育为大、小配子母细胞,被吸入蚊胃后分别发育为大、小配子,在蚊胃中融合为合子。未被蚊吸取则大、小配子母细胞停止发育,在 1～2 个月内被白细胞吞噬或变性。

孢子生殖:合子形成几小时后在蚊胃基膜与上皮细胞间发育为圆形卵囊。核和胞质经多次分裂形成子孢子。子孢子成熟后逸出散入血腔中进入唾液腺。蚊再次叮人时,子孢子进入另一人体开始下一周期。

（四）纤毛纲（Ciliata）

1. 纤毛纲的主要特征

体表具纤毛。纤毛结构与鞭毛相同,但短而数量多。纤毛运动时节律性强。纤毛成排分散存在,由多数纤毛粘合成小膜排列在口的边缘,称小膜带;也可由一单排纤毛粘合形成波动膜;或簇粘合成束称棘毛。纤毛虫是原生动物中结构最复杂的:具表膜下纤毛系统,细胞核分为大、小核,多具摄食的胞器。无性生殖为横二分裂,有性生殖为接合生殖。

2. 纤毛纲的常见种类

（1）小瓜虫（Ichyophthirius）:寄生在鱼皮肤下层、鳃、鳍等处,将病鱼体表的白点刮下,显微镜下可见圆球形虫体,全身长满纵行排列的纤毛。前端有一胞口,马蹄形大核,小核紧靠大核不易看到。

（2）钟虫（Vorcticella）:体形似倒置的钟,口缘常向外扩张成“缘唇”。具不分支的柄,内有能伸缩自如的肌丝,大核带形。

（3）车轮虫（Trichodina）:寄生于淡水鱼类的鳃、体表。体似车轮,侧面看呈钟形,两圈纤毛之间有胞口,以胞口吞食宿主细胞。

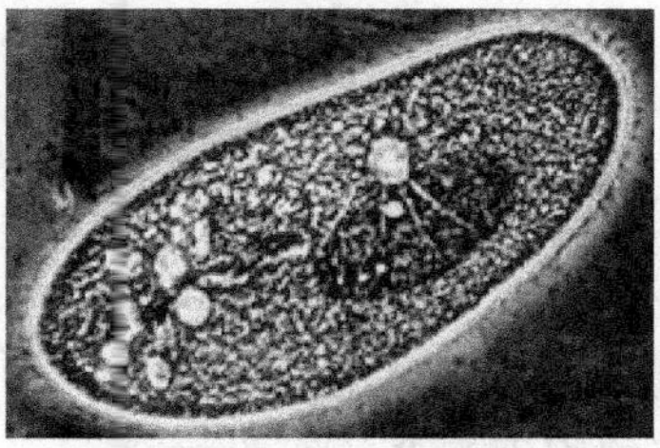 草履虫 （Paramoecium）	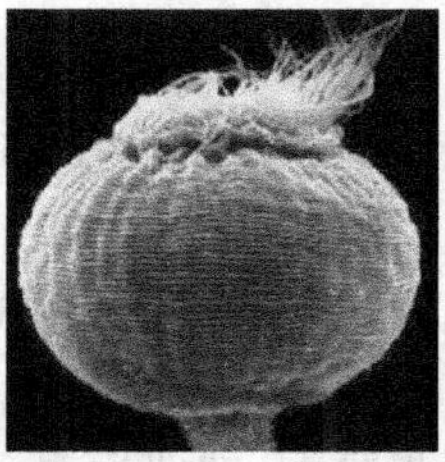 钟虫 （Vorticella）	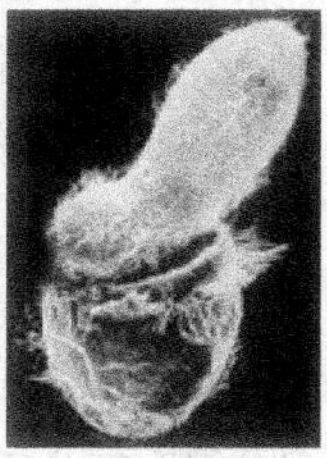 吸管虫 （Suctoria）
全身被细纤短毛,有大核和小核。行交替生殖。水生,种类极多。部分寄生,如结肠小袋虫（Balantidium coli）寄生于人体内。	呈吊钟形,有盘状口区,内生纤毛。后有长柄,可附着于其他生物体上,种类很多,虽为单体但好聚生在一起。	成虫失去纤毛代之以吸管摄食。

图 1-10 纤毛纲的重要类群

3. 代表动物——大草履虫（Paramecium caudatum Ehrenberg）

（1）生活环境

生活在有机质丰富的污水沟或池塘中。

（2）形态结构

形似倒置的草鞋,前端钝圆,后端稍尖,长约 150～300μm。细胞质分为内质和外质。虫体表面为表膜。表膜由三层膜构成,最外层在体表和纤毛上是连续的;最里层和中间层膜在纤毛基部形成一对表膜泡,增加表膜硬度又不影响虫体的局部弯曲,起缓冲作用。表膜下有一层与表膜垂直排列的刺丝泡(trichocyst),囊状,有孔和表膜相通;受刺激射出的内容物遇水成为细丝,可能有防御作用。

全身满布纤毛,纤毛有节奏地摆动,使虫体旋转游泳。纤毛从体前端开始有一斜沟伸向体中部,沟端有口故称口沟。口沟内侧有波动膜,摆动使食物随水流进入胞口,经胞咽进入内质形成食物泡。食物泡与溶酶体融合,在胞质中循一定路线环流过程中进行消化,不消化残渣由体后部临时胞肛排出。在前后内、外质间有两个伸缩泡,各有 6～11 条放射状排列的收集管,收集管与内质网相通。收集管和伸缩泡上收缩丝的收缩使内质网收集的水分和可溶性代谢废物通过收集管进入伸缩泡,再由表膜上固定的小孔排出体外。前后两个伸缩泡及伸缩泡和收集管交替收缩,以调节水分平衡。

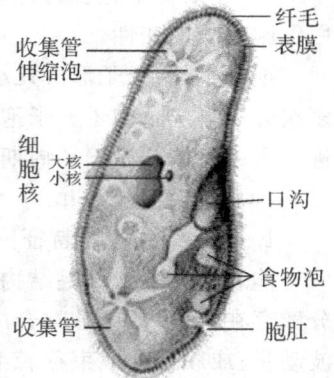

图 1-11　草履虫

大草履虫有一大核,一小核。大核是营养核,肾形,为多倍体;小核为生殖核,圆形,位于大核凹陷处。呼吸作用通过体表进行。通常行横二裂生殖,每天可分裂 1～2 次,有时进行接合生殖,交换小核后一个个体发育为 4 个个体以增加生活力。

三、与人类的关系

(一)有益于人类的方面

1. 组成海洋浮游生物的主体。

2. 古代原生动物大量沉积水底淤泥,在微生物的作用和覆盖层的压力伤害下形成石油。

3. 原生动物中有孔类化石是地质学上探测石油的标志。

4. 利用原生动物对有机废物、有害细菌进行净化,对有机废水进行絮化沉淀。

5. 科学研究的重要实验材料,草履虫、四膜虫是研究真核细胞细胞器的实验材料。

(二)有害于人类的方面

1. 利什曼原虫(*Leishmania*):虫体小,寄生于人体的有三种,我国流行的是杜氏利什曼原虫(*L. donouani*),能引起黑热病,故叫黑热病原虫。其生活史是寄生在人或狗体内的巨噬细胞中,称为无鞭毛体(Amastigote)。无鞭毛体以巨噬细胞为食,不断分裂(二分裂)。当繁殖到一定数量时,巨噬细胞破裂,无鞭毛体(长约 $2～3\mu m$)又侵入其他巨噬细胞,引起大量巨噬细胞破坏死亡,故患者肝、脾肿大,造成贫血而死亡,死亡率可达 90% 以上,为我国五大寄生虫病之一。另一阶段寄生在白蛉子体内,当白蛉子叮人吸血时,无鞭毛体进入消化道,发育为前鞭毛体(Prcamstigote,长约 $15～25\mu m$)。白蛉子再叮人时,就将原虫注入人体内,故白蛉子传播黑热病。

2. 锥虫(*Trypanosoma*):广泛分布于脊椎动物血液中。种类约有 400 多种,侵入脑、脊髓中使人得昏睡病(非洲),在我国主要危害牲畜。

3. 鳃隐鞭虫(*C. branchialis*):寄生于鱼鳃,可插入鳃表皮细胞,破坏鳃细胞,分泌毒素使微血管发炎,分泌大量黏液,使鱼呼吸困难。

4. 水源污染:生活在海水中的夜光虫(*Noctiluca*)、沟腰鞭毛虫(*Gonvaulax* spp.)和裸甲腰鞭毛虫(*Cymnodinium* spp.)等,大量繁殖并密集在海面上时,可造成自身缺氧死亡,分解出有机物使海面呈暗红色,发出臭味,产生"赤潮",对渔业危害很大。钟罩虫、尾窝虫(*Uroglena*)、合尾滴虫(*Synura*)等都能使淡水发生恶臭或鱼腥味,造成水源污染。

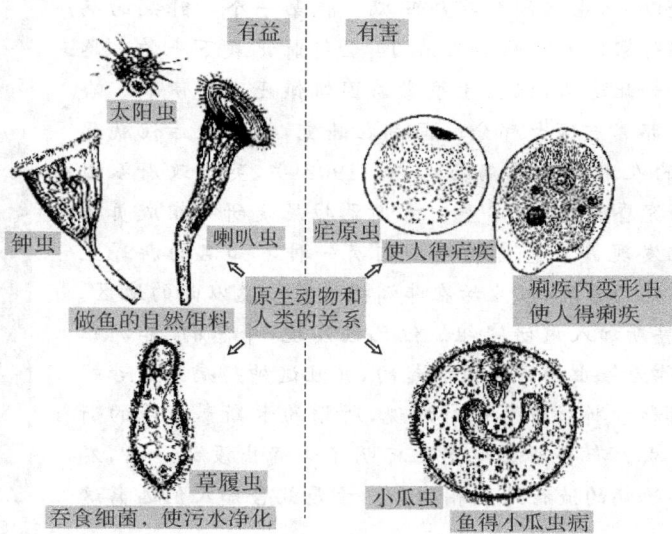

图 1-12 原生动物与人类的关系

【课外拓展】

1. 单细胞动物生活在体内或体外,其身体结构有何不同?
2. 如何预防体内寄生的原虫病?

【课程研讨】

1. 如果你是某种原生动物,想对人类表述什么?
2. 草履虫等原生动物在科学上有哪些应用?

【课后思考】

1. 原生动物门的主要特征是什么?
2. 单细胞动物与多细胞动物的单个细胞有何异同?
3. 单细胞的动物群体与多细胞动物有何区别?
4. 肉足纲的主要特征是什么?
5. 孢子纲的主要特征是什么?
6. 纤毛纲的主要特征是什么?
7. 研究原生动物有何意义?

【小资料】

致死的睡眠——昏睡病

自史前时代以来，在非洲就有昏睡病。但第一个昏睡病的病例是由阿拉伯旅行家伊本·哈勒敦在 14 世纪时记载下来的。患有昏睡病的病人如此乏力，以至于很容易因饥饿死去。伊本·哈勒敦访问的一个部落首领大部分时间都在睡觉，两年之后他就死掉了，整个部落的人都因昏睡病而死去。1902 年，英国政府派出一个研究组去研究昏睡病，奥尔多·卡斯泰拉尼是研究组成员之一。通过尸检他发现许多患者的大脑内有一种不知名的新寄生虫。传播这种疾病的舌蝇，仅生活在非洲撒哈拉沙漠以南的地区。次年，戴维·布鲁斯加入该研究组。他已经发现，牛患的"非洲锥虫病"是由一种称为锥虫的寄生虫引起的，并且这种疾病是由舌蝇传播的。布鲁斯和卡斯泰拉尼当时发现，所谓的卡斯泰拉尼的新寄生虫也就是锥虫。布鲁斯在地图上标明了舌蝇出没的地点，发现这些地点和昏睡病的流行地点相吻合。于是就告知人们远离这些地区。

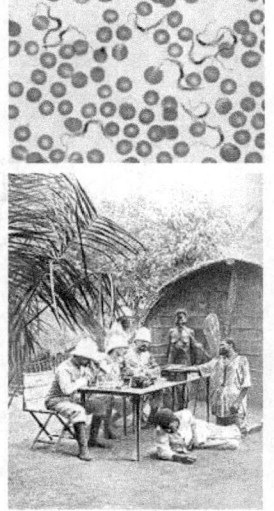

法国医生在刚果研究昏睡病

图 1-13　法国医生在刚果研究昏睡病

第一种用于治疗昏睡病的药物是砷的化合物——一种致命的毒药。即使现代的药物也不能治愈严重的昏睡病病例。对这种疾病尽早用药是治愈关键。

《自然》:寄生虫具有"植物性"

作为单细胞的原始生物，原生动物多少有些奇特之处:它们有的像动物，有的像植物，有的兼而有之。美国科学家的一项最新研究表明，一种更像动物的原生寄生虫居然拥有一个典型的植物生物化学路径。这一结果有望为抵御由寄生虫导致的疾病(比如疟疾)开辟一条新的道路。相关论文发表在 1 月 10 日的《自然》杂志上。

由于原生寄生虫类似动物的生物学机制和宿主的十分相似，它们很难被控制。也正因为如此，许多针对这些寄生虫的药物往往会损害患者自身的细胞。

为了能够在这一问题上取得进展，美国华盛顿大学医学院的微生物学家 Kisaburo Nagamune 和 L. David Sibley 领导的研究小组对一种名为弓形虫(*Toxoplasma gondii*，能够导致弓形虫病)的原生动物进行了深入研究。研究人员对破译该寄生虫的沟通机制尤其感兴趣。

首先，研究人员将从弓形虫中鉴定出的生化路径与动物体内的进行了对比，以期更好地了解它们的功能。Sibley 说:"当发现二者之间鲜有相似性时，我们就意识到这些原生体可能并非它们看起来的那样像动物。"

因此，研究小组将弓形虫的信号路径又与植物进行了对比，结果发现二者有许多共同点。其中最引人注目的是脱落酸(abscisic acid，一种植物体内控制应激响应和休眠的激素)。通常当宿主细胞内的弓形虫达到一定数量时，它们就会外出肆虐，而当研究人员利用

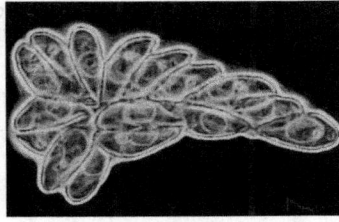

图 1-14　一窝弓形虫正准备从宿主细胞中爆发而出

（图片来源：Jennifer Gordon and Wandy Beatty）

一种常用的除草剂阻断弓形虫制造脱落酸后，即使数量已经足够，它们仍然保持一种无活动停滞状态。

究其原因，研究人员认为，应该是脱落酸控制着寄生虫由休眠向活跃的转变，这与植物体内的机制比较相似。进一步的研究发现，这种除草剂能够挽救被弓形虫感染的小鼠。

英国格拉斯哥大学的微生物学家 Andy Waters 表示，新的研究创造性地反思了包括变形虫在内的一类寄生虫，而对脱落酸角色的进一步的研究有望催生治疗疟疾急需的新方法。

（《自然》(Nature)，451，207－210(10 January 2008)，Kisaburo Nagamune, L. David Sibley)

《自然》：疟原虫在人体内的生理状态与体外不同

科学家首次提供了证据表明疟原虫在人体宿主不断变化的环境中的发育与在更稳定的实验室环境中的发育明显不同。

他们的这项研究成果 11 月 29 日发表在了《自然》杂志的网站上，这可能有助于解释为什么有一些患者的症状比其他人的症状更严重。

来自塞内加尔和美国的科学家筛查了塞内加尔东部 Velingara 医院的一些患者，疟疾在这个地区的流行程度很高。他们收集了 43 名不同年龄和症状的儿童的血样。

塞内加尔达喀尔 Le Dantec 教学医院的 Daouda Ndiaye 是该研究的共同作者之一。他说，他们对这些血样中的恶性疟原虫进行了遗传分析，发现了每一个人体宿主对疟原虫的生理都有影响，而且可能对其毒力有影响。

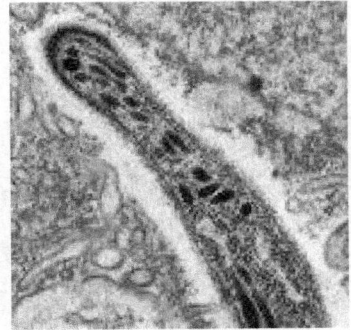

图 1-15　疟原虫

（图片来源：Wikipedia）

这组科学家写道，疟原虫在活的生物体内具有"此前未知的生理多样性"。

Ndiaye 说："这是一个名副其实的进展。尽管只研究了 43 名患者的样本，我们发现了疟原虫的两个新的生物状态。"他们发现疟原虫可以活跃地生长、忍受饥饿或者感受压力，而只有第一种情况在实验室培养的情况下能观察到。

美国加州诺华研究基金会基因组学研究所的 Elizabeth Winzeler 是论文的作者之一。她说科学家此前在实验室观察的基础上认定了疟原虫的新陈代谢，这与人体宿主内部变化的环境不一样。

她说："该研究标明，我们可能不应该这样假定。疟原虫在人体内的生理状况可能不同于在实验室容器中疟原虫的生理。这项工作可能解释为什么有些药物在治愈疟疾方面的效果并不像人们认为的那样好。"

Winzeler 还说,这项研究将有助于疟疾药物的开发,并提高开发疟疾疫苗的可能性。"这可能导致更有效的药物组合,同时针对(人体宿主和实验室环境下的)各种生理状态。更好的药物组合将减少出现耐药性的威胁。"

第二章　海绵动物门

【课程体系】

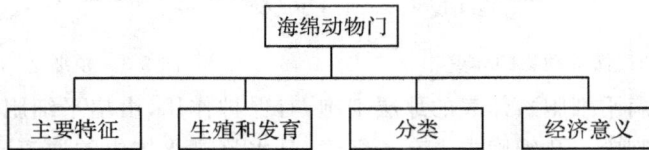

【课前思考】

1. 海绵动物的体型、结构特点。
2. 水沟系对海绵动物的意义。
3. 海绵动物组织器官及其作用。
4. 海绵动物的繁殖方式。

【本章重点】

海绵动物门的主要特征。

【教学要求】

1. 掌握海绵动物门的主要特征及分类。
2. 掌握海绵动物门各纲的代表动物。

海绵动物是最原始、最低等的多细胞动物,它和其他多细胞动物缺少亲缘关系,称为侧生动物。海绵动物是后生动物中的最低等者。体壁上有许多小孔(称"入水孔"),故也称"多孔动物"。个体像瓶、壶、臼等,有时联成群体,多数海产,固着生活。

图 2-1　漂亮的海绵动物

一、主要特征

1　体形基本辐射对称,大多数无对称型

体形多种多样,成体营固着生活,附着水中的岩石、贝壳、水生植物或其他物体上。遍布全世界。体表有无数的小孔是水流进入体内的孔道。

2　没有明显的组织和器官系统

　　体壁由两层细胞组成,这两层细胞已开始分化,但没有形成很明显的组织,排列疏松。

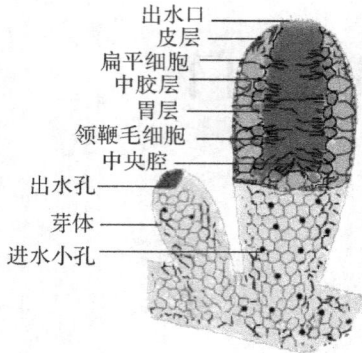

图 2-2　海绵动物的体壁　　　　　　　　图 2-3　领细胞

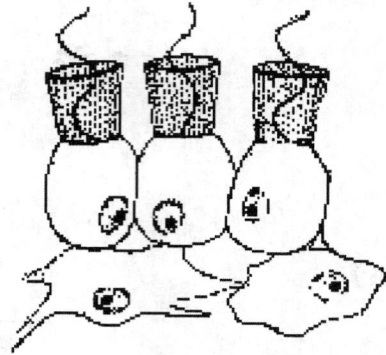

　　(1)皮层细胞(扁平细胞):体表的那层细胞,有保护作用,由扁平细胞组成,且有很多孔细胞穿插在扁平细胞中。孔细胞中央有一细管,是水流进入体内的通道。孔细胞中的孔称入水孔。扁平细胞内有能收缩的肌丝,具有一定的调节功能。有些扁平细胞变为肌细胞,围绕入水或出水小孔形成能收缩的小环控制水流。

　　(2)胃层:体壁的内层,由领细胞构成。胃层包围的腔称中央腔,或称胃腔。中央腔顶端有一个较大的开口,是水流的出口,称出水孔。领细胞(类似领鞭毛虫)由一透明领围绕一条鞭毛,由于鞭毛的摆动引起水流通过海绵体,在水流中带有食物颗粒和氧,食物附在领上,落入细胞质中形成食物泡,在领细胞内消化,或将食物传给变形细胞消化。不能消化的残渣,由变形细胞排到流出的水流中。一些淡水生活的海绵动物,细胞中还有伸缩泡。

　　(3)中胶层:位于皮层和胃层之间,由胶状物质组成,其中有钙质或矽质的骨针、类蛋白质的海绵质纤维或称海绵丝。中胶层由下表中的一些细胞组成,这些细胞不成层。

表 2-1　中胶层细胞及作用

细胞种类		作　　　　用
变形细胞 (游走型)	成骨细胞	分泌海绵针
	海绵质细胞	分泌海绵质丝
	原细胞	具不同功能,有的能消化食物,有的能形成卵和精子
芒状细胞		具神经传导的功能
骨针(钙质或矽质)		有单轴、三轴和四轴等,具骨骼支持作用
海绵质纤维		由海绵质细胞分泌而成,呈网状,由类蛋白质构成,具骨骼支持作用

　　由上述结构可见,海绵动物的细胞分化较多,身体的各种机能是由或多或少独立活动的细胞完成的,所以一般认为海绵动物是处于细胞水平的多细胞动物,体内、外表层细胞接近于组织,或者说是原始组织的萌芽,但又不同于真正的组织,所以可以认为它还没形成明确的组织。又因为海绵动物没有消化腔,食物在细胞内消化,也没有神经系统,刺激的信息也只是靠细胞之间传递,所以感受反应极为缓慢,并且只是局部反应。所以海绵动物是处在细胞水平的最原始的多细胞动物。

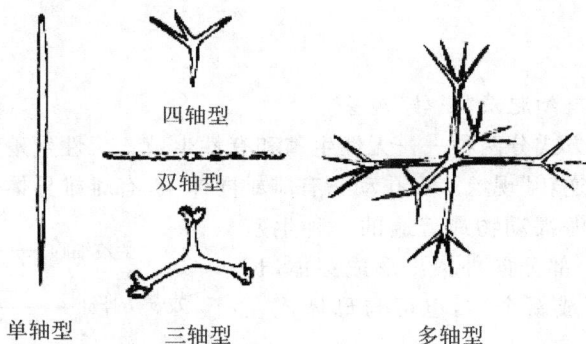

图 2-4　海绵骨针的类型

3. 具有水沟系

水沟系是海绵动物特有的结构,对固着生活很有意义,可分为三类:

(1)单沟型:最简单的水沟系,中胶层较薄,领细胞集中在中央腔上。水流→入水孔→中央腔→出水孔→体外。如:白枝海绵。

(2)双沟型:相当于单沟型的体壁凹凸折叠而成。形成两种管道,一种为流入管,与外界相通;一种为辐射管,与中央腔相通。在两管壁之间有孔相通或由有孔细胞组成幽门相联络,领组胞在辐射管的管壁上。

水流→入水孔→流入管→前幽门孔→辐射管→后幽门孔→中央腔→出水孔→体外。如:毛壶。

(3)复沟型:构造复杂,在中胶层中有很多具领细胞的鞭毛室,它一端接流入管,跟外界相通,另一端接流出管,跟中央腔相连,中央腔由扁细胞构成。

水流→入水孔→流入管→前幽门孔→鞭毛室→后幽门孔→流出管→中央腔→出水孔→体外。如:浴海绵和淡水海绵。

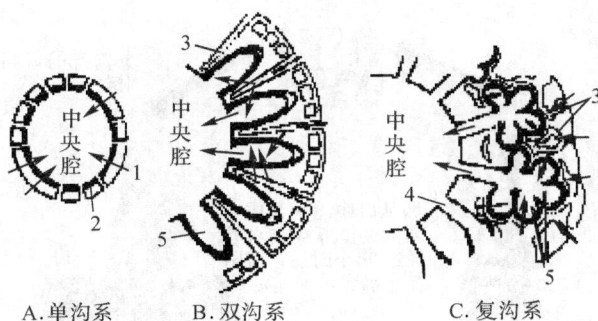

图 2-5　海绵的水沟系

1. 入水孔　2. 领细胞　3. 流入管　4. 流出管　5. 鞭毛室

海绵动物由于体表有无数小孔,每天能流过大于它身体上万倍体积的水。这能使海绵动物得到更多的食物和氧气,同时不断地排出废物。从这三种水沟系可看出多孔动物的进化也是由简单到复杂的。

二、生殖和发育

(一)胚胎发育中有细胞层"逆转"现象

海绵动物的生殖方式分两种——无性生殖和有性生殖。无性生殖有出芽和形成芽球两种,有性生殖中出现"逆转"现象。多孔动物有雌雄同体,也有雌雄异体。

无性出芽生殖是海绵动物最普遍的一种生殖方法,由海绵体壁的一部分向外突出形成芽体,长大后可与母体脱离而成新个体,也可与母体连在一起而形成群体。

芽球是在不良的环境下,中胶层中的原细胞聚集成堆,外面分泌一层几丁质膜和一层双盘头或短柱状的小骨针,从而形成芽球。所有的淡水海绵都能形成芽球。

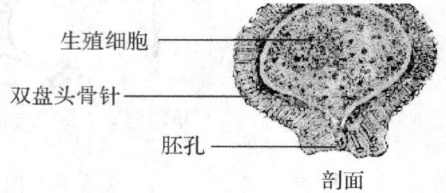

生殖细胞
双盘头骨针
胚孔
剖面

图 2-6　芽球的结构

海绵动物的有性生殖是精卵结合,它们多为雌雄同体,也有雌雄异体的,但都为异体受精,其精卵细胞都是由中胶层的原细胞发育而成的。

受精:卵在中胶层里,精子不直接进入卵,由领细胞吞食精子后,失去鞭毛和领成为变形虫状,将精子带入卵,进行受精,这是一种特殊的受精方式。

胚胎发育的大致过程是:受精卵进行卵裂形成囊胚,动物极的小分裂球向囊胚腔内生出鞭毛,另一端的大分裂球中间形成一个开口,然后囊胚的小分裂球由开口处倒翻出来,这样动物极的一端为具有鞭毛向外的小分裂球,植物极的一端为不具鞭毛的大分裂球,此时称两囊幼虫。两囊幼虫从母体出水口随水游出,在水中游泳一段时间后,具鞭毛的小分裂球内陷,形成内层,而另一端大分裂球留在外边形成外层,随后原肠以原口的一端开始附着在物体上,逐渐发育为成体。

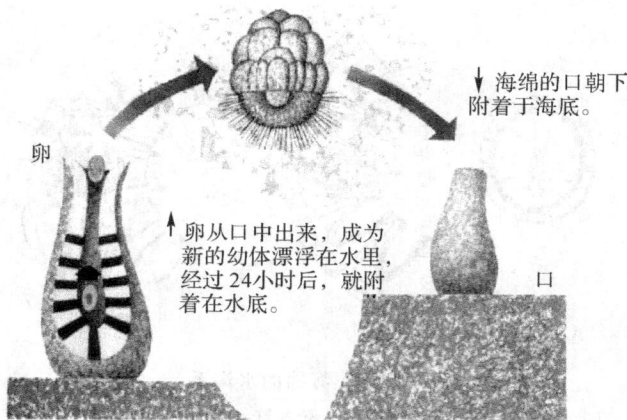

卵

↓ 海绵的口朝下附着于海底。

↑ 卵从口中出来,成为新的幼体漂浮在水里,经过24小时后,就附着在水底。

口

图 2-7　海绵动物的胚胎发育

海绵动物的胚胎发育与其他多细胞动物不同之处是,其他多细胞动物都是大分裂球(植物极)在内,小分裂球(动物极)在外,海绵动物正好相反。所以我们把海绵动物这个胚胎发育中的特殊现象称为"逆转",并且把海绵动物内外两层细胞各称为胃层和皮层,以便和其他多细胞动物胚胎发育中的内胚层和外胚层区别开来。

(二)再生能力强

如将海绵动物捣碎,并将其中细胞筛过,这些分离了的单独细胞还能聚合起来,重新形成一个海绵。有人将橘红海绵与黄海绵分别捣碎作为细胞悬液,两者混合后,各按自己的种排列和聚合,逐渐形成橘红海绵与黄海绵。这一点充分地说明海绵动物组织上的原始性。多孔动物既比较原始,又比较特殊,动物学家认为它是很早就分出来的原始多细胞动物的一个侧支,称它为侧生动物。

三、分类及经济意义

(一)分类

海绵动物已知约有1万种,根据骨骼特点分为三个纲:

1. 钙质海绵纲:骨针为钙质,水沟系简单,体形较小,多生活于浅海,如:白枝海绵、毛壶。

2. 六放(玻璃)海绵纲:骨针硅质,六放形,复沟型水沟系,鞭毛室大,体形较大,生活于深海。如:偕老同穴、拂子介。

3. 寻常海绵纲:骨针硅质(非六放),海绵丝角质,复沟型,鞭毛室小,体形常不规则,生活在海水或淡水中,如:浴用海绵。

4. 淡水海绵纲:块状群体,呈黄、褐、绿等色,骨针小杆状,生活于淡水中,常见于水生植物枝叶和石块上。

	钙质海绵纲(Calcarea):多产于浅海。种类多,有单体的,如毛壶(*Grantia*);有分支成群体的,如白枝海绵(*Leucosolenia*)。钙质骨针有针状体、三辐体等。
	六放海绵纲(Hexactinellida):大型单体。骨骼全部是六放的硅质骨针(三轴,各以直角互交于一点)所组成。概产于深海中。最著名的如"偕老同穴"(*Euplectella*),为上端较大、下端略细的长圆笼状;常有成对小虾(俪虾)生活其中,"偕老同穴"一名即由此而来。"拂子介"(*Hyalonema*)呈有盖的花篮状,下端生有一束像拂子的长玻璃丝,用以插在海底泥沙中。
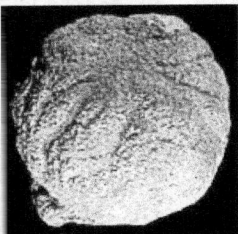	寻常海绵纲(Demospongiae):多数海产。种类很多,概系群体,呈块状。骨针硅质,针与针间借海绵质(一种类似蚕丝的物质)互相粘着;某些种类的骨针包裹在海绵质内,另一些种类的骨针已全部消失,只有海绵质的纤维错综交叉构成网状的骨骼。例如浴用海绵(*Euspongia officinalis*)和马海绵(*Hippospongia equina*)。浴用海绵产于地中海,我国海南岛也产。网孔细,弹力强,工艺、医学和日用上都需要。

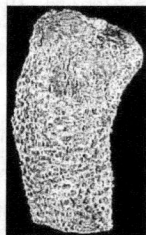

淡水海绵纲(Spongilla);块状群体,呈黄、褐、绿等色。骨针小杆状。除出芽生殖以外,冬季有一部分身体细胞集中一处,外生两层薄膜,膜间由两端各有一小盘的骨针支撑,形成所谓"芽球",春季再发育为寻常的群体。生活于淡水中,常见于水生植物枝叶和石块上。种类不少。

图 2-8　海绵动物的分类

(二)经济意义

海绵动物的骨骼,吸收液体的能力强,可供沐浴及医学上吸收药液、血液或脓液等用。

【课外拓展】

电镜下的领细胞哪些结构特点与它的功能相适应?

【课程研讨】

列举说明海绵动物是最原始、最低等的多细胞动物的特点。

【课后思考】

1. 海绵动物的体型、结构有何特点?
2. 水沟系对海绵动物的固着生活有何意义?
3. 海绵动物具有分化的组织器官吗? 它是如何摄食的?
4. 海绵动物的繁殖方式有哪些?

【小资料】

"太岁"——肉灵芝

个体没有雌雄的分化,但一个个体的雌雄生殖细胞不同时成熟,因此必须异体受精。

受精过程:卵细胞向领细胞的基部移动,精子通过入水小孔进入海绵体内,不立即结合,精子通过领细胞的领进入领细胞内,领细胞的鞭毛和领脱落,领细胞带精子和卵结合,精卵结合后领细胞被消化,领细胞起载体作用。

受精后发育特殊。

卵裂到囊胚后,小胚泡(动物极)向内生出鞭毛,大胚泡(植物极)形成一孔,后来整个囊胚由小孔倒翻出来,内变外,鞭毛在外,称为两囊幼虫。后有鞭毛的小细胞内陷,成为内胚层,大细胞包在外面成为外胚层。

这种特殊的现象称为"逆转"或"胚层逆转"。

无性生殖为出芽生殖或形成芽球。

芽球是中胶层中的许多变形细胞聚集在一起,外面分泌一层角质膜形成的。后动物死亡,芽球沉入水底。环境适当时,壳破,发育成新的个体。

《本草纲目》记载:"肉芝状如肉,乃生物也。白者如截肪,黄者如紫金,皆光明洞彻如坚冰也。"

　　陕西周至发现的那个不明生物体是否就是传说的肉灵芝,一些科研人员对它进行了深入的研究。通过科学观察,他们发现这个生物体具有两根鞭毛结构的游动细胞,并可看到游动细胞鞭毛的一端无选择性地摄取食物颗粒。根据这个特点,初步确定这个不明生物体的身份,是一种生命演化过程中介于原始菌类向植物动物演化过程中的粘菌复合体,它是处于原生动物和植物之间的过渡类型,这本身就说明了它在生物界里面进化方面的一个奇特性。

第三章　腔肠动物门

一、概述

腔肠动物同海绵动物一样,也是两胚层动物。多生活于海洋,体现了其原始性,其体形为辐射对称,即通过其中央轴有许多切面可把身体分成两对称的部分,是一种原始的低级的对称形式。其细胞分化程度比海绵动物高得多,具有原始的消化腔和原始的神经系统,是两胚层动物的代表,其生活方式仍处于被动状态。大多海产,少数生活于淡水中。营固着或漂浮生活。有的为独立的单个个体,有的形成群体。

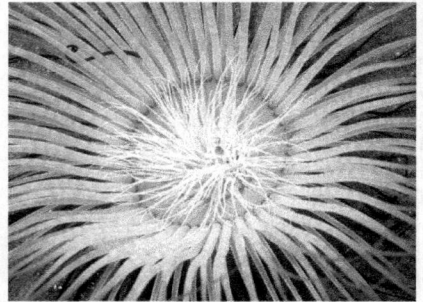

图 3-1　多彩的腔肠动物

二、主要特征

(一)躯体辐射对称

辐射对称:是指通过身体的中轴可以有两个以上的切面把身体分成两个相等的部分。这是一种原始的对称形式。辐射对称有利于营固着(水螅型)或漂浮(水母型)生活。

(二)躯体由两个胚层组成

由内胚层和外胚层组成,两胚层之间为中胶层,中胶层具有支持的作用。由内胚层所围绕的空腔称为消化腔,只有一个口孔与外界相通。

腔肠动物第一次出现胚层分化,是真正的两胚层动物。

外胚层:外层体壁,具保护、运动和感觉功能。

内胚层:内层胃层,具消化、营养功能。

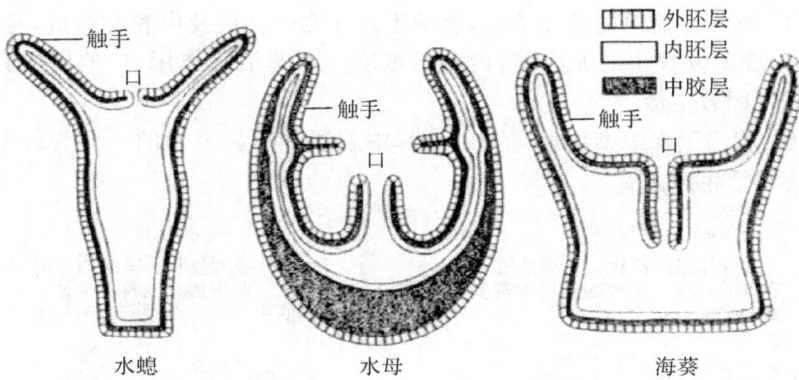

水螅　　　　　水母　　　　　海葵

图 3-2　内、外胚层

(三)出现原始消化腔

通过胃层腺细胞分泌消化液,使食物在消化腔内进行初步消化。消化腔内水的流动,可把消化后的营养物质输送到身体各部分,兼有循环作用,故也称为消化循环腔。

消化腔只有一个对外开口,是原肠期的原口形成的,兼有口和肛门两种功能。

(四)细胞分化更为丰富,且有了初步的组织分化

有明显的组织分化。内胚层分化为内皮肌细胞、腺细胞、感觉细胞;外胚层分化为外皮肌细胞、刺细胞、感觉细胞、神经细胞等。

原始的上皮组织:皮肌细胞既是上皮细胞,又是原始的肌肉细胞,具有上皮和肌肉两种功能。

原始的神经组织:由各种类型的神经细胞构成弥散型的网状神经系统。

原始性表现:无神经中枢,传导无方向性,传导速度慢(人的神经传导比它快 1000 倍)。

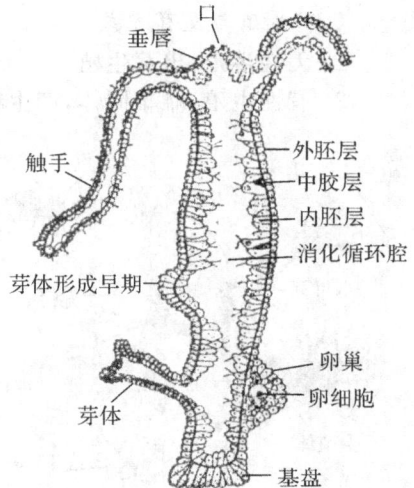

图 3-3　原始的消化腔

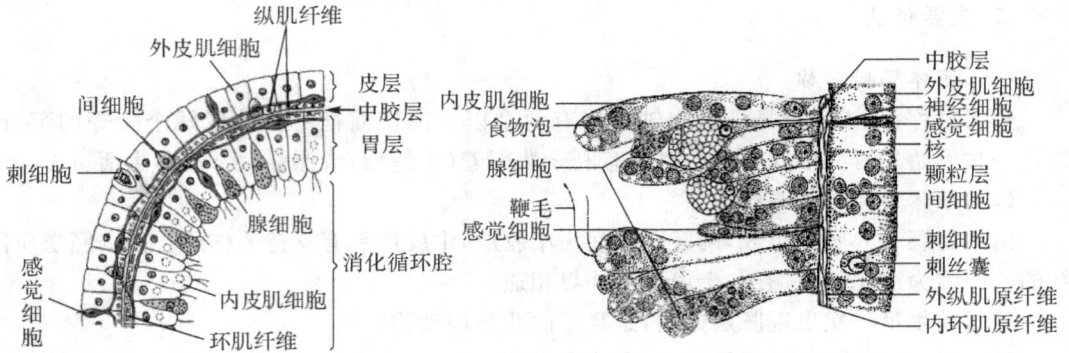

图 3-4　细胞与组织的分化

（五）有水螅型、水母型两种基本形态

1. 水螅型：是一个简单的原肠阶段，囊壁由内外两个胚层及中胶层组成，身体中央腔为消化循环腔，即胚胎发育中的原肠腔，内胚层细胞主要起消化作用，口的周围有一圈触手。行固着生活或半固着生活。

2. 水母型：相当于水螅型压扁，呈圆盘状，中胶层加厚。突出的一面为外伞，凹入的一面为下伞。行漂浮生活。

水螅型

身体呈圆筒状，下端是用于固着的基盘，另一端是周围有多条触手的口。

水母型

身体呈圆盘状，突起的一面称外伞面，凹进的一面称下伞面，下伞面的中央有一个垂管，末端是口。

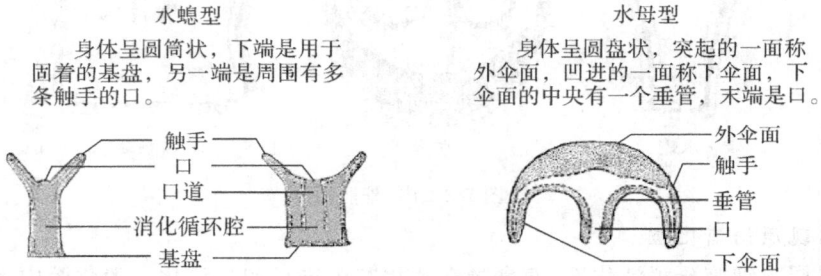

图 3-5　腔肠动物的基本形态

（六）生殖与发育方式

1. 无性生殖：出芽生殖。

2. 有性生殖：雌雄同体，产生精巢和卵巢。

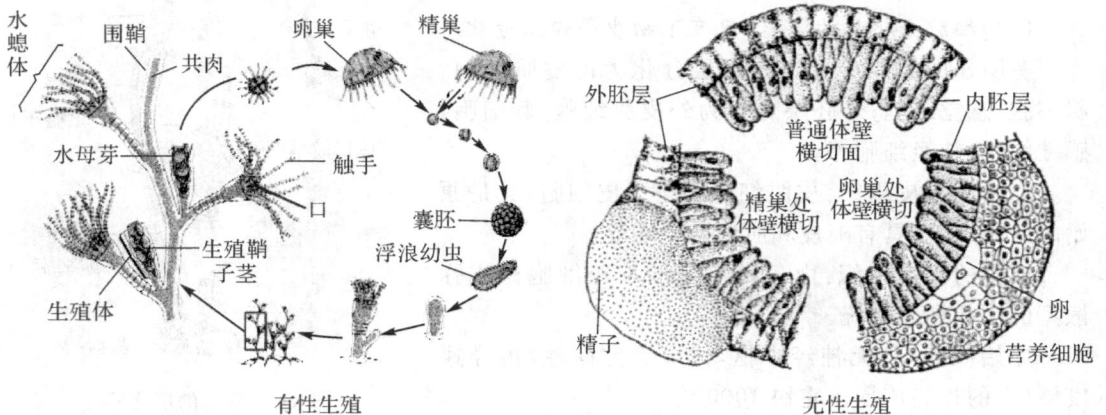

图 3-6　无性与有性生殖

有些种类生活史中有两种体型,水螅型为无性世代,无性生殖产生水母型个体;有性世代为水母型,有性生殖产生水螅型个体。

3．发育:一般有性生殖发生在秋末、冬初。第二年春天,受精卵形成原肠胚后,长出触手。海洋生活的种类要经过一个特殊的浮浪游虫阶段,相当于胚胎发育的原肠胚阶段。外层有纤毛,能游动。

三、分类

腔肠动物约有 10000 多种,根据动物体的形态变化、水螅体为主或水母体为主及个体发育的特点,分三纲。

表 3-1　各纲的形态、体型区别

形　态	水母型		水螅型			
分　类	体型	缘膜	垂唇	隔膜	口道	生殖腺来源
水螅纲	小	有	有	无	无	外胚层
钵水母纲	大	无	有	有	五	内胚层
珊瑚纲	无		无	有	有	内胚层

(一)水螅纲

1．特征

(1)成体为水螅体,是其生活周期的主要阶段。单体或群体。

(2)只有少数种类,生活周期中只出现水母体,而水螅体极不显著。

(3)无论以何形式形成的水母体,均称为水螅水母。主要标志:在边缘有缘膜。缘膜由外胚层一层细胞形成。

多数有固定数目的生殖腺,但都起源于外胚层。

2．主要种类

(1)水螅型:主要有水螅(*Hydra*)、筒螅(*Tubularia*)、薮枝螅(*Obelia*)、钟螅(*Campanularia*)。

(2)水母型:分水螅水母和钵水母两大类,如桃花水母(*Craspedacusta sowerbyi*)等。

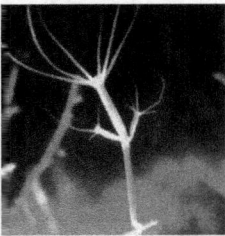

水螅(*Hydra*):体呈指状,小型,肉眼可见,上端有口,周围生 6～8 条小触手,满布刺细胞,用以捕获食饵。身体可伸长达三四倍。基底可以在附着物上滑动,或以翻跟斗的方式来行动。常附着于池沼水草枝叶和石块上。生殖季节体面上可生出乳头状突起,即卵巢和精巢。也营出芽生殖。最常见的有褐水螅(*H. fusca*),灰褐色,基柄部淡白色(上左,正出芽生出一小水螅);绿水螅(*H. viridis*),深绿色,是一种单细胞藻类和它共生所致。

筒螅(*Tubularia*)也称"筒虫":群体固着浅海岩石间或海藻上。体分圆筒部(个员)及茎部;圆筒部上面的中央有口,口缘环生触手两列;茎部细长,有角质的薄管。营无性生殖,或发生雌雄两性的生殖腺而营有性生殖。

	薮枝螅(*Obelia*)：是海中常见的附着小动物，通常营出芽生殖，往往成丛生的树枝形群体。各枝的顶端有一个花形的水螅体，是营养个员，能摄取食饵。由外被几丁质围鞘的共肉(即枝及匍匐茎)互相连接。枝上另生无触手的个体，专司无性生殖，是生殖个员，产生自由游泳的水母型，沿伞缘有一薄膜称"缘膜"，是其特点。由水母体产生生殖细胞而营有性生殖。我国沿海常见的有：双枝薮枝螅，多见于海藻上，茎细弱，分枝少；曲膝薮枝螅，多见于海藻、贝壳、浮木、船底上，分枝基部作曲膝状。
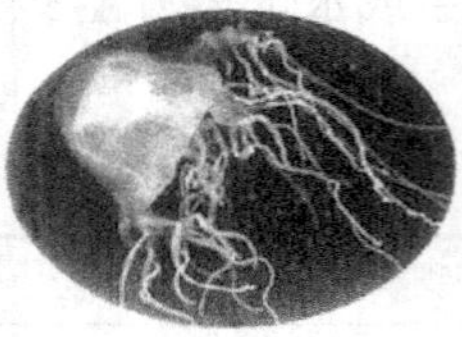	钟螅(*Campanularia*)：簇生海藻上的群体小动物。自横卧的匍匐根上矗立许多不分枝的小茎，高不过四五毫米。茎的顶端生淡红色的花状水螅型营养个员。包围根、茎的围鞘在顶端形成钟形托萼，水螅体位于托萼中，可以自由伸缩。生殖体柄短，略扁平，有好几种，形态大同小异。左图是一只海黄蜂，在南太平洋远海区发现，它是比响尾蛇还要毒的水母，被列为世界上十种极毒动物之一。
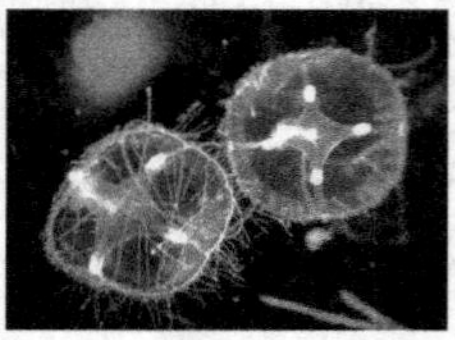	桃花水母(*Craspedacusta sowerbyi*)：通称"桃花鱼"。水螅水母，体透明，微带乳白，触手约256条，依长短可分为七级，由伞部的收缩及触手的上下运动而浮沉水中。水螅体不发达，高仅2毫米，无触手。淡水产。世界性分布，我国在四川、浙江、湖北等地都有发现。

图 3-7　水螅纲的种类

(二)钵水母纲

多数为大型，全为水母，漂浮生活，在海洋中，没有水螅型或水螅型退化，水母型构造复杂，口道不发达，没有缘膜。

1. 生活周期和特征

(1)水母型是主要阶段，结构复杂，中胶层特别厚，内有分散的变形细胞。

(2)水螅型只是生活周期中很少的幼虫阶段，有的种类水螅型发育不完全或无。

(3)无缘膜。生殖腺起源于内胚层。

2. 主要种类

主要有：海月水母(*Aurelia aurita*)、海蜇(*Rhopilema esculenta*)。

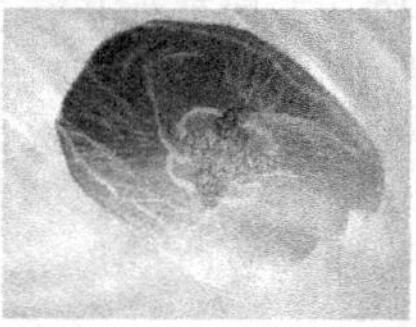	海月水母(*Aurelia aurita*)：其伞平扁如圆盘，直径可达30厘米，无色透明，放射水管略带青色，生殖腺四枚，马蹄形，肉红色。伞缘遍生触手，在八等分的距离上各生一感觉器，伞下中央有口，四条口腕飘然下垂。世界性分布，七、八月间大批漂浮于我国山东沿海。
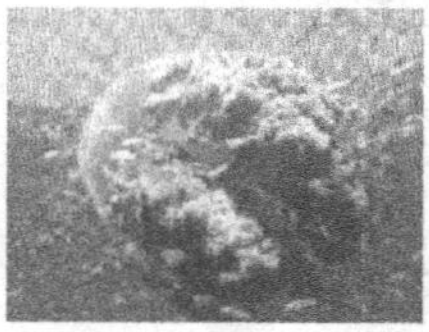	海蜇(*Rhopilema esculenta*)：其伞部隆起呈馒头状，直径达50厘米，胶质较坚硬，通常青蓝色。触手乳白色。口腕八枚，缺裂成许多瓣片。广布于我国南北各海中，浙江沿海最多。可供食用，并可入药。捕获后以明矾和盐压榨，除去水分，洗净后再用盐渍，伞部称为"蜇皮"，口腕称为"蜇头"。此外南方海中尚有一种白海蜇，形状相似而颜色稍异，也供食用。

图 3-8　钵水母纲的种类

（三）珊瑚纲

圆筒形单体或树枝形群体，终生水螅型。据触手数分八放珊瑚和多放珊瑚两大类。口卵圆或裂缝形，咽道侧扁。内腔被体壁伸展的隔膜分为若干小室（消化腔），隔膜上部与咽道相接，下部游离，游离缘有弯曲肥厚的隔膜丝，其上有生殖腺。雌雄异体。有些珊瑚外层能分泌石灰质的骨骼，在海洋中堆积成珊瑚礁。此外还有由中胶层所形成的骨骼，如红珊瑚（*Corallium rubrum*），产于地中海，骨质坚硬，颜色鲜美，可作装饰品。我国台湾所产桃色珊瑚（*C. japonicum*），也可作雕刻用材。

	八放珊瑚亚纲（*Octactinia*）：各珊瑚虫有八个羽状触手，故名。诸虫（个员）合成群体，为树枝状；表面有互相连续的共肉，内部有由钙质或角质组成的骨骼。繁生于暖海中。如赤珊瑚、笙珊瑚、海仙人掌等。
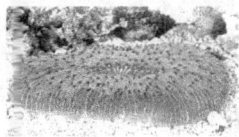	多放珊瑚类亚纲（*Polyactinia*）也称"六射珊瑚类"：各虫的触手均呈指状，无分枝，其数无定，通常为五或六的倍数。或为单体，如海葵、石芝等；或为群体，如海花石、红珊瑚等。

图 3-9　珊瑚纲的种类

【课外拓展】

1. 水螅以各种小型甲壳动物为食，它是如何捕捉与消化的？
2. 腔肠动物的再生能力很强，与哪些细胞有关？

【课程研讨】

1. 珊瑚礁与海洋生物及人类生存环境有何关系？该如何保护珊瑚礁？
2. 仿生学与水母的关系如何？

【课后思考】

1. 腔肠动物门的主要特征有哪些？主要包括哪些类群？
2. 腔肠动物是如何进食的？繁殖方式有哪些？
3. 腔肠动物门的神经系统有何特点？
4. 水螅两层体壁各由哪些细胞组成？各种细胞的功能是什么？
5. 水螅是如何进行繁殖的？

【小资料】

科学家发现地球上唯一一种"不死生物"

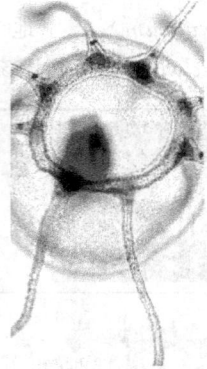

图 3-10　　　　　　　　　　　　　　　　图 3-11

　　北京时间 2009 年 2 月 2 日消息　据俄罗斯《新闻》网报道,日前有科学家宣布,一种被称为"灯塔水母"(*Turritopsis nutricula*)的微型海洋生物,很可能是世界上唯一不会死亡的生物。

　　科学家们介绍说,"灯塔水母"的直径只有 4～5 毫米,但就是这样一种非常微小的生物,却具有一种"返老还童"的神奇本领。据介绍,通常情况下,水母会在繁殖完下一代后死亡,但"灯塔水母"在达到性成熟阶段之后,又会重新回到年轻阶段,并开始另一次生命过程,而且从理论上讲,这种循环过程是周而复始、可以永远重复下去的。"灯塔水母"属于水螅虫纲,是一种主要以更小微生物为主要食物的捕食性生物,采用无性繁殖方式,多生活在热带海域。科学家们强调说,"灯塔水母"是目前唯一发现的能够从性成熟阶段回复到幼虫阶段的生物。据一位长期从事"灯塔水母"研究的科学家介绍,他观察了大约 4000 条"灯塔水母",结果显示,它们全部都能"返老还童",没有因自身原因死亡过一条。

　　至于"灯塔水母"究竟是如何完成"返老还童"这一神奇过程的,其中的谜团还有待于海洋生物学家和遗传学家们进行解答。有研究人员认为,"灯塔水母"的"返老还童"过程可能是通过细胞的转分化过程实现的。在此过程中,细胞的类型和功能会发生改变。而伴随这种功能上的转化所出现的则是器官的再生。或许正是细胞的这种变化过程为"灯塔水母"打造出了不死之躯。

第四章　扁形动物门

【课程体系】

【课前思考】

1. 扁形动物门的主要特征。
2. 扁形动物门的类群及代表动物。

【本章重点】

扁形动物门的形态与内部结构。

【教学要求】

1. 掌握扁形动物门的主要特征及分类。
2. 掌握寄生性扁形动物与宿主的关系。

扁形动物是一群背腹扁平,两侧对称,具三胚层而无体腔的蠕虫状动物。中胚层的产生使其在结构的配置上重新调整,使身体结构成为成双的配置方式,即两侧对称,是增强身体结构和生理功能的物质基础。它们的口和生殖孔通常在腹面,消化系统不完全,排泄系统是末端具有焰细胞的原肾管,具梯形神经系统和发达的生殖系统。

一、主要特征

(一)身体扁平,体制为两侧对称

通过身体的中轴,只有一个切面能把身体分成左右相等的两个部分。

特点:运动由不定向转为定向,不仅增加了动物的活动性,而且使动物对外界反应更迅速而准确。两侧对称的体制使动物体分化出前后端、左右侧和背腹面;身体各部分功能出现分化。头部:神经和感觉器官向前端的头部集中;背面:具有保护作用;腹面:承担运动和摄食的功能。

（二）中胚层的形成

内外胚层间出现中胚层。因为动物的许多重要器官、系统都由中胚层细胞分化而成,这促进了动物身体结构的发展和机能的完善,为动物体结构的发展和生理的复杂化、完备化提供了必要的基础,并分化成两种组织。

1. 实质组织:为合胞体结构的柔软结缔组织,也称间质。

分布:充满在各组织器官之间,使体内无明显的空隙,因此扁形动物也称为无体腔动物。

功能:贮存水分和养料,抗干旱和耐饥饿;保护内脏器官,输送营养物质和排泄物,分化和再生新器官。

2. 肌肉组织:首次出现肌肉组织,促使扁形动物的结构和机能产生一系列变化。

肌肉形成使运动速度加快,导致神经和感觉器官发展完善。

原始的网状神经系统→梯形神经系统

肌肉形成使运动速度加快,能更有效地摄取较多食物。

原始的消化腔→不完全的消化系统

消化系统发展导致新陈代谢能力加强。

相应的异化作用加强→出现原肾管型排泄系统

（三）皮肤肌肉囊

肌肉组织(环肌、纵肌、斜肌)与外胚层形成的表皮相互紧贴而组成的体壁称为皮肤肌肉囊。功能:保护、强化运动、促进消化和排泄。

（四）不完全的消化系统

有口而无肛门,称为不完全消化系统。寄生种类消化系统趋于退化(如吸虫)或完全消失(如绦虫)。

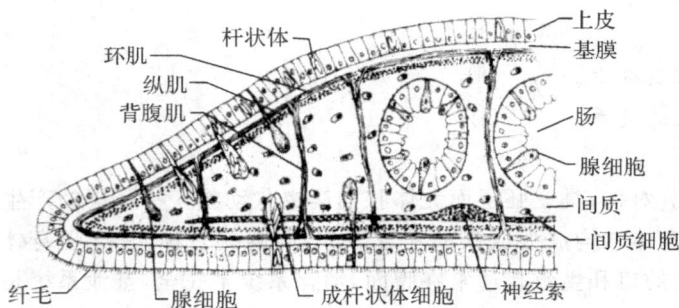

图 4-1 横断面结构图

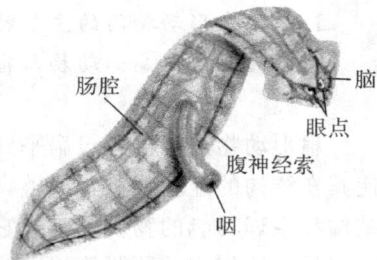

图 4-2 三角涡虫的消化与神经

（五）原肾管排泄

原肾管是第一次出现的排泄器官,是由外胚层形成的,埋藏在填充组织中,有许多分支,其功能单位为焰细胞。焰细胞内有一束纤毛,经常均匀摆动,通过细胞膜的渗透而收集体内多余的水分、液体废物,把它们送到收集管,再到排泄管、排泄孔,排出体外。主要作用是调节渗透压,排出多余的水分。焰细胞颈部具重吸收的作用,能吸收废物中的盐类。

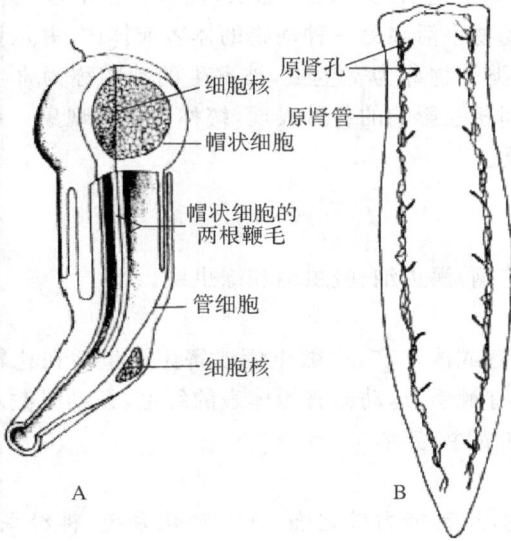

图 4-3　涡虫的排泄系统　　　　　图 4-4　涡虫的神经系统

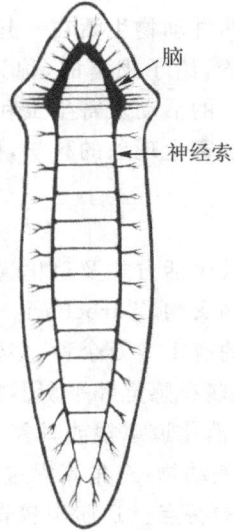

（六）梯形神经系统

扁形动物的神经组织比较集中、发达。有了原始的中枢神经，前端最发达为脑，脑后为神经索。神经组织大多集中在身体的腹面，形成梯形。神经索之间有横神经，能对刺激作出迅速而灵敏的反应。

（七）生殖特点

雌雄同体，生殖器官复杂，具有固定的生殖腺和生殖导管，具有交配行为，体内受精。有两种发育方式：（1）直接发育：动物幼体从卵孵出或母体产出后，不经过变态，而直接长成成体的发育方式。幼体与成体的形态和生活方式大致相同。（2）间接发育：动物幼体从卵孵出或母体产出后，须经过变态，方能长成为成体的发育方式。幼体与成体的形态及生活习性显然不同。

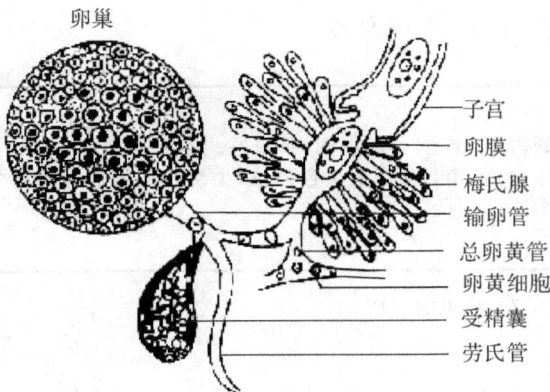

图 4-5　雌性生殖系统　　　　　图 4-6　雄性生殖系统

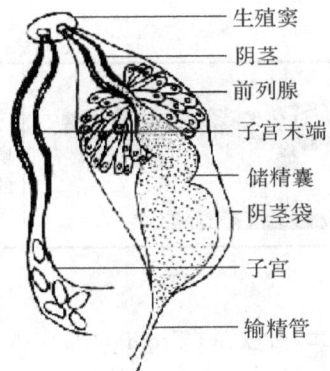

（八）生活方式

一类是营自由生活，如涡虫纲中的某些动物，在水中或潮湿的陆地上爬行或游泳，以捕捉小动物及摄取有机物为食。另一类是营寄生生活,如吸虫、绦虫,从被寄生的动物体获得营养。凡两种动物生活在一起,其中一种动物生活在另一种动物的体表或体内,并从该动物夺取其营养,给予损害的,称为寄生,这一类动物称为寄生虫,被寄生的动物称为寄主或宿主。寄生虫的活动及寄生虫和寄主、宿主间相互影响的各种表现,统称为寄生现象。系统研究各种动物寄生现象的科学,称为寄生虫学。

二、分类

根据其生活方式及消化管的有无,分三纲:涡虫纲、吸虫纲和绦虫纲。

(一)涡虫纲(Turbellaria)

涡虫约有 1.8 万余种,多营自由生活,海或淡水产,少数土栖或寄生。生活在比较隐蔽的环境中,多有感觉和平衡器官,少数种类有触手,运动器官为体表的纤毛,摆动时激水呈涡状,故名。消化道单根或具复杂分支。例如涡虫、笋蛭。

1. 代表动物:三角真涡虫。

2. 纲的特点:(1)肌肉较寄生种类发达,运动能力较之强。(2)消化系统、神经系统、感官较发达。

3. 分类:主要根据它们的消化系统——肠的有无及分支多少,分 4 目:无肠目、单肠目、三肠目、多肠目。

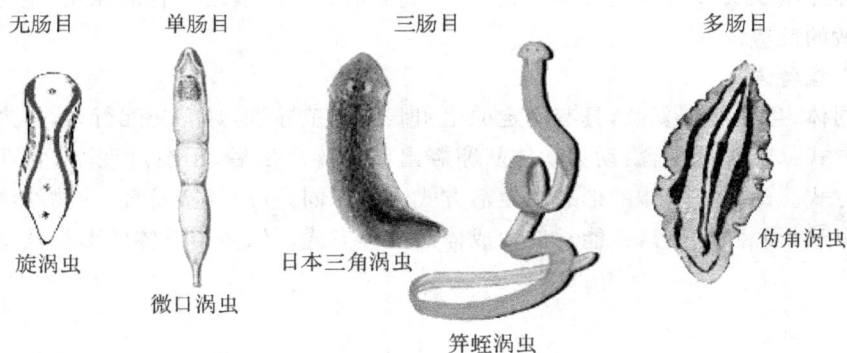

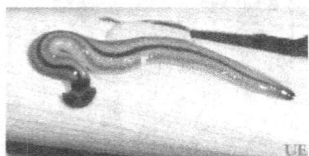

图 4-7　涡虫纲动物

(二)吸虫纲(Trematoda)

有 6000 种左右,多数为体内寄生虫,少数为体外寄生,体表无纤毛,消化系统退化,神经系统不发达,感觉器官消失。常有吸盘,前端为口吸盘,腹面稍后有腹吸盘,吸附能力强。分为:单殖亚纲吸虫:直接发生,多寄生于鱼类体外,如三代虫。复殖亚纲吸虫:生活史中有两至三个宿主(一至两个中间宿主),多为脊椎动物的体内寄生虫,如日本血吸虫、肺吸虫、姜片虫。

1. 日本血吸虫（*Schistosoma japonicum*）

有日本血吸虫、埃及血吸虫和曼氏血吸虫三种。在我国只有日本血吸虫。雌雄异体。雄虫乳白色，长 5～18 毫米，体侧向腹面卷曲，形成小槽，称"抱雌沟"，用以夹抱雌虫。雌虫后半部褐色，纤细如丝，长 7～27 毫米。寄生在人和多种哺乳动物的门静脉系统的小血管内，使患者肝脾肿大、产生腹水、丧失劳动力、重者死亡。雌虫在肠壁附近产卵，卵呈椭圆形，可穿透肠壁，随粪排出。在水中孵出毛蚴，进入中间宿主钉螺体内，发育增殖成许多胞蚴，由脑蚴产生许多尾蚴后，逸出螺体，遇入水的人、畜即由皮肤侵入体内。

图 4-8　血吸虫

2. 姜片吸虫

中间宿主为扁卷螺。囊尾蚴附着在菱、荸荠等水生植物上，人因生吃附有囊尾蚴的菱、荸荠等而被感染，引起姜片虫病。姜片虫病为人、猪共患的寄生虫病。表现为：上腹部或右肋下隐痛，常有消化不良性腹泻。

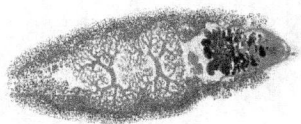

图 4-9　姜片吸虫

3. 华枝睾吸虫

寄生在人、猫、狗等肝脏胆管内，引起消化不良、水肿、黄疸，可引发原发性肝癌。

终宿主：除人外，还有猫、狗、虎以及一些有吃生鱼习惯的动物，成虫在寄主体内能活 15—20 年。

中间宿主：有两个，第一中间宿主主要是淡水的螺蛳，第二中间宿主多为野鱼。

生活周期：

(1)卵被淡水螺蛳吞食以后进入其消化道，不久，卵壳破裂，毛蚴孵出。

(2)毛蚴钻入肠壁组织，形成胞蚴。胞蚴又可形成雷蚴。都以无性生殖方式繁殖，数量很大。

(3)雷蚴形成后进入螺蛳的血窦中，此处营养丰富，继续发育形成形似蝌蚪状的尾蚴，成熟后被排到水中游动，不能超过 48 小时，遇到第二中间宿主鱼类，侵入鱼的肌肉组织，变成椭圆形囊蚴。

(4)人吃了未煮熟或生的鱼而感染，进入胆管发育成成虫。

(三)绦虫纲(Cestoidea)

绦虫一般为长带状，为带状蠕虫。都是营内寄生生活的，而且都寄生在脊椎动物的肠腔中，比吸虫纲更适应寄生生活，特殊感觉器官完全退化，消化系统全部消失，只借体表的渗透作用来吸收寄主的营养，附着器官都集中在头部，其后由许多节片组成。有的长达 10 米。

1. 主要特征

(1)成虫寄生于人和脊椎动物的肠腔中。

(2)全身呈带状，由头节、颈和体节(节片)组成；前端细。头节上有槽、吸盘或钩，每一节片相当一个体，其中至少有一套雌雄生殖器官，其他器官退化，营养靠体表吸收宿主的养料。随生殖器官的发育，节片愈后愈成熟，有卵的节片称为"孕节"，最后逐节或整段脱落，随粪排出宿主体外。

(3)生活史具中间宿主。卵内具有钩的胚→侵入中间宿主→蚴→被终宿主吞食后，即在肠内成长为成虫。如：寄生人体内的猪肉绦虫、牛肉绦虫、

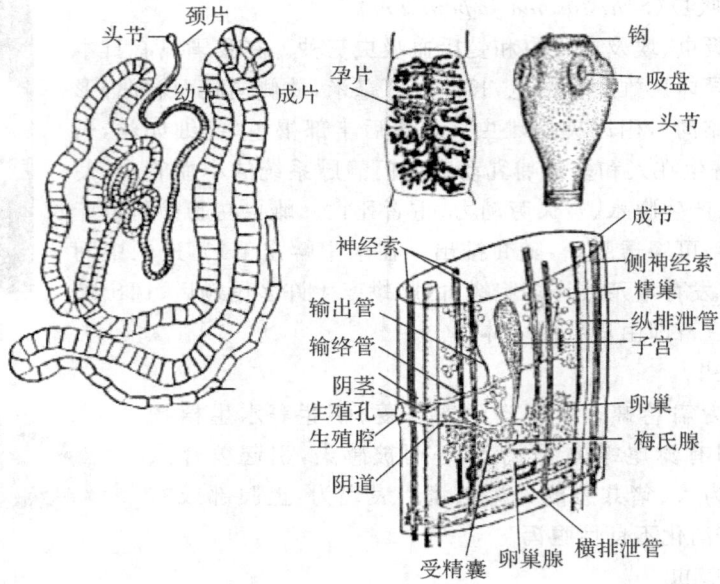

图 4-10　绦虫的结构

2. 生活周期

中间宿主为脊椎动物或节肢动物。

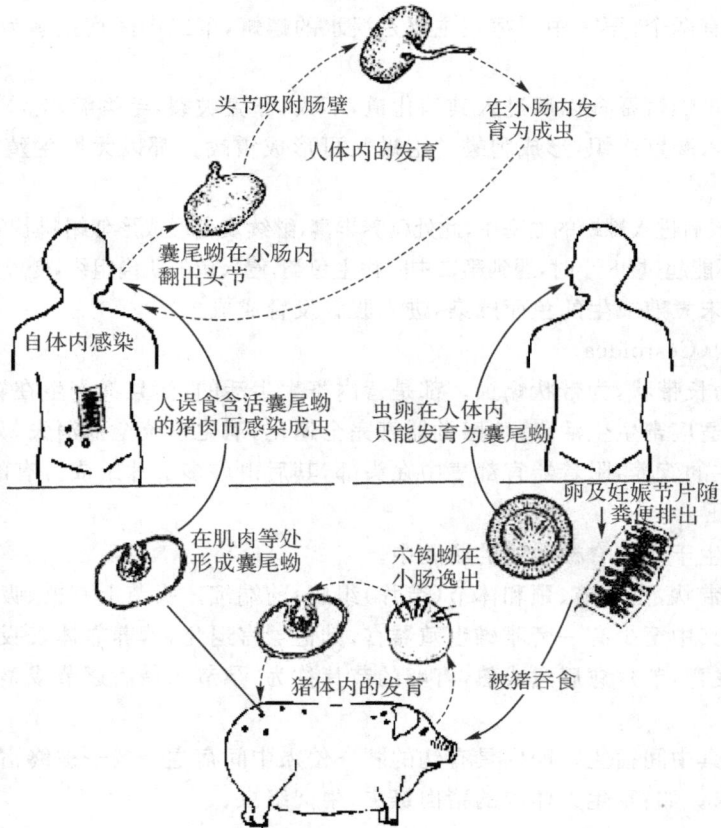

图 4-11　猪带绦虫的生活史

终宿主都为人、猪等脊椎动物,并都寄生在肠中。

生活史可分为两种类型:

(1)大多数是在同一节片内进行自体受精。卵堆积在子宫中,而成为孕节,后脱落,随粪便排出。卵壳腐烂,卵内的六钩蚴散出,猪吞食后,到横纹肌,发育成囊状,称囊尾蚴,人吃了未熟的带囊尾蚴的猪肉,发育成成虫。

(2)少量绦虫的子宫在节片的腹面有孔通体外,称子宫孔,卵可由此孔产出,因此只有成节无孕节,产出的卵是有盖的。卵随粪便排出,在水中六钩蚴孵出,在水中游泳,后经第一中间宿主——剑水蚤、第二中间宿主——鱼发育,人吃了此种未煮熟的鱼到肠发育成成虫。

【课外拓展】

1. 吸虫纲动物的结构有哪些特征?

2. 猪带绦虫生活史如何? 如何预防绦虫病?

【课程研讨】

扁形动物与人类有何关系? 请提出人类免除扁形动物侵袭的方法。

【课后作业】

1. 扁形动物门的主要特征是什么?

2. 扁形动物门分成哪几纲? 比较其特点。

3. 扁形动物哪些器官发达? 哪些器官退化?

4. 名词解释:左右对称、直接发育、间接发育、寄生、中间寄主。

【小资料】

简单的涡虫会学习

地球上人的脑子最大,涡虫的脑子最小,且非常简单,如果你把一条涡虫切成两半,它能在 6 天内长出一个新头。但你别以为它们是最笨的了,其实它们也和人类一样,能学习和思考。

科学家曾做过一个实验,他们把一些涡虫放进特别的箱子里,箱内有明亮的和黑暗的隧道。如果涡虫选择正确的隧道,它们就会得到食物和水。涡虫学习得很快。尔后它们又停下了,不肯再动。出了什么毛病,科学家弄不清楚。是涡虫厌倦了吗? 也许是问题太简单了? 于是给了涡虫一个更难的问题。有些涡虫得找寻木板光滑的黑暗隧道,有些涡虫得找寻木板粗糙的黑暗隧道。明亮的隧道也有光滑和粗糙的木板之分。涡虫又工作 起来,并且再不停止。

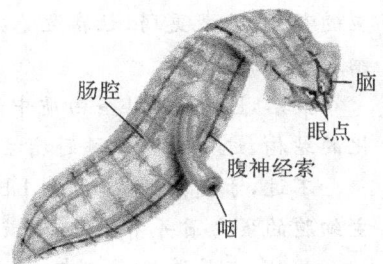

图 4-12

我国科学家揭秘血吸虫潜在药靶

　　我国科学家鉴定出了一组血吸虫蛋白质，它们能帮助这种寄生虫逃避宿主的免疫攻击。

　　这项研究发表在中国权威科学刊物《科学通报》上。科学家们希望，这一研究能为以血吸虫关键蛋白质为靶点的药物研究提供线索。

　　2006年，国家人类基因组南方研究中心的科学家已经完成了血吸虫蛋白质结构的鉴定工作。

　　在这些蛋白质中，中科院上海生科院系统生物学重点实验室生物信息中心的博士研究生于复东及其同事发现了在血吸虫表膜一组具有"EF—hand 域"的蛋白质的作用。

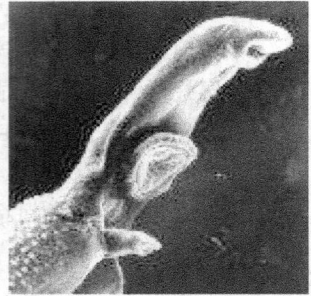

图 4-13　一条放大了 256 倍的血吸虫（图片来源：National Cancer Institute：Bruce Wetzel & Harry Schaefer）

　　于复东告诉记者："过去，我们只知道这组蛋白质可以引起宿主的免疫反应，但是并不知道这些反应是如何发生的。"

　　这组科学家利用生物信息学的方法，将这类 EF—hand 蛋白质及其相关宿主蛋白质与生物信息数据库中收录的蛋白质进行了比较。科学家们已经明确了解数据库中收录的数千个蛋白质的功能。于复东介绍，通常，结构类似、在细胞中位置相近的蛋白质具有相似的功能。

　　在此基础上，科学家们利用计算机模型研究了这类 EF—hand 蛋白质与宿主的相互关系，发现它们在血吸虫逃避宿主免疫应答方面发挥了重要作用。

　　其中的一些蛋白质能够抑制宿主的细胞趋化。细胞趋化是免疫反应的一个重要环节。生物体在异物入侵后，有一类细胞会聚集在异物周围，引导发挥免疫作用的 T 细胞对异物进行攻击。阻碍了这类"信史细胞"的聚集，就防止了宿主免疫系统识别这些寄生虫的存在。

　　随后，如果这种功能不能免除宿主的免疫攻击，这类 EF—hand 蛋白质还能调节免疫反应的程度，使之更弱，让宿主免疫系统只出现轻微炎症反应，从而不会启动对寄生虫致命的细胞毒化作用。

　　最后，EF—hand 蛋白质中的一些结构还能发生遗传突变，给自己增加了一种名叫糖基化的结构，这是血吸虫逃避宿主免疫系统识别的另一个伎俩。

　　不过，于复东也说，尽管 EF—hand 蛋白质能保护血吸虫不受宿主免疫攻击，它们与宿主细胞的蛋白质并不同源，这就让它们更容易成为潜在的药物靶点。

　　此外，在计算机模拟中，科学家们也发现，在这组蛋白质中，有两个非常稳定的结构。研究者们指出，这种稳定性意味着它们可能成为将来疫苗的靶点。

　　但是，于复东也谨慎地指出，目前通过计算机模拟分析出来的血吸虫蛋白质功能需要通过实验方法得到证实。

　　血吸虫感染能引发血吸虫病，这种疾病常见于非洲、亚洲和南美。人们能毫无症状地携带血吸虫，但是在严重的情况下，他们会出现发烧、虚弱、脾脏和肝脏肿大、以及中枢神经系统问题。

第五章 原腔动物门

【课程体系】

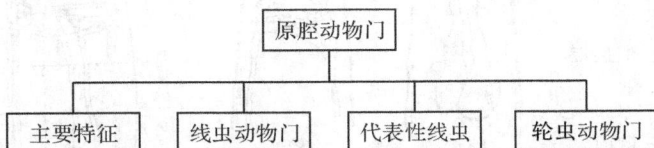

【课前思考】

1. 原腔动物门的主要特征。
2. 原腔动物类群特征。
3. 线虫的特点。
4. 寄生虫流行与与生活习惯。

【本章重点】

原腔动物门的主要特征及线虫的结构。

【教学要求】

1. 掌握原腔动物门的主要特征及分类。
2. 掌握线虫的结构特点。

原腔动物(Protocoelomata)又称假体腔动物(Pseudocoelomata)或线形动物(Nemathelminthes),种类达 18000 多种,过去包括线虫纲、轮虫纲、腹毛纲、线形虫纲及棘头虫纲等 5 纲。它们具有共同的特点:原体腔,消化管完全,体表被角质膜,具原肾系统的排泄管,雌雄异体等。但原腔动物中各类群的亲缘关系不很密切,形态结构上存在着明显差异,因此,现在大多数学者认为,原腔动物中各类群应各自列为独立的门。

一、主要特征

1. 具有原体腔:又称假体腔或初生体腔,是胚胎时期囊胚腔的剩余部分保留到成体形成的体腔,只有体壁中胚层,没有肠壁中胚层及体腔膜。腔内充满体腔液,将体壁和肠道分开。假体腔形成对生物学的意义:为内脏器官系统发展提供了空间;能更有效地输送营养和代谢物质;在体壁与内脏之间形成膨压使身体保持一定体形。

2. 体形圆柱形,体不分节,无明显头部。

3. 具完全消化系统:口、食道、中肠、直肠、肛门。

4. 还未有专门的循环系统和呼吸系统:体腔液的流动起循环作用;体表呼吸,寄生种类厌氧呼吸。

5. 原肾管型的排泄系统:管型或腺型。

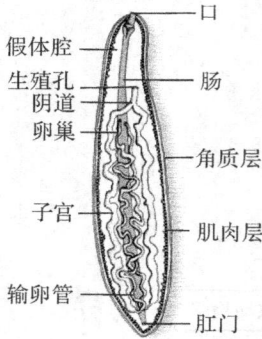

图 5-1　结构

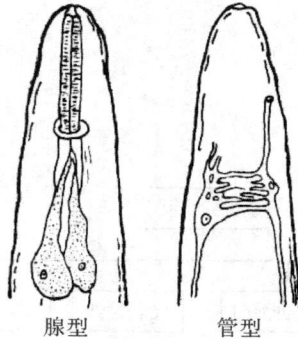

腺型　　　管型

图 5-2　排泄系统

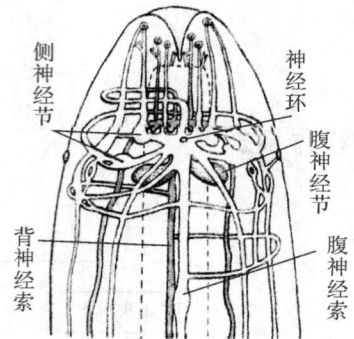

图 5-3　筒状神经

6. 筒状神经系统:由神经环、纵神经干、神经节构成,呈筒状。

7. 大多数雌雄异形异体,生殖器官呈管状。

二、线虫动物门(Nematoda)

已知约有 15000 种,有人估计有 50 万种,分布广,自由生活的种类在海水、淡水、土壤中都有,数量极大;植食性线虫以细菌、单胞藻、真菌、植物根及腐败有机物等为食;肉食性种类以原生动物、轮虫及其他线虫等为食;寄生线虫寄生在人体、动物和植物的各种器官内,有人蛔虫、旋毛虫、肠钩虫、肠蛲虫、毛首鞭形线虫等,危害较大。一般体呈圆柱状,细长,通称圆虫,土壤线虫和植食性线虫多微小,最小的种类体长只有 $200\mu m$,寄生线虫可超过 $300\mu m$,最大的可达 1m,但其直径小于 2mm。

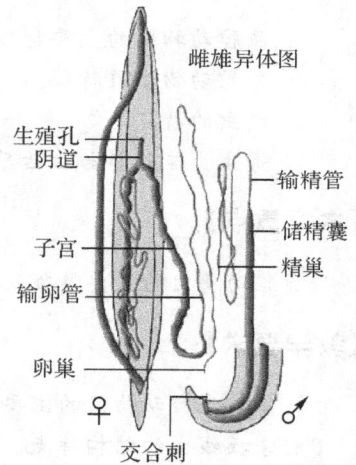

图 5-4　生殖器官

(一)分类

线虫有 15000 多种,一般分为 2 纲。

1. 无尾感器纲(Aphasmida):无尾感器,排泄器官退化或无,雄虫只有一交合刺,多数营自由生活。如旋毛虫、人鞭虫。

2. 尾感器纲(Phasmida):有尾感器,排泄器官为成对的纵管,雄虫具一对交合刺,大多营寄生生活。如小杆目、蛔虫目、圆线虫目。

(二)几种重要的线虫

1. 人蛔虫(*Ascaris lumbricoides*)

是寄生在人体或其他动物体内的一种常见的寄生虫,圆柱形,两端渐细,全体乳白色,侧线明显。雌体长（20—25mm），雄体短而细，尾端呈钩状，在钩卷处有两个交合刺。雌雄虫成熟以后，在人的小肠内交配，卵在子宫内受精，然后由雌性生殖孔产出（在潮湿、20～24℃下发育）→卵裂（不典型的螺旋式）→幼虫（需 2 周）→蜕皮后具感染性虫卵（经 1 周，脱皮 1 次）→被人误食，在十二指肠内孵化→数小时破壳而出→幼虫穿肠壁进入血液或淋巴→门静脉或胸管→心脏→肺→肺泡内生长发育，脱皮 2 次→沿气管至咽→随吞咽进食道、胃、小肠→第 4 次脱皮发育成成虫。人自吞入虫卵至成

图 5-5　人蛔虫

虫再产卵需 60～75 天，寿命约为 1 年。值得一提的是：1 条雌虫每天可产卵约 20 余万粒，感染性虫卵对温度及化学药物等抵抗力很强，在土壤中可生活 4～5 年。

　　人如少量感染蛔虫，并不引起明显症状，如果严重感染则对人体造成很大危害。幼虫在人体内移行时，释放出免疫原性物质，引起寄主局部或全身的变态反应，如肺部炎症、痉挛性咳嗽、体温上升等。成虫在小肠内寄生，引起小肠黏膜机械性损伤，以致消化吸收不良，病人腹疼、食欲不振，严重时儿童会出现贫血、发育障碍等症状。体内大量成虫寄生，会出现成虫扭曲造成肠梗阻，或侵入胆囊，造成胆囊炎、胆道穿孔、胰腺炎、腹膜炎等。

　　蛔虫是世界性分布的人体寄生虫，在我国感染很普遍，特别是在农村。蛔虫成虫产卵量大，虫卵有很强的理化抗性，直接感染不需中间寄主，人们生食蔬菜及不卫生的生活习惯等都造成了蛔虫的广泛传播。

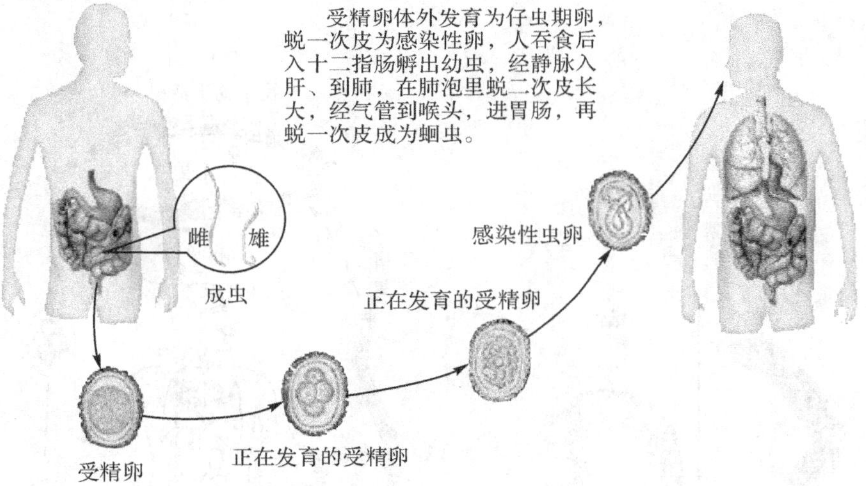

受精卵体外发育为仔虫期卵，蜕一次皮为感染性卵，人吞食后入十二指肠孵出幼虫，经静脉入肝、到肺，在肺泡里蜕二次皮长大，经气管到喉头，进胃肠，再蜕一次皮成为蛔虫。

雌　雄

成虫

感染性虫卵

正在发育的受精卵

受精卵

正在发育的受精卵

图 5-6　蛔虫的生活史

2．人鞭虫（*Trichuris trichiura*）

　　虫体后部粗，前部 4/5 细长如鞭，寄生在人的盲肠和阑尾。卵在外界发育成感染性卵，在人小肠内孵化成幼虫，最后到盲肠中，经 3 个月才成熟。雌虫长 35～50mm，雄虫长 30～45mm。

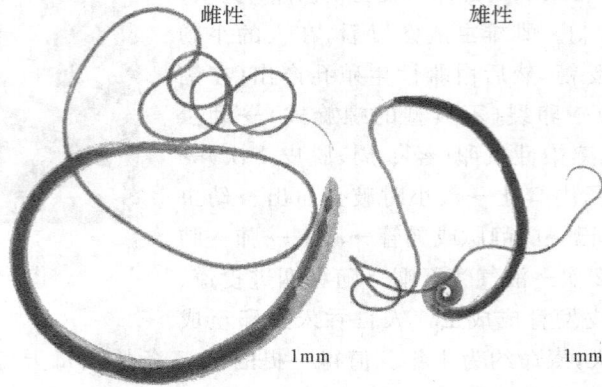

图 5-7　人鞭虫

3．人蛲虫（*Enterubius vermicularis*）

　　是寄生人体大肠下段的一种小型寄生线虫，特别是在儿童之间易受感染，全世界均有分布。成虫体细长，乳白色，前端具翼膜。雌虫长 9～12mm，雄虫长 2～5mm。寄生在人的盲肠、结肠、直肠等部位，虫体前端钻入肠黏膜，吸取营养。蛲虫为直接感染，儿童感染率特别高，雌虫在午夜时爬出肛门产卵，致使肛门奇痒，影响睡眠。患者的衣被、手指甲缝，甚至空气中都有虫卵。受精卵被寄主吞食后，在十二指肠内孵化为幼虫，进入大肠发育为成虫，并且受精卵也可在肛门处孵化，幼虫再爬入肛门，称逆行感染。雌虫在宿主内生活一般为 2 个月。

　　危害：蛲虫寄生常可引起轻度溃疡、阑尾炎、腹泻、阴道炎等症状，并使患者烦躁、失眠、消瘦。

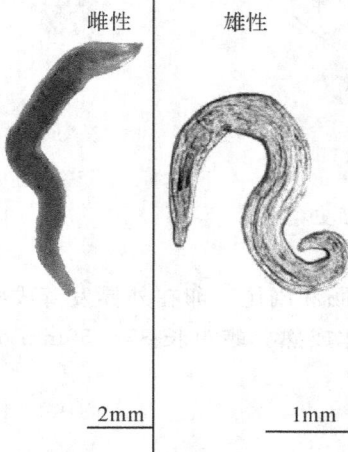

图 5-8　人蛲虫

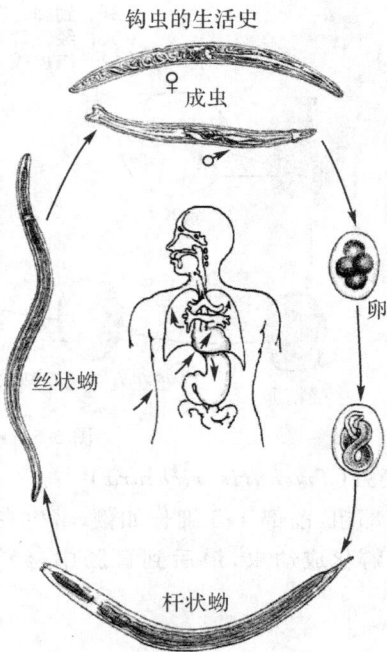

图 5-9　十二指肠钩虫

4. 十二指肠钩虫(*Ancylostoma duodenale*)

寄生在人的十二指肠或小肠中,虫体小(雌虫长 10～13mm,雄虫长 8～11mm),口囊发达,腹侧有内外 2 对钩齿,背侧有 1 对三角形齿板;雄虫尾端具交合伞,其背肋小枝有 3 个分叉。钩虫以口囊吸附肠壁,摄取肠黏膜及血液为食,可使人便血、贫血或肠溃疡等。雌虫每天排 2 万个以上卵,雌雄虫在人体小肠交配产卵→受精卵在潮湿土壤中发育→杆状蚴(在土中自由生活)→蜕 2 次皮成丝状蚴,丝状蚴具感染性,穿过寄主皮肤,直接钻入人体→血液或淋巴→心、肺→气管到咽→喉头→食道→胃→肠(第 3 次蜕皮)→成虫,脱皮并吸附于肠壁,经 3～4 周,再脱皮,发育成成虫。从感染性幼虫到成虫的时间约需 5～7 周,成虫在人体内可存活 1～7 年。分布广,属温带型,华中、华南、四川等地较严重。

危害:幼虫在侵入寄主皮肤后,可刺激皮肤出现丘疹、皮炎等,但数日后可消失。幼虫在人体内移行时,引起寄主咳嗽、发烧、咳痰、哮喘等症状,症状的轻重与侵入体内虫体的数量相关。成虫在小肠内寄生时,咬破肠黏膜,吸食血液。同时虫体可分泌抗凝血酶,使伤口处不停地渗血,造成肠壁严重机械损伤。成虫有不断更换咬吸部位的习性,因此造成新老伤口同时流血不止,寄主大量新鲜血液由肠壁伤口处流失,使病人严重贫血,出现头晕眼花、心跳气短、苍白无力,甚至浮肿、贫血性心脏病,严重丧失劳动力。一些病人还出现"异嗜症",即喜食生米、泥土、纸张等非正常食品,据研究这是由于严重贫血引起的缺铁症,如单独补充铁剂,异嗜症可缓解。我国黄河以南地区农村的感染率可达人口的 20% 左右,个别地区可高达 35%。

5. 旋毛形线虫(*Trichinella spiralis*)

是重要的人畜共患寄生虫病。成虫细小,雌雄异体(雄虫长为 1.4～1.6mm,雌虫长 3～4mm)。成虫寄生于肠管,幼虫寄生于横纹肌。人、猪、犬、猫、鼠类、狐狸、狼、野猪等均能感染。鸟类可以实验感染。人若摄食了生的或未煮熟的含旋毛虫包囊的猪肉可患病致死,故肉品卫生检验中将旋毛虫列为首要项目。

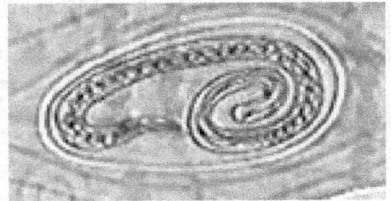

图 5-10 旋毛形线虫

危害:成虫侵入肠黏膜时,引起肠炎、黏膜增厚、水肿、黏液增多和瘀斑性出血,甚至形成浅表溃疡。幼虫致病:感染后 15 天左右,幼虫经血管移行至肌肉,引起急性肌炎、发热和肌肉疼痛。旋毛虫对猪和其他动物的致病力轻微,几乎无可见的临床症状。

三、轮虫动物门(Rotifera)

体微小(0.04～2mm),大小似原生动物,为淡水浮游动物的主要类群之一,已发现 2000 多种,大部分生活于淡水中,咸水及海洋中种类较少,我国有 252 种。绝大多数为单体,少数为群体。以细菌、原生动物、藻类、轮虫、有机质碎屑等为食,在微酸性和微碱性水体中生活。

身体分头、躯干和尾,具轮盘(头冠或纤毛环)。

消化系统具咀嚼器、胃及消化腺。

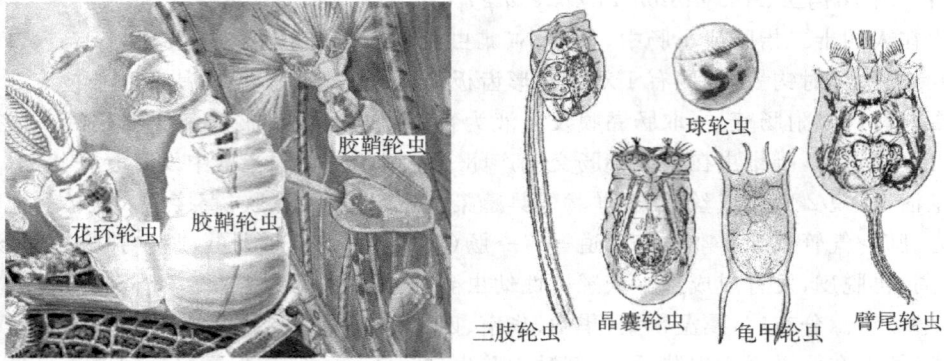

图 5-11 轮虫动物门的种类

1. 外形

一般分为头、躯干和尾三部分。

头端具头冠,由 1～2 圈纤毛组成,纤毛摆动,形似车轮,故称轮虫。头冠具运动和摄食功能。

躯干:躯干部角质膜增厚形成兜甲。其上常形成刺或棘。一些部位的角质膜因硬化程度不同而形成环形的折痕,形似体节,能使身体收缩。

尾部:又称足,少数浮游种类无足。足内具足腺,借其分泌物可粘附于其他物体上。足末端有叉状附着器,称趾,一般有一对趾或 3.4 趾,趾在爬行时有固着于底层的作用,在游泳时有舵的作用。

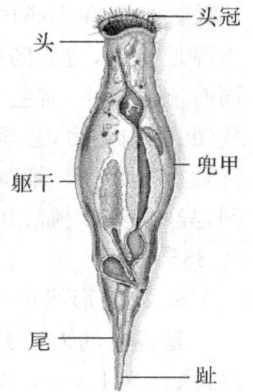

图 5-12 外形

2. 消化

消化管分为口、咽、食道、胃、肠、肛门等。口位于头部腹面,咽部肌肉发达、特别膨大,咽内壁有角质层,并由角质层特化成几个大的突起,构成轮虫特有的咀嚼器,所以轮虫的咽又称咀嚼囊,这是轮虫的特征之一。食道管状,胃膨大呈囊状,内有纤毛。一般胃前有一对胃腺,可分泌酶,有开口通入胃,胃是消化吸收的主要部位。肠管状,较短,连于泄殖腔,以泄殖孔开口于躯干与尾交界处的背侧。

3. 排泄器官

一对由排泄管和焰茎球组成的原肾管,位于体两侧,为合胞体细胞衍生而成,细胞核位于排泄管的管壁中(与涡虫不同),排泄管通入膀胱,与肠汇合入泄殖腔,由泄殖孔开口于体外。

4. 生殖系统

雌雄异体,雄性个体不常见,体小,为雌体的1/8～1/3,寿命短,体内只有一精巢、一输精管及阴茎,其他器官均退化,有些种类从未发现过雄体。雌性的卵巢、输卵管、卵黄腺等一般只有一个,少数成对。行周期性孤雌生殖。孤雌生殖即成熟雌体产的卵不经受精,就能发育为新个体的生殖方式。周期性孤雌生殖是有性生殖和孤雌生殖交替进行的生殖方式。

5. 神经系统

主要由位于咽背侧面的双叶状脑神经节及伸向体后的 2 条腹神经组成,脑神经向体前端和背侧发出许多神经。与涡虫相似。感觉器官:位于头部,头冠上有感觉毛,眼点 1～2

个,1 条背触手及 2 条侧触手,其未端具感觉毛。

6. 发育

先了解一下几个概念。

非混交雌体(amictic female):行孤雌生殖,染色体为 $2n$ 的雌体。

非需精卵(amictic egg):轮虫在环境条件良好时,由非混交雌体产生,其卵不需受精,卵成熟时不经减数分裂,直接发育成雌性个体的卵。

混交雌体:经多代孤雌生殖,当环境条件恶化时,孤雌生殖产生形成的雌体。

需精卵:混交雌体通过减数分裂产生染色体为 n 的卵。

不受精的需精卵发育成雄体:受精的需精卵发育成休眠卵(resting egg),休眠卵具较厚的卵壳,能抵御不良环境。轮虫受精作用在体内进行,一般雄轮虫以阴茎刺破雌轮虫的体壁,将精子排入原体腔。当外界环境条件好转时发育成非混交雌体,行孤雌生殖。

当轮虫生活的水体干枯时,其身体失去大部水分,高度卷缩,进入假死状态,耐干燥能力极强(几个月或几年),遇水能复活,以这种状态维持生存的方式称隐生(cryptobiosis)。

轮虫生活在水里一方面使水净化,另外本身又是鱼类的饵料,在淡水食物链中具有重要作用。

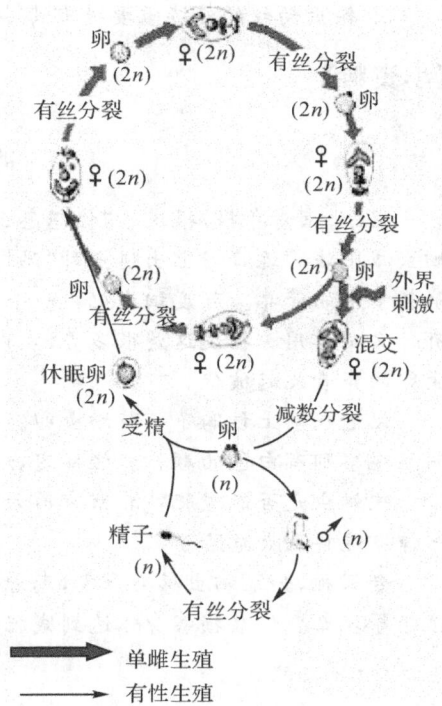

图 5-13 周期性孤雌生殖

【课外拓展】

1. 原腔动物有哪些类群? 比较各类群动物间的异同。
2. 试述寄生线虫对寄生生活方式的适应性。

【课程研讨】

1. 寄生虫病的研究进展。
2. 蛔虫于人类都是有害的吗? 人类对其有无利用价值?
3. 请阐述寄生虫病流行与社会经济状况、人们生活习惯的关系。

【课后思考】

1. 原腔动物的结构中哪些器官发达? 哪些器官退化?
2. 原腔动物与人类的关系密切吗? 请举例说明。
3. 比较人体常见寄生线虫的寄生部位、结构和生活史的异同。
4. 线虫的主要特征有哪些?

5. 轮虫动物的经济重要性有哪些？

【小资料】

吃蛔虫卵减肥法

据《北京青年报》报道 "你想怎么吃都不胖，而且一个月瘦下来十几斤吗？不妨试一下蛔虫减肥法。"近日网上出现一种"恐怖"的减肥方法，生吞蛔虫卵并让其在腹腔内自由繁衍，消耗多余的营养。百度蛔虫吧内一个试过蛔虫减肥的网友说"两个月减掉了 40 斤"，并且没有什么副作用。据说这是很多香港、内地明星的不传之秘，一时百度蛔虫吧内叫卖、求购蛔虫卵的声音此起彼伏。

记者在网上订购了一瓶蛔虫卵。一个 5 厘米高的玻璃瓶内装着淡黄色的液体，里面能明显观察到有白色的颗粒。经鉴定，这瓶里装的却是某种蝇卵。

吃蛔虫是否能减肥？北京市第六医院的李大夫听到记者说有人用吞蛔虫卵减肥后大吃一惊："这样做太危险了。"

专家称，如果蛔虫感染严重，患者会在短时间内消瘦下去，造成营养不良，有时还会出现腹胀等现象。但靠损害身体达到减肥的目的，实在是得不偿失。

第六章　环节动物门

【课程体系】

【课前思考】

1. 环节动物门的主要特征。
2. 环节动物的分类及代表动物。
3. 环节动物与人类的关系。

【本章重点】

环节动物门的主要特征。

【教学要求】

1. 掌握环节动物门的主要特征及分类。
2. 掌握蚯蚓的结构特点与生活习性。

环节动物(Annelida)体长圆柱形或长而扁平,左右对称,由前后相连的许多环节合成。有的有不分节的附肢,即疣足;有的无附肢,而只有刚毛,以佐运动。体腔多数明显。分布于海水、淡水和土壤中,少数寄生。可分多毛纲、寡毛纲、蛭纲。

一、主要特征

(一)有分节现象

环节动物身体由许多形态相似的体节(metamere)构成,称为分节现象。体节与体节间以体内的隔膜相分隔,体表相应地形成节间沟,为体节的分界。不仅在体外显出分节,而且像血管、排泄管、生殖腺、神经节、消化道等重要内脏器官也按节重复排列。

同律分节(homonomous metamerism):除前两节和最后一节外,其余各节,形态上基本相同。环节动物即为同律分节。

异律分节(heteronomous metamerism):各体节的形态机能有明显差别,身体不同部位的体节完成不同的功能,内脏器官集中在一定的体节中。如节肢动物。

分节的意义:体节的出现使动物的运动更加灵活,而且不同部位的体节进一步出现功能上的分工,促进动物的新陈代谢,增强对环境的适应能力。

(二)形成真体腔(true coelom)

环节动物的体壁和消化管之间有一广阔空间,即为真体腔或称次生体腔(secondary coelom)。从胚胎发育看,是由两个中胚层细胞发育为两团中胚层带。每团裂开,分成成对的体腔囊,靠近内侧的中胚层和内胚层合为肠壁,外侧的中胚层和外胚层合为体壁,体腔即位于中胚层的内外层之间。由于该体腔是由中胚层裂开形成的,故称为裂体腔。这种体腔在结构上既有体壁中胚层又有肠壁中胚层及体腔膜。

真体腔形成的意义:

(1)消化管有了肌肉,增强了蠕动,提高了消化机能。

(2)真体腔的形成,促进了循环系统、排泄系统、生殖系统器官的形成和发展,使动物体的结构进一步复杂,各种机能进一步完善。

表 6-1　真体腔与假体腔的比较

	假体腔	真体腔
体腔膜	无	有体壁体腔膜和脏壁体腔膜
肠壁肌肉层	无	有来源于中胚层的肌肉层
与外界相连的孔道	无	通过排泄管,背孔直接与外界相通
来源	胚胎时期的囊胚腔	体腔囊

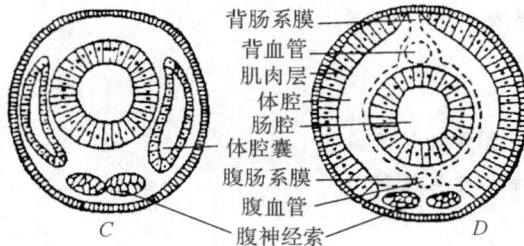

图 6-1　真体腔

(三)刚毛(seta)和疣足(parapodium)

刚毛和疣足是环节动物的运动器官。

刚毛:是由上皮细胞内陷形成的刚毛囊中的一个毛原细胞形成的,数目不等。如环毛蚓的刚毛。

疣足:是体壁向外突出的扁平状物。为海产种类具有,每体节一对。

意义:环节动物刚毛和疣足的出现,增强了运动功能,使它们的运动更敏捷、迅速。

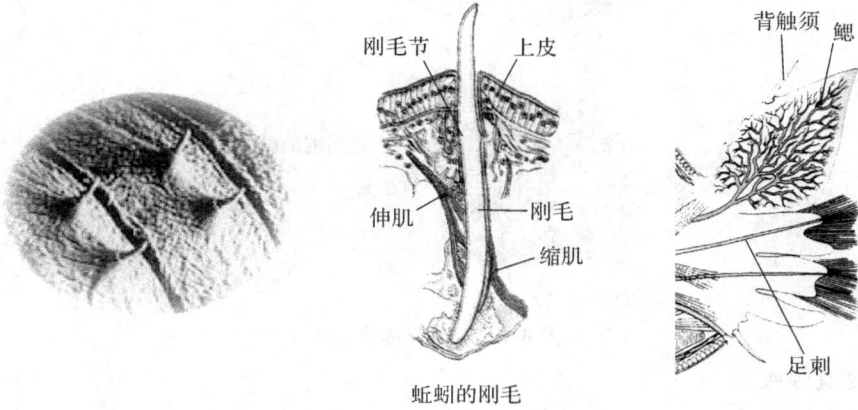

蚯蚓的刚毛

图 6-2　蚯蚓的刚毛

(四)闭管式循环系统

环节动物具有较完善的循环系统,由纵行血管和环行血管及其分支血管组成。各血管以微血管网相连,血液始终在血管内流动,不流入组织间的空隙中,构成了闭管式循环系统。

环节动物循环系统的出现与真体腔的发生有着密切关系。真体腔的发展,使原体腔(囊胚腔)不断缩小,最后只在心脏和血管的内腔留下遗迹,即残存的原体腔。

意义:血液循环有一定方向,流速恒定,提高了运输营养物质及携氧机能。

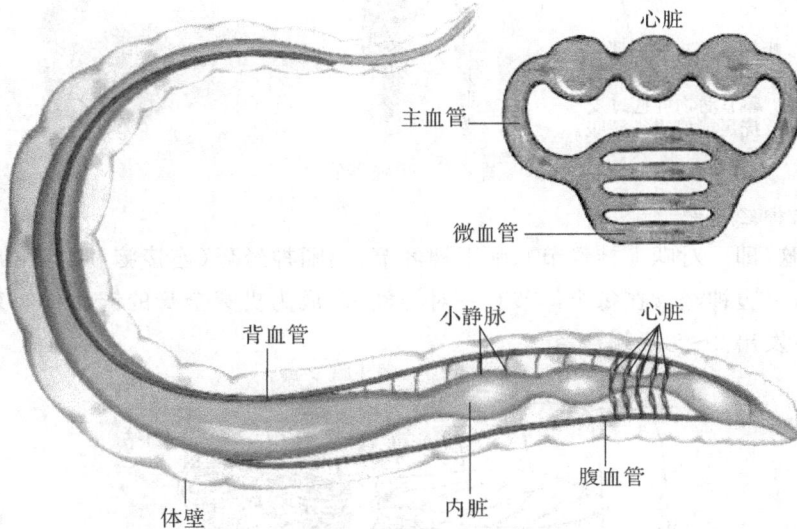

图 6-3　闭管式循环系统

(五)后肾管排泄系统

多数环节动物的排泄系统为后肾管,来源于外胚层。每体节 1 对或多对,具有两个开口:在本内的开口为肾口,向体外的开口为肾孔,排泄物直接从肾口进入管,效率更高。

功能:排泄体腔中的代谢产物,也可排除血液中的代谢产物和水分。

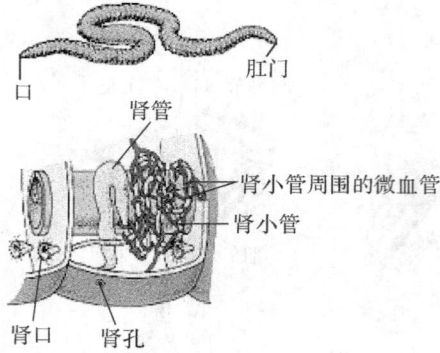

图 6-4　后肾管排泄系统

（六）皮肤呼吸

大多数环节动物无专门的呼吸器官，由于循环系统的产生，皮肤内分布有丰富的毛细血管，可依靠体表进行皮肤呼吸。多毛纲的部分海产种类出现专门的呼吸官——鳃。

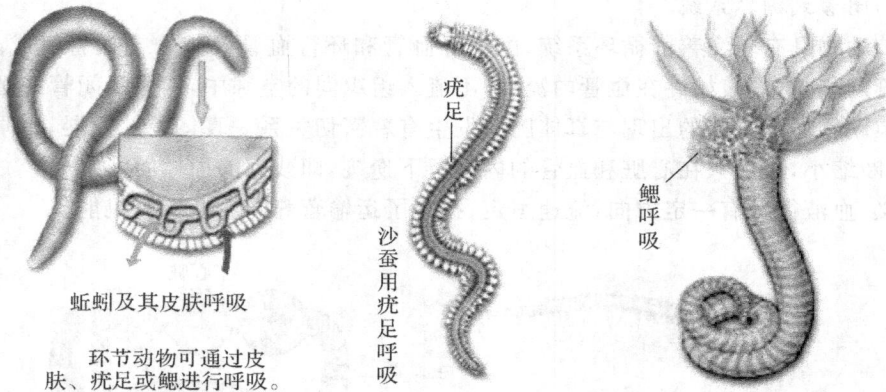

蚯蚓及其皮肤呼吸

环节动物可通过皮肤、疣足或鳃进行呼吸。

沙蚕用疣足呼吸

鳃呼吸

图 6-5　呼吸器官

（七）链状神经系统

结构：由脑（即一对咽上神经节）、咽下神经节、围咽神经环（连接脑和咽下神经节）以及腹神经索组成。腹神经索在每个体节有一对神经节，成为贯穿全身的链状神经系统。每个体节的神经节发出 2～5 条侧神经。

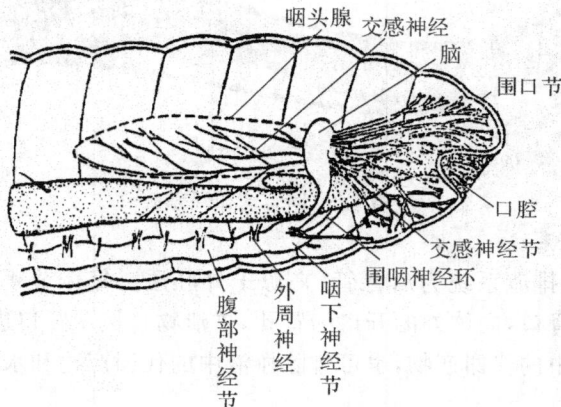

图 6-6　链状神经系统

意义:神经系统进一步集中,致使动物反应迅速,动作协调。

感觉器官发达(多毛类):有眼(感光)、化学感受器、平衡囊等。陆生种类的感觉器官一般不发达,主要由体表的感觉细胞感受外界刺激。

二、分类

环节动物约有 9000 多种,分为多毛纲、寡毛纲、蛭纲 3 个纲。分布在海洋、淡水和陆地,也有寄生。

(一)多毛纲(Polychaeta)

绝大多数在海洋中生活,极少数在淡水生活。头部和感觉器官发达,有疣足,雌雄异体,无生殖环带,发育中有担轮幼虫。已知 6000 多种,常见有沙蚕(*Nereis*)等。

(二)寡毛纲(Oligochaeta)

无明显头部,体表具刚毛。雌雄同体,异体受精,性成熟时体表产生环带,直接发育。约有 3000 种,根据生殖腺、环带、刚毛等结构分为 3 个目,常见有各种蚯蚓、颤蚓等。

(三)蛭纲(Hirudinea)

俗称蚂蝗,吸人或动物的血。体节数目固定,无疣足和刚毛,雌雄同体,性成熟时有环带,有口吸盘和后吸盘。约有 500 种,如金线蛭(*Whitmaania*)。

表 6-2　各纲的比较

	多毛纲	寡毛纲	蛭　纲
头部	明显	不明显	不明显
运动	疣足	刚毛	无刚毛和疣足
生殖	无生殖环带　雌雄异体	有生殖环带　雌雄同体	有生殖环带　雌雄同体
发育	担轮幼虫	直接发育	直接发育
习性	海洋生活	大多陆生	多生活在淡水　暂时性体外寄生

三、代表动物——环毛蚓(*Pheretima*)

蚯蚓是常见的一种陆生环节动物,已知约 1800 种。环毛属种类多,我国有 100 多种。

(一)外部形态

雌雄同体,同律分节,头不明显。主要结构有:口、刚毛(除 1.2 节外,每节 1 圈刚毛)、生殖带(第 14~16 节,色暗肿胀)、雌性生殖孔(1 个,在第 14 体节腹面中央)、雄性生殖孔(1 对,第 18 节腹面两侧)、纳精囊孔(3 对)、背孔(在背线处)。

(二)内部构造

1. 体壁及真体腔

蚯蚓的体壁由角质膜、上皮、环肌层、纵肌层和体腔上皮等构成。

角质膜:较薄,由胶原纤维和非纤维层构成,上有小孔。

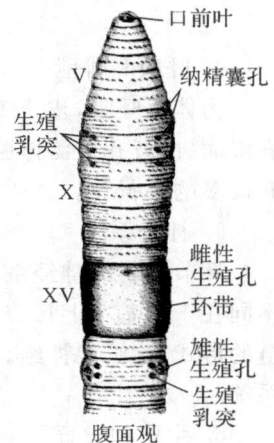

图 6-7　蚯蚓的外部形态

上皮：为单层柱状上皮，分泌形成角质膜。有腺细胞、感光细胞、感觉细胞。

肌肉层：环肌、纵肌。

壁体腔膜：由单层扁平细胞组成。

真体腔广阔，充满液体，被隔膜依体节分隔成小室。

2. 消化系统

消化系统更加完善，消化管分化为前肠（口、口腔、咽、食管、砂囊）、中肠（胃、肠）、后肠（直肠、肛门）等。

蚯蚓为杂食性动物，吞食泥土摄取其中的植物碎片、虫卵以及幼虫等。它们在土壤内用口前叶不断挖掘，并将泥土吞入口中，经口腔、咽、食道到达砂囊，通过研磨，再到中肠，食物在中肠内进行细胞外消化，已消化的养料由肠壁细胞吸收，未消化的部分到后肠由肛门排出，称为蚓粪。蚯蚓在夜间将身体后端从洞内伸出排粪，所以蚓粪都堆积在地面上。

3. 循环系统

环毛蚓的血液始终在血管和微血管中进行流动，不流入组织间隙中。除了大血管外，还有微小的血管网分布在身体的各个部分，成为闭管式循环。血管内腔为原体腔的残留，主要的血管有：纵血管、环血管、微血管。

纵血管：背血管（1条，从后向前流动）、腹血管（1条，从前向后流动）和食道侧血管（2条）。

环血管：心脏4～5对，连背、腹血管，可搏动，有瓣膜，从背向腹流动。

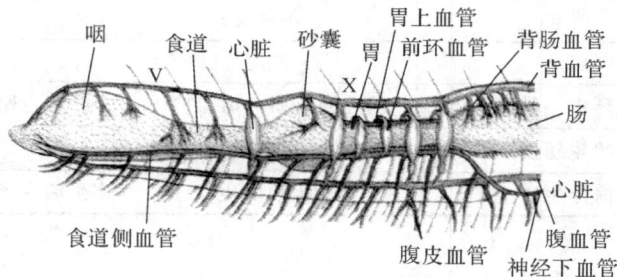

图 6-8　蚯蚓的循环系统

4. 呼吸和排泄

为体表呼吸，皮下有微血管进行气体交换，要求体表湿润（由背孔分泌体腔液）。排泄器官为后肾管，每节有极多的小肾管。

5. 神经系统

环节动物的神经系统和扁形动物、线形动物最大的不同在于它基本上每节都有1对神经节，所以形成神经链的形式，称链状神经。包括中枢神经系统和周围神经系统。

6. 生殖和发育

雌雄同体，异体受精。生殖系统结构分为：

（1）雌性生殖系统

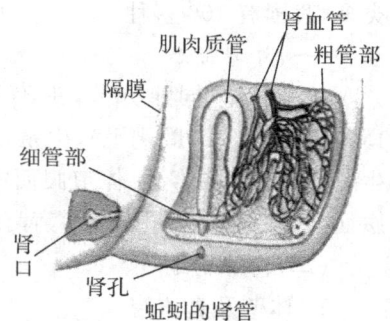

图 6-9　蚯蚓的肾管

1 对卵巢(一对位于第 12、13 体节内,后面各接一卵漏斗,连接输卵管,在隔膜处会合后,以雌孔开口于第 14 体节中央)、卵漏斗、输卵管、雌性生殖孔、受精囊 3 对(为梨形囊状物,为接纳和贮存精子的场所)。

(2)雄性生殖系统

2 对精巢囊、精巢(很小,位于第 10、11 体节内的精巢囊内)、精漏斗(2 对,前端膨大,口具纤毛,后接输精管)、储精囊(与精巢囊相通,充满营养液,精细胞形成后先进入贮精囊内发育,待形成精子后再回到精巢囊,经精漏斗由输精管输出)、输精管、雄性生殖孔、前列腺(1对,分泌物与精子活动有关)。

(3)受精与发育

异体受精时,两条蚯蚓由于有副性腺的分泌物,交配时 2 条个体前端腹面相对,腹面粘住,雄生殖孔对准对方纳精囊孔(因为雌蚓的性器官成熟比雄蚓迟,精子先在受精囊中储存一段时间),待各纳精囊接受对方精液后,二蚓分离。当蚯蚓排卵时,环带分泌粘性物质,沿环带形成一圈如戒指状的蛋白质胶质管,卵落入其中,然后头部蠕动后退,使胶质管向前拖移,当拖移至纳精囊孔时,精子放出,与卵受精,胶质管继续前移,离体后两端封闭,即成纺锤形的"蚓茧",每个蚓茧内常含受精卵 1 个(或 2 至 3 个)。蚯蚓为直接发育。(蚯蚓具再生能力,横切成两段后可再生头部或尾部,并且可以将切下的两段任意接起来,形成长短不一畸形的蚯蚓。)

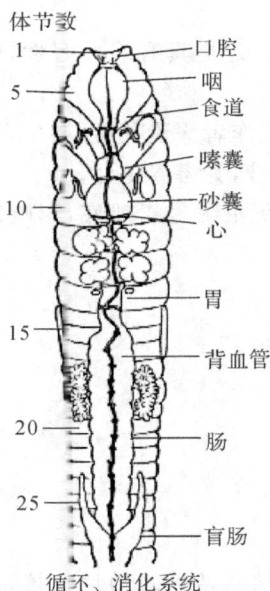

图 6-10 循环、消化系统

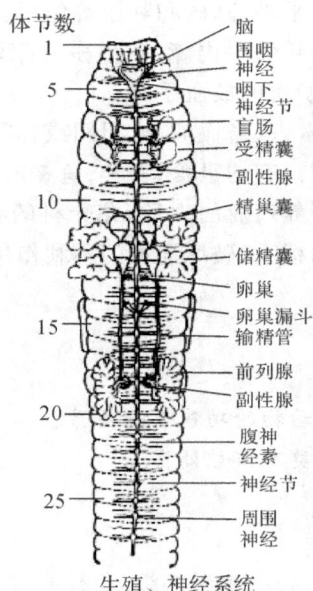

图 6-11 生殖、神经系统

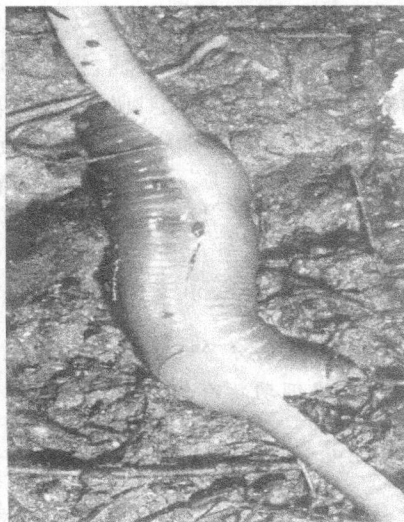

图 6-12 异体受精

四、与人类的关系

人们早就知道蚯蚓通过机械性的翻土和分泌代谢产物对改良土地理化性质有良好的作用。随着研究的深入,现在人们发现蚯蚓大有利用价值。此外,环节动物对人类尚有一定的经济价值。

（一）作为动物的饲料

蚯蚓含有丰富的蛋白质,共含量约占鲜体重的 40%,干体重的 70%,具有人体所必需的 8 种氨基酸,所以用它来饲养畜、禽和发展水产养殖业,均能取得增产、增肥的极好效果。用沙蚕喂鱼,可大大提高鱼的产量。同时蚯蚓既含丰富的蛋白质,又不含脂肪和胆固醇,经加工后,作为食品能增进人体健康。

（二）环境保护方面的应用

蚯蚓的分泌能分解蛋白质、脂肪和木质纤维的特殊的酶。在垃圾中除金属、玻璃、橡胶、塑料以外,其他的废物通过蚯蚓的消化系统均可迅速分解和转化,成为自身和其他生物易于利用的营养物质。蚯蚓每天的所食仅相当于自身体重的食物,又成为蚓粪排出体外,蚓粪中含有 N、P、K 等成分,对作物有显著的增产效果。所以利用蚯蚓处理生活垃圾,化害为益,已引起人们浓厚的兴趣。近年来,日、美、英、法等国,相继在建蚯蚓养生工厂,并把它称为"环境净化装置"。

（三）作为监测动物

有人发现蚯蚓能吸收土地中的 Pb、Hg 等重金属,这些金属元素在蚯蚓体内聚集量为外界的 10 倍,所以有科学家认为蚯蚓可做为土地中重金属污染的监测动物。

此外某些蚂蟥因对水域中 Pb、Zn 的忍耐程度不同,可做水域污染的指示动物。

（四）药用

中药称蚯蚓为地龙,有退热、镇痉、平喘、降压和利尿等作用。

活水蛭蜜蜂加工制成外用药,对老年性白内障、痔疮多有疗效。蛭类具有吸血习性,曾在 19 世纪被用于医疗,作为人体组织淤血的放血手段。

对人,也有为害的一面,如蚂蟥吸食人、畜血液,故田间或林间工作者深受其害,在牛、马的腿上,肌皮下亦可见到吸饱血的蚂蟥。有的吸食鱼、蚌、龟鳖的血液,为害养殖业。

沙蚕等多毛类动物是贝类、牡蛎等养殖业的大敌;龙介科的石灰虫附着于船底,影响航行速度。有人认为,蚯蚓亦有危害植物根系、破坏河堤的不利作用。

【课外拓展】

1. 身体的分节与真体腔的出现与动物的功能有何关系?
2. 蛭纲动物有何生殖特点? 于人类有何益处?

【课程研讨】

1. 从沙蚕、环毛蚓和蛭类的形态结构和生理机能,分析其对不同生活方式的适应性,综述环节动物与人类的利害关系。
2. 目前,蚯蚓的养殖规模、开发利用进展如何?

【课后作业】

1. 以蚯蚓为例说明环节动物有哪些基本结构。
2. 环节动物门与原腔动物门相比,身体的结构上有哪些变化?
3. 环节动物的进步性特征表现在哪些方面? 试对此进行分析阐述。

4. 环节动物门分为哪几纲？各纲间的特征差异是什么？

【小资料】

蚯蚓的营养价值

蚯蚓，又名叫地龙，俗称蛐蟮，在动物上属寡毛纲，无脊椎动物，其性寒味咸，入肝、肺、肾等。功能作用：具有清热镇静、平喘、降压、利尿、舒筋活络、活血化瘀等作用，同时还具有抗癌变，防衰老，预防心脑血管疾病等功能。

现代科学成分分析表明：干蚯蚓含蛋白 62％—72％，还含有 19 种氨基酸与蚯蚓素（溶血栓作用）、解热碱（解热降体温）、胆碱、花生四烯酸及维生素 B_1、B_6、B_{12}、E、K 等物质，以及富含未知生长因子。

主要在以下这些行业、领域具有广泛研究、开发、利用价值：

1. 作为医药产品进行工厂化生产，治病救人；

2. 作为保健食品，调节机体疲劳状态，除去血管内过多的胆固醇及脂肪，防病、抗衰老；

3. 作为添加剂和钓料与饲料在珍稀、高档、名贵水产行业的鱼类、蛙类养殖中有广泛的应用。它具有高蛋白、低脂肪、防病治病双重效果，可完全代替鱼粉，是鱼粉不可比拟的，与鱼粉有本质上的区别。蚯蚓有望代替预混料，是饲料行业的一次变革。蚓粪本身含粗蛋白 22.5％左右，同时含有粗脂肪、粗灰分、钙、氮、磷、钾和 17 种氨基酸与 40％的有机质、25％的腐殖酸，pH 在 6～7 之间。

蚯蚓之最

最长的蚯蚓

我国海南岛万宁县出产的一种巨蚯蚓和华南参环蚓身长可达 3.5 米。然而，以上这些均称不上世界最长的蚯蚓。1937 年，有一则报道：人们在非洲一个叫屈兰斯瓦尔的地方捕到一条长 6.71 米，直径近乎 2 厘米的巨蚯蚓。这条蚯蚓算是"蚓中之霸"了。1967 年 11 月间，在南非开普敦省的岱比纳克，据说发现了一条长达 6.4 米的巨蚯蚓，它的长度超过了 6.1 米宽的国有道路。

图 6-13

最短的蚯蚓

那么最短的蚯蚓有多短呢？在我国海南岛产有一种陆生的蚯蚓，它的性成熟标本只有 20 毫米长。但世界上最短的蚯蚓，据目前所知，只有 0.5 毫米那么长，种名为 *Chaetogaster-annandalei*。

第七章　软体动物门

【课程体系】

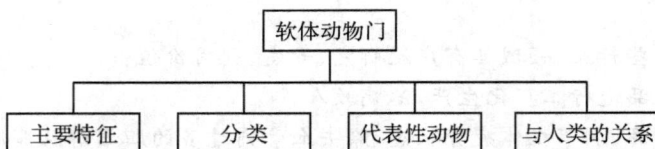

【课前思考】

1. 软体动物门的主要特征。
2. 软体动物门的分类及代表动物。
3. 比较各纲的结构特点。
4. 了解软体动物门与人类的利害关系。

【本章重点】

软体动物门的主要特征及头足类动物的神经系统构造。

【教学要求】

1. 掌握软体动物门的主要特征及分类。
2. 掌握软体动物门各纲的异同及代表动物。

软体动物(Mollusca)共约 13 万种,5 个纲,在动物界仅次于节肢动物,为第二大门,与人类关系密切。软体动物的结构进一步复杂,机能更完善,因大多数的软体动物有贝壳,故又称"贝类"。

一、主要特征

(一)身体柔软、不分节、左右对称

大多数腹足类身体左右不对称。腹足纲左右不对称是次生性的,腹足纲动物发育过程中发生扭转,幼体左右对称。

(二)身体一般分为头、足、内脏团和外套膜

1. 头:位于前端,有口、眼、触角和其他感觉器官。有些行动缓慢或固着生活的种类,头退化(如双神经纲、掘足纲)或消失(如瓣鳃纲)。

2．口腔：

颚片：坚强，位于口腔前部。

齿舌：带状，位于口腔底部，由许多分离的角质齿片固定在一个基膜上构成，依附在一对似软骨片的组织上，这种组织有伸缩肌，依靠肌肉的伸缩能使齿舌得以锉碎食物。

足：运动器官，由于生活方式不同，有不同形状，如块状（如蜗牛）、斧状（如河蚌）、柱状（如角贝）、长腕（如乌贼），有的种类足退化（如牡蛎）。

3．内脏团：是背面的隆起部分，包括大部分内脏器官，如消化系统、循环系统、生殖系统等。

4．外套膜：是由身体背侧皮肤伸展而形成的，对其生理活动和生活有重要作用。外套膜与内脏团之间有腔隙，称为外套腔。软体动物的排泄孔、生殖孔、呼吸、肛门甚至口都在外套腔内，所以其排泄、生殖、呼吸等生理活动均与外套腔内的水流有关。外套膜能分泌贝壳，其形态随种类而异，如石鳖类被覆在身体整个背面；瓣鳃类则悬于体两侧，包住整个身体；乌贼则呈筒状，包住整个内脏团仅露头部。功能：分泌贝壳、保护躯体、辅助呼吸、形成外套腔。

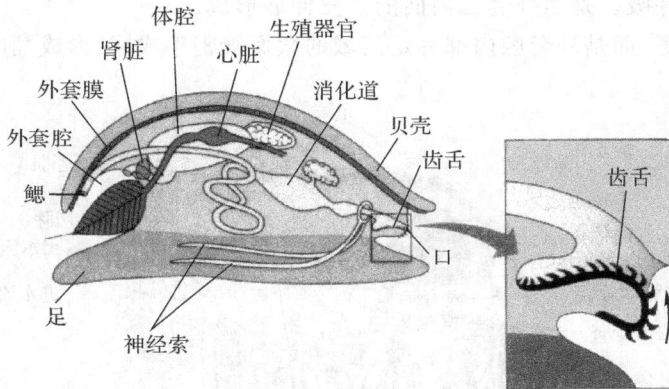

图 7-1　结构

（三）具有贝壳

大多数有 1～2 或多个贝壳。不同种类贝壳形状构造变化大，如腹足类为螺旋形；瓣鳃类两片为瓢状；掘足类筒状。贝壳是保护器官，足部和头部有肌肉与贝壳相连，活动时，头足伸出壳外，危险时缩入壳内。

贝壳成分：碳酸钙（占 95%）、贝壳素（少量）。

贝壳构造：角质层——由贝壳素构成，薄而透明，有色泽。保护钙质不被酸溶解。

棱柱层——厚，由柱状的碳酸钙晶体构成，呈方解石构造。

珍珠层——片状的碳酸钙构成，晶体呈文石结构，有珍珠光泽。

珍珠的形成：只有外套膜的边缘可以形成棱柱层，所以一旦棱柱层形成后不会再加厚。而整个外套膜的外层细胞都可以分泌文石结构的碳酸钙，这样珍珠层可以不断加厚。在生长中，如果外套膜和贝壳间进入了沙粒或其他异物，就会刺激珍珠层的分泌，形成珍珠。

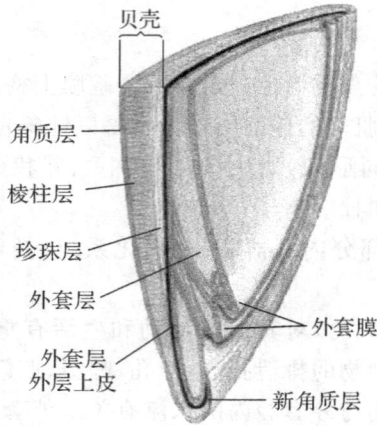

图 7-2 瓣鳃钢壳、外套膜结构　　图 7-3 珍珠的形成

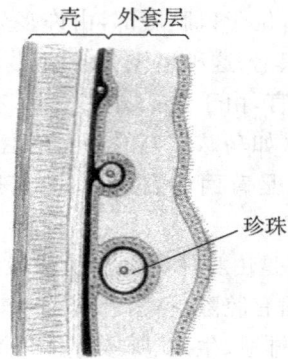

(四)呼吸系统

水生种类:鳃呼吸。是由外套腔内面的上皮伸展形成。

陆地种类:无鳃,而是外套腔内部一定区域的微血管密集成网,形成"肺",直接取氧。

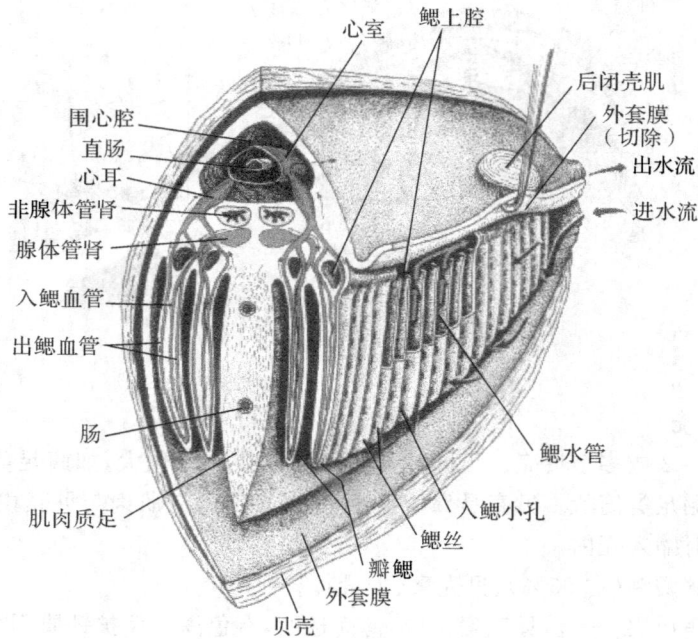

图 7-4 呼吸器官

(五)体腔和循环系统

真体腔退化,真体腔和假体腔同时存在。真体腔仅残存于围心腔、生殖器官和排泄器官的内腔,而体内广阔的体腔是假体腔。内有血液流动,形成血窦。

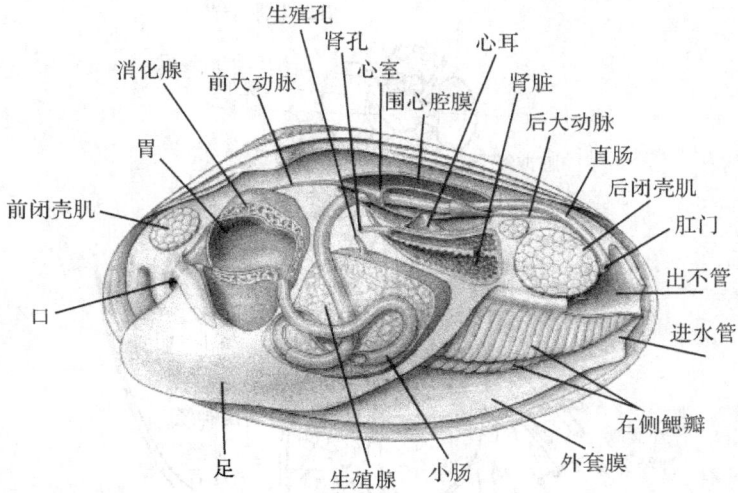

图 7-5 体腔

多数软体动物具有开管式循环系统(血液在循环过程中不是始终在封闭的血管中流动,这种循环方式称为开管式循环系统)。头足纲为闭管式循环。出现了专职的心脏(两心耳一心室),位于围心腔中,血液无色、蓝色或红色。

血液循环的方向:大部分足、内脏血→血窦→集中于静脉→肾静脉(排泄废物)→鳃血管(气体交换)→心耳→心室。

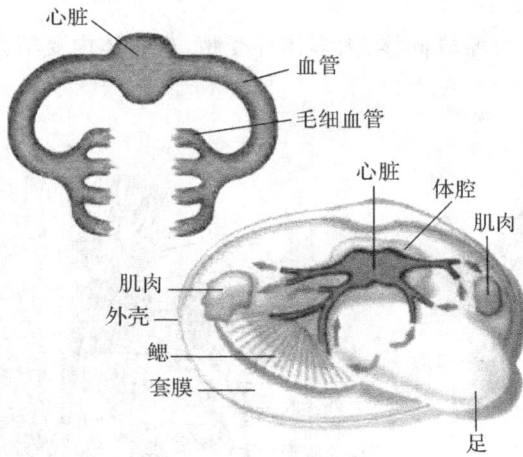

图 7-6 循环系统

(六)神经系统

神经系统不同种类差异大。最低等为梯形神经,较高等种类有四对神经节和神经索(脑神经节、足神经节、侧神经节、脏神经节)。头足类神经系统发达:神经节集中在食道周围形成脑,并由一个中胚层分化的软骨包围。这在无脊椎动物中是唯一的。

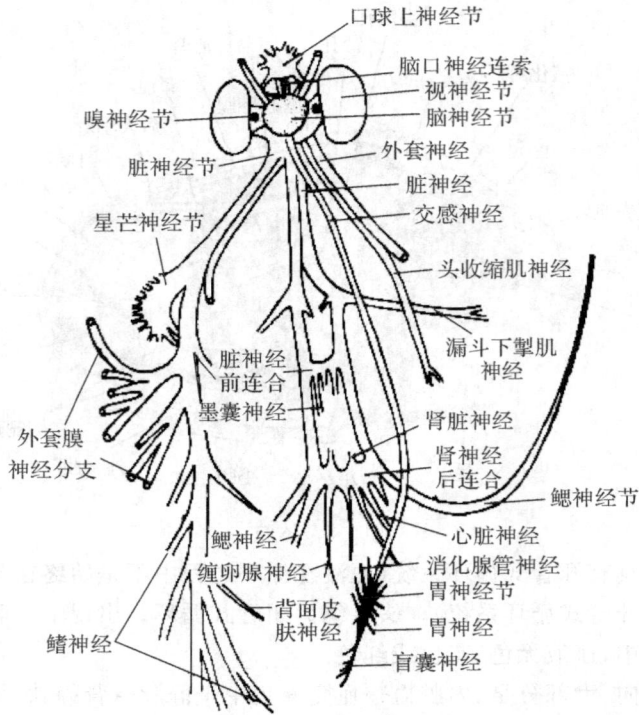

口球上神经节
脑口神经连索
视神经节
脑神经节
嗅神经节
外套神经
脏神经节
脏神经
交感神经
星芒神经节
头收缩肌神经
漏斗下掣肌神经
脏神经前连合
墨囊神经
肾脏神经
肾神经后连合
外套膜神经分支
鳃神经节
心脏神经
鳃神经
消化腺管神经
缠卵腺神经
胃神经节
背面皮肤神经
胃神经
鳍神经
盲囊神经

图 7-7　金乌贼的神经系统

（七）生殖系统与发育

大多为雌雄异体，也有雌雄同体；大多体外受精，也有体内受精。

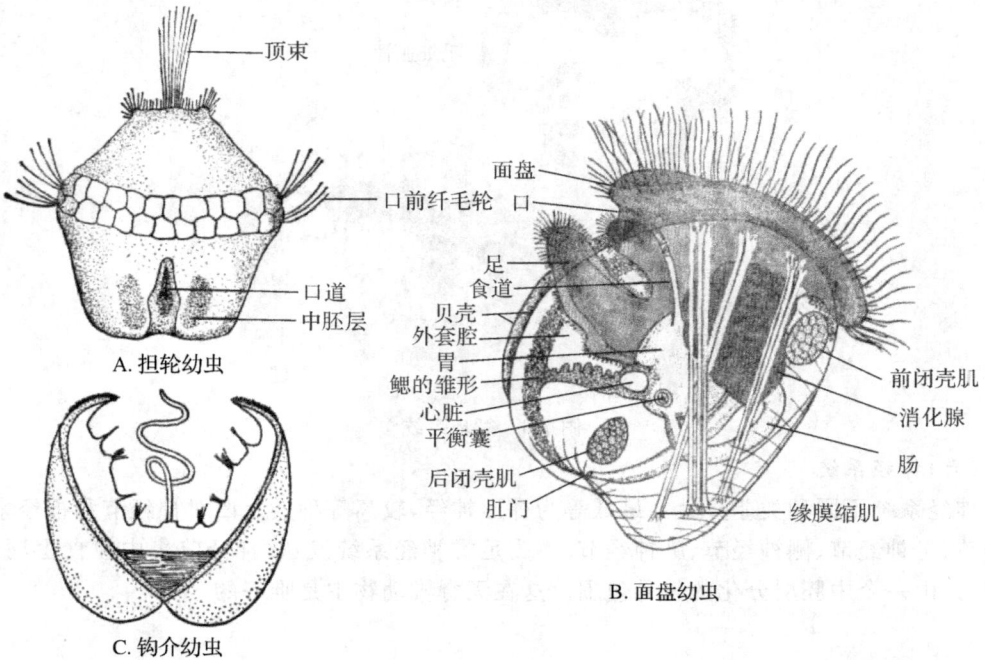

顶束
口前纤毛轮　口
口道
中胚层
A. 担轮幼虫

面盘
足
食道
贝壳
外套腔
鳃的雏形
心脏
平衡囊
后闭壳肌
肛门
前闭壳肌
消化腺
肠
缘膜缩肌
B. 面盘幼虫

C. 钩介幼虫

图 7-8　幼虫

生殖腺为葡萄状腺体。双壳类雌雄异体,从外形上难以辨认雌雄,一般精巢白色,卵巢黄色。

受精:如河蚌,生殖导管短,生殖孔开口于肾孔附近,无交接器,无交配现象。生殖季节(春、夏),精子随水流入水中,再流入雌蚌的鳃水管。当雌性成熟卵排出,经鳃上腔与精子相遇而受精。

大多海产种类:有担轮幼虫(trochophoro larve)和面盘幼虫(veliger larva)时期。

陆生种类、头足类、一部分腹足类:为直接发育。

淡水蚌类有特殊的钩介幼虫(glochidum),可作暂时性寄生于鱼鳃。

二、分类

世界上已发现的软体动物约 13 万余种,根据贝壳和足的特征等可将它分为 7 纲,无板纲、单板纲、多板纲、瓣鳃纲、腹足纲、掘足纲和头足纲。有的学者将无板纲、多板纲同归双神经纲,因而只分 6 个纲。现在我们讲述一下常见的几个纲:

（一）多板纲（Ployplacophora）

特点:身体椭圆形,背腹扁平。贝壳八片,覆瓦状。头部不明显,无眼和触角,足扁而宽,占整个腹面,有外套沟,神经系统呈梯形,海产,600 种,无经济意义。

代表动物:石鳖(常附着沿海岩石上。也有没有壳板的。这类动物最早见于 5 亿年前,与三叶虫同一时代)。

（二）腹足纲（Gastropoda）

本纲常见的种类为田螺、蜗牛、钉螺等,约有 88000 种。头部发达,足块状发达,位于身体腹面;通常有一个螺旋形的贝壳,所

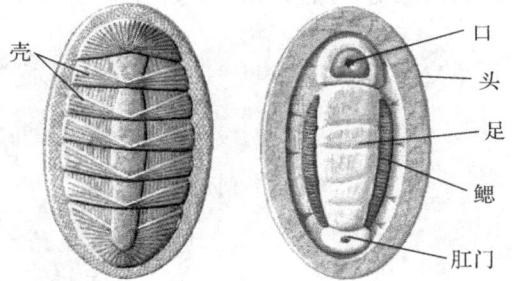

图 7-9　石鳖

以又称为螺类,是软体动物中最大的纲,是动物界中仅次于昆虫纲的第二大纲,海洋、淡水和陆地均有分布。

主要特征为头部和足部左右对称,但其内脏却左右不对称,这是腹足纲有别于其他软体动物的重要特征。内脏团一般呈螺旋形,藏在螺旋形的贝壳内。

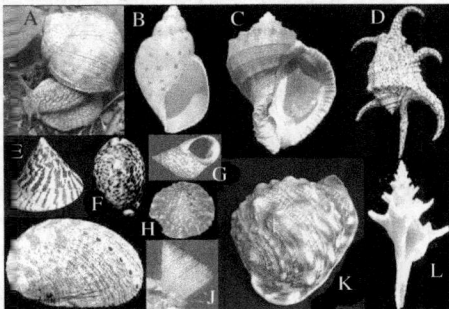

A:蜗牛 Fruticicola sp.；B:瓶螺 Ampulla priamus；C:红螺 Rapana venosa；D:蜘蛛螺 Lambis sp.；E:马蹄螺 Trochus sp.；F:宝贝 Cypraea sp.；G:滨螺 Littorina sp.；H:背尖贝 Notoacmea habei；I:鲍 Haliotis sp.；J:丽口螺 Calliostoma sp.；K:冠螺 Cypraeacassis sp.；L:饵螺 Trophonopsis echinatus。

图 7-10　腹足纲的种类

（三）掘足纲（Scaphopoda）

特点：象牙状两端开口的贝壳，头不明显，足圆锥形，用于挖掘泥沙，使身体其半部埋在泥沙里。无鳃，用外套膜呼吸，全部为海洋中穴居，已知约 350 种，经济意义不大，我国常见有角贝（Dentalium）。口缘生多数丝状的头丝，其尖端稍扩大，有纤毛，为感觉及摄食之用。栖息于暖海的沙中，以硅藻及有孔虫为食。

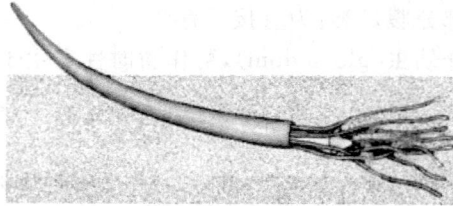

图 7-11　角贝

（四）瓣鳃纲（Lamellibranchia）

特点：身体侧扁，具有两片外套膜，斧状足，两片贝壳，又名"双壳类"，头部退化，感官不发达，瓣状鳃，开管式循环。现存约有 3000 种，我国常见有河蚌、牡蛎、贻贝等。

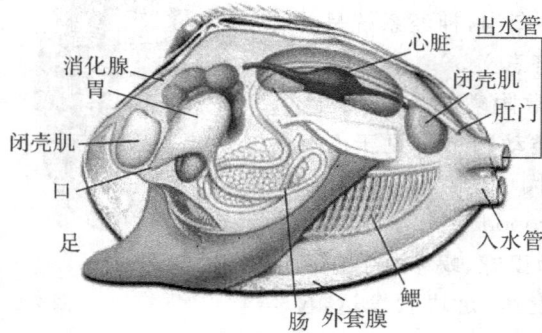

图 7-12　瓣鳃纲的结构

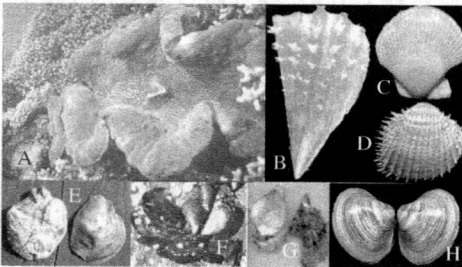

A：砗磲 Tridacna sp.；B：江珧 Pinna rudis；C：扇贝 Chlamys varia；D：刺蛤 Acanthocardia aculeata；E：牡蛎 Ostrea sp.；F：贻贝 Mytilus sp.；G：珍珠贝 Pteria sp.；H：蚬 Corbicula sp.

图 7-13　瓣鳃纲的种类

（五）头足纲（Cephalopoda）

此纲全部海产，是软体动物中最特化、最高级的一类，有的是无脊椎动物中最高级的种类。常见种类有乌贼（喷水式潜艇的原型，别的动物前进的速度快，而乌贼却是后退的速度快)、章鱼等。外套膜有发达的肌肉,足特化为腕(8、10 或更多条)和漏斗,闭管式循环系统,脑有中胚层形成的软骨匣保护;原始种类有贝壳,多数种类贝壳被外套膜包被或退化。运动迅速,现存约 650 种,化石种类 9000 多种。乌贼的直肠有一支管,末端膨大为囊状,称墨囊,内有墨腺,分泌墨液用以自卫。

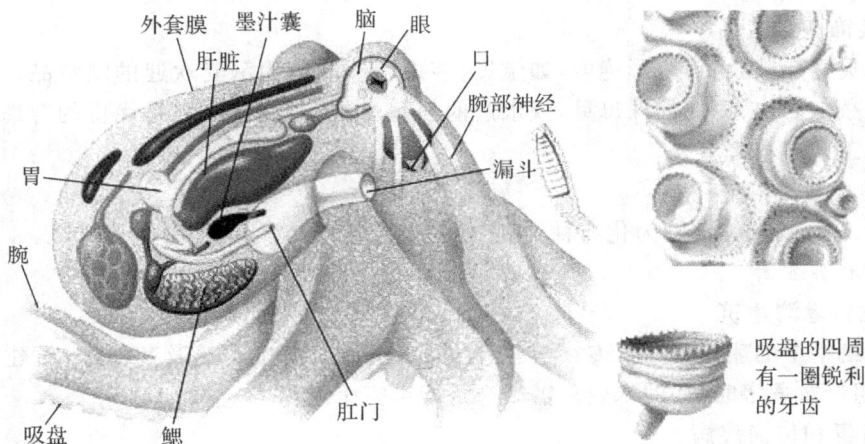

图 7-14　头足纲动物的结构

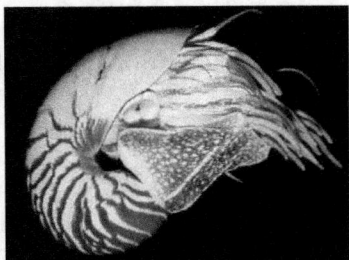

鹦鹉螺属的种俗称珍珠鹦鹉螺或分室鹦鹉螺,壳光滑,卷曲,直径约 25 厘米(10 吋),内约分 36 室,最末一室为躯体所居。各室间有一管相连,可调节室中气体量,使壳得以漂浮。常于近海底处游动,觅食虾类。以多达 94 条无吸盘、可伸缩的小触手捕食。鹦鹉螺属为古老的鹦鹉螺目(Nautiloidea)唯一的现存属,在古生物学十分重要,可藉以断定地层的年代。

图 7-15　鹦鹉螺 Ammonite

三、与人类的关系

(一)有益方面

1. 食用

大多数种类都可食用,不仅肉味鲜美,而且富含蛋白质、无机盐和各种维生素,如蚶、蛏、牡蛎、乌贼、江瑶、扇贝、鲍鱼、贻贝等都是有名的海味,尤以牡蛎和乌贼的经济价值最大。乌贼的捕捞是我国四大渔业之一(大、小黄鱼、带鱼)。乌贼可鲜食也可干制,其产卵腺常被叫做"乌鱼蛋";牡蛎除鲜食外,亦可加工成蚝豉、蚝油等。

2. 药用

如珍珠、石决明(鲍的贝壳)、海螵蛸(乌贼骨)、蜗牛等皆可做药。国外报道,用蜗牛提取物可检查乳腺癌患者治疗后存活的时间,当把这种蜗牛提取物施于受检查者的乳房部组织时,若提取物变成棕色和红色,说明有癌糖存在,患者不久将死亡。

3. 工农业用

贝壳可作烧石灰的原料,且还能加工成纽扣;墨囊中的墨汁可制作上等的中国墨;砗磲为世界上最大的瓣鳃类,壳长可超过1米,体重达200多公斤,甚至可做婴儿浴盆,较小的个体,沿海人民用它做建筑材料;小型贝壳可做农肥和家禽、家畜的饲料。

4. 装饰和工艺品

很多贝壳形状独特,色彩艳丽,如宝贝、芋螺、竖琴螺,为深受欢迎的观赏品。我国养殖珍珠有悠久的历史,海产的珠母贝,淡水产的三角帆蚌、褶纹冠蚌都是优良的育珠品种。我国的贝雕工艺亦享有盛誉。

5. 地质找矿的应用

约有30%的软体动物为化石种类,它们对鉴定地层年代、找矿有重要意义。

(二)有害方面

1. 危害港湾建筑

如瓣鳃纲中的船蛆、海笋,专门穿凿木材和岩石,对海中木船及其他木、石建筑危害甚大,被船蛆严重危害时,一艘木船只需3个月即可完全毁坏。

2. 有毒和传播疾病

大约有85种贝壳对人类有食后中毒和接触中毒现象。芋螺口腔内有毒腺和箭头状的齿舌,被刺后可溃烂。不少种类是人、畜寄生虫的中间寄主,如钉螺、推实螺、隔扁螺等,是日本血吸虫、肝片虫和姜片虫等的中间宿主,对人也间接有害。

3. 危害贝类养殖和农作物

肉食性螺类如红螺、玉螺捕食牡蛎、贻贝、珍珠贝的幼贝;蜗牛、蛞蝓等,则刮食嫩苗嫩叶,受害植物有四五十种之多。

4. 影响船速和堵塞水管

固着生活的种类如贻贝、牡蛎大量固着船底时,严重影响船速和堵塞水管。

【课外拓展】

1. 分析软体动物种类多、分布广与形态结构和生活习性的关系。

2. 腹足纲、瓣鳃纲分类(亚纲及目)的主要依据。

3. 河蚌产珍珠的机理如何?如何才能提高珍珠产量?

【课程研讨】

1. 头足类有哪些结构特点与生存环境相适应?

2. 软体动物有固着、穴居、爬行、游泳和寄生等不同生活方式,试述其特殊结构对生活方式的适应。

3. 目前,珍珠培育的研究进展如何?

【课后思考】

1. 软体动物与环节动物相比,身体结构有哪些不同?

2. 软体动物分为几个纲？从体制特点、贝壳、头、足、外套膜、神经系统的特点、呼吸特点、血液循环特点、生活方式、发育特点等方面比较这几个纲的异同。

3. 为何头足纲动物反应比较敏捷？

【小资料】

珍珠是怎样形成的

珍珠是名贵的中药材，有定惊安神、清热解毒及消炎生肌的功能。同时珍珠玲珑雅致、绚丽夺目，又是贵重的装饰品。

可是你们知道那些晶莹剔透的珍珠是怎样形成的吗？珍珠是由某些贝类产生出来的。例如淡水中的河蚌，海边的蛤蜊和珍珠贝等都能产生珍珠。

那么蛤、蚌为什么能产出珍珠呢？

蛤、蚌具有左右两瓣贝壳，背缘绞合，腹部分离，贝壳内软体部主要有外套膜、内脏团、足等，外套膜位于体之两侧，与同侧贝壳紧贴，构成外套腔。当我们掰开一个河蚌

图 7-16

的壳后就可看到贴在贝壳上的这一片状结构。蛤、蚌类贝壳的结构分三层，外层为角质层，中层为棱柱层。这两层是外套膜边缘分泌而成的，最里面一层，也就是我们可以看到的最里面与珍珠光泽类似的一层，叫做珍珠层。珍珠层是由外套膜全部表面分泌的珍珠质构成的。从以上可看出外套膜有分泌珍珠质的功能。

当蚌壳张开的时候，如果恰好有沙粒或寄生虫等异物进入蛤、蚌那坚硬的小房子，处在了外套膜与贝壳中间，没办法把它排出来，沙粒等异物就会不断刺激该处的外套膜，就如同人的眼睛被灰尘迷了一样，使得又痒又痛。则该处外套膜的上皮组织就会赶快分泌出珍珠质来把它包围起来，形成珍珠囊，包了一层又一层，久而久之，就在沙粒等异物外面包上一层厚厚的珍珠质，于是就形成了一粒粒圆圆的漂亮的珍珠了。

另外一种情况，则是蛤、蚌自己的有关组织发生病变，导致细胞分裂，接着包上自己所分泌的有机物质，渐渐陷入外套膜，自然而然地形成了珍珠。

以上这两种情况都是自然形成的珍珠，可是珍珠非常贵重，天然形成的珍珠比较少，不能满足需要，所以人们就运用了自然成珠的原理，开发了人工养殖珍珠事业。我国宋代就发明了海水珍珠、贝养珠法，到明代又开始了淡水珍珠的养殖。而如今我们经过长时间研究和实践，已形成了一套完整的人工养珠的科学技术，取育珍贝外套膜的外表皮制成小片，用手术方法插入另一育珠贝的外套膜结缔组织中，使之形成珍珠囊，产生无核珍珠。由于现在大面积大数量的人工养珠，科学管理，科学加工，所以人工珍珠已占领了广阔的市场。

第八章　节肢动物门

【课程体系】

```
           节肢动物门
   ┌────────┼────────┬────────┐
 主要特征   类  群   代表性动物  与人类的关系
```

【课前思考】

1. 节肢动物门的主要特征。
2. 节肢动物门的分类及代表动物。
3. 节肢动物门与人类的关系。

【本章重点】

节肢动物门的主要特征及与人类的关系。

【教学要求】

1. 掌握节肢动物门的主要特征及分类。
2. 掌握节肢动物门各纲的代表动物，了解节肢动物结构、生活习性对人类的启迪。

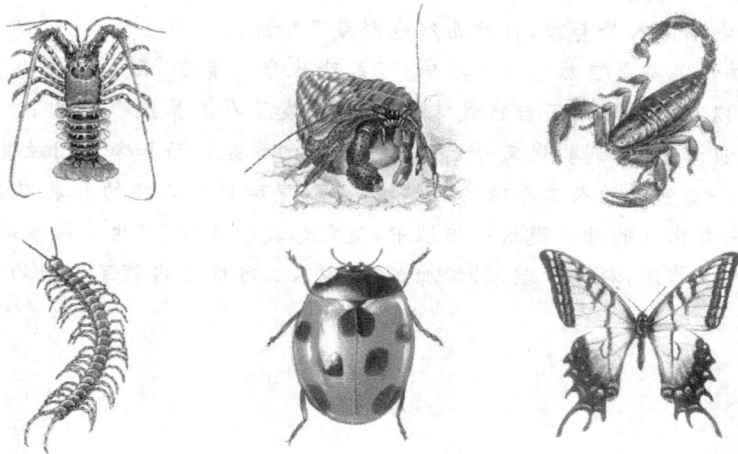

图 8-1　各种节肢动物

节肢动物门（Arthropoda）是动物界中最大的一门，已定名的有 110 万种，至少占动物总数目的 75％。节肢动物不仅数量多，而且分布很广，海洋、湖泊、土壤、地面、空中以及动植物体内均有分布，适应各种各样的生活环境和气候。节肢动物的大小差异也很悬殊，小到几微米，大到几米，大多数节肢动物是营自由生活的，与人类关系十分密切。

节肢动物之所以种类多、数量大，这与它们的形态结构特征是分不开的。

一、主要特征

(一)异律分节和附肢分节

节肢动物的身体是异律分节，相邻的体节愈合形成不同的体区。不同的体区有分工，完成不同的生理功能。

一般形成：

头部：如昆虫由 6 个体节愈合形成，有眼、触角、口器等，是取食和感觉中心。

胸部：如昆虫由 3 个体节组成，有足、翅等器官，是运动中心。

腹部：由多个体节组成，是生殖和代谢中心。

身体的分部在有些类群中有愈合，如甲壳类的头和胸愈合为头胸部。

节肢动物每一体节几乎都有 1 对附肢，对于运动的增强起了重要作用。

附肢的分节以及着生部位不同，其形态和功能有很大的变化，形成了触角、口器、足以及呼吸和生殖等各种形态。

表 8-1　疣足与节肢的比较

疣　足	节　肢
按节分布，数量多	按体部分布，数量少
形态相同	形态多样
与身体之间无关节	与身体之间有关节
不分节	分节
无肌肉附着	有大量肌肉附着

(二)具外骨骼和蜕皮现象

体壁含有几丁质是节肢动物的重要特征之一。体壁具有一定的硬度，起着相当于骨骼的支撑作用，故称其为外骨骼。几丁质外骨骼由上皮细胞分泌，其功能是保护并与附着的肌肉一起运动，但其伸展性有一定限度，会限制身体的生长，因此，节肢动物有蜕皮现象：在内分泌激素的调节下，换上柔软多皱的新皮，以适应身体的不断增长。

外骨骼的作用：保护内脏器官；防止体内水分蒸发；抵抗不良环境及病毒细菌等的侵染；与附着在体壁内面的肌肉协同完成各种运动，这一点与脊椎动物的骨骼有相似的作用。

几丁质是含氮的多糖类化合物醋酸酰胺葡萄糖（$C_{32}H_{54}N_4O_{21}$），几丁质以网格状结构包埋在蛋白质的基质中。几丁质的物理性质是柔软的，具有一定的弹性和韧性。几丁质与蛋白质一起组成节肢动物体壁的主要成分。体壁的坚硬程度不是由于几丁质的存在，而是由于蛋白质在酶作用下的鞣化和硬化。节肢动物要在陆地上存活，必须制止体内水分的大量蒸发，其包在身体外的角质膜，即外骨骼正是起着这种重要的作用。

(三)肌肉系统

节肢动物的肌肉均为强劲有力的横纹肌,并形成独立的肌肉束,其两端附着在外骨骼的内表面或内突上,靠肌肉束的收缩牵引骨板使身体运动。通过外骨骼的杠杆作用,调整和增强了肌肉运动。

肌肉束往往按节成对排列,相互拮抗,例如每只附肢一般有3对附肢肌,可使附肢朝前后、上下、内外各种不同方位活动。

(四)体腔和血液循环系统

节肢动物在个体发育过程中,真体腔和假体腔沟通成混合体腔;节肢动物这种体壁和内脏之间的混合体腔,充满血淋巴,也称血体腔。

开管式循环系统的主要部分为心脏,呈管状,多对心孔。

开管式循环:血淋巴通过动脉离开心脏,泛流在身体各部分的组织间及血腔中。

血液→心脏→动脉→血体腔→组织间隙→静脉→呼吸器官→围心腔→心孔→心脏

血液无色,多为血青蛋白。

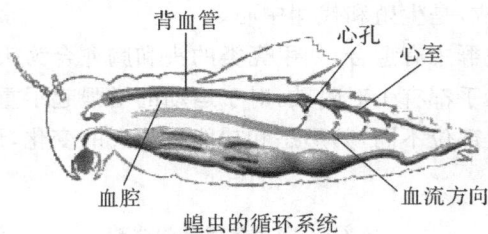

图 8-2 蝗虫的循环系统

(五)消化系统

口器:不同的取食方式及食物类型,有相应的取食口器,如蝗虫为咀嚼式、蚊类为刺吸式、蝶蛾为虹吸式。

消化系统分为:

前肠:外胚层内陷形成,具取食、磨碎、储存和初步消化的功能。

中肠:分泌消化酶,进行消化和吸收。

后肠:外胚层内陷形成,对一些离子和水分重新吸收。

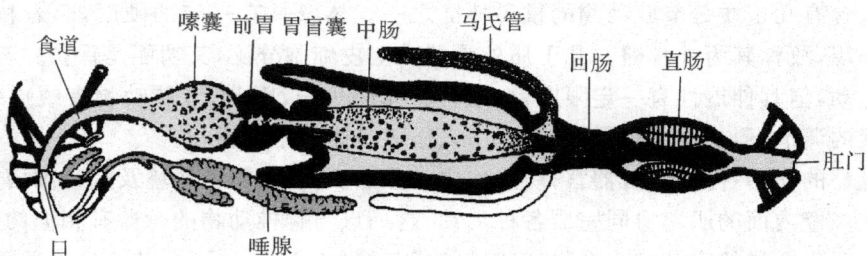

图 8-3 蝗虫的消化系统

(六)呼吸系统

(1)体壁:低等的小型甲壳动物,如水蚤,无专门的呼吸器官,靠体表直接与环境进行气体交换。

（2）鳃：水生甲壳动物在足的基部由体壁向外突起薄膜状的结构，充满毛细血管。如虾、蟹等。

（3）书鳃：由足基部体壁向外突起折叠成书页状，有血管分布。为水生种类鲎的呼吸器官。

（4）书肺：由体壁向内凹陷折叠成书页状，为陆生的节肢动物蜘蛛、蝎的呼吸器官。

（5）气管：由体壁内陷形成分支的管状结构，为陆生节肢动物昆虫、马陆、蜈蚣等的呼吸器官。气管上无毛细血管分布，是直接将氧气输送到呼吸组织。

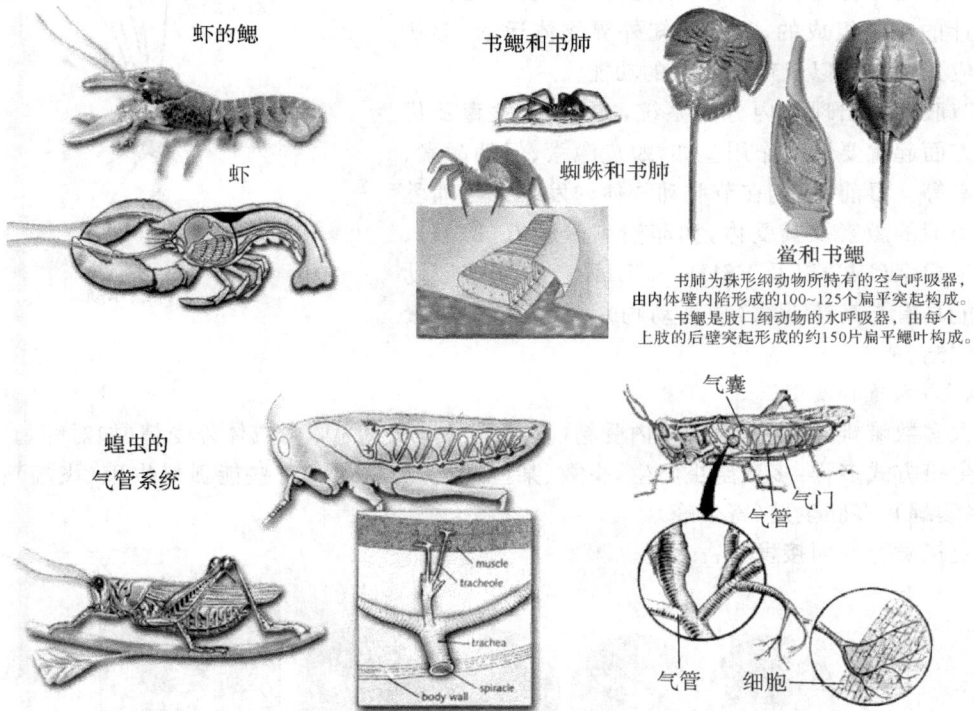

虾的鳃

虾

书鳃和书肺

蜘蛛和书肺

鲎和书鳃

书肺为蛛形纲动物所特有的空气呼吸器，由内体壁内陷形成的100~125个扁平突起构成。
书鳃是肢口纲动物的水呼吸器，由每个上肢的后壁突起形成的约150片扁平鳃叶构成。

蝗虫的
气管系统

muscle
tracheole
trachea
body wall   spiracle

气囊
气门
气管
气管　　细胞

图 8-4　各种呼吸器官

（七）排泄系统

后肾管演变而成的排泄系统：甲壳纲的触角腺和小颚腺、鲎的基节腺。

由消化道的一部分演变而来的排泄系统——马氏管：从中肠和后肠之间发出的细盲管，直接浸浴在血腔的血淋巴中，从中吸收大量尿酸，通过后肠，与食物残渣一起排出体外。

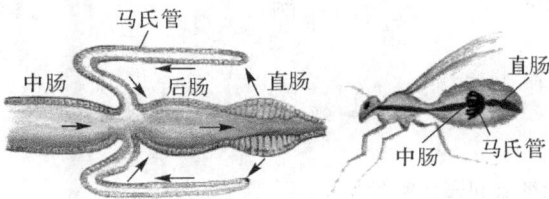

马氏管
中肠　　后肠　　直肠

直肠
中肠　　马氏管

图 8-5　昆虫的排泄器官

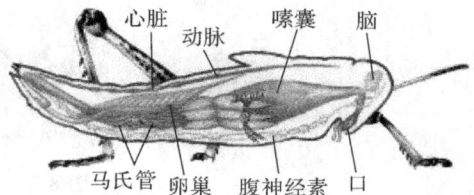

心脏　　嗉囊　　脑
动脉
马氏管　卵巢　腹神经索　口

图 8-6　马氏管

（八）神经系统、感觉器官、内分泌系统

集中型的链状神经系统，神经节相对集中，脑量大，分为：

前脑:是视觉和行为的神经中心。

中脑:是触觉的神经中心。

后脑:发出神经至上唇和前脑肠。

脑是节肢动物的感觉和统一协调活动的主要神经中枢,但并非重要的运动中心,切除昆虫的脑,给以适当的刺激,仍能行走,但不能觅食。

具有触觉、味觉、嗅觉、听觉、平衡和视觉等复杂多样的感觉器官,其中最特殊的是复眼。复眼是由数以千计的小眼组成的,具有感知外界物体运动、形状和适应光线强弱以及辨别颜色的功能。

节肢动物出现了内分泌系统,在生殖、发育及代谢等方面起重要调节作用。如,蜕皮激素、保幼激素、脑激素等。目前,我们在节肢动物体内发现了与哺乳动物类似的激素及其受体,如卵泡刺激激素(FSH)、黄体生成素(LH)以及 FSHR 和 LHR。说明节肢动物可能具有与高等动物(哺乳动物)一样复杂的激素调节体制。

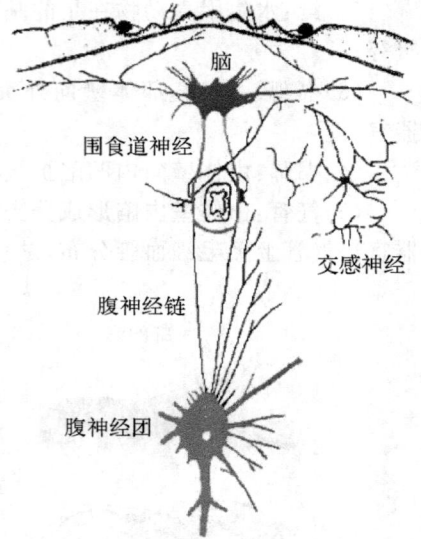

图 8-7　神经系统

(九)生殖和发育

大多数雌雄异体,陆生为体内受精(多数昆虫),水生为体内或体外受精(如对虾)。

生殖方式多样:多数昆虫卵生,少数(某些蝇类)卵胎生。有些能孤雌生殖(飞蝗)、幼体生殖(瘿蝇)、多胚生殖(寄生蜂)。

直接发育或间接发育:

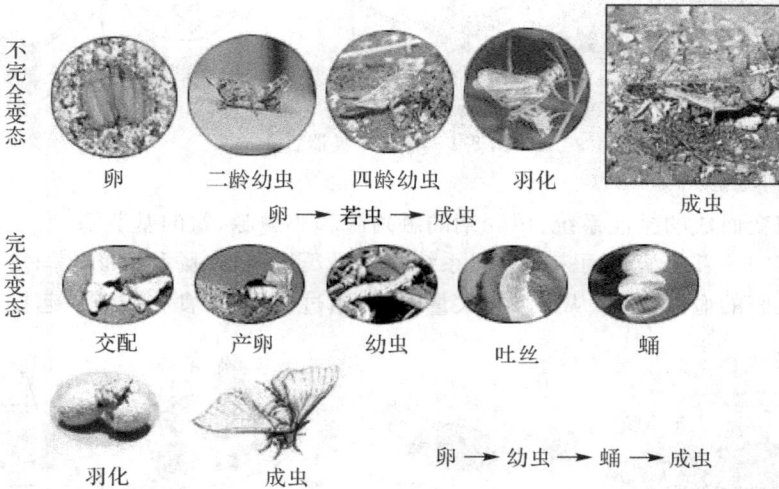

图 8-8　不完全变态和完全变态

1.完全变态。这类昆虫在个体发育过程中,经过卵、幼虫、蛹和成虫四个时期,幼虫的形态构造和生活习性跟成虫显著不同,蛹是一个不活动时期。蝶、蛾、蚊、蝇、蚁、甲虫都是完全变态的昆虫。

2.不完全变态。这类昆虫在个体发育过程中,只经过卵、若虫和成虫三个时期,不经过蛹期。蝗虫、蟋蟀、蝼蛄、椿象、臭虫、螳螂、蚜虫、蜻蜓都是不完全变态的昆虫。

综上所述,节肢动物由于适应不同的生活环境,除了基本结构相同外,在生活习性、形态机能、生殖方式、发育类型等方面呈现出多样性,从而构成了整个节肢动物的多样性,并且使其在种类和数量上处于优势地位。

二、分类

节肢动物是动物界最大的一个门,已知约 120 万种,占动物总数的 4/5。根据异律分节、附肢、呼吸和排泄的情况,将现存种类分为 6 个纲。

(一)原气管纲(Prototracheata)

又称有爪纲(Onychophora)。蠕虫形,身体表面没有明显分节,只有环纹;附肢有爪但不分节;具单眼无复眼,以气管呼吸。具有皮肤肌肉囊、后肾管、混合体腔、开管式循环,介于环节动物和节肢动物之间。全身遍布气孔,气孔不能关闭,易失水分,必须生活在潮湿的地方。已知约 70 种,我国仅在西藏有记录,如栉蚕(*Peripatus*)。

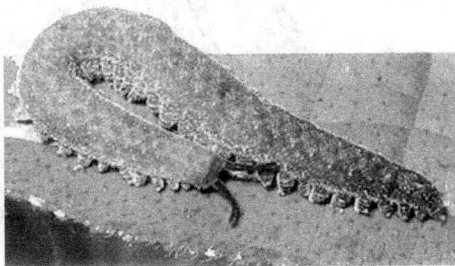

图 8-9 栉蚕

(二)肢口纲(Merostomata)

身体分头胸部、腹部和尾剑 3 部分。头胸部有 6 对附肢,其中第 1 对为螯肢,后 5 对为步行足;腹部有附肢 7 对,后 6 对成书鳃。生活在海洋中。化石种类有 120 种,现存活 5 种,称鲎,我国沿海有中国鲎(*Tachypleus tridentatus*)的分布。

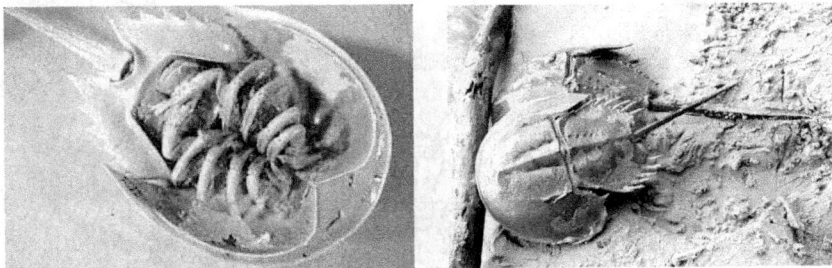

图 8-10 中华鲎

(三)蛛形纲(Arachnida)

身体分为头胸部和腹部;无触角;头胸部有 6 对附肢,第 1 对是螯肢,第 2 对是脚须,后 4 对为步足;呼吸器官用书肺和气管;排泄用基节腺和马氏管。大多生活于陆地,种类约 60000 余种,如各种蜘蛛、蝎子、蜱螨。

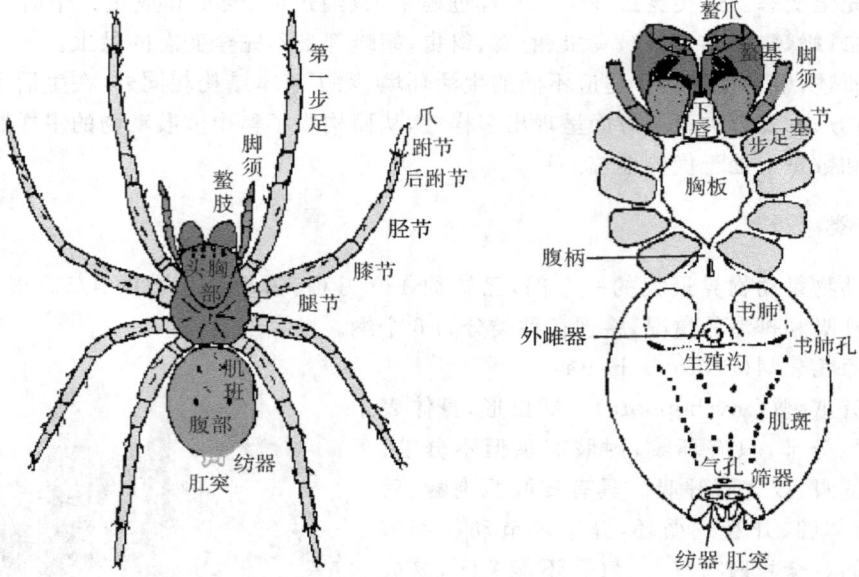

图 8-11　蜘蛛的结构

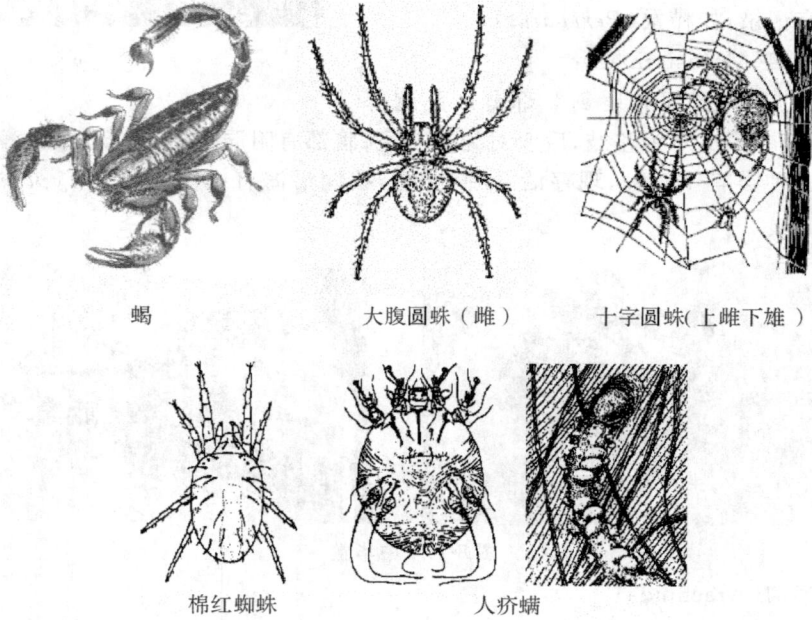

蝎　　　　　　　大腹圆蛛（雌）　　　十字圆蛛(上雌下雄)

棉红蜘蛛　　　　　　人疥螨

图 8-12　蛛形纲的种类

（四）甲壳纲（Crustacea）

甲壳纲是节肢动物门的第三个大纲，约 31000 种，分 8 亚纲、33 目。8 亚纲为头虾亚纲、鳃足亚纲、介形亚纲、须虾亚纲、桡足亚纲、鳃尾亚纲、蔓足亚纲、软甲亚纲。身体分为头胸部和腹部；头胸部有 13 对附肢，腹部附肢有或无；用鳃呼吸，排泄器官是腺体。生活在海洋、淡水中，极少数生活在潮湿的陆地上，如各种虾、蟹、水蚤等。

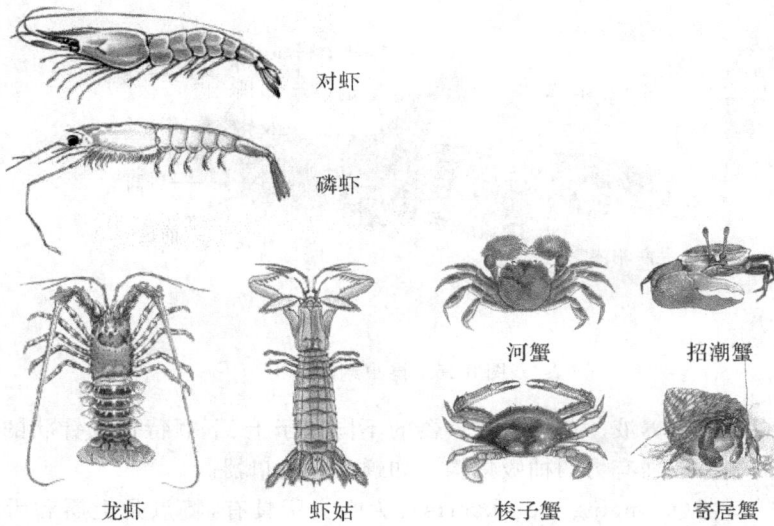

图 8-13　甲壳纲的种类

（五）多足纲（Myriapoda）

陆栖，身体分为头部和躯干部，触角一对，大颚一对，小颚两对，每一体节具 1—2 对附肢，气管呼吸。已知约 10500 种，主要有蜈蚣、马陆、蚰蜒等。

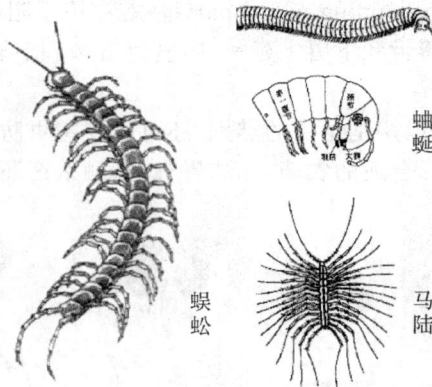

图 8-14　多足纲的种类

（六）昆虫纲（Insecta）

动物界最大纲，共有 100 多万种，一般根据翅、口器、触角、附肢、变态的类型和特征等，将昆虫纲分成 2 亚纲 34 个目。

特点：陆栖，身体分为头、胸、腹三部分，头部有一对触角、一对大颚和一对小颚，胸部有 3 对步足、2 对翅，气管呼吸。

重要的分类特征：

1. 口器

（1）咀嚼式口器（biting mouthparts）：由上唇、上颚、下颚、下唇、舌组成。如蝗虫的口器属于此类。

（2）刺吸式口器（piercing-sucking mouthparts）：为取食植物汁液和动物体液的昆虫特

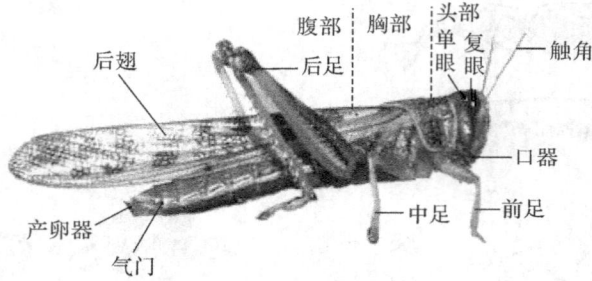

图 8-15　昆虫纲的结构

有,能刺入组织吸取营养液。与咀嚼式口器的不同在于上、下颚特化成针状的口针,下唇延长成喙,前肠前端形成强有力的抽吸机构。如蝉和蚊的口器。

(3)舐吸式口器(sponging mouthparts):为蝇类所具有,特点是上唇和舌形成食物道,下唇延长成喙,末端特化为 1 对唇瓣,瓣上有许多环沟,两唇瓣间的基部有小孔,液体食物由孔直接吸收,或通过环沟的过滤进入食物道。

(4)虹吸式口器(siphoning mouthparts):是蝶蛾类成虫特有的口器,大部分结构退化,仅下颚的外颚叶延长并左右闭合成管状,用时伸出,不用时盘卷成发条状,适于取食花蜜和水滴等液体食物。

(5)嚼吸式口器(chewing-lapping mouthparts):上颚用于咀嚼花粉和筑巢,下颚的外颚叶延长成刀片状,下唇的中唇舌和下唇须延长,吸蜜时下颚和下唇合拢,形成 1 食物管,不用时各自分开。

了解口器的类型不仅可以辨别昆虫的类别,还可以在害虫防治中根据植物的被害状,了解为害植物的昆虫,从而选择合适的农药,比如胃毒剂、触杀剂还是内吸剂。

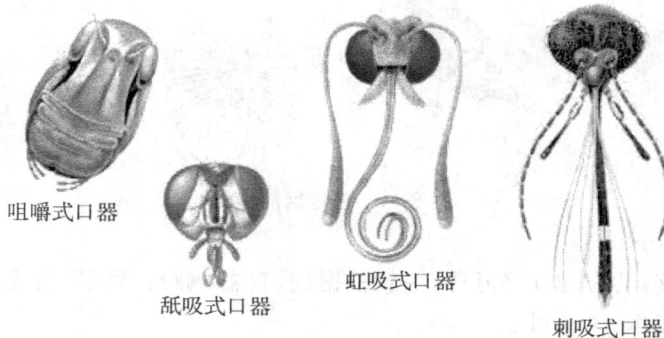

咀嚼式口器

舐吸式口器

虹吸式口器

刺吸式口器

图 8-16　口器的种类

2. 触角

触角由柄节(1 节)、梗节(1 节)和鞭节(多节)组成。

(1)丝状触角:细长如丝,鞭节各节的粗细大致相同,逐渐向端部变细。如蝗虫、天牛。

(2)棒状触角:鞭节基部细长如丝,顶端数节逐渐膨大,全形像棒球杆。如蝶类。

(3)刚毛状触角:短小,基部 1-2 节较粗,鞭节细如刚毛。如蝉、蜻蜓。

(4)念珠状触角:鞭节各节大小相近,形如圆球,全体像一串珠子。如白蚁。

(5)鳃状触角:端部3—7节向一侧延展成薄片壮迭合在一起,状如鱼鳃,如金龟子。

(6)具芒状触角:一般仅3节,短而粗,末端一节特别膨大,其上有1刚毛,称触角芒,芒上有许多细毛。如蝇类。

(7)羽毛状触角:鞭节各节向两侧突出,形如羽毛。如蛾类。

(8)膝状触角:鞭节向外弯折。如蜜蜂。

(9)环毛状触角:鞭节各节有1圈细毛,愈接近基部的细毛愈长。如雄蚊。

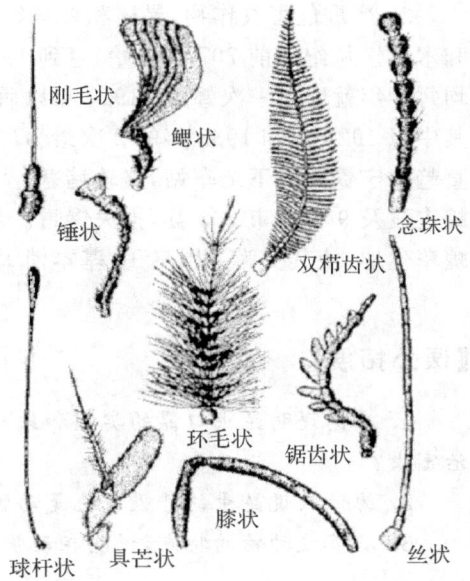

图 8-17　触角的种类

三、与人类的关系

本门动物种类繁多,数量浩大,分布广泛,跟人类的关系十分密切,依据对人类的利害关系,可分有益和有害两大类,但这样划分是相对的,例如蝎子和蜈蚣都会分泌毒液,咬螫伤人,而另一方面却可作为药材,医治疾病。

(一)有益方面

有益节肢动物所起的作用主要表现在下列各方面:

1. 供人类食用,尤其甲壳纲中的各种虾蟹,不仅滋味鲜美,营养价值也高。

2. 提供工业原料,例如家蚕。

3. 越冬幼虫被一种叫虫草菌的真菌侵入后,来年夏天就成冬虫夏草。由于其在补肺益肾上疗效好,成为很名贵的中药。

4. 作为经济鱼类的天然饵料,例如鲱鱼、大黄鱼、小黄鱼以及带鱼等都以桡足类作为主要食饵;在淡水水域中,桡足类、枝角类以及昆虫幼虫对鲢、鳙等经济鱼类的幼鱼和成鱼也有重要的饵料意义,特别是枝角类,我国渔民自古以来就称其为鱼虫。

5. 完成植物的传粉作用。油菜和多种果树都是虫媒植物,借蜜蜂等昆虫传播花粉,否则不可能结果。

6. 抑制害虫。

7. 制成药物。节肢动物本身或其产品可以制成药物,防治疾病,如蝎子、蜈蚣、地鳖等。鲎的血液具有超微量(10～12g)的敏感性,可制成试剂,快速而简便地检测内毒素和热源物质。

(二)危害

有害节肢动物主要的危害有两方面:

1. 传播疾病,严重威胁人们的健康和生命。凡可引起疾病的生物统称病原体(病原生物),包括病毒、立克次体、螺旋体、细菌、真菌以及寄生虫等。由寄生虫引起的疾病称为寄生虫病;由其余各种病原体引起的疾病则称为传染病。寄生虫病和传染病二者的病原体本身都缺乏移动能力,须借外力传播,特别是昆虫起了十分重要的作用,人类传染病的2/3均通过昆虫媒介传播,例如虱传播斑疹伤寒、回归热。

2. 严重危害农作物、果树和森林等。特别是有害昆虫每年夺走我们大量的粮食、瓜果和木材。从纪元前 707 年开始,直到 1917 年清皇朝覆灭,在这封建统治的 2000 多年间,平均每 3 年就发生一次蝗灾。1917 年以后,直到新中国成立,蝗灾有增无减,几乎每年都发生,其中以 1929 年和 1938 年的 2 次最为严重。在飞蝗大发生的 1929 年,长江岸边的大群蝗蝻直趋沪宁铁路的下蜀车站,路轨堵塞,火车停开,商店关门,只开小洞营业。1938 年的那次蝗灾波及 9 省 1 市 265 县,损失惨重。新中国成立以后,重视治蝗工作,整治杂草丛生的飞蝗孳生地,使其变为万顷良田,基本消灭了蝗灾。

【课外拓展】

1. 举例说明昆虫口器的类型和结构。根据口器的类型和结构,我们怎样选用农药、防治害虫?

2. 为什么说昆虫的呼吸系统是动物界高效的呼吸系统?

3. 从节肢动物的特点,说明在动物界节肢动物种类多、分布广的原因。

【课程研讨】

1. 为什么没有巨型昆虫?

2. 如果昆虫消失……?

3. 请列出蚊子、苍蝇的优缺点。

4. 昆虫分泌的外激素有何作用? 有何利用价值?

5. 请你设计几套生物防治的方案。(至少两套)

6. 查考蜜蜂或蚂蚁王国的次序,你有何感想?

7. 请举例阐述昆虫拥有生化武器。

8. 考察蚊、蝇的一生,提出灭蚊、蝇的方案。

9. 你是如何理解"害虫"、"益虫"的? 请为"害虫"正名。

【课后思考】

1. 节肢动物有哪些重要特征? 比较节肢动物与环节动物的相同点和不同点。

2. 简要比较肢口纲、蛛形纲、甲壳纲、多足纲及昆虫纲的特点。

3. 外骨骼对于节肢动物在陆地上生活有哪些作用?

4. 节肢动物的体制特征与其种类和分布有什么联系?

5. 昆虫纲的主要特征是什么? 从昆虫的构造上解释为什么昆虫比其他任何生物具有更多的数量和更广泛的适应性。昆虫有哪些方法来保护自己?

6. 名词解释:几丁质外骨骼、气管、马氏管、复眼、变态、口器。

【小资料】

非洲蝙蝠虫将性别大战提升到了一个新的境界

当一只雄性非洲蝙蝠虫——一种吸食蝙蝠血液的寄生虫——想要交配时,它只要将自已尖利的雄性生殖器刺入雌性同伴的腹部即可,而根本无需考虑后者的感受。为了保护自身免受这种所谓外伤型授精的伤害,雌性蝙蝠虫也有一套特殊的生殖器。如今,一项新的研究表明,这些生殖器能够变化出两种形式——其中的一种甚至能够帮助雌蝙蝠虫化身为雄性。

图 8-18

外伤型授精是性别冲突——当一种性别的繁殖行为可能对另一种性别造成伤害时,物种内部的斗争便随之形成。一个极端的例子:在非洲蝙蝠虫中,雌性能产生一种特殊腹部器官,是一些被覆盖着的空腔,它能够用来接收雄性的精子并使受精行为对身体造成的伤害最小化。然而让生物学家感到困惑的还不只这些。由于雄性和雌性蝙蝠虫看起来非常接近——甚至同性交配在蝙蝠虫中也很普遍,因此雄蝙蝠虫也能产生一种类似于雌性防御用生殖器的器官。但与雌性不同的是,雄蝙蝠虫的器官空腔是敞开的,这显然是为了与雌性有所区别。

英国谢菲尔德大学的生物学家 Michael Siva-Jothy 和他的同事希望更好地了解蝙蝠虫的性别大战。为此他们从东非的一个偏僻洞穴中捕捉了这些昆虫并对其进行了解剖。令科学家感到惊讶的是,他们发现,一些雌蝙蝠虫竟然能够模仿雄性——在它们特殊的生殖器上也有开口的空腔,而另一些雌蝙蝠虫的空腔则保持典型的关闭状态。Siva-Jothy 表示:"这种昆虫总是会有一些不寻常的举动。"通过计算雌蝙蝠虫身上的疤痕,研究人员发现,那些具有开口空腔的雌性个体遭到雄性穿刺的几率明显少于那些空腔闭合的个体。研究人员在《美国博物学家》(*The American Naturalist*)杂志上报告了这一研究成果。这意味着雌性对雄性的模仿可以使前者免遭后者的"性侵犯"。然而并非所有的雌蝙蝠虫都会选择这种方式——大约有 16% 的雌性个体依然会关闭空腔。

加拿大多伦多大学的学者 Locke Rowe 认为,这项研究表明,性别冲突能够导致生殖器结构的多样性。但他强调,物种的形成要求一些雄性蝙蝠虫喜欢与一类雌虫交配,而其他的雄性则乐于同另一类雌蝙蝠虫繁殖。这一切究竟能否实现,则"依然有待于我们的观察"。

2008 年 11 月 14 日《科学》杂志精选——白蚁腹中之谜

用于消化木材的生物化学能力既神秘又在加工生物燃料上有着很高的需求。科学家们如今描绘了一种成为白蚁以消化木材作为其唯一食物来源基础的复杂的"寄生虫体内含有寄生虫"的关系。许多共生性微生物居住在白蚁的肠道内协助白蚁消化木材。其中的一种是原虫,它本身又是细菌 Pseudotrichonympha grassii 的一个宿主。Yuichi Hongoh 及其同事对 P. grassii 的完整的基因组进行了序列测定。他们报道说,其独特的基因组序列披露了该种细菌具有能够固定大气中的氮,再循环废弃物中的氮,并为它们自己以及它们的原虫宿主制造氨基酸的能力。

甲虫变色秘密被发现:改变外骨骼内体液流动状况

据美国《探索》杂志报道　科学家发现,巴拿马塞罗加莱拉(Cerro Galera)山峰附近的一种金色甲虫能在 2 分钟之内变成砖红色。虽然有的甲虫也会根据温度等外界环境改变颜色,但是,这种巴拿马的龟甲虫是为数很少的以控制自身颜色变化而闻名的生物之一。那么,这种甲虫变色的秘密是什么? 科学家最近发现,这种甲虫能改变自己外骨骼内的体液流动状况。

　　甲虫变色的关键在于外骨骼的光线反射方式。它的外骨骼有 20 到 40 层次,当波长不同的光线从多层骨骼反射出来,这种甲虫就呈现通常的金色,此时,多层骨骼内有毛孔的部分就会变湿。当甲虫的外骨骼干燥,光线不再均匀反射的时候,它富有光泽,金色镜面似的效果就不存在了。相反,光线从多层骨骼以这种方式反射出来的时候,它的外壳就变成了半透明状,下面显现红色。研究人员不知道动物改变颜色的目的,但是,他们怀疑,可能是为了模仿有毒昆虫吓退敌人。

　　研究这种甲虫的比利时纳米尔大学的物理学家让·珀尔·维格纳伦说:"这种甲虫告诉了我们,研发因湿度改变而变色的材料的可能性,例如,当土壤干透时,花盆变化颜色提出警告,使用水渍而不是粉笔的黑板,可通过热脉冲擦干净,甚至还可以研制出在雨天改变颜色的汽车。"

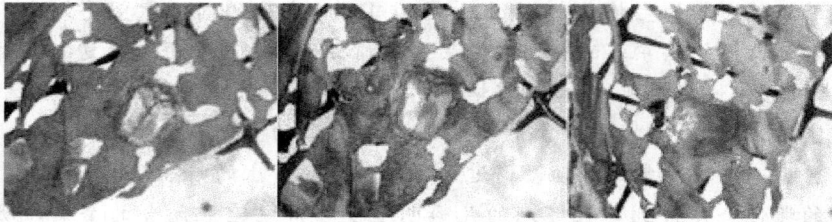

图 8-19 变色甲虫

第九章　棘皮动物门

【课程体系】

【课前思考】

1. 棘皮动物门的主要特征。
2. 棘皮动物门的分类及代表动物的形态特征。
3. 棘皮动物的经济意义。

【本章重点】

棘皮动物门的主要特征。

【教学要求】

1. 掌握棘皮动物门的主要特征及分类。
2. 掌握棘皮动物门各纲的代表动物。

棘皮动物门(Echinodermata)属于后口动物(deuterostome)。它们与原口动物(protostome)不同。

原口动物:胚胎发育过程中,胚孔发育成动物成体的口,由端细胞法形成中胚层和真体腔的一类动物。

后口动物:胚胎发育过程中,胚孔发育成动物成体的肛门或封闭,在其相对端另形成开口,由肠腔法形成中胚层和真体腔的一类动物。

棘皮动物和脊索动物同属于后口动物,所以棘皮动物是无脊椎动物中最高等的类群。现有的棘皮动物约 6000 种,全部海产,营底栖生活。化石种类有 20000 多种。我们熟知的有海星、海胆、海参等。

图 9-1 各种棘皮动物

一、主要特征

(一)身体为辐射对称,且大多为五辐对称

辐射对称的形式是次生形成的,由两侧对称的幼体发育而来。

棘皮动物的身体可分为两部分:腕(五辐对称突出的部分)和中央盘(位于体中央)。整个身体又有口面及反口面之分。口面从口周围开始,顺腕的中线共发出 5 条纵沟,直达腕的末端,称步带沟(管足沟)。沟内有 2～4 列管足,管足具吸盘,能吸附在固体物上,两步带区之间为无管足的间步带区。在反口面,通常在两个腕之间,有一筛板的构造,筛板上面有很多小孔,是水流进出的孔道。其体表有许多突出来的结构:

棘刺:棘状的突起,可动(海胆)或不可动(海星),主要起保护作用。可动的棘刺也可用来爬行或在砂中钻穿。

棘钳:呈钳状,用来清除身体上脏污的东西,口周围的棘钳还能捕捉食物。

皮鳃:在棘间稍突起的薄膜状结构,与体腔相通,有呼吸作用。海星类的皮鳃数目较多。

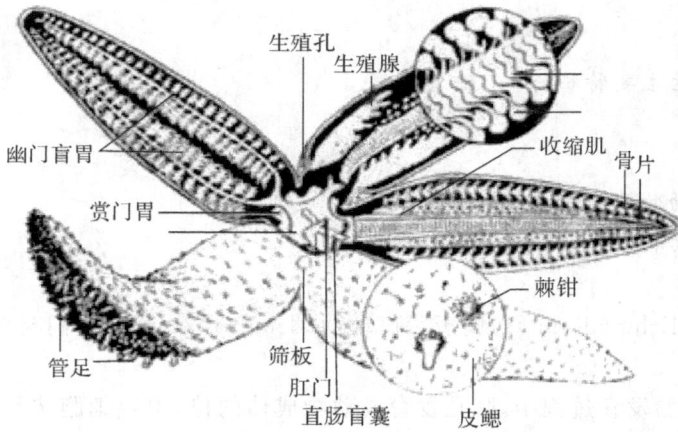

图 9-2 棘皮动物的结构

(二)具有中胚层形成的内骨骼(和脊索动物类似)

其他无脊椎动物的骨骼是由外胚层发育而来的外骨骼,棘皮动物的骨骼形态多样,如:极微小(海参);形成骨片呈一定形式排列(海星等);骨骼完全愈合成完整的壳(海胆类)。内骨骼常突出体表,形成刺或棘,故称棘皮动物。

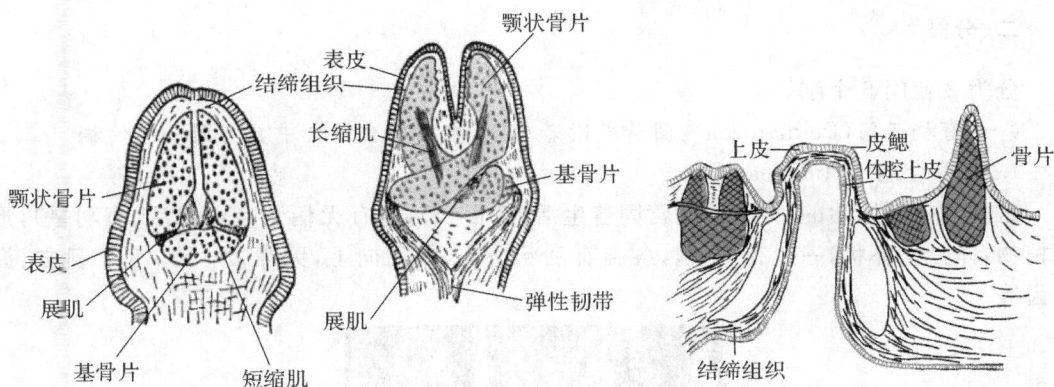

图 9-3　内骨骼

(三)真体腔宽阔,具有特殊的水管系统

由次生体腔的一部分特化形成的一系列管道组成,有开口与外界相通,海水可在其中循环,其构成:筛板→石管→环水管→辐水管→侧水管→坛→管足。

管足:为棘皮动物水管系统侧管末端腹分支,伸出体外,壁薄,末端有吸盘。

其功能:内体腔液通过它呼吸、排泄;辅助运动。

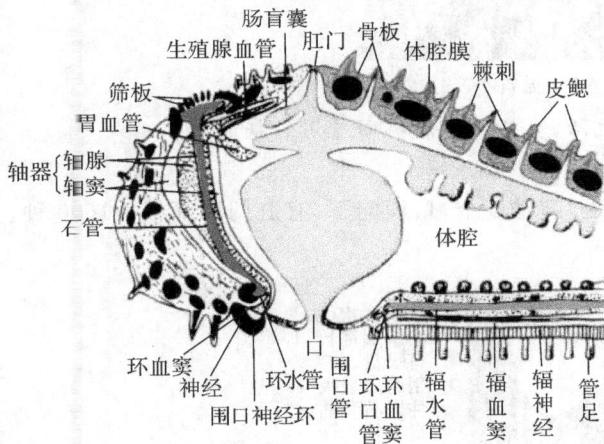

图 9-4　水管系统

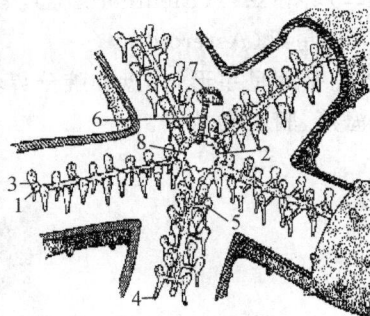

图 9-5　海星的水管系统

1.辐管　2.环管　3.侧管　4.管足
5.罐　6.石管　7.筛板　8.帖德曼氏体

(四)运动迟缓,神经和感官不发达

利用管足和棘刺的运动效率低,运动、神经系统和感官不发达,只有海星腕末端有眼点。没有专门的呼吸、排泄和循环系统。呼吸和排泄主要依靠管足、皮鳃和体表来进行。循环主要依靠真体腔。

(五)雌雄异体,个体发育中有各型的幼虫

如羽腕幼虫、短腕幼虫、海胆幼虫等。

二、分类

分为 2 亚门 5 个纲。

（一）有柄亚门（Pelmatozoa）：固着或附着生活，在某个生活史中具有固着用的柄

1. 海百合纲（Crlnoidea）

是本门中最原始的一类，用柄营固着生活（海百合），也有无柄营自由生活（海羽星），形如植物，体盘呈杯状，一般有 10 腕，各腕有羽状分支，口面向上，无筛板。650 种。例如：海羊齿等。

图 9-6　海百合

（二）游移亚门（Eleutherozoa）：自由生活，生活史中没有固着用的柄

2. 海星纲（Asteroidea）

体扁平而呈星形，体盘和腕分界不明显，腕常 5 个，口面向下，有肛门和筛板。1600 种。例如：海燕、骑士勋章等。

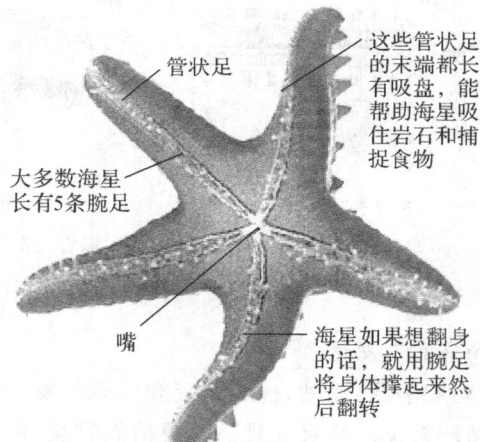

图 9-7　海星

3. 蛇尾纲（Ophiuroidea）

体盘月饼形，腕细长，二者界限明显。腕 5 个，口面向下，肛门退化。200 种。例如：阳遂足、刺蛇尾等。

美妙刺蛇尾　　　绿蛛蛇尾　　　日本片蛇尾　　　短腕栉蛇尾
（太平洋、印度洋）（太平洋、印度洋）（太平洋）　（太平洋、印度洋）

混棘鞭蛇尾　　　　　　　　　　　　　　鞭枝蛇尾
（太平洋、印度洋）　　　　　　　　　　（西太平洋）

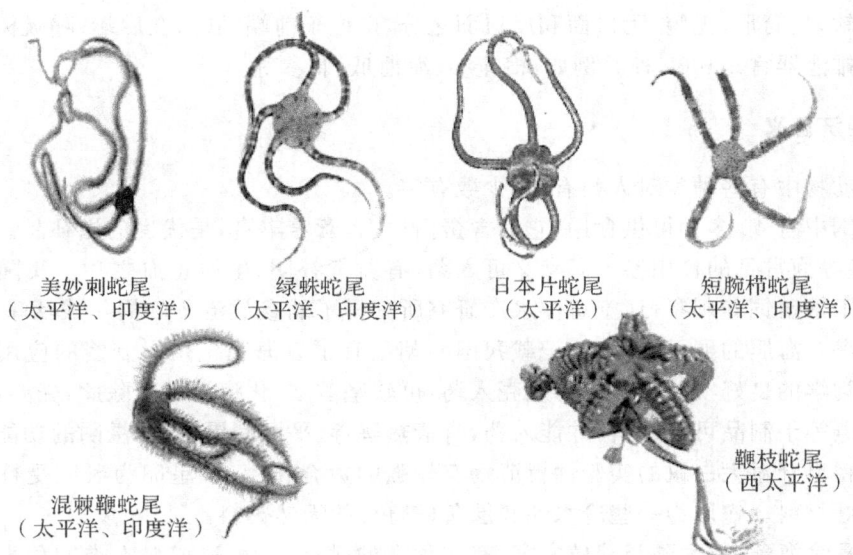

图 9-8　各种蛇尾

4. 海胆纲（Echinoidea）

体略呈球形，无腕，口面向下，表面骨板互相相嵌成球形骨骼，体表棘刺很长。400 种。例如：马粪海胆。

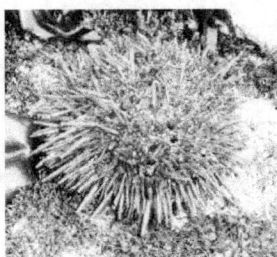

主棘刺　　棘钳管足　　吸盘管足

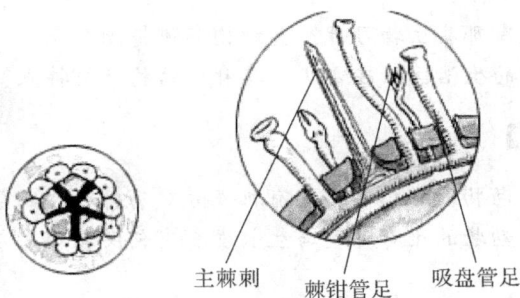

图 9-9　海胆　　　　图 9-10　海胆的棘刺

5. 海参纲（Holothuroldea）

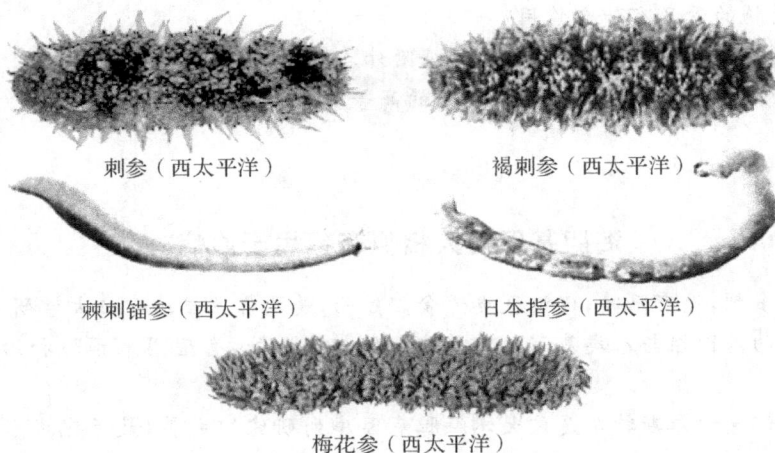

刺参（西太平洋）　　　　褐刺参（西太平洋）

棘刺锚参（西太平洋）　　日本指参（西太平洋）

梅花参（西太平洋）

图 9-11　海参的不同种类

体柔软,长筒形,无腕,无口面和反口面之分,口位于前端,肛门在后端;呼吸树是海参特有的呼吸排泄器官。1000 种。例如:梅花参、海地瓜、刺参等。

三、经济意义

棘皮动物中有些种类对人类有益,少数有害。

海参纲中有 40 多种可供食用,它们含蛋白质高,营养丰富,是优良的滋补品。我国的刺参、梅花参等为常见的食用参。海参又可入药,有益气补阴、生肌止血之功。我国已成功地进行了人工繁殖饲养刺参,辽宁海洋水产研究所获得了幼参放流 1.5 周年成活率为 55.3% 的良好结果。海胆的卵可食用,据记载我国明朝已有了以海胆生殖腺制酱的应用。海胆卵为发育生物学的良好实验材料。海胆壳入药,可软坚散结、化痰消肿。除此,壳亦可做肥料。海星及海燕等干制品可做肥料,并能入药,有清热解毒、平肝和胃、补肾滋阴的功能。自海星中提取的粗皂苷对大白鼠的实验性胃溃疡有较强的愈合作用;海星卵为研究受精及早期胚胎发育的好材料。蛇尾为一些冷水性底层鱼(鳕鱼)的天然饵料。

海胆喜食海藻,故为藻类养殖之害;有些种类的棘有毒,可造成对人类的危害。海星喜食双壳类,据记载,一个 30 天的小海星,6 天中吃了 50 多个小海螂;一个成体海星一天吞食和破坏牡蛎可达 20 多个,故海星为贝类养殖之敌害。

【课外拓展】

1. 海星有哪些生物习性? 其结构有何特点?
2. 海参的生活区域在哪儿? 其身体结构有何特点?

【课程研讨】

1. 棘皮动物的机体有哪些有机成分? 有什么生物学活性?
2. 棘皮动物的生存环境与生长发育有何关系?

【课后思考】

1. 棘皮动物的主要特征有那些?
2. 棘皮动物的管足有什么作用?
3. 海星的吸盘结构,除了用来运动和吸附外,还有哪些功用?
4. 为什么说棘皮动物是无脊椎动物中的高等类群?

【小资料】

海胆基因与人相似有望用于治病

海胆体小多刺,没有眼睛,以海藻类为食。然而,美国佛罗里达中央大学研究人员发现,这种海洋生物的基因组与人类基因组有着惊人的相似之处,有望用来预防和治疗人类多种疾病。

库瑞斯提娜·卡尔斯特尼是该大学海胆基因序列研究组成员,最近完成了对海胆基因组的排序工作,并将结果发表在《科学》杂志上。美国国家卫生研究院资助了这一为期 9 个月的研究项目。

紫海胆基因组由 23300 个基因编码的 814 个"字母"组成。紫海胆有约 7000 个基因是与人类相同的,其中包括与帕金森氏病、阿尔茨海默病、亨廷顿病以及肌营养不良相关的基因。"另一让人感到惊讶的是,这种没有眼睛、鼻二或听觉的多刺生物却有着人类听觉和嗅觉基因。"卡尔斯提尼说,"将人类基因与相同祖先的海胆基因进行比较,可以加深我们对这些基因在人类机体中所发挥作用的理解。同样,研究历史能够帮助我们了解现今

图 9-12

生物界的真实面目。"让卡尔斯提尼特别感兴趣的是海胆的免疫系统。人类免疫系统有两种形式:出生时就具有的先天性免疫和对感染发生反应产生抗体的获得性免疫。海胆只有先天性免疫,而却有着 10—20 倍于人类的基因。"海胆有着较长的寿命(有些可生存 100 年),它们的免疫系统一定很强大。"卡尔斯提尼说,"从海胆中可能能获得一些很好的抗菌素和抗病毒药物来治疗各种感染性疾病。"

许多年来,海胆一直被用作胚胎发育研究的模型。卡尔斯提尼表示,细胞发育过程是非常复杂的,为了完全控制海胆幼虫内脏单一细胞层的单一基因表达,至少需要 14 个蛋白标定在 DNA 的 50 个位点上。她说,用海胆这样简单生物的胚胎来揭示发育的分子基础,比用小鼠作为试验模型能提供更多实验上的优势,培育海胆胚胎既简单又经济。一个雌性海胆能提供 2000 多万个卵,胚胎发育只需要 3 天,而且透明。存在于胚胎中的单一细胞也容易观察。

"假如能知道这些生物过程是如何进行的,我们就能知道如何去调节、修复和治疗它。"卡尔斯提尼说,"这给我们带来很大希望。"

第二部分
脊椎动物的分类与特征

第十章　脊索动物门

【课程体系】

【课前思考】

1. 脊索动物门的主要特征。
2. 三个亚门的特征及代表动物。
3. 脊椎动物亚门的特征及各纲的特征。
4. 脊椎动物与人类的关系。

【本章重点】

1. 脊索动物门的分类与主要特征。
2. 脊椎动物各纲的特征与代表性动物。

【教学要求】

1. 掌握脊索动物门的主要特征及分类。
2. 掌握脊椎动物门各纲的代表动物。

脊索动物门(Chordata)是动物界中最高等的一个门,尽管它们的形态结构复杂,生活方式多样,然而都无一例外地具有三大主要特征:脊索、背神经管和咽鳃裂。已知的脊索动物约有 70000 余种,分别属于三个亚门:尾索动物亚门、头索动物亚门和脊椎动物亚门。

一、主要特征

1. 具有脊索

脊索是脊索动物身体背部支持体轴的一条棒状、柔软的、富有弹性的结缔组织结构。低等种类的脊索动物,如头索和尾索动物,终生具备(头索动物)或幼体时出现(一些尾索动物);高等种类(如除圆口类外的脊椎动物)仅在胚胎时期暂时出现,随即为脊柱所代替。

功能:支持、运动杠杆作用、胚胎发育时诱导神经管形成。

特点:位于消化管背面,神经管的腹面,具弹性,不分节,结缔组织。

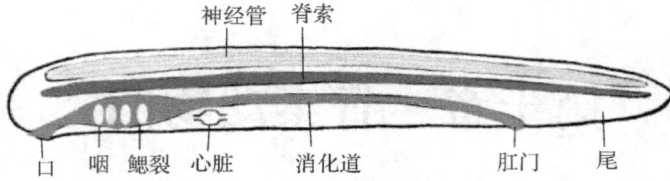

图 10-1 脊索动物体的纵断面

2. 具有背神经管

高等无脊椎动物:神经系统的中枢部分呈囊状,实心结构,位于消化管的腹面。

脊索动物:神经系统的中枢部分位于脊索的背面,呈管状,里面有管腔,称为背神经管。在高等脊索动物中,神经管分化为脑和脊髓两部分,神经管的内腔仍被保留下来,在脑中成为脑室,在脊髓中成为中央管。

3. 具咽鳃裂

(1)概念:低等脊索动物消化管前端咽部的两侧有左右成对的排列数目不等的裂孔,直接或间接和外界相通,就是咽鳃裂。

(2)功能:呼吸器官。低等种类(水生)终生存在,高等类群(陆生)仅在胚胎期和某些种类的幼体期(如蝌蚪)出现,在成体时消失或变为其他结构,鳃的呼吸功能由肺取而代之。

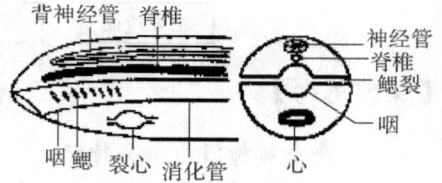

图 10-2 纵断面与横断面比较

二、次要特征

1. 心脏总是位于消化管的腹面。

2. 尾部如存在,总是位于肛门的后方,构成脊索动物特有的肛后尾。无脊椎动物的肛孔常开口在躯干部末端。

3. 骨骼系统属于中胚层形成的内骨骼,它是由活的细胞构成的,能随着身体发育而增长。非脊索动物亦有坚硬部分,但为死的外骨骼。

4. 与非脊索动物相似的结构:后口,三胚层,次级体腔,两侧对称,分节现象。

第一节　分类概述

现在世界上已知的脊索动物约有 7 万多种,生存的种类分属于三个亚门。

一、尾索动物亚门(Urochordata)

尾索动物又称被囊动物(Tunicata),约 2000 种,均海产。单体或群体,营自由或固着生活的海生动物,体形常随生态而异。身体表面被有一层棕褐色植物性纤维质的囊包,故名。其脊索仅在尾部,或终生保存,或仅见于幼体。典型的代表是海鞘(Ascidia),成体呈坛状,固着于海底岩石或其他物件上。其顶端有一入水孔,旁侧有一汇殖水管孔(出水孔)。借流水吸入有机物作为食物。具管孔一侧为背方,反面为腹方。剖开被囊,可见一空腔,即围鳃腔(Pertibranchial cavity)。内有巨大的咽部,咽壁上有无数的鳃裂。无神经管,仅在两水孔之间有一神经节(脑节),由此再分出若干分支到身体各部。脊索仅在蝌蚪状的幼体时保存于尾部,故名。随着个体发育成长,脊索逐渐缩短以至消失。

特点:脊索和背神经管只存在于幼体,脊索只位于幼体的尾部。

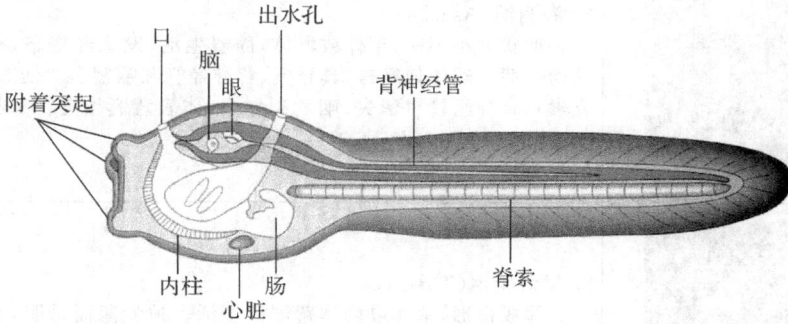

图 10-3　海鞘幼虫

逆行变态:幼体结构复杂,成体的结构简单,这种个体发育由复杂变态到简单的变态现象,称逆行变态。

海鞘的逆行变态过程:幼体如蝌蚪,生活了几个小时或一天后,就前部附着,尾部连同尾索被吸收,消失,神经管缩成一个神经节,而咽部扩大,鳃裂增多,分泌被囊,长成固着生活的海鞘成体。

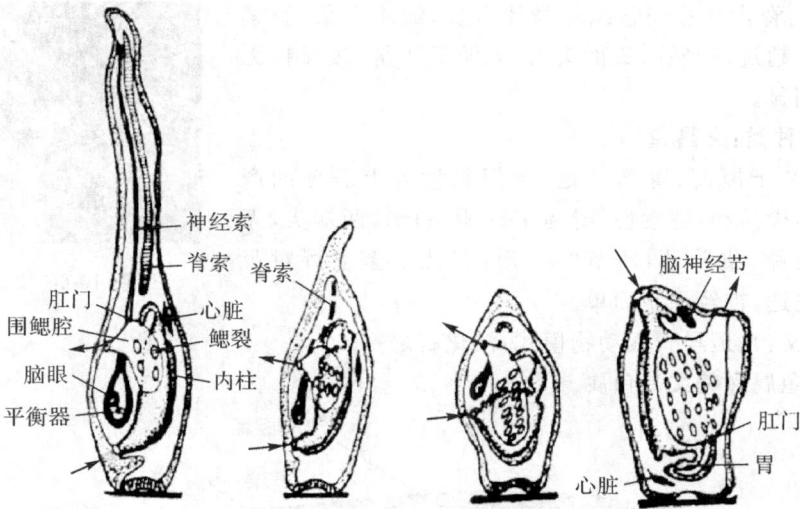

图 10-4　海鞘的逆行变态

分类:分三纲。

	1. 尾海鞘纲（Appendiculariae） 尾索动物亚门中最原始的类型，因成体终生具有幼体的尾和脊索而得名。体小似蝌蚪，自由游泳生活，咽鳃裂、脊索、背神经管终生存在。如尾海鞘（*Appendicularia*）、住囊虫（*Oikopleura*）。
	2. 海鞘纲（Ascidiacea） 形状大小不一，单体或群体，固着生活，发育经变态，有一自由游泳的幼体期。幼体似蝌蚪，具脊索、背神经管和咽鳃裂。变态后尾部消失，脊索和背神经管也消失，咽鳃裂增多，体表背囊增厚。如柄海鞘（*Styela*）、菊海鞘（*Botryllus*）。
	3. 樽海鞘纲（Thaliacea） 体成桶形，单体或群体营漂浮生活。被囊薄而透明，其上有环状肌肉带，雌雄同体，有世代交替现象。例如樽海鞘（*Doliolum*）、帕尔萨（*Salpa*）。

图 10-5　尾索动物亚门的种类

二、头索动物亚门

1. 特征：脊索和神经管纵贯身体全长，终生保留，脊索伸到最前端，超过神经管，故称头索，无明显头部，故又称无头类，咽鳃明显。

2. 常见种类：文昌鱼

在我国产于厦门、青岛等地，厦门是世界上著名的产地。钻泥沙，少活动，滤食性，身体半透明，鱼形，两端尖，无偶鳍，只有奇鳍，皮肤薄，肌节"＜"形，有几十至上百对肾管，感官不发达，神经系统简单。

图 10-6　文昌鱼

研究意义：是最早脊索动物模式，活化石之一。

分文昌鱼属和偏文昌鱼属。

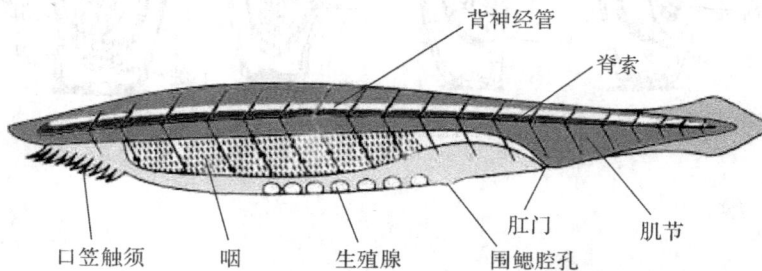

图 10-7　文昌鱼结构示意图

三、脊椎动物亚门（Vertebrata）

1. 特征

（1）以脊椎代替脊索：脊椎动物以由许多脊椎骨组成的脊椎代替柔软的脊索作为支持身体的中轴。脊椎保护着脊髓，在前端发展成为头颅保护脑。

（2）出现明显的头部，具有高度发达和集中的神经系统。背神经管在前端分化为脑和眼、耳、鼻等感觉器官，在后端分化成脊髓。

（3）除圆口纲外，出现了成对的前、后肢和上、下颌。

（4）具有完善的循环系统：具有有搏动能力的心脏；血液中开始出现红血球；血液循环加快，效能提高。

（5）水生种类以鳃呼吸，陆生种类在胚胎期有咽鳃裂，成体以肺呼吸。

（6）具有一对结构复杂的肾脏。脊椎动物的肾脏有三种类型：前肾、中肾、后肾。

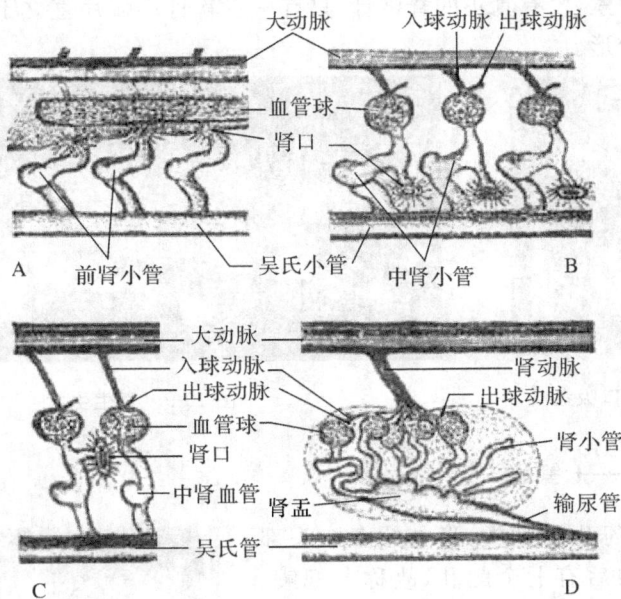

前肾(A)、中肾(B、C)和后肾(D)
(由体腔联系到血管联系)

图 10-8　脊椎动物的肾脏

2. 分类：6 纲

无颌类：圆口纲（鳗）。

有颌类：鱼纲、两栖纲、爬行纲、鸟纲、哺乳纲。

无羊膜类：胚胎发育中不具备羊膜的脊椎动物，包括圆口纲、鱼纲、两栖纲。

羊膜类：胚胎发育中有羊膜的脊椎动物，包括爬行纲、鸟纲、哺乳纲。

第二节　圆口纲(Cyclostomata)

圆口纲是现存脊椎动物中最原始的一纲,现存种类不多,已知约 70 种,水生,海、淡水都有分布,营寄生半寄生生活。

一、主要特征

(1)没有真正的上下颌。口为吸盘型,故称之无颌类。在口漏斗内壁和舌上有胶质齿,用以锉破鱼体的皮肤。舌位于口底,有肌肉,能活动。当用口漏斗吸附在鱼体上时,以胶质齿刺破寄主的皮肉,从而吸食寄主的血肉。具有寄生和半寄生特征。具唾腺,其分泌物含抗凝血剂,对寄主进行吸血时能阻止动物创口血液的凝固。

(2)没有成对的附肢,是脊椎动物中唯一没有附肢的动物,只有奇鳍,无偶鳍。

(3)终生保留脊索,没有真正的脊椎骨,只有一些软骨小弧片直立于脊索上方及神经管的两侧,是脊椎的雏形。

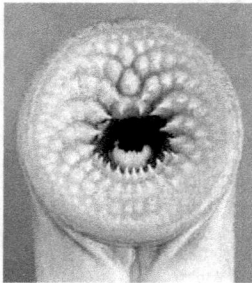

图 10-9　口吸盘

图 10-9　寄生生活

二、代表动物——七鳃鳗

七鳃鳗是体外寄生的种类,形如鳗鱼。头部两侧有一对眼睛,眼后有七个鳃孔,故称七鳃鳗。口漏斗在头部前端腹面,口漏斗内有许多具齿骨板,四周边缘有乳状突起,可吸附在鱼体上。口位于口漏斗的底部,口内的舌上有角质齿,可从口腔底部伸出,锉破鱼皮后吸食寄主的血液和柔软组织。

图 10-10　七鳃鳗

三、生殖

选有粗沙砾石的河床及水质清澈的环境产精卵。产卵 14000～20000 枚。亲鳗繁殖期绝食数月,生殖后死亡,无一生还。

幼鳗:沙隐虫,3～7 年,秋冬变态成成体。

第三节　鱼　纲(Pisces)

一、引言

鱼类是我们日常生活中所必需的一类动物,最常见的是食用。它是人类动物蛋白、B族维生素的主要来源。常见的食用鱼类如大黄鱼、小黄鱼、鲤鱼、青鱼、鲫鱼和草鱼等。浙江省地处我国东南沿海,鱼类资源十分丰富,有待于去合理地开发和利用。如鱼肝油与其他工业原料,如鲨鱼的肉可以制造人造羊毛。现在已知全世界约有24000种鱼类,我国计有2500种,其中2/3为海水鱼类。它比圆口纲高等而接近于其他脊椎动物的特征有:A.具备上下颌;B.具有成对的附肢;C.具一对鼻孔和内耳中的三个半规管。

二、主要特征

1. 有上、下颌:扩大了利用食物资源的范围。
2. 有成对的附肢(胸、腹鳍)和发达的尾部。

尾部:是使身体向前的主要运动器官,兼有舵的作用。

偶鳍:保持躯体平衡和进行转向、拐弯等动作。

奇鳍:背鳍和臀鳍能使身体稳定而有利于运动,尾鳍和尾柄组成尾。

3. 以脊柱代替脊索:用于支持躯体中轴的脊索被由一系列脊椎骨构成的脊柱所代替,从而加强了支持身体、保护脊髓的机能。

4. 终生以鳃呼吸:循环系统为单循环;心脏由静脉窦、一心房、一心室组成。心脏内含缺氧血。循环顺序为:心耳→心室→鳃→动脉→全身→静脉→心耳。

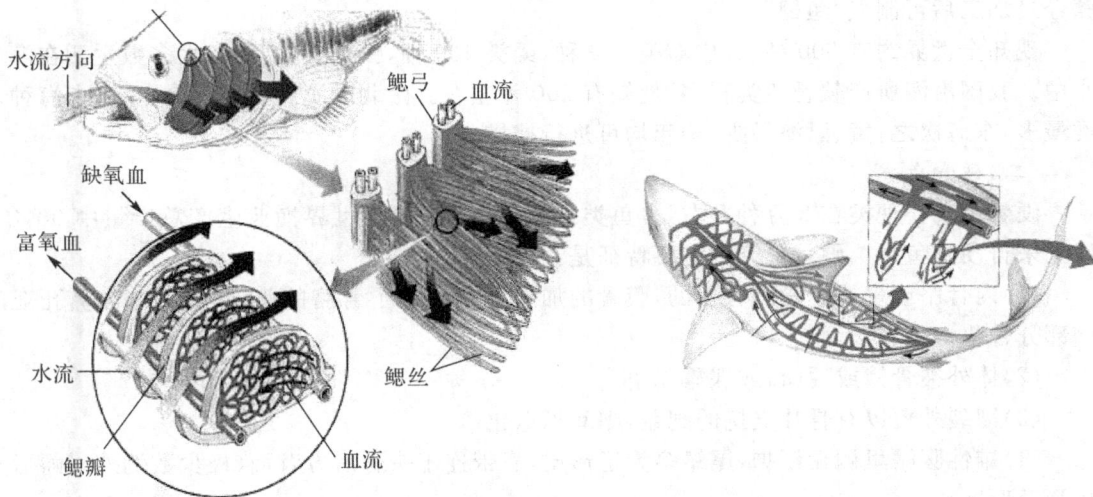

图 10-11　鱼的血液循环

5. 具有特殊的感觉器官——侧线器官。侧线是由许多单独侧线器官组成的一条管状结构。侧线器官在鳞片上以小孔向外开口,基部与感觉神经相连,能感受水的低频振动,以此来判断水流方向、水波动态及周围环境的变化。

6. 皮肤有丰富的黏液腺,大多数种类有鳞片。

鱼类皮肤黏液腺的功能:

能分泌大量黏液,使体表润滑,以减少水的摩擦。

形成一层隔离膜,使皮肤减少对水分的渗透,以维持体内渗透压的平衡。

三、分类

鱼纲根据内骨骼的性质可分为:

软骨鱼(Chondrichthyes):板鳃亚纲(Elasmobranchi)、全头亚纲(Holocethali)

硬骨鱼(Osteichthyes):肺鱼亚纲(Dipnoi)、总鳍鱼亚纲(Crossopterygii)、辐鳍亚纲(Actinopterygii)

(一)软骨鱼类

(1)内骨骼全为软骨;外骨骼表现为盾鳞或棘刺或退化消失(体表光滑)。

(2)鳍条为角质鳍条。

(3)头部每侧具有 5~7 个鳃裂,各自开口于体外;或具 4 个鳃裂,外被一膜状鳃盖,其后具一总鳃孔。

(4)雄性具有由腹鳍内侧特化而成的交配器,亦称之为鳍脚。

(5)肠短,具螺旋瓣;无鳔。

(6)尾为歪型尾。

(7)鼻孔腹位。

(8)卵大而少。

软骨鱼经济价值很高,是渔业的主要对象之一,其肉可供食用,皮可制革,肝脏可制药,鳍经过加工后可制成"鱼翅"。

现知全世界约有 800 种,其中鲨类 340 种,鳐类 430 种,银鲛类 30 种。大多数生活在海水中。我国沿海所产软骨鱼类很多,现知有 200 种左右。南北沿海到处都有分布,以南海种类最多,东海次之,黄、渤海最少,全年均可进行捕捞。

(二)硬骨鱼类

硬骨鱼现存种类在 2 万种左右,占鱼类总数的 90%,目前世界渔业生产总产量中 90%以上来自硬骨鱼类。硬骨鱼类的主要特征是:

(1)内骨骼或多或少是硬骨性的,膜骨的加入更加促进了骨骼的坚硬程度。(内鼻孔亚纲部分骨化。)

(2)体外被骨鳞或硬鳞,或裸露无鳞。

(3)鳃裂外覆以有骨片支持的鳃盖,鳃间隔退化。

(4)雄性腹鳍里侧无鳍脚,尾鳍多为正形尾,肩带连于头骨后方背面(极少数例外)(鲟形目为歪形尾)。

(5)鳔通常存在,大多数种类肠内无螺旋瓣,心脏没有动脉圆锥。

第四节　两栖纲(Amphibia)

两栖纲是一类在个体发育中经历幼体水生和成体水陆兼栖生活的变温动物。少数种类终生生活在水中是次生性现象。四足类中的低等类群,初步形成由水栖向陆生的转变,基本具备了陆生脊椎动物的结构模式,但仍不能完全脱离水环境。包括无足、有尾和无尾三大类。

一、主要特征

(一)外形

蠕虫形:无足目,四肢退化,尾短或无尾部,穴居生活。

鱼形:有尾目,尾部发达,水栖生活。

蛙形:无尾目,身体粗短,无尾部,且后肢较强大,陆栖生活。

(二)皮肤及衍生物

两栖纲的皮肤由真皮和表皮两部分组成。表皮由多层细胞构成:最内层皮肤裸露,水生种类未角质化,陆生角质化程度低,通透性强;富有皮肤腺或毒腺,保持湿润;且富有血管;皮肤具有重要的辅助呼吸功能。富有色素细胞,起保护、防光线和吸热作用。肺、皮呼吸。

皮肤衍生物有:

黏液腺:由多细胞构成的泡状腺。表皮细胞下陷到真皮中,有管道通皮肤表面。分泌黏液使皮肤保持湿润,有利于皮肤呼吸,调节体温。黏液腺数量多,个体小,婚垫属黏液腺。

毒腺:多细胞腺体,体积大,数量少,由黏液细胞转变而成。分泌物乳液状有苦涩味。大蟾蜍耳后腺分泌物叫蟾酥(白色)。加工后为中药蟾酥,功能为强心力尿,兴奋呼吸,升高血压,有消炎、抗癌、抗辐射作用。表面麻醉作用很强,毒性大,用量大可引起幻觉。毒腺对动物本身有自我保护作用,以避免被别的动物吞食;亦有捕食作用。

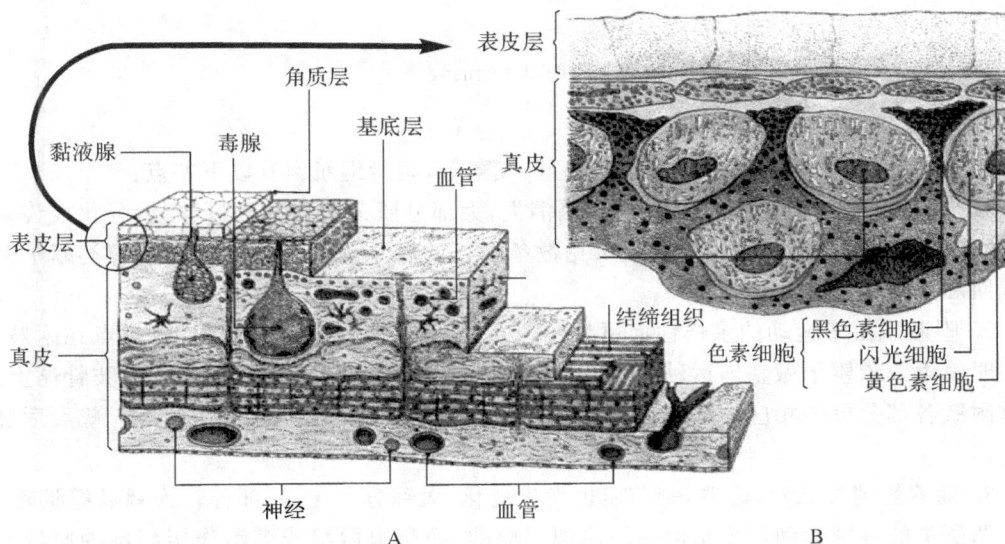

图 10-12　两栖纲皮肤结构

色素细胞:位于真皮内。黑色素细胞:位于最下层,细胞有指状突起伸入上层细胞间,胞质内含黑色素颗粒。红色细胞:位于中间层,胞质内含有由嘌呤结晶构成的反射小板,对光有反射和散射作用,衍射出蓝—绿色。黄色素细胞:位于最上层,细胞内含黄色素颗粒,滤去蓝色使皮肤呈绿色。

(三)骨骼系统

特点:脊柱分化为颈椎、躯椎、荐椎和尾椎;颈椎一枚,头部不能转动;肋骨发育不良(短小或无,且不与胸骨相连),椎体前凹、后凹或双凹;开始出现五趾型附肢。

五趾型附肢:陆生脊椎动物四肢较强大,一般具有五趾,且具有多支点的杆杠运动的关节,不仅整个附肢可以相对躯体做运动,而且附肢的各部分彼此可做相对的杆杠运动,陆生脊椎动物的附肢称之为五趾型附肢。

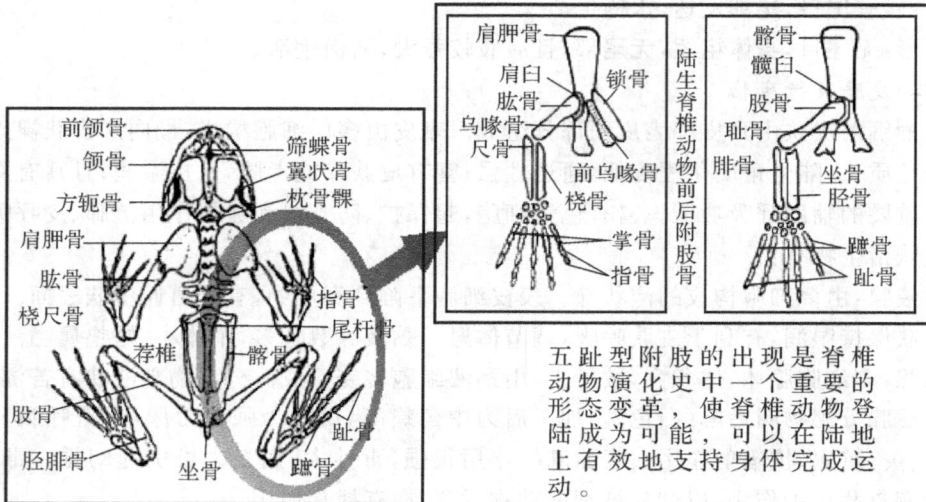

五趾型附肢的出现是脊椎动物演化史中一个重要的形态变革,使脊椎动物登陆成为可能,可以在陆地上有效地支持身体完成运动。

图 10-13 蛙的骨骼

(四)肌肉系统

由于登陆后运动复杂化——跳跃、爬行、飞翔等,两栖纲肌肉有以下特点:

1. 原始肌肉分节现象已不明显,肌隔消失,大部分肌节愈合并经过移位,分化成许多形状、功能各异的肌肉。只在腹直肌上可见数条横行的腱划为肌节的遗迹。鲵螈类躯干两侧的轴肌和肌隔仍发达。

2. 附肢肌由于运动的多样性而更为发达。外生肌:肌肉起点在躯干上,止点在附肢上。收缩时使附肢依躯干做整体运动(鱼类已有)。内生肌:肌肉的起、止点都在附肢骨骼上,收缩时附肢各部分可做相应的局部运动(绕肘关节、腕关节、膝关节、踝关节)。蛙、蟾类后肢肌发达。

3. 随着鳃消失、鳃弓改造,鳃节肌也发生变化,大部分退化;一部分转为咽喉部肌肉。

两栖类的各种运动很少是由一块肌肉完成的,而是由两组或多组作用相反的肌群共同协调起作用。

（五）呼吸系统

水生种类和陆生种类的幼体用鳃和皮肤呼吸,陆生种类用肺和皮肤呼吸。肺的结构:一对中空、富有弹性的薄壁囊状构造,其内壁褶皱程度不大,呼吸表面积不大。

口咽腔呼吸:鼻孔打开,喉门关闭,口底上下运动,空气进出口咽腔,在口咽腔黏膜上完成气体交换。

咽式呼吸:吸气——鼻孔张开,口咽腔底下降,空气进入口咽腔。鼻孔关闭,口咽腔底上升,喉门打开,气体进入肺。反复升降口咽腔底,气体运动,完成气体交换。呼气——鼻孔张开,口咽腔内气体排出。

图 10-14　蛙的呼吸类型

（六）循环系统

幼体心脏为一心室一心房,单循环;成体为一心室二心房,不完善双循环。心脏由静脉窦、心房、心室和动脉圆锥四部分组成。(两栖类虽然既有体循环,又有循环,但由于心室不分隔,在心室中多氧血和缺氧血有混合现象,属于不完全的双循环。)

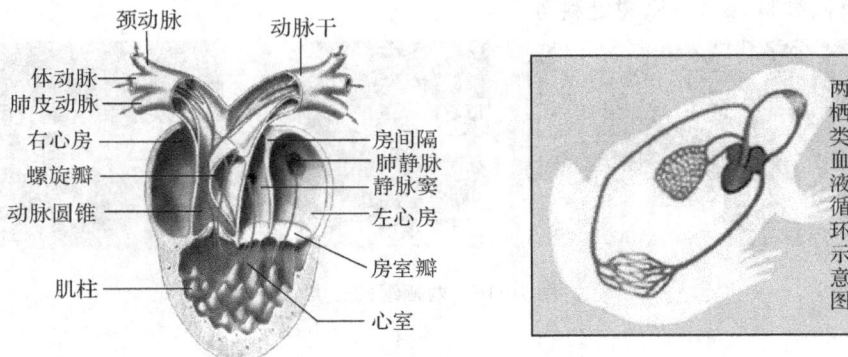

图 10-15　蛙的心脏结构与血液循环

（七）生殖发育特点

多数体外受精,均有幼体阶段,发育需变态,不能离开水。

表 10-1　幼体与成体区别

幼体	成体
水生	陆生
以鳃呼吸	以肺呼吸
具侧线器官	侧线器官退化
无五趾型附肢	有五趾型附肢
一心房、一心室	二心房、一心室
单循环	不完全的双循环

（八）变温动物（外温动物、冷血动物）

变温：动物代谢水平低，神经体液调节能力弱，保温散热能力差，体温随外界温度的变化而变化。

休眠：环境恶化时，动物体通过降低代谢水平进入麻痹状态，待环境改善时重新活动的现象。是对不良环境的适应。

环境温度是两栖纲动物生存中重要条件之一，当温度降低到 7－8℃ 时，大都进入冬眠状态。环境温度过高，则进入夏眠状态。

二、分类

现存两栖纲动物约 4200 种，我国有 280 种。分为 3 个目。

1. 无足目（Apoda）：两栖纲最原始又特化的类群，行穴居生活。

特点：外形似蛇，尾短或无尾，无四肢和带骨；退化的骨质鳞陷在真皮之内；听觉、视觉退化，眼睛隐于皮下。1 科：蚓螈科，150 种。例：鱼螈。

2. 有尾目（Urodela 或 Caudata）

特点：终生水栖，少数变态后离水而栖于湿地；体圆柱形，尾发达，多数具四肢，有些具侧线。300 种。例：小鲵、大鲵、肥螈、蝾螈等。

3. 无尾目（Anura）：本纲最高级的类群，分布最广，约 2600 种，我国 172 种。

特点：成体无尾，皮肤裸露，富黏液腺或毒腺，体宽短，四肢发达，善跳，鼓膜明显。例：蟾蜍科、雨蛙科、蛙科、姬蛙科、树蛙科等。

图 10-16　两栖纲的分类

第五节　爬行纲（Reptilia）

爬行纲动物仍为变温动物；成体结构进一步适应陆地生活；繁殖脱离了水环境，与鸟纲、哺乳纲共称为羊膜动物。

爬行纲分为 4 大类，即喙头目、龟鳖目、有鳞目（蜥蜴和蛇类）、鳄目。

一、主要特征

1. 具有陆上繁殖能力——体内受精、产羊膜卵

羊膜卵一般外包一层石灰质硬壳或不透水的纤维质卵膜，能防止变形，防止水分蒸发，避免机械损伤和减少细菌的

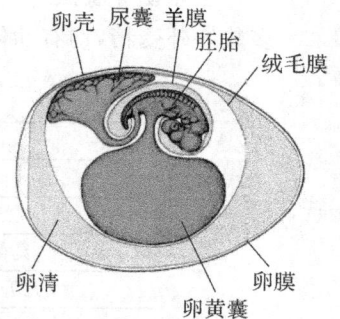

图 10-17　羊膜卵结构示意图

侵袭。(卵壳仍透气,保证呼吸。)羊膜卵具有卵黄囊,储存大量营养物质,为胚胎发育提供营养。

2. 外部形态特点

体形多样化,可分成三种类型:

蜥蜴型:体分界清楚,尾长,四肢发达。

蛇型:体长,圆柱形,分界不明,缺四肢。

龟鳖型:体背腹扁平,包于背腹甲中,四肢短。

图 10-18　爬行纲外部形态类型

3. 皮肤特点

角质化程度高,缺乏皮肤腺,干燥(结束皮肤呼吸,防止水分蒸发),外被角质鳞或角质盾片和骨板,蜥蜴和蛇有定期蜕皮的现象。色素细胞发达,具有保护色、警戒色,能吸收热能以提高体温。

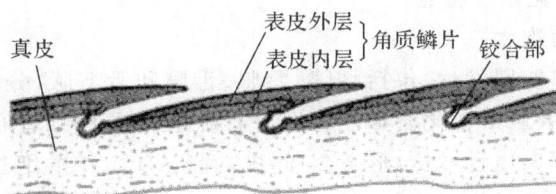

爬行类皮肤切面

图 10-19　爬行类皮肤切面

4　骨骼特点

(1)骨骼坚硬,骨化程度高。

(2)头骨顶壁隆起,脑腔增大。头骨两侧有颞窝形成。

颞窝:为头颅两侧,眼眶后面的凹陷,是咬肌着生的部位。其作用是可增大咬肌附着面积,增强咀嚼能力。

(3)脊椎骨分化为陆生脊椎动物典型的五个区域:颈椎、胸椎、腰椎、荐椎、尾椎。肋骨发达,与胸骨、胸椎组成胸廓(胸廓是羊膜动物所特有),起支持、保护、呼吸作用,蛇不具备。

(4)五趾型附肢及带骨进一步发达和完善,趾端具爪,适合爬行。蛇四肢退化,且无带骨。

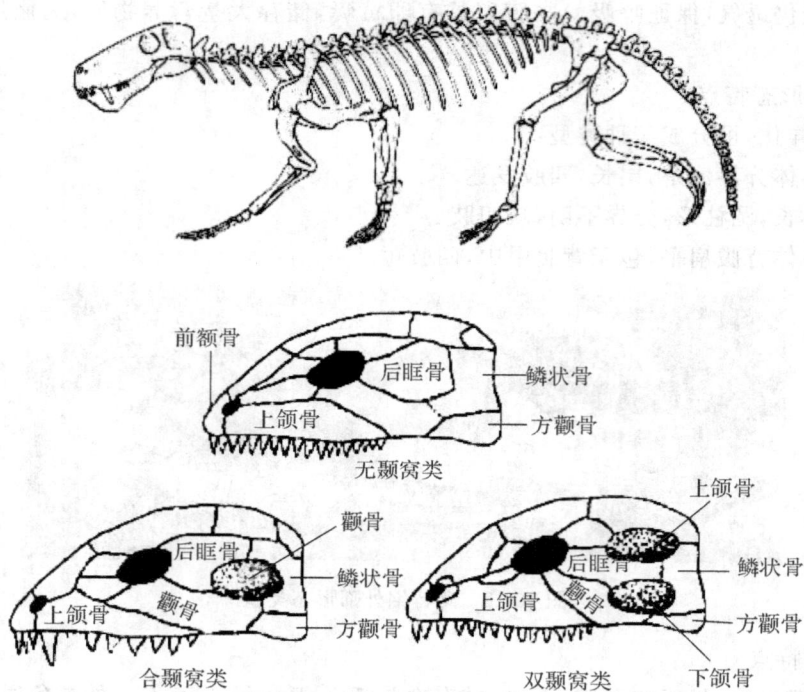

图 10-20　爬行纲动物的骨骼

5. 消化系统特点

(1)有次生腭。

(2)口腔腺发达,包括腭腺、唇腺、舌腺和舌下腺,分泌腺体帮助湿润食物或其他用途。毒腺是口腔腺的特化。毒牙着生于上颌骨上,毒腺导管通到毒牙沟或管内。

(3)肌肉质舌发达,形态多样,多功能适应。蛇的细长而尖端分叉的舌,称"信子",其不停吞吐,起嗅觉作用。

(4)牙齿有多种形式。植食性类群如龟鳖及古代恐龙,无牙齿,有角质鞘,可啃和磨碎食物;肉食性类群具齿,有三种形式:端生齿(蛇)、侧生齿(蜥蜴)、槽生齿(鳄)。蛇的毒牙具有沟或管。

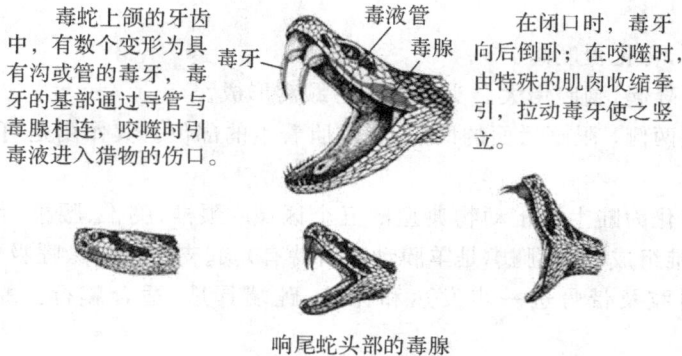

毒蛇上颌的牙齿中,有数个变形为具有沟或管的毒牙,毒牙的基部通过导管与毒腺相连,咬噬时引毒液进入猎物的伤口。

在闭口时,毒牙向后倒卧;在咬噬时,由特殊的肌肉收缩牵引,拉动毒牙使之竖立。

响尾蛇头部的毒腺

图 10-21　响尾蛇头部的毒腺

（5）消化管分化明显，大肠和泄殖腔具有重吸收水分功能，草食性种类有盲肠，如陆生龟类。

舌：具发达的肌肉质的舌，有些种类发生特化
图 10-22 肌肉质的舌

6. 呼吸特点

肺呼吸进一步完善，肺初步具有海绵体结构（即复杂的隔膜网分成许多小室），呼吸表面积扩大。具胸廓；以胸式呼吸，辅以口底呼吸运动。避役的肺具气囊。水生爬行类的咽壁和泄殖腔壁富有毛细血管，可辅助呼吸。

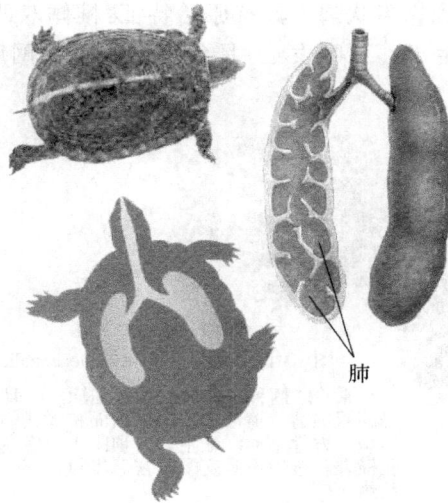

图 10-23 龟鳖的肺

7. 循环特点

心脏二心房二心室，但有不完全室间隔，鳄类只剩下一个潘氏孔。不完全双循环，但缺氧血与多氧血进一步分开。

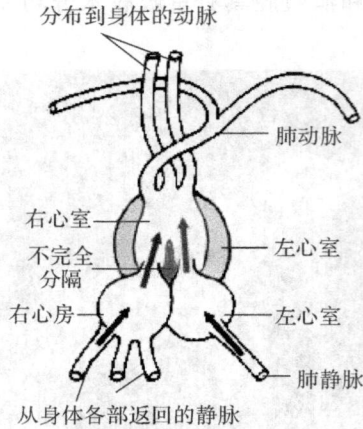

图 10-24　龟鳖、蜥蜴的心脏

二、分类

现存爬行动物约 6550 余种,我国有 380 种。分为五个目。

(一)喙头目 Rhynchocephaliformes

古老类群,多生活在下二叠纪和三叠纪。现仅存楔齿蜥(喙头蜥,*Sphenodon puncta-tum*)一种,生活在新西兰北方的一些小岛上。外形与蜥蜴相似,体长 50~76cm,複颗粒状细小角质鳞,背正中央有一列锯齿状鳞。具有原始特征:椎体双凹型,保留脊索。具腹壁肋(坚头类腹甲的遗迹)。端生齿。顶眼发达,具角膜、晶体、视网膜。雄性无交配器官。双颞窝。

图 10-25　喙头目(Rhynchocephalia)

原始陆栖种类。体表被覆细鳞。头骨具原始形态的双颞窝。嘴形似鸟喙,因而称喙头蜥。椎体双凹型。方骨不动。端生齿。顶眼十分发达。泄殖腔孔横裂。雄性不具交配器官。本目仅存一种。即喙头蜥。

(二)龟鳖目(Testudoformes)

特化爬行动物类群。具包被躯干部背甲与腹甲,甲内层为真皮骨板,外层为角质层。脊椎骨与背甲愈合,上胸骨、锁骨参与腹甲形成。肩带位于肋骨腹面。无牙齿,代之以角质鞘。

现存 250 余种,13 科。我国有 37 种,5 科:

1. 平胸龟科(Platysternidae)

壳扁平,背甲与腹甲以韧带相连,上喙鹰嘴状,头、尾、四肢不能缩入壳内。我国 1 属 1 种,分布于长江以南诸省。例:平胸龟。

2．龟科（Testdinidae）

背、腹甲直接连接或韧带连接，无下缘甲。颈、尾、四肢可缩入甲内。淡水生活，半水栖或水栖，草食性或肉食性。例：乌龟、四爪陆龟、黄缘闭壳龟、黄喉水龟。

3．海龟科（Chelonidae）

背甲扁平，略呈心形。肋骨末端游离与缘板相连。四肢特化为桨状，具1～2爪。四肢、头、颈不能缩入壳内。例：海龟、玳瑁、蠵龟。

4　棱皮龟科（Dermochelyidaae）

背甲由数百枚多边形小骨板镶嵌而成，外被革质皮肤，无角质盾片。背面7条纵棱向体后汇合成尖形末端，腹甲有5条纵棱。四肢桨状无爪。仅1属1种。分布于东海、南海。例：棱皮龟 *Dermochelys coriacea*。

5．鳖科（Trionychidae）

骨板无角质盾片，被革质皮肤。无缘板，背甲边缘为厚实的结缔组织，叫裙边。腹甲骨板退化缩小，不互相愈合。上下颌缘有肉质唇，软吻突可动。颈能缩入壳内呈"S"形，四肢不能缩入壳内。趾间蹼大，内侧3趾具爪。例：鳖 *Amyda sinensis*。

（三）蜥蜴目（Lacertiformes）

体被角质鳞。下颌以骨缝相连。具活动眼睑。舌扁平能伸缩，无舌鞘。四肢发达（个别退化），五趾有爪。现存3750种，16科。我国7科约150种。

1．壁虎科（Gekkoridae）

背具颗粒状角质鳞。头顶无大型对称鳞。无活动眼睑。椎体双凹型。尾易断，有再生能力。趾末端具吸盘，吸盘具1列或2列横行排列的趾下瓣，附着细丝的顶端有分泌物，可增加攀附力。侧生齿。例：无蹼壁虎、多疣壁虎、大壁虎。

2．鬣蜥科（Againidae）

体被覆瓦状排列方形鳞，头、背无对称鳞片，背正中线上鳞无或仅有一行棱或棘。有活动眼睑。前凹型椎体。尾不易断。端生齿。约300种，我国有40余种。例：斑飞蜥。

3．石龙子科（Scincidae）

体被覆瓦状圆鳞，鳞下有骨板，头顶有对称大鳞片。侧生齿，骨膜深陷或被鳞。尾粗圆，能自残。卵生或卵胎生。例：蓝尾石龙子、中国石龙子、蝘蜓。

4．蜥蜴科（Lacertidae）

头被对称大鳞（盾片）。腹鳞大呈方形或矩形，排列成行。四肢发达，有股窝或鼠蹊窝。全世界140种，我国20种。例：北草蜥、丽斑麻蜥。

5．蛇蜥科（Anguidae）

身体细长具胸骨，四肢消失，保留带骨。背、腹鳞片皆长方形，鳞下有骨板。眼小，有活动眼睑。尾易断，可再生。舌前部薄，分叉，能伸缩。我国有3种。例：台湾脆蛇蜥。

6．鳄蜥科（Shinisuridae）

体型似鳄，四肢发达，趾端有利爪。头颈间浅沟明显。背鳞有显著棱嵴鳞2行。例：鳄蜥。

7．巨蜥科（Varanidae）

体型巨大。体被颗粒鳞，腹鳞方形，头顶无大型对称鳞片。颌长，舌细长，可缩入舌鞘内。四肢粗壮，尾侧扁。例：圆鼻巨蜥。

8. 避役科（Chamaeleontidae）

体侧扁，被粒鳞。背部有脊棱。内3指（趾）外2指（趾）愈合，适于攀握树枝。眼大凸出，两眼能独立转动，尾长，善于缠绕。真皮层有色素细胞能迅速变色。现存3属85种，避役 Chamaleon sp. 是代表种；我国无。

9. 毒蜥科（Helodermatidae）

体肥胖。齿弯曲基部膨大，下颌齿前后两面均有沟，下唇腺特化成毒腺。尾粗短，背部小瘤珠状。本科1属2种；我国无。

（四）蛇目（Serpentiformes）

特化类群。体分头、躯干、尾三部分，颈部不明显，四肢消失，带骨退化；蟒科等有骨盆颌后肢残余。无活动眼睑。鼓膜、耳咽管消失。雄性具成对交配器；无膀胱。现存13科，3200种。我国有8科210种，其中毒蛇50种。

1. 盲蛇科（Typhlopidae）

外形似蚯蚓，无毒，体被光滑同形圆鳞。头小。眼退化隐于鳞下，故名。上颌有齿，下颌无牙，方骨不能活动。有腰带痕迹。例：我国最小的一种蛇类——钩盲蛇 *Ramphotyphlops，albiceps*，穴居。

2. 蟒科（Boidae）

体型最大，可达10米，背鳞小而光滑，腹鳞大而宽，一列。颌具齿。腰带退化，有股骨残余，泄殖腔孔两侧有一对爪状物。有红外线感受器。有孵卵行为。我国2属2种。例：蟒。

3. 游蛇科（Colubridae）

头顶有对称大鳞，腹鳞宽大，颌有齿，少数种类上颌有沟牙。无腰带及后肢残余。我国有140余种。例：黄脊游蛇、赤链蛇、乌梢蛇。

4. 眼镜蛇科（lapldae）

上颌骨有一对大前沟牙，预备毒牙几枚。背鳞扩大呈六边形，15行。尾圆形。卵胎生。我国有9种。例：眼镜蛇。

5. 海蛇科（Hydrophildae）

前沟牙，体后部及尾侧扁。鼻孔位于吻背面，有活动自如的鼻瓣。腹鳞狭或消失。卵胎生。终生生活在海中。我国有16种。例：青环海蛇。

6. 蝰蛇科（Viperidae）

体粗壮。鼻眼间无颊窝。上颌短，可活动，具一对大型管状毒牙。卵胎生。我国有2属4种。包括极北蝰 *V. berus*、白头蝰 *Azemiops feae* 等。

7. 蝮蛇科（Crotalidae）（响尾蛇科）

上下颌有齿，管状毒牙。根据头顶鳞片大小可分为蝮蛇属和竹叶青属。我国有10种。例：蝮蛇、尖吻蝮（五步蛇）、竹叶青。

（五）鳄目（Crocodilia）

高等爬行动物类群，二心室，次生腭完整，槽生齿。鼻孔、耳孔有瓣膜，口腔后部咽前方腭帆为肌质瓣膜。小脑发达，有蚓部和小脑卷分化。肺复杂，适于在水中停留较长时间不换气。尾侧扁，后足有蹼。现存一科——鳄科 Crocodilidae，25种。例：扬子鳄。

第六节　鸟　　纲

鸟纲动物为两大类温血动物之一,全世界有九千余种。现存鸟纲分为古鸟亚纲和今鸟亚纲。今鸟亚纲中又有齿颌总目、古颌总目、楔翼总目、今颌总目四个总目。我国只有今颌总目 23 个目中的 21 目,1200 种左右,占鸟类总数的 13%。

体均被羽,恒温,卵生;胚胎外被羊膜。前肢成翼,偶或退化。多营飞翔生活。心脏具两心耳、两心室。骨多空隙,内充气体。呼吸器官除肺外,并有由肺壁形成的气囊,用以助肺行双重呼吸。种类繁多,遍及全球,生态多样。

一、主要特征

1. 外形

体表被覆羽毛,具有流线型的外廓,以减小飞行阻力。羽毛是鸟类特有的皮肤衍生物,属表皮角质化的产物,与爬行类角质鳞同源,在进化过程中角质鳞片加大、变轻,沉入真皮,并由真皮提供营养。鸟类的羽毛有三种类型:正羽、绒羽、纤羽(毛羽)。

正羽:被覆在体表的大型羽片。①飞羽:着生在翅膀上的正羽,起飞翔作用。②尾羽:着生在尾部的正羽,相当于舵,起平衡作用。正羽的结构:羽小枝上有钩和槽,相邻羽小枝的钩槽相连,使羽片编织成结实而富有弹性的薄片。

绒羽:密生在正羽下面,羽柄短,顶端发出细长的丝状羽枝,羽小枝上无钩、槽。

纤羽:又称毛羽,夹着在其他羽毛之间。

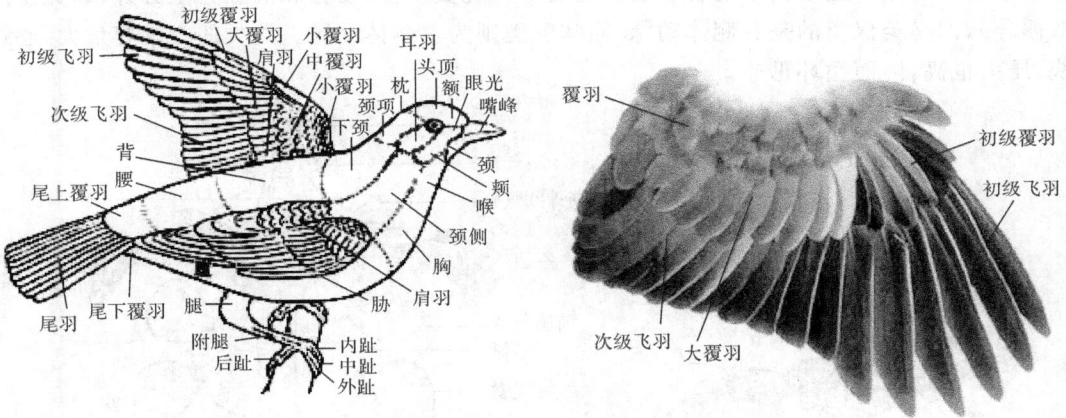

图 10-26　鸟类的体表羽毛

2. 骨骼

气质骨:即中空并充以空气的骨骼。骨骼充气,轻而坚固,以减轻体重。如图 10-28:骨骼有愈合现象,以增加牢固度。

图 10-27　鸟类的气质骨

3. 体温

剧烈的飞行要求旺盛的新陈代谢。稳定且高于环境的体温（40±2℃），不但保证了较高的代谢率，而且在垂直高度和水平方向上扩大了鸟类的活动范围。恒温要求灵敏的神经调节机制。在羽毛覆盖下的静止空气形成一个良好的隔温层，竖毛肌可以调节隔温层的厚度。鸟类（特别是水鸟）经常啄取由尾脂腺分泌的油脂，涂抹全身羽毛，以防止水分接触皮肤降低体温。另一方面，飞行时的快速低温气流有助于散热。鸟类虽无汗腺，但快速呼出的水汽可以带走大量体热。恒温还决定了体重的下限，因为，如果体积变小，体表的散热面积就去相对增大，不利于保温。

4. 呼吸

鸟类的呼吸功能的增进，使之可以在高空缺氧的情况下活动自如。空气经过气囊，到毛细支气管网中交换气体，然后由前气囊排出。无论是吸气还是呼气，气体都是单向流动（即双重呼吸）。另外，毛细支气管中的气流与肺毛细血管中的血流方向相反，这种逆流交换可使提取氧气的效率远远高于哺乳动物。鸟类与哺乳类一样，动脉和静脉完全分开（即完全的双循环），但鸟类保留的是右侧体动脉，而哺乳类则为左侧体动脉。鸟类的心脏容量大，心跳快，压力也高，因而循环迅速。

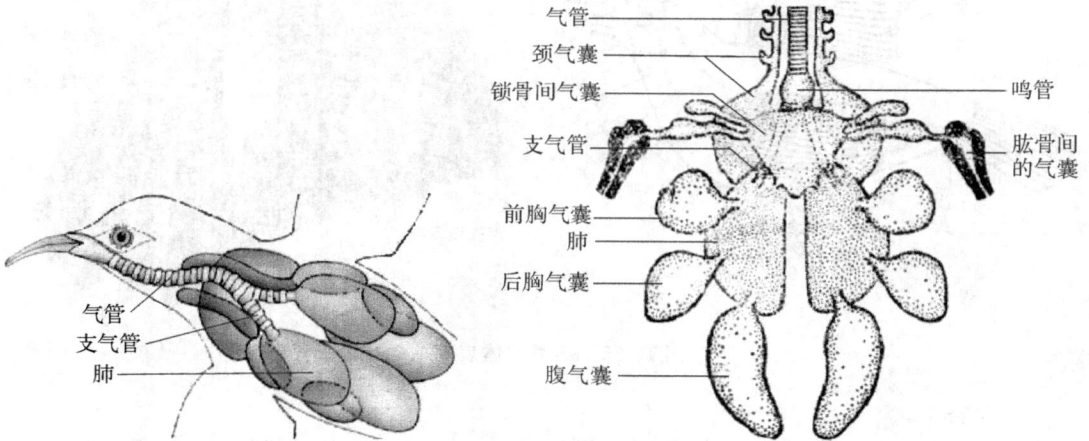

图 10-28　鸟的呼吸器官与气囊模式

5. 内脏

鸟类主要靠角质喙和灵活的舌部摄取食物，可分为硬嘴鸟类和软嘴鸟类，前者食能坚果，后者只食软性果。某些鸟（如食鱼鸟类）的食道下端膨大，成为贮藏和软化食物的嗉囊，但粉碎食物主要由发达的肌胃来完成。肌胃中常存有砂粒以助研磨。鸟类的直肠极短，不贮存粪便,且具吸收水分的作用,这对减轻体重负担无疑是有好处的。鸟类消化能力强,消化迅速。成鸟由后肾排出含尿酸的尿液。由于肾管和泄殖腔的双重吸水作用,失水极少。鸟类的消化、排泄和生殖管道均开口于泄殖腔。腔的背面有淋巴样腺体(腔上囊)腺体在幼体最发达,与免疫功能有关。

6. 感官

鸟类的神经系统较发达。大部分鸟类为昼行性。由于视觉敏锐,在高空飞翔时可发现地面上的目标。鸟类还具色觉。鸟眼扁圆利于远看,而临近物体时又可迅速调整焦距。鸟类眼内肌为横纹肌,反应敏捷,能同时改变角膜和水晶体的凸度(双重调节)。眼睑和瞬膜可防止气流和灰尘对眼球的伤害,巩膜上的骨片又保证眼球不致因气压而变形。少数夜行性鸟类听觉发达,部分猛禽如兀鹫则嗅觉比较发达。

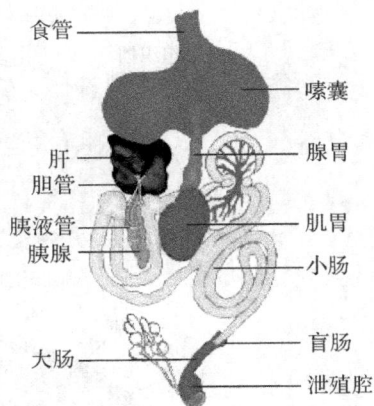

图 10-29　鸽消化系统模式图

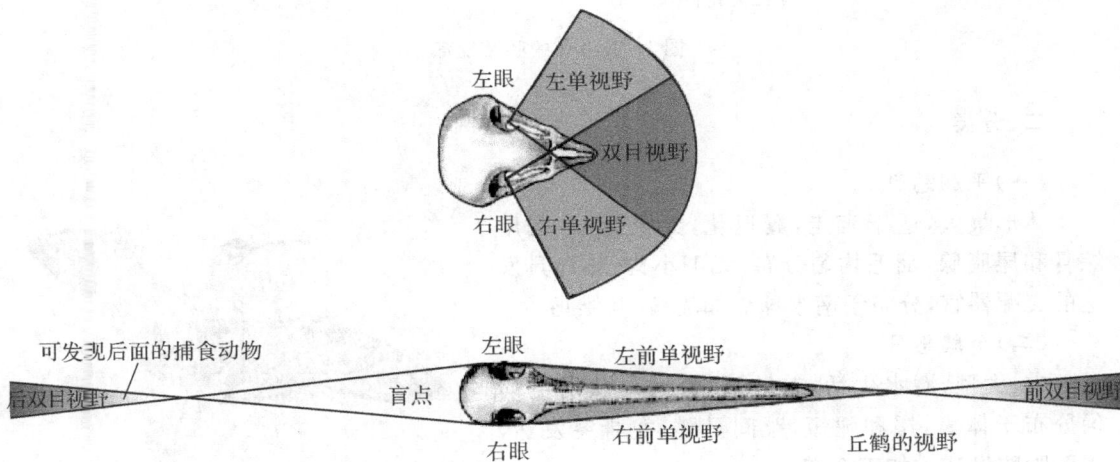

图 10-30　鸟的视野

7. 卵与孵化

复杂的结构要求较长的发育阶段;但飞翔却又要求体轻。这一矛盾靠多黄卵和较长的孵育时间来解决。鸟的左右坐骨和耻骨不在腹侧联合,开放式的骨盆有利于产生大型硬壳卵。

一般,早成性鸟类在出壳数个小时内就能行动和觅食,而晚成性鸟类则需由亲鸟哺育20天或更长时间。

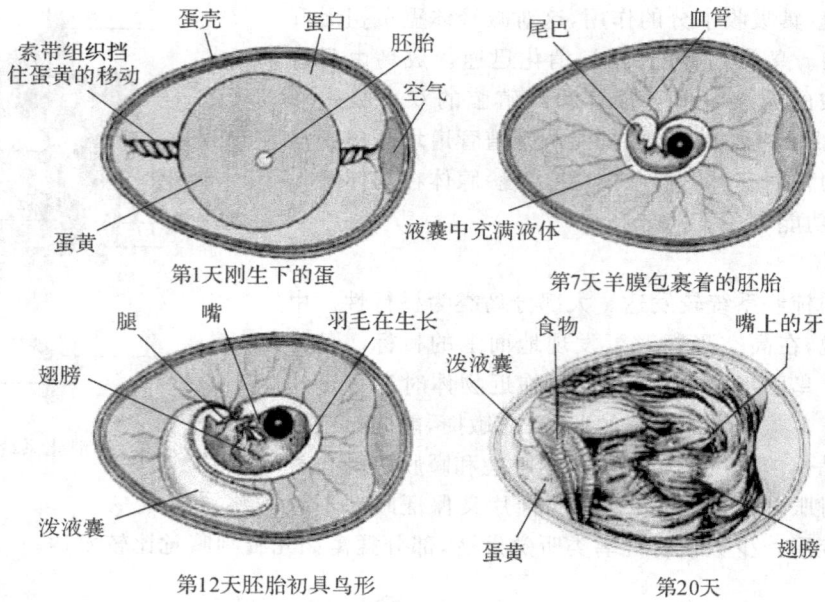

第1天刚生下的蛋　　　　　　　　第7天羊膜包裹着的胚胎

第12天胚胎初具鸟形　　　　　　　第20天

图 10-31　鸟的胚胎发育

二、分类

(一)平胸总目

体形最大,适于奔走,翼退化,无龙骨突,无尾综骨和尾脂腺,羽毛均匀分布,无羽小钩,雄鸟具发达的交配器官,分布于南半球。如鸵鸟、几维鸟。

(二)企鹅总目

中、大型,潜水生活,前肢鳍状,鳞片状羽毛均匀分布于体表,尾和腿短,趾间具蹼,龙骨突发达,皮下脂肪发达。如王企鹅。

(三)突胸总目

约 35 个目,8500 种以上,我国有 26 目 81 科。

图 10-32　具有龙骨突的鸟类胸肌发达

翼发达,具龙骨突、尾综骨,骨骼充气,正羽发达构成羽片,有羽区和裸区之分,大多雄鸟不具交配器。

第七节　哺乳纲(Mammalia)

一、主要特征

哺乳动物是全身被毛、运动快速、恒温、胎生和哺乳的高级脊椎动物,是脊椎动物中躯体结构、功能和行为最复杂的一个高等动物类群。

（一）哺乳动物与其他纲相比有以下特征

1. 胎生

胎生的含义：是指动物的受精卵在母体的子宫内发育，胚胎以胎盘和母体联系获得养料和保护，直到分娩离开母体为幼体的生殖方式。

胎盘：胚胎的绒毛膜、尿囊膜和母体子宫壁结合起来所形成的特殊器官，胚胎通过胎盘从母体获得氧气和养料并排出二氧化碳和代谢产物。

胎盘由两部分结合起来：

胎儿部分：绒毛膜＋尿束。

母体部分：子宫壁的内膜。

通过胎盘，母体和胎儿发生物质交换，胎儿从母体血液中获得营养物质和氧气，同时输出二氧化碳和其他排泄物。

注意：胎儿和母体的血液循环系统为两套，物质交换通过膜的渗透作用而实现。其渗透作用高度特异性，盐、糖、氨基酸、尿素、简单脂肪、维生素、激素等允许通过，大分子蛋白质、红细胞、其他细胞等不透，氧气、二氧化碳、水能自由透过胎盘。

妊娠：胚胎在母体子宫内完成胚胎发育的过程。（鼠 20 天，兔 1 个月，狗 4 个月，马 11 月，象 20 月。）

胎生的意义：有发育的胚胎提供了保护、营养以及稳定的恒温发育条件，是保证酶活动和代谢活动正常进行的有利因素，使外界环境条件对胚胎发育的不利影响减小到最小程度。

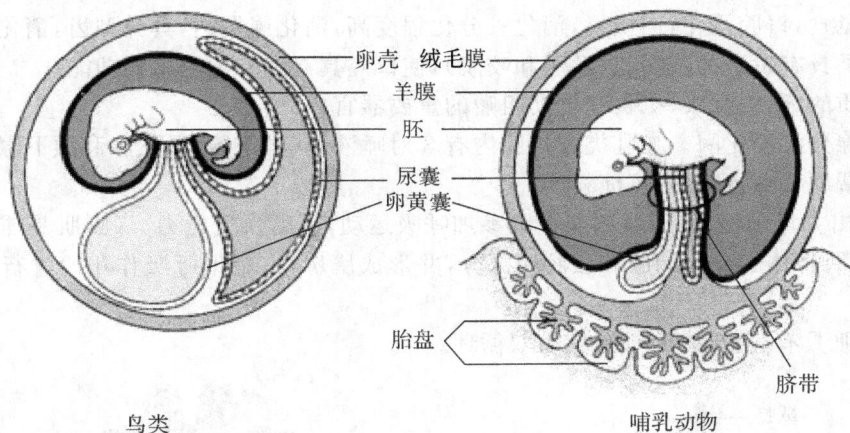

图 10-33　鸟类与哺乳动物胚胎比较

2. 哺乳

幼仔在产出后依靠母体乳腺所分泌的含有丰富营养成分的乳汁取得营养的现象。

哺乳的意义：使后代在优越的营养条件下迅速地发育成长。加之哺乳类对幼仔有各种完善的保护行为，因而成活率高。与之相关，所产幼仔数目减少。

3. 大脑：新脑皮加厚并成为神经活动的中枢。

4. 具有高而恒定的体温（25℃～37℃），减少对环境的依赖性。其代谢效率高，保温散热能力强。

5. 发达的咀嚼、捕食和防御能力，快速的运动能力。

　　6. 皮肤系统发育完善,衍生物复杂而多样,体表具有毛发,皮肤有汗腺、皮脂腺以及乳腺。真皮层较厚,皮下脂肪发达。皮肤及其衍生物的机能比其他动物更为复杂而多样,具有保护、避免损伤及失水、感觉、调温、分泌、排泄、储能等机能。

　　(二)哺乳纲的结构特征

　　1. 外部形态特点

　　体分头、颈、躯干、四肢和尾部;躯干长形,其下部着生四肢,肘关节向后而膝关节向前,加强了四肢的负重和灵活行走的能力。体形和四肢的形状功能因种类及生活方式而有很大变化。

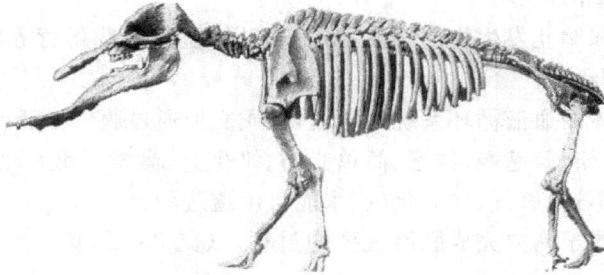

图 10-34　哺乳动物的躯干

　　2. 消化特点

　　主动觅食,口腔消化,肉质唇,消化管分化程度高,消化腺发达,具异型齿,消化能力强。哺乳类具有发达的咀嚼肌(颞肌和咬肌),使口腔具有强有力的咀嚼功能。

　　具肉质的唇,为吮吸、摄食和辅助咀嚼的重要器官。

　　唾液腺分泌消化酶。哺乳类在口腔内有 3 对唾液腺(耳下腺、舌下腺和颌下腺),不仅能湿润食物帮助吞咽,还能分泌淀粉酶。

　　3. 肺由大量肺泡组成,肌肉质横膈参加呼吸运动,提高换气能力。(膈肌是哺乳动物所特有的,膈肌将体腔分为胸腔和腹腔两部分,并形成胸廓,有辅助呼吸作用。)进行腹式和胸式呼吸。

　　4. 心脏具有完全的四个腔,完善双循环。

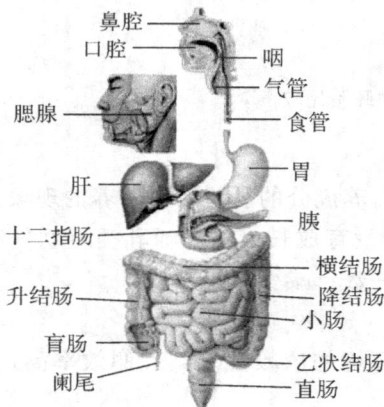

图 10-35　消化系统概观

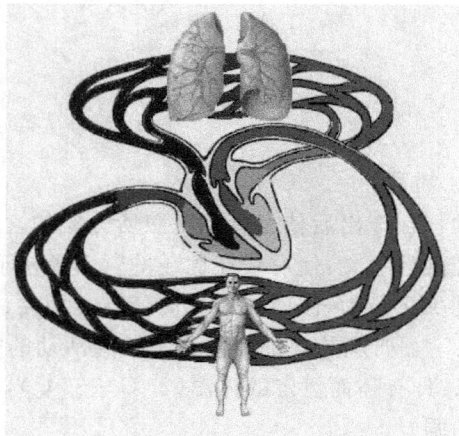

图 10-36　双循环

5. 具有动物界最发达的神经系统和感官、内分泌系统,能调控复杂的机能活动和适应多变的环境条件。哺乳动物的大脑发达,尤其表现在小脑皮层增大加厚,多数种类出现沟和回;高级神经活动复杂,具有思维、记忆、学习的高级机能;小脑发达,是调控肌肉活动和维持平衡的中枢。

二、分类

(一)原兽亚纲

最原始类群,具有一系列接近爬行类和不同于高等哺乳类的特征。

特点:卵生,具孵卵行为;乳腺不具乳头;有泄殖腔,因而又称单孔类;无齿,具角质齿;大脑皮层不发达;调节体温能力差。例:鸭嘴兽、针鼹。

(二)后兽亚纲

低等哺乳类。

特点:胎生,但不具有真正的胎盘,幼仔发育不良,需在雌兽腹部的育儿袋继续发育,因而又称有袋类。例:袋鼠、袋熊、袋狼、袋兔、袋鼬等。

(三)真兽亚纲

最高等的哺乳类,种类多,分布广,占现存哺乳类的绝大多数。

特点:具有真正的胎盘,胎儿发育完善后再产出;不具泄殖腔;大脑皮层发达;具异型齿;温度一般恒定在 37℃ 左右。现存种类有 18 个目;我国有 14 个目,约 500 种。

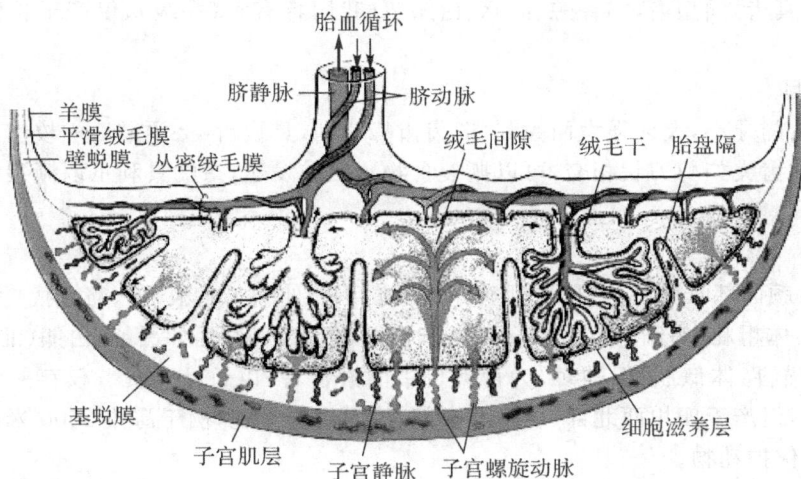

图 10-37　哺乳动物的胎盘

1. 食虫目

(1)特征:个体小、吻尖细,取食昆虫,四肢短小,具爪,适掘土,以昆虫及蠕虫为食,多夜行性。

(2)代表:刺猬、鼩鼱、鼹鼠。

2. 翼手目

(1)特征:飞翔的哺乳动物,前肢特化,具翼(皮膜),后肢短小,具钩爪,适悬挂栖息,胸骨突起,锁骨发达,夜行性,食虫。

（2）代表：蝙蝠。

3. 鳞甲目

（1）特征：体外覆有鳞甲，鳞片间杂文稀疏硬化，不具齿，吻尖，舌发达，前肢长，适掘土，食蚁类等昆虫。

（2）代表：穿山甲（二级保护动物，分布于我国南方）。

4. 兔形目

（1）特征：门齿凿状，无犬齿，上门齿 2 对，前后着生，上唇具唇裂，草食性。

（2）代表：蒙古兔、草兔。

5. 啮齿目

（1）特征：上下颌各具门牙 1 对，终生生长，无犬牙。

（2）分类：松鼠科、河狸科、仓鼠科、跳鼠科。

6. 鲸目

（1）特征：纯水栖，体呈流线型，颈外观不明显，体末端宽扁成一水平尾鳍，分左右两叶多条背鳍（脂质），后肢消失，前肢呈鳍状，体毛退化，无皮脂腺、汗腺，皮下脂肪层厚，眼、嗅觉、听觉器官退化，但回声定位能力发达，肺呼吸。

（2）分类

须鲸类：无齿，有角质板（由上颌下垂），滤食浮游生物及小鱼，个体大，为现有最大的哺乳动物。如蓝鲸：长 33 米，重 190 吨。

齿鲸类：具齿，同型齿，如香鲸、海豚、白鳍豚（我国特有种（一级），仅产于长江中下游及洞庭湖）。

7. 食肉目

（1）特征：门牙小，犬牙强大而锐利，臼齿齿峰锐利，具裂齿（上颌最后一枚前臼齿和下颌第一枚臼齿的齿突如剪刀状相交，可以撕裂食物），四肢发达，指端具利爪以撕裂食物，脑、感觉发达。

（2）分类

a. 犬科：颜面部长而突出，四肢适奔跑，爪钝，不能伸缩，如：狼、狐、貉、豺。

b. 熊科：体粗壮，头圆，颜面部长，爪不能伸缩，裂齿不发达，如黑熊、白熊（北极熊）。

c. 大熊猫科：体似熊，但吻短，为食肉目中的素食者，以竹叶为食。仅存一种——大熊猫：我国特产，仅产于四川西北部、甘肃最南部、陕西秦岭南麓，栖于海拔 2500 米以上的原始森林内，一级保护动物。

d. 鼬科：体型细长，腿短，爪不能伸缩，多具臭腺。如紫貂、黄鼬、獾、水獭等毛皮动物。

e. 猫科：头圆吻短，爪能伸缩，善攀缘及跳跃，裂齿、犬齿发达，如狮、虎、豹、猞猁。

8. 长鼻目

（1）特征：现存最大的陆栖动物，具长鼻，为延长的鼻与上唇构成，由颜面肌（属表情肌）控制其运动，灵活，能伸缩，具有取食、御敌、探索等多种功能，上门牙特别长，突出唇外，即"象牙"，功能为防御争斗，植物食性。

（2）分类：现存仅有象科，共 2 种。

亚洲象：较非洲象小，耳边较小，仅雄性有象牙，产于东南亚，我国云南南部有极少的分布，为我国一级保护动物。

非洲象:产于非洲,雌雄都有象牙。象牙质地坚硬,洁白美丽,观赏价值高,价格昂贵,因此,被猎杀严重。

9. 鳍足目

(1)特征:全为海产兽类,适水生,四肢特化为鳍状,趾间具蹼,后肢转向体后以利于陆上爬行,尾小夹在后肢间,皮下脂肪发达。

(2)代表种类:斑海豹:体灰黄具棕黑色斑,黄、渤海有分布,南山公园人工养殖,皮张,油脂有一定经济价值,为国家二级保护动物。

10. 偶蹄目

与奇蹄目一起属有蹄类,为草食性动物。

(1)特征:第三趾和第四趾特别发达,且等长,以利负重,其余各趾退化,所以称偶蹄类。多数种类头上长角,多数种类有复胃,行反刍,上门牙退化或消失,臼齿结构复杂,适于草食。分布广,除澳洲外,遍布世界各地。

(2)代表种类

猪科:野猪,为我国唯一代表种,栖于山林地,杂食性,可危害农作物,为家猪的原祖。我国为世界上驯养猪最早的国家之一,驯化猪的历史超过六七千年。

河马科:河马。

驼科:双峰驼。

鹿科:梅花鹿、马鹿、麋鹿。

长颈鹿科:长颈鹿。

牛科:野牛、黄羊、羚羊、盘羊。

【课外拓展】

1. 试描述海鞘的呼吸活动和摄食过程。

2. 什么是鱼的洄游?可分为几种类型?研究洄游有什么实际意义?

3. 简要理解文昌鱼与蛙的发育过程有何异同。

4. 鸟类为适应生存环境,在形态结构上有哪些趋同性特征?

5. 什么叫迁徙?举例说明留鸟和候鸟。

6. 野生动物资源保护与持续利用的原则是什么?就你所感兴趣的领域收集实例加以介绍。

【课程研讨】

1. 为什么说鸟类是人类的朋友?

2. 预防有害动物侵袭、伤害的原则和途径有哪些?

【课后思考】

1. 脊索动物有哪些共同特征?各分为哪些亚门?

2. 以蛙为例具体说明两栖纲动物处于水栖和陆栖的中间地位。

3. 扼要说明两栖类对陆地生活的适应及其不完善性。

4. 两栖类皮肤系统的特点和功能有哪些?

5. 休眠的生物学意义有哪些？指出休眠的类型和特点。

6. 为什么说爬行类才是真正陆生脊椎动物？

7. 鸟纲有哪些与爬行纲相似的特征及适应飞翔的特征？

8. 简述鸟类外形和内部结构的主要特征。

9. 鸟纲可分几个亚纲？现存鸟类分几个总目？其主要特征如何？

10. 爬行动物具有哪些与干燥的陆地生活相适应的结构？

11. 指出哺乳动物与鸟类的相似与不同之处。

12. 哺乳动物与其他纲相比有哪些特征？

13. 哺乳动物的主要形态结构特征、特有的结构及其作用有哪些？

14. 胎生、哺乳的生物学意义是什么？

15. 指出哺乳类循环系统的特征、生殖系统的结构。

16. 比较哺乳类各亚纲异同。

17. 哺乳纲各主要目的主要特征及代表动物有哪些？

【小资料】

海鞘具有奇特的避孕节育能力

海鞘(Sea squirts)属于脊索动物门、尾索动物(Urochordata)亚门，体外被有一层被囊(Tunic)，又称为被囊动物(Tunicata)，雌雄同体、异体受精，是一群相当容易观察的无脊椎动物；但因为幼期尾部仍具有脊索与背神经管的构造，经成长发育后才消失行固着生活，所以又被认为是最原始的脊索动物。

海鞘可能并不漂亮，但这种其貌不扬的海洋生物却引起了科学家的浓厚兴趣！海鞘可能受到许多物种的美慕嫉妒，它从不必担心"避孕节育"或试管受精等问题，便能够有效地控制好生育繁殖。

这项由澳大利亚昆士兰州大学进行的研究报告发表在美国权威专业期刊美国《国家科学院院刊》(PNAS)上，研究人员揭示海鞘这种海洋生物天然具有控制生殖循环的能力，可依据需要或多或少地进行有节制繁殖。

该项研究的负责人是澳大利亚昆士兰州大学综合生物学院博士生研究员安吉拉·克林。她指出，海鞘能够依据海洋环境中性别比例状况，"适时定制"自己的生殖细胞。比如，当海洋环境中存在着大量的雄性海鞘，它们试图竞争与雌性的卵细胞结合繁殖生育，因此雄性将生产出更大、更具竞争性的精子，便于存活更长的时间。同样地，当雌性海鞘探测到过多的雄性竞争交配结合卵细胞时(过多的精子将杀死一些生物体的卵细胞)，雌性海鞘将生产出更小的卵细胞，使精子很难探测到。

克林说："为了避免在高竞争环境中失控，它们必须更具竞争力地繁殖生育，从而提高繁殖成功率。"据了解，在莫尔顿海湾的实验地点的研究过程中，他们发现事实上海鞘并未移动离开该海域。

在该实验中，大型的海鞘放置在狭窄海域进行深入研究分析，克林说："我们分别将1只(低密度)或15只(高密度)海鞘放在实验笼中进行1个月的观测分析。这项研究告诉我们关于海鞘性特征的部分秘密。当海鞘精子变得很小时，卵细胞就会发育得更大，因此繁殖生

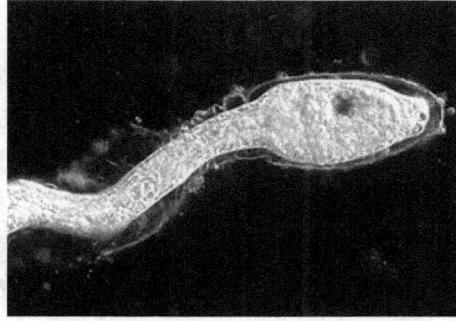

10-38 奇特海洋生物海鞘：避孕生育高手

育的数量会很少。"

(《国家科学院院刊》(PNAS)，doi：10.1073/pnas.0806590105，Angela J. Crean，Dustin J. Marshall)

英科学家发现仅指甲大小的淡红色新种蝾螈

据国外媒体报道，英国的科学家近日称，他们最近在哥斯达黎加的原始丛林中新发现了3个蝾螈新物种，其中2个蝾螈新物种呈现出淡红色，和人的小手指相当，另外1个蝾螈物种则只有指甲大小。

图 10-39 只有指甲大小的
蝾螈新物种

图 10-40 哥斯达黎加发现
蝾螈新物种

图 10-41 哥斯达黎加发现
蝾螈新物种

这次在哥斯达黎加的探险考察是由伦敦自然历史博物馆的植物学家亚历克斯·莫洛和他的同事们共同完成的。他们此前在这一地带的香格里拉国家公园进行过三次探险，共发现并记录下5300余种植物、昆虫和两栖类动物。亚历克斯·莫洛表示，香格里拉是中美洲地区最大的森林保护区，也是中美洲大陆最为人迹罕至的几个地方之一。此次的新发现使得哥斯达黎加地区蝾螈的种类由40种上升为43种，并使得它成为这些两栖动物多样化的中心。据估计，哥斯达黎加地区约有三分之二的物种都生活在这里，其中包括250种爬行动物和两栖动物，600种鸟类，215种哺乳动物和14000种植物。

亚历克斯·莫洛称，蝾螈是一种两栖类动物，它们与蜥蜴存在一定的差异，通常身体更加细长，腿部也更短。由于长期生活在水边和沼泽里，它们的皮肤显得非常湿润。新发现的蝾螈物种有两种是属于墨西哥无趾蝾螈类(Bolitoglossa)，它们只有在夜间才会出来活动觅食。第一个无趾蝾螈新物种有3英寸长(8厘米)，黑色，背面有红色的粗条纹，两侧有黄色的小斑点。第二个无趾蝾螈新物种长约2.3英寸(约6厘米)，深棕色，腹部为淡黄色。第三个新物种属于矮小蝾螈，整个身体只有1英寸长(3厘米)，红棕色皮肤，两侧有黑色斑点。

哥斯达黎加大学的科学家们将对这些标本进行研究并命名,这些标本也将成为国家收藏的一部分。

亚历克斯·莫洛说:"在一个地区能发现这么多的新物种真是件振奋人心的事,尤其这里可能是世界上唯一一个能发现这些动物的地方。这说明我们还需要进一步了解这一地区的野生动物。今年我们还有四个探险计划——谁能料到我们在归途中会有什么别的发现呢?"亚历克斯·莫洛称,这次的探险活动是由英国政府达尔文激进组织资助的一个项目,旨在为保护香格里拉国家公园提供一些物种方面的信息。伦敦自然历史博物馆、哥斯达黎加国家生物多样性研究所、哥斯达黎加大学、巴拿马大学以及巴拿马国家公园管理局均在共同参与这项研究。

联合国此前在一份公开发表的报告中指出,国际社会应该重视对现有动物遗传资源多样性的可持续发展、保护和利用。报告称,目前全球约有20%的动物品种正面临绝迹危险,平均每个月有一个动物品种消失,在全球农业动物遗传资源数据库里记载的7600多个品种中,有190个品种在过去15年里从地球上消失,目前还有1500个动物品种面临绝迹的危险。另据粮农组织最近发表的全球动物遗传资源状况报告指出,由于人类对动物遗传资源缺乏足够保护,在过去5年里全球约有60多种家养动物在地球上消失。为保护世界范围内的濒危物种,联合国正考虑引进一个"世界物种遗产"的新概念。

联合国的报告称,目前地球人口正日益增加,已经达到了65亿,再加上污染、城市扩张、森林采伐以及外来物种入侵、气候变暖给环境造成了严重破坏,这均对地球的动植物构成了严重的威胁。据估计,目前物种灭绝的速度比历史上快了1000倍,离2002年约翰内斯堡千年首脑峰会提出的"到2010年在减少生物多样性损失方面取得重大进展"的目标还很远。根据世界保护联盟公布的"红色名单",在过去的500年中有844种动植物灭绝。而且这一数据还是保守的估计。报告称,目前生物灭绝的主要原因没有一项出现减轻。为此,2010年目标的实现就更显重要。

25%哺乳动物面临灭绝,环境变化是最大威胁

根据10年来对全世界哺乳类动物状况的一项最新评估,全世界哺乳类动物当中25%的物种面临灭绝危险。"濒危物种红色名单"显示,世界一半多哺乳类物种的数量在减少,亚洲灵长类特别受到威胁。

据英国广播公司报道,哺乳类动物面临的最大威胁是失去栖息地,其中包括森林被毁。不过非洲象的情况有所改善,数量增多,已经从高危名单中被去除。

当年的"红色名单"调查了5487种哺乳类,其中包括1141种正向濒临灭绝发展的动物。

名单的作者警告说,这个名单可能低估了物种濒临灭绝的严重程度,因为在800个个案调查中没有足够的数据。濒临灭绝的哺乳类物种的数字可能占三分之一。

发表"红色名单"的自然保护国际联盟(IUCN)的负责人说,在我们有生之年,数百种动物因为我们的行为而被灭绝,显示了这些动物所处的生态环境发生了可怕的变化。

报告的作者说,地区自然生态恶化比目前发生的金融危机要严重得多。约40%的哺乳类物种因为人类活动扩展缩小了它们的生存空间,所以面临生存危险。

在热带地区特别是这样,热带地区陆地哺乳类动物种类最多。在将来南亚和东南亚可能是物种灭绝发生最多的地方,因为那里人口增多最快,生活水平提高也最快。

科学家发现皮肤是哺乳动物重要呼吸器官

近日美国加州大学的生物学家惊奇发现,小老鼠的皮肤可以呼吸感知氧气和促进红细胞生成素产生。他们的这个惊人发现反驳了"哺乳动物的皮肤几乎和呼吸系统没有关系"这个传统观点,也彻底颠覆了传统的医学和生物学理论,这一新发现甚至会有助于提高2008年奥运会运动员的成绩。

据报道,这个发现已经在老鼠的身上得到证实,如果在人身上获得证实,将可能改变现有对于贫血和其他疾病的治疗手段,将彻底颠覆医学观念,甚至有可能改进参加2008年奥运会的运动员的耐力。加州大学的德尔约翰逊教授认为,这个发现实在是一个具有特殊意义的发现。哺乳动物的皮肤可以吸收氧气,并凭借这种奇妙的变化,促进红细胞生成素的生成,反过来又使哺乳动物适应低氧的大气环境。

科学家揭开动物体内导航系统之谜

日前,科学家们通过在实验室模拟地球磁场对动物体内化学反应的影响揭开了动物体内的导航系统之谜。这一最新研究成果已发表在全世界最权威的科普杂志——《自然》杂志上。

截至目前,科学家们已发现约50种动物(包括哺乳动物、鸟类、两栖动物、爬行动物、鱼类、昆虫)具备利用地球磁场为自己的活动进行导航的能力。而科学家们研究最多的是鸟类的"导航系统",但遗憾的是,此前科学家一直没有从生物物理学角度揭开鸟类"导航系统"的秘密。

之前就曾经有科学家提出过这样的假设:鸟类很可能会"看见"地球的磁场,即地球磁场可能会影响鸟类眼睛中的化学反应进程。如,有一些科学家曾经宣称,动物的头部有含磁性物质的特殊细胞,这些磁性物质受磁场的影响而会按磁力线的方向排列。这些排列信息可通过神经系统传到大脑。大脑将这些排列信息进行分析和处理,就可发出指挥动物行进方向的指令。生物学家发现海龟就是通过感应地球磁场进行导航的。幼龟在美国佛罗里达海岸破壳而出后,在大西洋里生活几年,成年后回到出生地进行交配、繁殖,靠的就是头部的磁性"罗盘"。然而,之前科学家们始终未能成功地在实验室对这一设想进行验证。

来自英国和美国的化学家们首次成功在实验室模拟出地球磁场对鸟类体内化学反应的影响,从而最终揭开了动物体内"导航系统"之谜。据从事此项研究的科学家们在《自然》杂志上发表的文章称:"本次实验结果显示,鸟类的确具备对地球磁场的化学感知能力,而且它们还能够确定地球磁场的构造及其变化特征,而这些能力是鸟类确定地球磁场方向所必需的。"

鸟类是人类的朋友

鸟类最重要的、也是最容易被人们忽视的,是它们间接给人们带来的益处。据估计鸟类约有1000亿只,遍布在多种多样的环境内。它们在消灭害虫、害兽以及在维持自然界的生态平衡(稳定性)方面,有着十分重要的作用。就以消灭害虫、抑制虫灾为论,自古以来就为人们所称道。据《酉阳杂俎》记述:"开元中蝗虫食禾,有大白鸟数千,小白鸟数万,尽食其虫。"1848年摩门人开拓美国的犹他州,遇到洪水为灾,随后又来了成千上万的蟋蟀,所过之处，庄稼一扫而光；正当灾民束手无策时，飞来了上千的加里佛尼鸥（*Larus californicus*），很快将蟋蟀消灭。现今犹他州盐湖城的广场上，尚竖立着价值 4 万美元、有两只金色海鸥的纪念碑。

有人计算，一只燕子在夏季能吃掉 50 万到 100 万只苍蝇、蚊子和蚜虫。群栖的 1000 只紫翅椋鸟（*strunus vulgarus*），在育雏期间能消灭 22 吨重的蝗虫。对新疆粉红椋鸟（*Strunus roseus*）的调查发现，它们在繁殖期能使捕食区内的蝗虫从每平方米 33 只下降到不足 1 只。鸟类对森林及城市园林的保护作用也很明显，很多农药无法杀害的树皮下和果实内的害虫，却能被鸟类一个个地啄食。这方面最显著的例子是啄木鸟。有人研究两种美洲的啄木鸟，发现能消灭果园中越冬幼虫的 52％ 以及农田越冬的玉米螟幼虫的 64％—82％。很多鸟类对控制针叶林的危险敌人松毛虫有重要贡献，有人曾在一只杜鹃（*Cuculus canorus*）的胃里找出 173 条松毛虫、12 只金龟子和 49 条舞毒蛾幼虫。黑龙江省带岭林场招引益鸟防治落叶松害虫，使越冬的松毛虫从对照区的每株 10.1 只降到每株平均 1.3 只。自然界中鸟类的绝大多数是以昆虫为食或以昆虫饲喂雏鸟，它们在消灭害虫方面的作用是非常可观的。

鸟类中的猛禽（鹰和猫头鹰类）大多是专门以老鼠等啮齿类为主食的，对于控制农林害兽很有帮助。有人在 360 只鵟（一种大型鹰类）的胃内一共找出 1348 只老鼠的尸体。猫头鹰是夜间活动的猛禽，正好消灭夜间活动的鼠类。有人研究了 1900 块猫头鹰的食物残块，发现有 46179 只哺乳动物，几乎全部是啮齿动物。有人计算，一只猫头鹰在一个夏季所消灭的老鼠，相当于保护了一吨粮食。对湖北武昌越冬长耳鸮的食物残块分析，有 70.3％ 是小型兽类，主要是黑线姬鼠。黑线姬鼠是我国农田中的重要害鼠，在很多地区还是危险疾病出血热的传播者，猫头鹰在这方面的功绩引人注目。我们还应看到，很多鸟类，特别是兀鹰、猫头鹰等猛禽以及海鸥、乌鸦等，有嗜食腐肉的习性，它们在消灭有病的动物和腐烂尸体、消除有机物对环境的污染方面有特殊的贡献，被人们称誉为"自然界的清道夫"。

很多鸟类是植物花粉及种子的传播者，尤其在热带地区更为显著。据统计，在澳洲地区专以花蜜为食的鸟类就有 80 多种，其中见于我国南方的有食蜂鸟、太阳鸟、啄花鸟、绣眼鸟、鹎和鹦鹉等。它们穿飞于花丛之间，在啄吸花蜜时就起到传播花粉的作用。以植物种子为食的鸟类，特别是北方普遍分布的鸫、鹎、松鸦和星鸦等，对于许多树种的扩散有贡献，是自然界的"植树造林"能手。例如星鸦嗜食橡树种子，而且秋天具有储藏橡子的习性，常常收集数以百计的橡子，贮藏在远处不同的角落，却常常遗忘，这些被散布的橡子是橡树林扩展的一个原因。有人证明，某些硬壳的植物种子，在通过鸟类的消化道之后，更容易萌发；再加上附上的鸟粪，连肥料也提供了，当然更容易成活。

应该指出的是，人们在评价鸟类的益处时，从习惯上往往把注意力集中在直接益处以及比较明显的间接益处方面。其实从整个生态系统考虑，由于鸟类的种类多、数量大、分布广，处于生态锥体的不同营养水平上，其间的食物链的关系极其复杂，在能量流动方面占有重要位置。即使是表面看起来益害不明显甚至有害的种类，如果捕猎过度，"牵一发而动全身"，也会通过食物链的关系而破坏生态系统的自然平衡，从而招致严重的后果。

而且鸟类对仿生学的贡献也是不容忽视的：鸟类有高超的飞行本领，当然现代的飞机在很多性能上都远远超过了鸟类，可是在节约能源上、在灵巧性上就相形见绌了。如一只鸟连续在海洋上空飞行 4000 多公里，体重减轻 0.06 公斤；小巧的蜂鸟不仅能垂直起落，而且在吮吸花蜜时能取直立姿势,悬在空中进退自如,灵活异常。对这些特殊功能的研究利用,将会使飞机的性能进一步得到改进。

又如野鸭能悠然自得地飞行在9500米的半高空,而人在登上4500米时呼吸已经感到很困难了。研究鸟为什么会在空气稀薄的条件下脑血管依然畅通,可对人类在供氧不足的环境中正常生活和延长生命有重要意义。

鸽子在仿生学方面有很大的贡献。它的腿上有一个小巧而灵敏的感受地震的特殊结构,人们根据它的原理仿制出一种新的地震仪,使地震预报更加准确。它的眼睛有着特殊的识别本领,这是由于它的视网膜上有6种功能专一的神经节细胞:叶亮度检测器、普通边检测器、凸边检测器、方向检测器、垂直边检测器、水平检测器。人们模仿它视网膜上的细胞结构制成的鸽眼电子模型,虽结构还不及它的复杂和完善,但安装在警戒雷达上、应用于电子计算机处理有关数据方面已有广阔的前景。

地球上海水占总水量的97%。而海水的人工淡化器目前设备庞大、结构复杂、耗能量高。但海鸥、信天翁这些海鸟却可以通过眼睛附近一条盐腺把喝下去的海水中的盐分排出。一旦完成这个功能的模拟,人类利用海洋的前景将会更加广阔。

此外,人们根据鹰眼的结构正在研制鹰眼系统导弹,这种导弹在飞临打击目标上空时就能自动寻找、识别目标而跟踪攻击。

鸟的经济价值十分广泛。其用途可分为六种类型。

家禽。像鸡、鸭、鹅、鸽子、鹌鹑等,是给人类提供蛋白质的主要来源。家禽是由野鸡驯化而来的,如家鸡的祖先是原鸡,家鸭的祖先是绿头鸭,家鹅的祖先是大雁。因此可利用野鸡不断改良家禽的品种,因为野鸡具有体型大、生长快、抗病力强等特点,是个十分丰富的基因库。再是驯化野鸡可以扩大家禽的品种。如现在人们开始饲养天鹅、大鸨、柴乌鸡、褐马鸡等,将来又可能成为家禽的新品种,因此,要注意保护野鸡。

狩猎禽。像野生的鸭类和鸡类,其肉可食,其羽毛可做羽扇、头饰、羽绒服、羽绒被等,只要处理好保护和利用的关系,就可以成为一项可以再生、用之不竭的重要资源。

粪肥禽。鸟类集中的栖息地、迁飞落脚地,往往是磷肥的主要产地。如西沙群岛鲣鸟留下的粪堆积达数米厚。

药用禽。我们比较熟悉的有燕窝和乌骨鸡,还有白鸡、丁香鸡等。

观赏禽。像画眉、百灵鸟、鹦鹉、鸳鸯、孔雀等。

役用禽。像鸬鹚、雀鹰、苍鹰等,是人们进行渔猎活动的好助手。

鸟的科学价值:事实上,人类的航空技术并不是在所有的方面都超过了鸟类。鸟的翅膀可以做相当复杂的运动。特别是一扇一招,能不断产生一种气动力,并分解成升力和推动力,使飞行自如。鸟在飞行时还可以暂时收起翅膀滑行,以减少体力消耗。人们羡慕扑翼飞行的许多优点,正在加紧模仿研制扇动翅膀的"扑翼机"。

此外,鸟类所特有的生理结构和功能,为机械系统、仪器设备、建筑结构和工艺流程的创新,提供了仿生科学的研究课题。特别是鸟那灵敏而精确的定向、导航、探测、控制调节、信息处理和生物力学功能,都把人们领进了新的科学领域。比如应用信息仿生制造的"鸽眼雷达系统"等。

第三部分

动物的基本结构

第十一章　细胞的化学组成与基本结构

【课程体系】

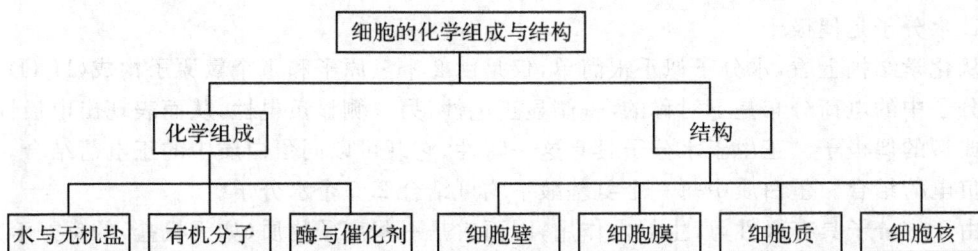

【课前思考】

1. 细胞的各种组成成分及含量。
2. 细胞的基本结构,动植物细胞的结构差异。

【本章重点】

1. 细胞中的有机成分及作用。
2. 细胞膜的结构特点与生物识别。
3. 细胞器的特点及功能。

【教学要求】

1. 掌握细胞中的主要化学物质。
2. 掌握细胞的结构及功能。

第一节　细胞的化学成分

组成细胞的基本元素是:O、C、H、N、Si、K、Ca、P、Mg,其中 O、C、H、N 四种元素占 90%以上。细胞的化学物质可分为两大类:无机物和有机物。在无机物中水是最主要的成分,约占细胞物质总含量的 75%—80%。

一、水与无机盐

(一)水是原生质最基本的物质

水在细胞中不仅含量最大,而且由于它具有一些特有的物理化学属性,在维持细胞结构与功能方面起着关键的作用。可以说,没有水,就不会有生命。水在细胞中以两种形式存在:一种是游离水,约占 95%;另一种是结合水,通过氢键或其他键同蛋白质结合,约占 4%—5%。随着细胞的生长和衰老,细胞的含水量逐渐下降,但是活细胞的含水量不会低于 75%。

水在细胞中的主要作用是,溶解无机物、调节温度、参加酶反应、参与物质代谢和构成细胞有序结构。水之所以具有这么多的重要功能是和水的特有属性分不开的。

1.水分子是偶极子

从化学结构上看,水分子似乎很简单,仅是由 2 个氢原子和 1 个氧原子构成(H_2O)。然而水分子中的电荷分布是不对称的,一侧显正电性,另一侧显负电性,从而表现出电极性,是一个典型的偶极子。正由于水分子具有这一特性,它既可以同蛋白质中的正电荷结合,也可以同负电荷结合。蛋白质中每一个氨基酸平均可结合 2.6 个水分子。

由于水分子具有极性,产生静电作用,因而它是一些离子物质(如无机盐)的良好溶剂。

2.水分子间可形成氢键

由于水分子是偶极子,因而在水分子之间和水分子与其他极性分子间可建立弱作用力的氢键。在水中每一氧原子可与另两个水分子的氢原子形成两个氢键。氢键作用力很弱,因此分子间的氢键经常处于断开和重建的过程中。

3.水分子可解离为离子

水分子可解离为氢氧离子(OH^-)和氢离子(H^+)。在标准状况下总有少量水分子解离为离子,大约有 10^{-7} mol/L 水分子解离,相当于每 10^9 个水分子中就有 2 个解离。但是水分子的电解并不稳定,总是处于分子与离子相互转化的动态平衡之中。

(二)无机盐

细胞中无机盐的含量很少,约占细胞总重的 1%。盐在细胞中解离为离子,离子的浓度除了具有调节渗透压和维持酸碱平衡的作用外,还有许多重要的作用。

主要的阴离子有 Cl^-、PO_4^- 和 HCO_3^-,其中磷酸根离子在细胞代谢活动中最为重要:①在各类细胞的能量代谢中起着关键作用;②是核苷酸、磷脂、磷蛋白和磷酸化糖的组成成分;③调节酸碱平衡,对血液和组织液 pH 起缓冲作用。

主要的阳离子有:Na^+、K^+、Ca^{2+}、Mg^{2+}、Fe^{2+}、Fe^{3+}、Mn^{2+}、Cu^{2+}、Co^{2+}。

二、有机分子

细胞中有机物达几千种之多,约占细胞干重的 90% 以上,它们主要由碳、氢、氧、氮等元素组成。有机物中主要由四大类分子所组成,即蛋白质、核酸、脂类和糖,这些分子约占细胞干重的 90% 以上。

(一)蛋白质

在生命活动中,蛋白质是一类极为重要的大分子,几乎各种生命活动无不与蛋白质的存在有关。蛋白质不仅是细胞的主要结构成分,而且更重要的是,生物专有的催化剂——酶是蛋白质,因此细胞的代谢活动离不开蛋白质。一个细胞中约含有 10^4 种蛋白质,分子的数量达 10^{11} 个。

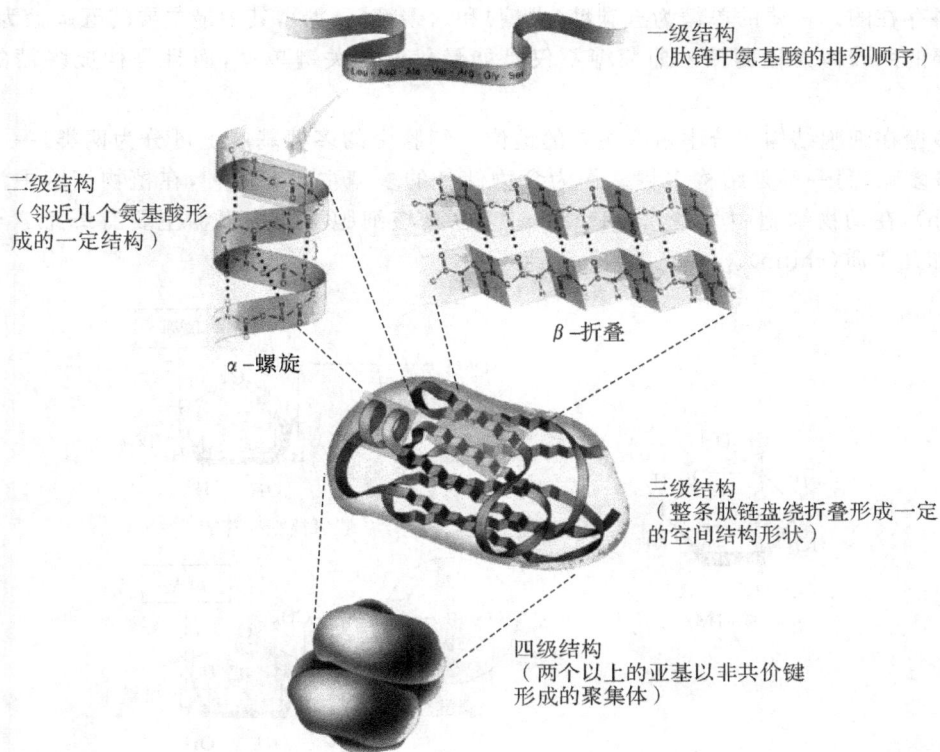

图 11-1　蛋白质的结构

(二)核酸

核酸是生物遗传信息的载体分子,所有生物均含有核酸。核酸是由核苷酸单体聚合而成的大分子。核酸可分为核糖核酸 RNA 和脱氧核糖核酸两大类 DNA。当温度上升到一定高度时,DNA 双链即解离为单链,称为变性(denaturation)或熔解(melting),这一温度称为熔解温度(melting temperature,Tm)。碱基组成不同的 DNA,熔解温度不一样,含 G—C 对(3 条氢键)多的 DNA,Tm 高;含 A—T 对(2 条氢键)多的,Tm 低。当温度下降到一定温度以下,变性 DNA 的互补单链又可通过在配对碱基间形成氢键,恢复 DNA 的双螺旋结构,这一过程称为复性(renaturation)或退火(annealing)。

DNA 有三种主要构象:

B—DNA:为 Watson&Crick 提出的右手螺旋模型,每圈螺旋 10 个碱基,螺旋扭角为 36°,螺距 34Å,每个碱基对的螺旋上升值为 3.4Å,碱基倾角为 $-2°$。

A—DNA:为右手螺旋,每圈螺旋 10.9 个碱基,螺旋扭角为 33°,螺距 32Å,每个碱基对的螺旋上升值为 2.9Å,碱基倾角为 13°。

Z—DNA:为左手螺旋,每圈螺旋 12 个碱基,螺旋扭角为 $-51°$(G—C)和 $-9°$(C—G),螺距 46Å,每个碱基对的螺旋上升值为 3.5Å(G—C)和 4.1Å(C—G),碱基倾角为 9°。

（三）糖类

细胞中的糖类既有单糖,也有多糖。细胞中的单糖是作为能源以及与糖有关的化合物的原料存在的。重要的单糖为五碳糖(戊糖)和六碳糖(己糖),其中最主要的五碳糖为核糖,最重要的六碳糖为葡萄糖。葡萄糖不仅是能量代谢的关键单糖,而且是构成多糖的主要单体。

多糖在细胞结构成分中占有主要的地位。细胞中的多糖基本上可分为两类:一类是营养储备多糖;另一类是结构多糖。作为食物储备的多糖主要有两种,在植物细胞中为淀粉(starch),在动物细胞中为糖元(glycogen)。在真核细胞中结构多糖主要有纤维素(cellulose)和几丁质(chitin)。

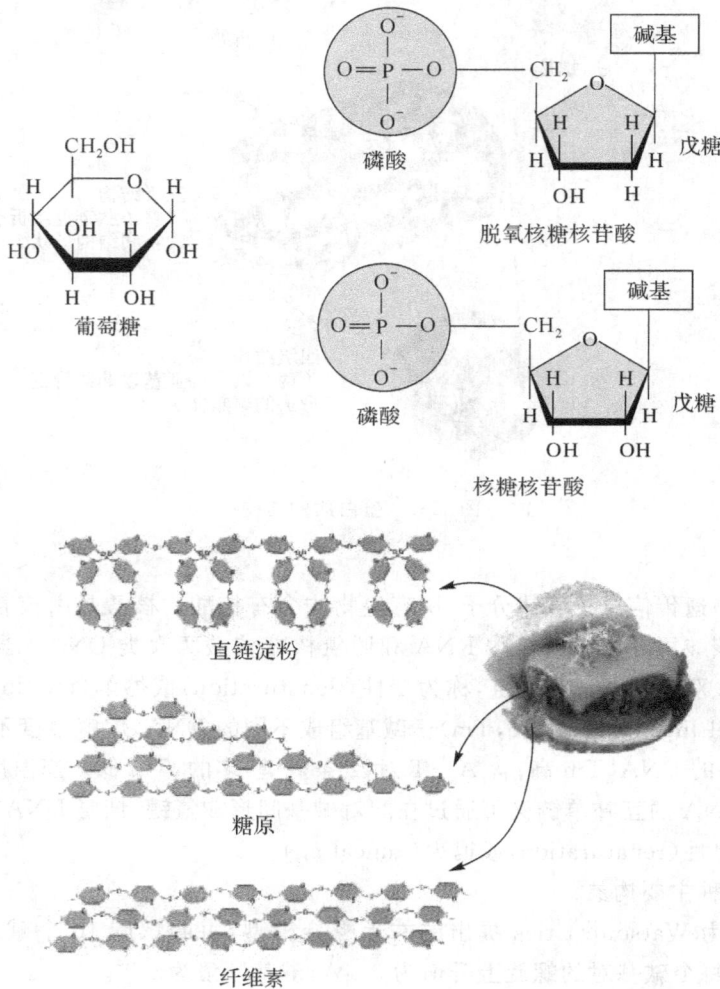

图 11-2　糖的结构

（四）脂类

脂类包括:脂肪酸、中性脂肪、类固醇、蜡、磷酸甘油酯、鞘脂、糖脂、类胡萝卜素等。脂类化合物难溶于水,而易溶于非极性有机溶剂。

1. 中性脂肪(neutral fat)

①甘油酯:它是脂肪酸的羧基同甘油的羟基结合形成的甘油三酯(triglyceride)。甘油酯是动物和植物体内脂肪的主要贮存形式。当体内碳水化合物、蛋白质或脂类过剩时,即可转变成甘油酯贮存起来。甘油酯为能源物质,氧化时可比糖或蛋白质释放出高两倍的能量。营养缺乏时,就要动用甘油酯提供能量。

②蜡:脂肪酸同长链脂肪族一元醇或固醇酯化形成蜡(如蜂蜡)。蜡的碳氢链很长,熔点要高于甘油酯。细胞中不含蜡质,但有的细胞可分泌蜡质。如:植物表皮细胞分泌的蜡膜;同翅目昆虫的蜡腺,如高等动物外耳道的耵聍腺。

2. 磷脂

磷脂对细胞的结构和代谢至关重要,它是构成生物膜的基本成分,也是许多代谢途径的参与者。分为甘油磷脂和鞘磷脂两大类。

3. 糖脂

糖脂也是构成细胞膜的成分,与细胞的识别和表面抗原性有关。

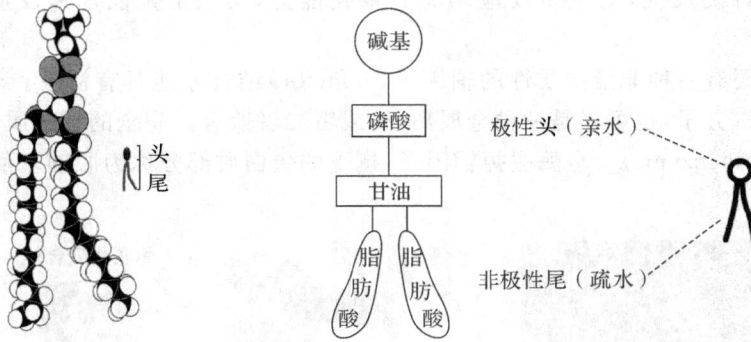

图 11-3 脂类的结构

4 萜类和类固醇类

这两类化合物都是异戊二烯(isoptene)的衍生物,都不含脂肪酸。

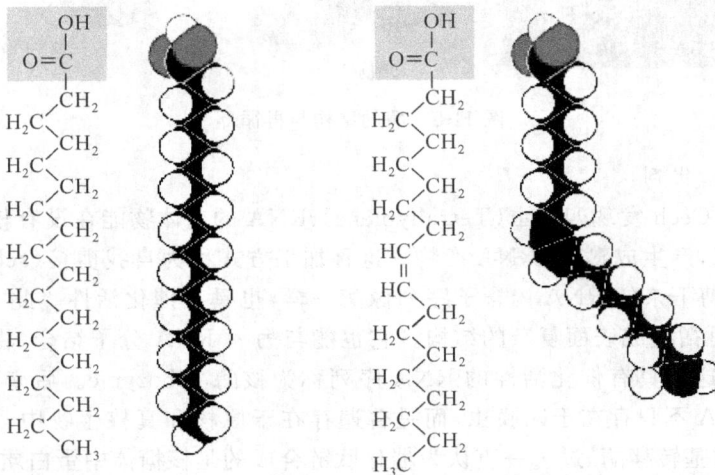

图 11-4 饱和脂肪酸和不饱和脂肪酸

生物中主要的萜类化合物有胡萝卜素和维生素 A、E、K 等。还有一种多萜醇磷酸酯，它是细胞质中糖基转移酶的载体。

类固醇类（steroids）化合物又称甾类化合物，其中胆固醇是构成膜的成分。另一些甾类化合物是激素类，如雌性激素、雄性激素、肾上腺激素等。

三、酶与生物催化剂

（一）酶

酶是蛋白质性的催化剂，主要作用是降低化学反应的活化能，增加了反应物分子越过活化能屏障和完成反应的概率。酶的作用机制是，在反应中酶与底物暂时结合，形成了酶—底物活化复合物。这种复合物对活化能的需求量低，因而在单位时间内复合物分子越过活化能屏障的数量就比单纯分子要多。反应完成后，酶分子迅即从酶—底物复合物中解脱出来。

酶的主要特点是：具有高效催化能力、高度特异性和可调性；要求适宜的 pH 和温度；只催化热力学允许的反应，对正负反应均具有催化能力，实质上是能加速反应达到平衡的速度。

某些酶需要有一种非蛋白质性的辅因子（cofactor）结合才能具有活性。辅因子可以是一种复杂的有机分子，也可以是一种金属离子，或者二者兼有。完全的蛋白质—辅因子复合物称为全酶（holoenzyme）。全酶去掉辅因子，剩下的蛋白质部分称为脱辅基酶蛋白（apoenzyme）。

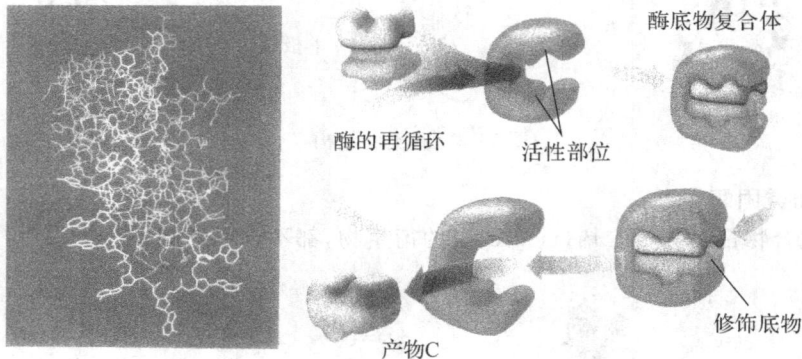

图 11-5　酶的结构与再循环

（二）RNA 催化剂

1982 年，T. Cech 发现四膜虫（Tetrahymena）rRNA 的前体物能在没有任何蛋白质参与下进行自我加工，产生成熟的 rRNA 产物。这种加工方式称为自我剪接（self splicing）。后来又发现，这种剪下来的 RNA 内含子序列像酶一样，也具有催化活性。此 RNA 序列长约 400 个核苷酸，可褶叠成表面复杂的结构。它也能与另一 RNA 分子结合，将其在一定位点切割开，因而将这种具有催化活性的 RNA 序列称为核酶 Ribozyme。后来陆续发现，具有催化活性的 RNA 不只存在于四膜虫，而是普遍存在于原核和真核生物中。一个典型的例子是核糖体的肽基转移酶，过去一直认为催化肽链合成的是核糖体中蛋白质的作用，但事实上具有肽基转移酶活性和催化形成肽键的成分是 RNA，而不是蛋白质，核糖体中的蛋白质只起支架作用。

第二节　细胞的基本结构

在光学显微镜下观察植物的细胞,可以看到它的结构分为下列四个部分:

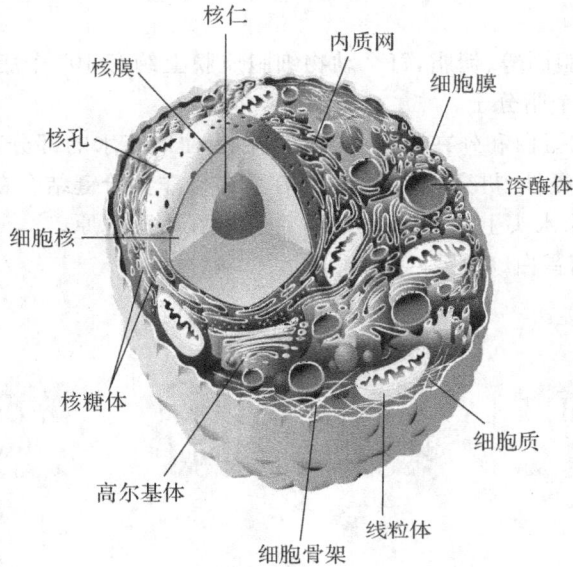

图 11-6

(一)细胞壁

位于植物细胞的最外层,是一层透明的薄壁。它主要是由纤维素和果胶组成的,孔隙较大,物质分子可以自由透过。细胞壁对细胞起着支持和保护的作用。

(二)细胞膜

细胞壁的内侧紧贴着一层极薄的膜,叫做细胞膜。这层由蛋白质分子和磷脂双层分子组成的薄膜,水和氧气等小分子物质能够自由通过,而某些离子和大分子物质则不能自由通过,因此,它除了起着保护细胞内部的作用以外,还具有控制物质进出细胞的作用:既不让有用物质任意地渗出细胞,也不让有害物质轻易地进入细胞。

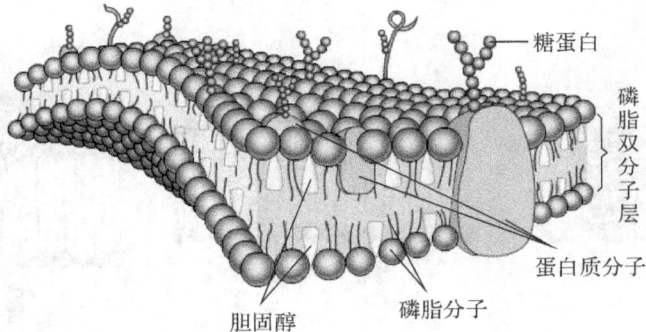

图 11-7　膜的液态镶嵌模型(1972 年,Singer 等人提出)

细胞膜在光学显微镜下不易分辨。用电子显微镜观察,可以知道细胞膜主要由蛋白质分子和脂类分子构成。在细胞膜的中间,是磷脂双分子层,这是细胞膜的基本骨架。在磷脂双分子层的外侧和内侧,有许多球形的蛋白质分子,它们以不同深度镶嵌在磷脂分子层中,或者覆盖在磷脂分子层的表面。这些磷脂分子和蛋白质分子大都是可以流动的,可以说,细胞膜具有一定的流动性。细胞膜的这种结构特点,对于它完成各种生理功能是非常重要的。

细胞膜的基本结构:

1. 脂双层:磷脂、胆固醇、糖脂,每个动物细胞质膜上约有 10^9 个脂分子,即每平方微米的质膜上约有 5×10^6 个脂分子。

2. 膜蛋白,分内在蛋白和外在蛋白两种。内在蛋白以疏水的部分直接与磷脂的疏水部分共价结合,两端带有极性,贯穿膜的内外;外在蛋白以非共价键结合在固有蛋白的外端上,或结合在磷脂分子的亲水头上。如载体、特异受体、酶、表面抗原。

3. 膜糖和糖衣:糖蛋白、糖脂。

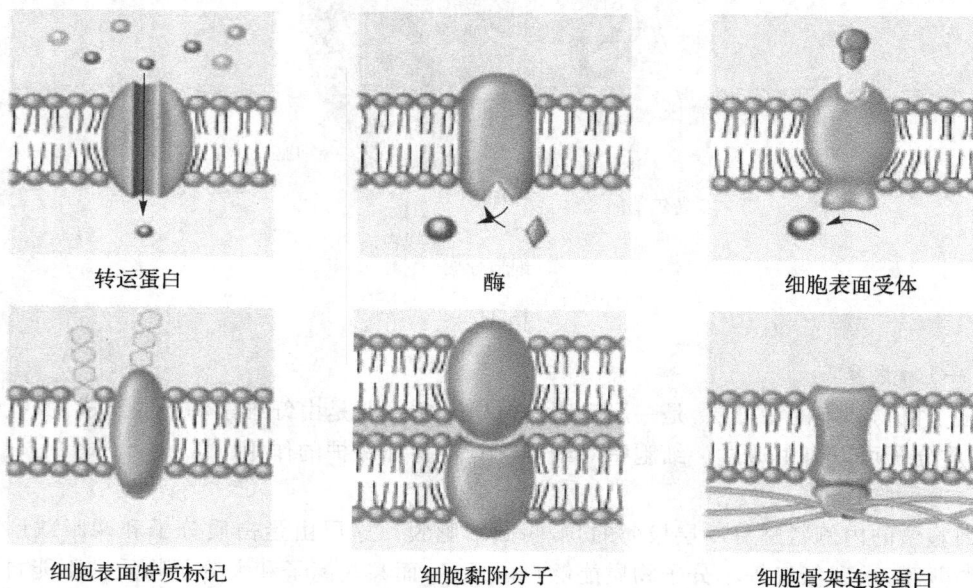

转运蛋白　　　　　　酶　　　　　　细胞表面受体

细胞表面特质标记　　　　细胞黏附分子　　　　细胞骨架连接蛋白

图 11-8　膜蛋白的类型

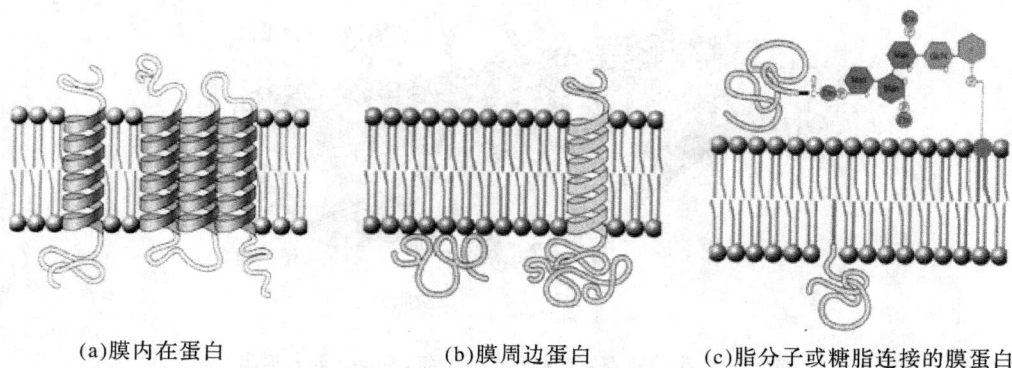

(a)膜内在蛋白　　　　(b)膜周边蛋白　　　　(c)脂分子或糖脂连接的膜蛋白

图 11-9　膜蛋白

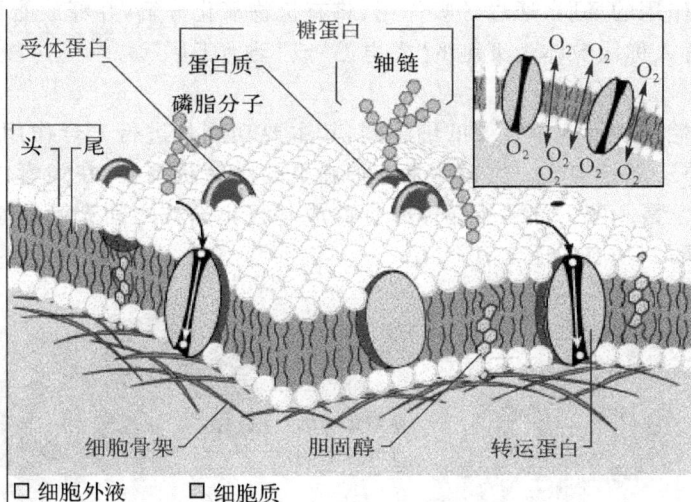

图 11-10　膜糖

(三)细胞质

细胞膜包着的黏稠透明的物质,叫做细胞质。在细胞质中还可看到一些带折光性的颗粒,这些颗粒多数具有一定的结构和功能,类似生物体的各种器官,因此叫做细胞器。例如,在绿色植物的叶肉细胞中,能看到许多绿色的颗粒,这就是一种细胞器,叫做叶绿体。绿色植物的光合作用就是在叶绿体中进行的。在细胞质中,往往还能看到一个或几个液泡,其中充满着液体,叫做细胞液。在成熟的植物细胞中,液泡合并为一个中央液泡,其体积占去整个细胞的大半。

细胞质不是凝固静止的,而是缓缓地运动着的。在只具有一个中央液泡的细胞内,细胞质往往围绕液泡循环流动,这样便促进了细胞内物质的转运,也加强了细胞器之间的相互联系。细胞质运动是一种消耗能量的生命现象。细胞的生命活动越旺盛,细胞质流动越快,反之,则越慢。细胞死亡后,其细胞质的流动也就停止了。

除叶绿体外,植物细胞中还有一些细胞器,它们具有不同的结构,执行着不同的功能,共同完成细胞的生命活动。这些细胞器的结构需用电子显微镜观察。在电镜下观察到的细胞结构称为亚显微结构。

1. 线粒体

呈线状、粒状,故名。在线粒体上,有很多种与呼吸作用有关的颗粒,即多种呼吸酶。它

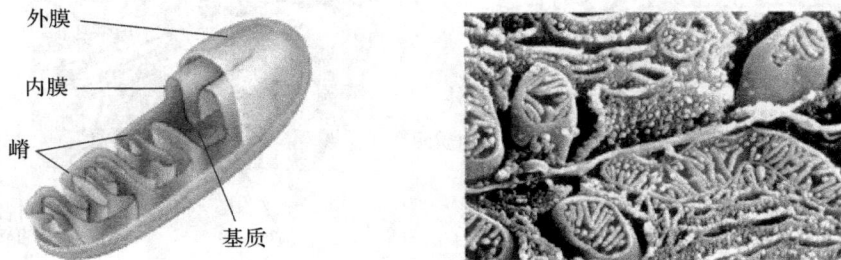

图 11-11　线粒体结构

是细胞进行呼吸作用的场所,通过呼吸作用,将有机物氧化分解,并释放能量,供细胞的生命活动所需,所以有人称线粒体为细胞的"发电站"或"动力工厂"。

　　2. 叶绿体

　　叶绿体是绿色植物细胞中重要的细胞器,其主要功能是进行光合作用。叶绿体由双层膜、类囊体和基质三部分构成。类囊体是一种扁平的小囊状结构,在类囊体薄膜上,有进行光合作用必需的色素和酶。许多类囊体叠合而成基粒。基粒之间充满着基质,其中含有与光合作用有关的酶。基质中还含有 DNA。

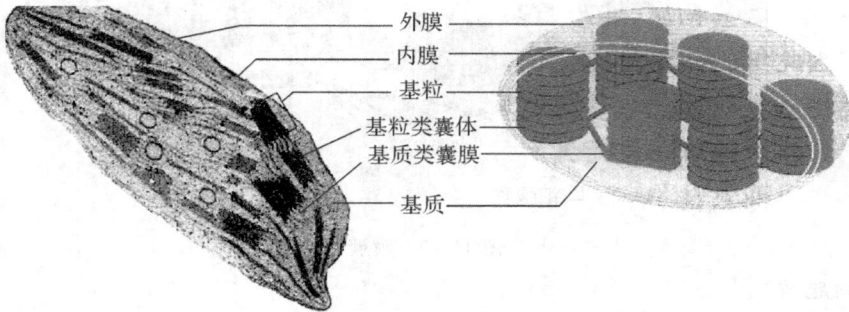

图 11-12　叶绿体的结构

　　3. 内质网

　　内质网是细胞质中由膜构成的网状管道系统,广泛地分布在细胞质基质内。它与细胞膜相通连,对细胞内蛋白质等物质的合成和运输起着重要作用。

　　内质网有两种:一种是表面光滑的;另一种是上面附着许多小颗粒状的。内质网增大了细胞内的膜面积,膜上附着这许多酶,为细胞内各种化学反应的正常进行提供了有利条件。

　　4. 高尔基体

　　高尔基体普遍存在于植物细胞和动物细胞中。一般认为,细胞中的高尔基体与细胞分泌物的形成有关,高尔基体本身没有合成蛋白质的功能,但可以对蛋白质进行加工和转运。植物细胞分裂时,高尔基体与细胞壁的形成有关。

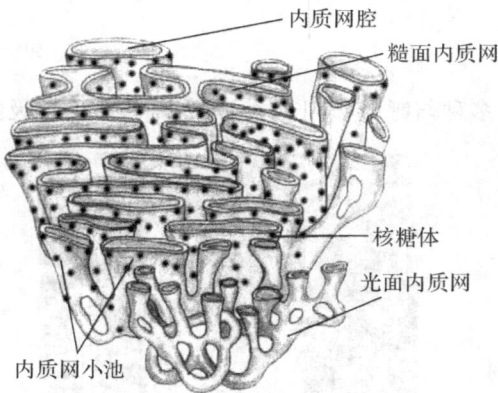

图 11-13　内质网

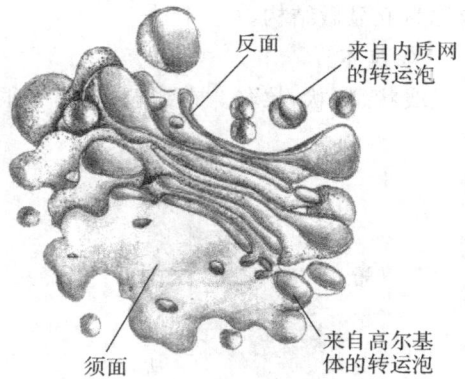

图 11-14　高尔基体

5. 核糖体

核糖体是椭球形的粒状小体,有些附着在内质网膜的外表面,有些游离在细胞质基质中,是合成蛋白质的重要基地。

6. 中心体

中心体存在于动物细胞和某些低等植物细胞中,因为它的位置靠近细胞核,所以叫中心体。每个中心体由两个互相垂直排列的中心粒及其周围的物质组成。动物细胞的中心体与丝分裂有密切关系。

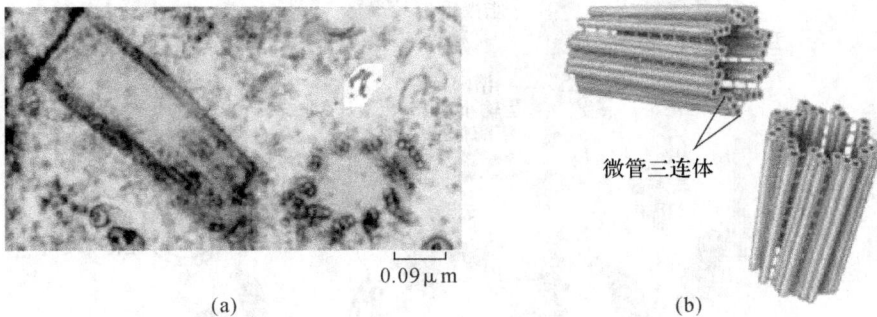

微管三连体

0.09μm

(a) (b)

图 11-15　中心体

7. 液泡

液泡是植物细胞中的泡状结构。成熟的植物细胞中的液泡很大,可占整个细胞体积的90%。液泡的表面有液泡膜。液泡内有细胞液,其中含有糖类、无机盐、色素和蛋白质等物质,可以达到很高的浓度。因此,它对细胞内的环境起着调节作用,可以使细胞保持一定的渗透压,保持膨胀的状态。动物细胞也同样有小液泡。

8. 溶酶体

溶酶体是细胞内具有单层膜囊状结构的细胞器。其内含有很多种水解酶类,能够分解很多物质。

9. 细胞骨架

是由蛋白质纤维组成的三维网架结构,包括:微管、微丝、中间纤维。

微管:直径 24nm 的中空长管状的纤维。除红细胞外,真核细胞都有微管,纺锤体、鞭毛、纤毛都由微管构成。

微丝(肌动蛋白丝):是实心纤维,直径 4～7 nm。肌动蛋白由哑铃形单体相连成串,两串以右手螺旋形式扭缠成束。肌动蛋白丝有运动的功能,与细胞质流动有关。

中间纤维:介于微管与微丝之间的纤维,直径 8～10nm。构成中间纤维的蛋白质有 5 种之多,常见的是角蛋白、波形蛋白、层粘连蛋白。

功能:维持细胞形态结构,与细胞运动、物质运输、能量转换、信息传递、细胞分化和细胞转化等有关,在细胞中起到"骨骼和肌肉"作用。

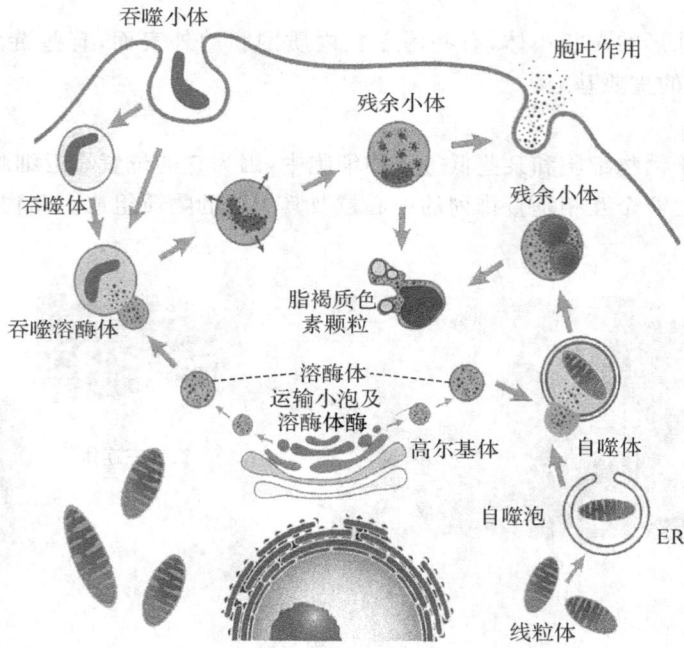

图 11-16 动物细胞溶酶体系统示意图

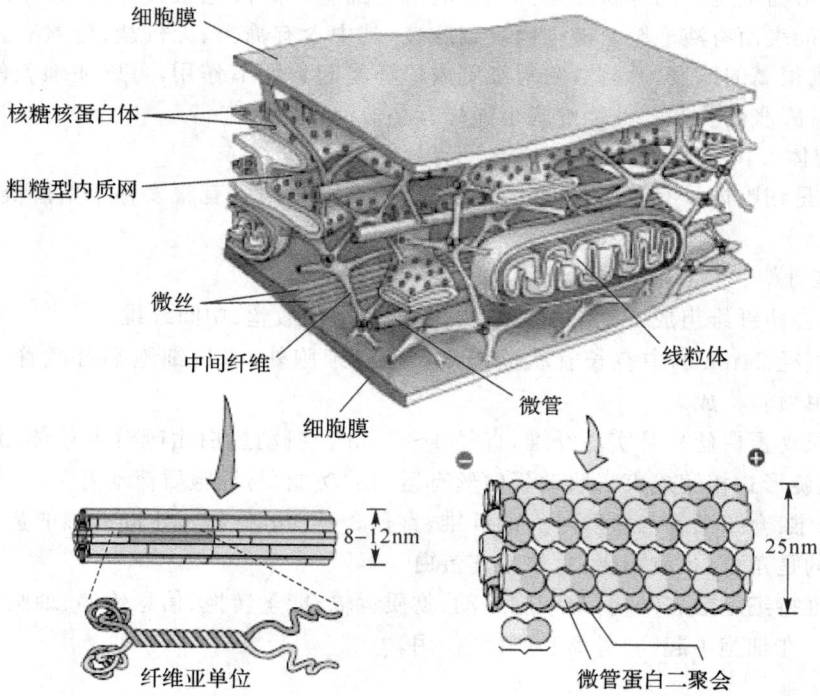

图 11-17 细胞骨架

（四）细胞核

细胞核是细胞的控制中心，遗传物质 DNA 几乎全部存在于核内。由核膜、核仁和核质等三部分构成。

核膜（核被膜）：是由内、外两层单位膜组成的。双层膜在一定间隔愈合形成小孔——核孔，容许某些物质进出，如输入 RNA、DNA 核苷酸前体、组蛋白和核蛋白体的蛋白质，输出 mRNA、tRNA 和核蛋白体的亚单位等。在核被膜的外膜和细胞质接触面上，有核蛋白体；在一些部位，外膜向外延伸到细胞质中去，可以和内质网膜相连。因此，内、外膜间的间隙和内质网的基质是连续的，似可经过内质网和相邻的细胞相通。

核仁：一个或几个核仁，是细胞核内形成核蛋白体亚单位的部位。

核质：以碱性染料染色后，可分为着色物质——染色质和不着色物质——核液。

染色质：是由核酸和蛋白质的复合物组成的复杂物质结构，含有大量的 DNA 和组蛋白、较少量的 RNA 和非组蛋白蛋白质。间期核内染色质常伸展成为宽度约 $10\sim15\mathrm{nm}$ 的细长的纤丝。这些染色质的细丝，到有丝分裂时高度地螺旋缠绕——螺旋化，成为染色体。当分裂结束，进入间期时，染色体的螺旋又松散开来，扩散成为染色质。染色质就是间期的染色体。

染色质细丝：是由许多核小体连接而成的，组成串珠状。每个核小体的中心有 8 个组蛋白分子，DNA 双螺旋盘在它表面，核小体之间有一段 DNA 双螺旋，并与另一个组蛋白分子相连。这就是染色质的基本结构，由此再进一步螺旋缠绕形成 2 级、3 级、4 级结构，成为染色单体，从而构成染色体。

基因：是遗传物质的基本单位，存在于染色质（体）的 DNA 分子链上。

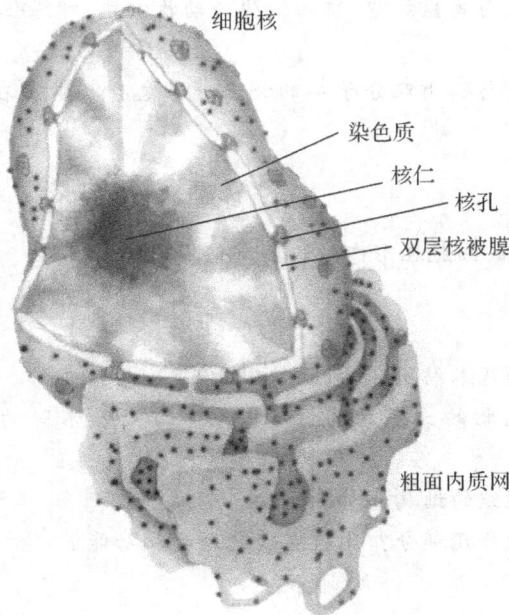

图 11-18　细胞核

（五）动物细胞与植物细胞比较

动物细胞与植物细胞相比较,具有很多相似的地方,如动物细胞也具有细胞膜、细胞质、细胞核等结构。但是动物细胞与植物细胞又有一些重要的区别,如动物细胞的最外面是细胞膜,没有细胞壁;动物细胞的细胞质中不含叶绿体,也不形成中央液泡。

总之,不论是植物还是动物,都是由细胞构成的。细胞是生物体结构和功能的基本单位。

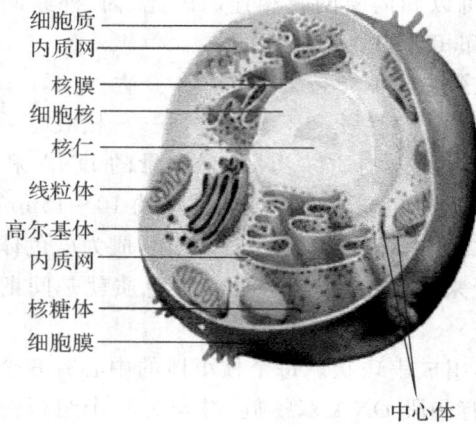

图 11-19 动物细胞   图 11-20 植物细胞

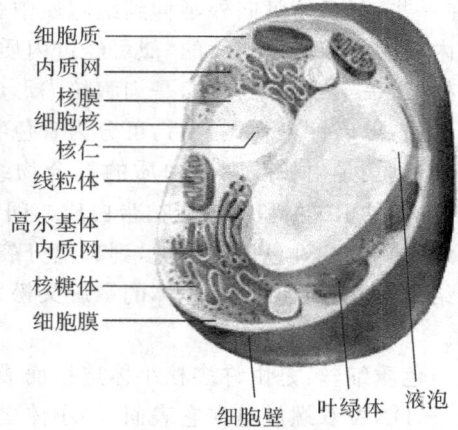

【课外拓展】

1. 试比较原核细胞与真核细胞、植物细胞与动物细胞、叶绿体与线粒体,它们的共同点与不同点。

2. 构成膜的蛋白质与磷脂双分子层的相互关系怎样? 镶嵌在磷脂分子中的蛋白质有哪些结构特点?

【课程研讨】

死亡的细胞与正常的细胞在形态结构上有何不同?

【课后思考】

1. 简述动物细胞的基本结构。

2. 为何说细胞是生物的最基本的结构与功能单位? 不同的细胞有哪些相似性与多样性?

3. 简述不同动物组织的结构和特点。

4. 细胞的基本构造分几部分? 比较它们的结构和功能。

【小资料】

人 体 探 秘

构成人体的最基本的结构与功能单位为细胞,细胞构成组织,组织构成系统,而系统之间互相协调构成人体的各种功能。基本来说，人体的几种主要的营养物质如下：

1. 水：占人体比重的 70％，每天保证 8 杯水，是最便宜的排毒养颜剂。

2. 蛋白质：约占人体比重的 20％，用来制造肌肉、血液、皮肤和许多其他的身体器官。在食物中的来源是鱼、肉、豆、蛋、奶。女性每天需要 65 克的蛋白质，男性需要 75 克，儿童在 40 克左右。

3. 糖：是自然界中一个大家族，科学家把其中与人类生活关系密切的九种碳水化合物列出来，分为单糖、双糖、多糖。来源是纯糖，如麦芽糖、蜂蜜、红糖、白糖和谷物等。

4. 脂肪：是人体必需的重要营养素之一，与蛋白质、碳水化合物一起称为产能的三大营养素。一般来说，人体的能量的 70％ 来源于碳水化合物，20％ 左右来源于脂肪，但在空腹时，50％ 以上的能量通过脂肪氧化获得。来源是纯油脂如牛油、羊油、猪油等，和各种肉类、蛋类及硬果类。

5. 矿物质：是以最简单的无机形式存在的元素。人体已发现有 20 余种必需的无机盐。约占人体比重的 4％－5％，像钙、镁、磷、钠、钾、氯、硫等 7 种，每日需要量 100 毫克以上，成为常量元素，而铁、锌、硒、铜、铬等都是微量元素。

6. 维生素：是在食物中发现的一组有机复合物，对于细胞的新陈代谢、身体成长和维持健康是必不可少的，有助于其他营养素的吸收和利用，帮助形成血液、细胞、激素、遗传物质及神经系统的化学物质。分脂溶性维生素 A、D、E、K 和水溶性维生素 B、C。

7. 膳食纤维：是一种人体不能消化的碳水化合物，不能提供能量，是负责调节肠胃的消化吸收功能的，有助于预防大肠癌、降低胆固醇、防止便秘，且有助于控制体重。存在于水果、蔬菜和全麦类、种子类食物中。每天一公斤的水果、蔬菜才能提供人体所需的维生素和纤维素。

如果按原料估计的话，人还真卖不了几个钱，但是人是无价的，因为都有生命气息，人利用大自然简单的化学原理进行庞大而复杂的生命运动。简单的几个无生命的分子竟然能够进行生命活动，这为生命的研究提供了很好的条件，这是上天的恩赐。

你与钙的 10 种关系
——钙是人体所需的重要物质

钙 vs 情绪

钙是脑神经元代谢不可缺少的重要物质。充足的钙能抑制脑神经的异常兴奋，使人保持镇静。缺钙则使人烦躁、情绪不稳。

钙 vs 血压

人体缺钙会刺激产生导致高血压的多肽物质，日摄入量少于 300mg 者与达到正常摄入量者相比，高血压的发病率要高 2—3 倍。

钙 vs 视力

钙参与视神经的生理活动，还使眼球充满弹性。钙摄入不足则眼肌收缩功能受到影响，眼睛容易紧张、疲劳、视力下降。

钙 vs 免疫力

钙能激活淋巴液中的免疫细胞，改善其吞噬能力，同时促进血液中的免疫球蛋白合成，增强人体免疫力，抑制有害细菌繁殖。

钙 *vs* 消化能力

钙激活人体内的脂肪酶、淀粉酶等多种消化酶,改善其消化蛋白质、脂肪、碳水化合物的能力。钙摄入不足容易导致消化不良、食欲降低。

钙 *vs* 排毒能力

肝脏是重要的解毒器官,各种毒素都在肝细胞的作用下变成无毒或低毒物质。钙是参与肝细胞修复的重要元素,对保护肝脏的排毒功能十分重要。若摄入不足,不仅排毒不充分,肝脏健康也会受到影响。

钙 *vs* 激素分泌

内分泌腺分泌激素要靠钙来传递信息,钙不足则内分泌失衡,不仅影响肤色肤质、诱发失眠多梦,还可能导致性功能低下。

钙 *vs* 皮肤弹性

钙对维持皮肤细胞膜的完整非常重要。当体液中钙离子浓度下降时,细胞膜通透性增加,使皮肤和黏膜对水的渗透性增加,导致皮肤弹性降低,甚至引起皮肤瘙痒、水肿。

钙 *vs* 肌肉力量

钙参与肌纤维运动,缺钙则肌肉力量不足,不仅运动时容易拉伤,运动后也常常感到酸痛。同时,钙浓度不足时肌肉的兴奋性会增高,进而出现自发性收缩,甚至严重到抽筋。

钙 *vs* 脂肪代谢

钙与脂肪代谢有潜在关系,具有抑制"储存脂肪激素"的作用。因此钙的多少决定了能量是燃烧释放,还是以脂肪形式储存。实验也证明,高钙饮食能将减肥速度提高2倍。

第十二章　组织、器官和系统

【课程体系】

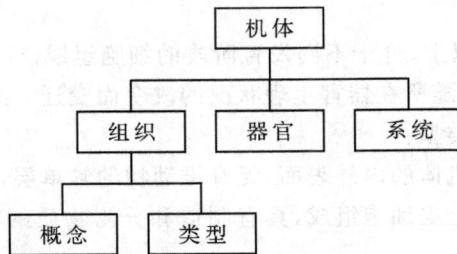

【课前思考】

1. 机体的组织构成。
2. 结缔组织的种类。

【本章重点】

1. 机体的组织构成、分布及结构特点。
2. 三种肌组织的特点。

【教学要求】

1. 掌握各种组织的类型及特征。
2. 掌握三种肌组织的形态及生理特点。

多细胞生物体的细胞,由于形态的分化和功能的分工,形成不同的组织、器官和系统。

一、组织的概念

组织是由相同功能和相似构造的细胞群以及细胞间质构成的。每种组织各完成一定的机能。

二、动物组织的类型

根据细胞的形态和功能的不同,细胞间质的多少和结构上的差异,可将动物的组织分成四大类:上皮组织、结缔组织、肌肉组织、神经组织。

（一）上皮组织

由形态规则、排列紧密的细胞和少量细胞间质组成，无血管（营养物质来自毛组血管渗透），细胞间有明显的连接复合体。呈膜状覆盖在动物体表和体内各种腔、管和囊的内表面。上皮组织不断更新，如人体表皮每个月更新 2 次，胃上皮每 2－3 天更新 1 次。

上皮组织的功能：保护、吸收、排泄、感觉、分泌、呼吸、生殖等。

根据形态可分成单层上皮和多层上皮两大类。

1. 单层上皮：仅由一层细胞组成。

（1）扁平上皮：细胞扁平，分布在血管壁和体腔内表面。

（2）立方上皮：细胞呈立方形，核位于细胞中央。大多组成腺体。

（3）柱状上皮：细胞柱形，核卵圆形，常位于细胞基部。组成胃、肠的内壁，呼吸和生殖器官的一部分。

2. 复层上皮：由一层以上、处于不同发育阶段的细胞组成。

变移上皮：细胞和层数随所在器官生理状况的改变而变迁。组成膀胱和输尿管的上皮。

依据功能可分为四种类型：

（1）被覆上皮：覆盖在机体的内外表面，无脊椎动物的常单层，脊椎动物的常多层。

（2）腺上皮：由特化的上皮细胞组成，具有制造和分泌物质的功能。如汗腺、唾液腺、乳腺、肠腺等等。

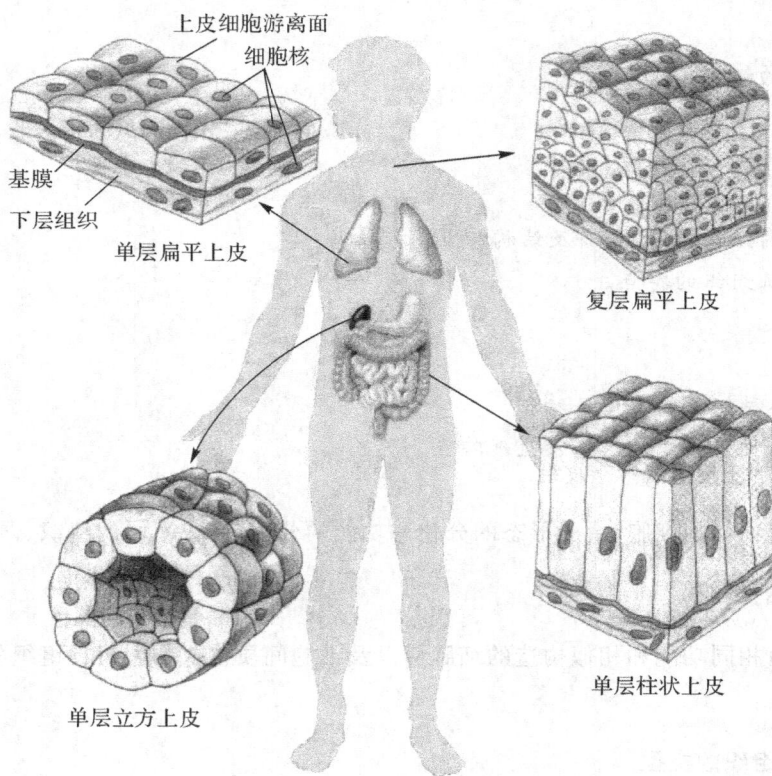

图 12-1 上皮组织

（3）感觉上皮：为特化的上皮细胞，具有感觉功能，如听觉上皮、嗅觉上皮、视网膜、味蕾等。

（4）生殖上皮：精细胞和卵细胞是特化上皮组织，位于睾丸和卵巢。

（二）结缔组织

形态特点：由多种细胞和发达的间质组成。细胞间质特别发达，细胞数量少，排列分散。

功能：连接、固缚躯体各部分；填充体内空隙，保护体内柔软组织；支持动物机体；制造血球。

细胞间质：由含糖较多的基质和纤维组成。

纤维有两种。胶元纤维：由胶原蛋白组成，有韧性，常集合成束。弹力纤维：由弹力纤维组成，有弹性。

结缔组织的分类：依据生理功能的不同、细胞间质的性质和分散在基质中的纤维成分的不同而形成三种不同状态的结缔组织：液态结缔组织、粘胶态结缔组织、固态结缔组织。

1．液态结缔组织：包括血液和淋巴。

2．结缔组织：

（1）疏松结缔组织：由排列疏松的纤维和分散在纤维间的多种细胞组成，纤维和细胞埋在基质中。形态特点：纤维排列不整齐，基质丰富。功能：填充、联系、固定、营养、保护。

（2）致密结缔组织：由大量胶原纤维和弹力纤维组成，如骨膜、肌腱。形态特点：纤维多而致密，排列整齐。细胞、基质很少。功能：能承受机械压力，具有支持和保护功能。

（3）弹性结缔组织：如韧带，由弹性纤维（弹性大，弹性蛋白）组成。

（4）网状结缔组织：如淋巴结、肝、脾等器官的基质网，由网状纤维组成。

（5）脂肪组织：由大量脂肪细胞聚集而成，并由疏松结缔组织将脂肪组织分隔成许多小体。功能：贮存营养物质，维持体温，具支持保护作用，参与能量代谢。

（6）软骨组织：由软骨细胞、纤维和基质组成。依据基质中纤维的性质，可分为三种类型：透明软骨、纤维软骨和弹性软骨。

①透明软骨：基质为透明的凝胶状固体，软骨细胞埋在基质的胞窝内，基质内有少量胶原纤维。分布：关节、软肋、气管。

②纤维软骨：基质内有大量成束的胶原纤维，软骨细胞分布在纤维束之间。分布：椎间盘、关节盂。

③弹性软骨：基质内有大量弹力纤维。分布：耳廓、会厌。

软骨的功能：支持作用，防止和减少碰撞的作用，如关节处的软骨。胎儿期为软骨；鲨鱼等软骨鱼终生为软骨。

（7）硬骨组织：由骨细胞、骨胶纤维和基质组成。基质内有大量固态无机盐（硫酸钙、磷酸钙）沉积，使骨组织坚硬。骨胶纤维平行排列在基质内，形成骨板。

哺乳动物的骨板有两种：

骨松质：构成硬骨的内层，骨板形成有许多较大空隙的网状结构，网孔内有骨髓。

骨密质：构成硬骨的外层，由骨板排列而成，形成下列结构：

外环骨板：排列在骨表面的骨板。内环骨板：围绕骨髓腔排列的骨板。

哈氏板：内、外环骨板之间的呈同心圆排列的骨板。哈氏管：同心圆中央的管道，内有血管、神经分布。骨陷窝：骨细胞位于其中。

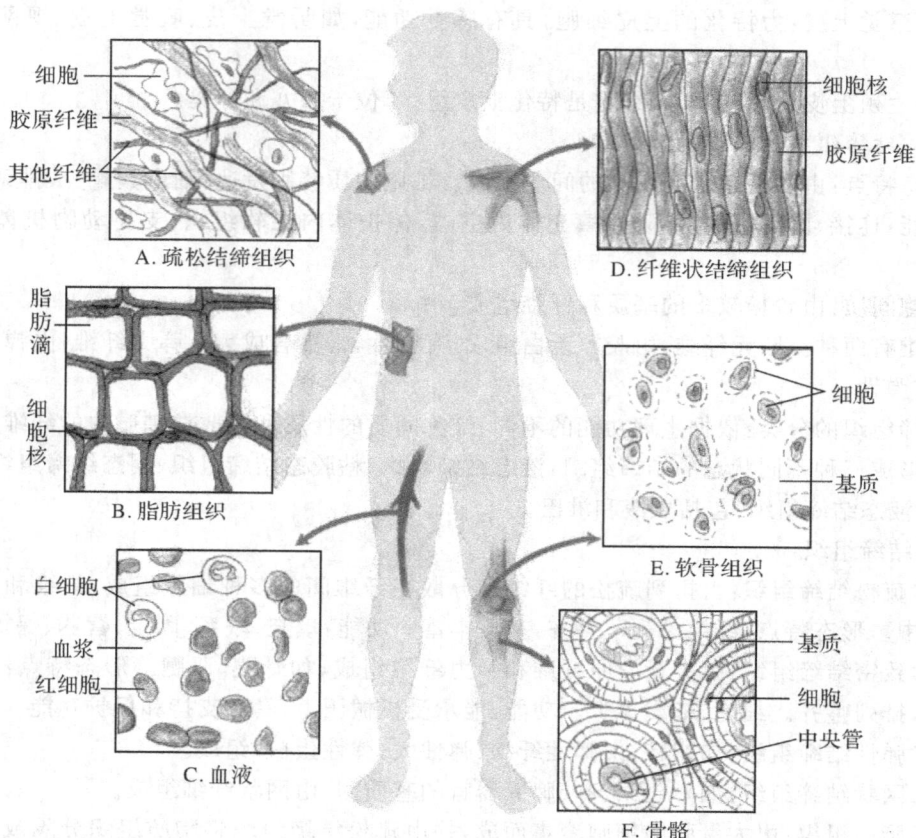

图 12-2　结缔组织

（三）肌组织

肌组织是具有伸缩能力的一种组织,由肌肉细胞组成。细胞细长呈纤维状,一个肌细胞即一根肌纤维。功能:能将化学能转变为机械能,具强烈的收缩作用。

依据肌细胞的形态结构、功能和分布,肌肉组织分三种:横纹肌、平滑肌、心肌。

1.横纹肌特点:具横纹。肌肉收缩受意志支配,又称随意肌。收缩力强,易疲劳。分布:主要附着在骨骼上,又称骨骼肌。

2.平滑肌特点:细胞呈梭状,无横纹,不受意志支配(不随意肌),收缩力较弱,不易疲劳。分布:内脏壁。

3.心肌特点:有横纹,细胞短柱状,有分支,细胞连接处有闰盘,收缩有自动节律性。分布:心脏。

（四）神经组织

由神经细胞和神经胶质细胞组成。

功能:神经细胞能感受刺激,传导兴奋;神经胶质细胞对神经元起支持、营养和修复作用。

1. 神经细胞(神经元)

神经细胞是神经组织的结构和功能单位。

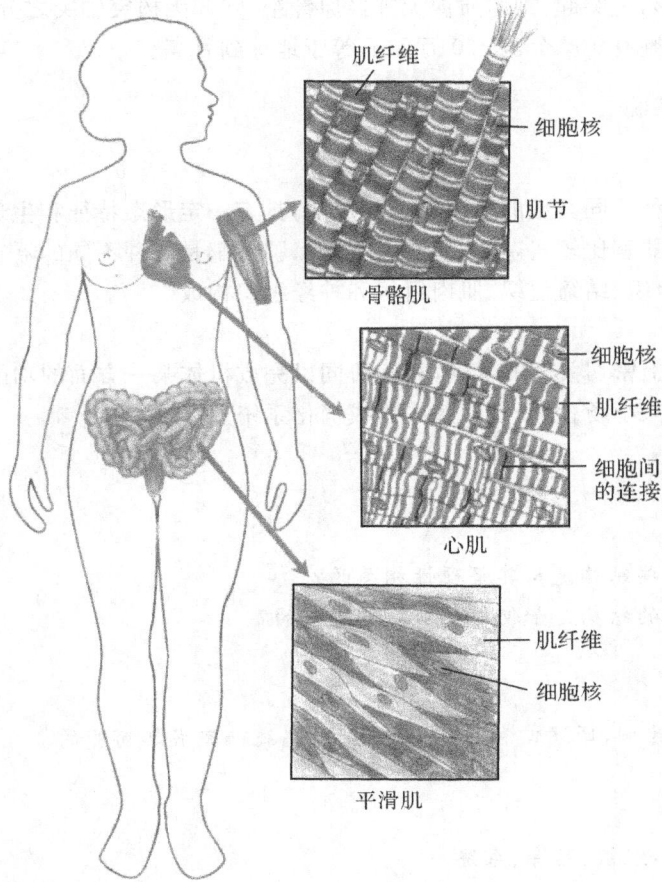

图 12-3 肌组织

特点：由胞体和胞突起组成，细胞体位于脑和脊髓的灰质中，细胞质内含有神经原纤维。

细胞突起分成两类：

轴突：细而长，单根，传导冲动离开胞体。

树突：呈树枝状分支，接受刺激传导冲动至胞体。

2. 神经胶质细胞

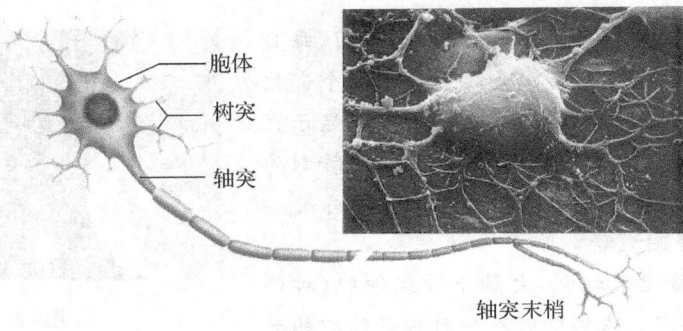

图 12-4 神经细胞

特点:呈星形,有突起,细胞质内无神经原纤维,突起无树突轴突之分。

人的神经细胞有 10^{10} 个,长 30 万 km,等于地球到月亮。

三、器官和系统

（一）器官

器官是由几种不同类型的组织综合而成的,具有一定形态特征和生理机能的结构。

高等动物的器官比较复杂,如胃、肝、心、肾、肺等都是各种不同的器官,其中胃是一种消化器官,由上皮组织、结缔组织、肌肉组织和神经组织构成。

（二）系统

一些在功能上密切关联的器官,相互协同以完成机体某一方面的功能,称为系统。如由口腔、咽、食道、胃、小肠、大肠、肝、胰等构成消化系统。

【课外拓展】

1. 骨骼有哪些结构是与其坚硬性相关的?
2. 神经组织的结构是如何与其功能相适应的?

【课程研讨】

以某一系统为例,阐述四种组织是如何协调、统一完成其功能的。

【课后思考】

1. 名词解释:组织、器官、系统。
2. 上皮组织分为哪些类型? 各有何特点及功能?
3. 结缔组织的分类是什么? 各有何特点和功能?
4. 肌肉组织的分类、特点。
5. 神经组织的组成是什么? 神经元的构造是什么?

【小资料】

揭秘人体各器官衰老时间:大脑 20 岁开始衰老

北京时间 2008 年 7 月 18 日消息,据英国《每日邮报》报道,最近英国研究人员确认了人体各个部位在同时光较量中开始败下阵来的年龄。研究显示大脑在 20 岁就开始衰老,眼睛和心脏的衰老年龄则为40 岁。以下就是人体一些器官的衰老退化时间表:

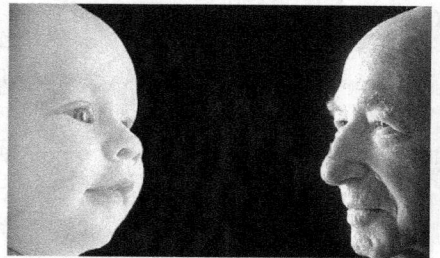

图 12-5

大脑:20 岁开始衰老

随着我们年龄越来越大,大脑中神经细胞(神经元)的数量逐步减少。我们降临人世时神经细胞的数量达到 1000 亿个左右,但从 20 岁起开始逐年下降。到了 40 岁,神经细胞的数量开始以每

天 1 万个的速度递减,从而对记忆力、协调性及大脑功能造成影响。英国伦敦帝国学院健康
照护健保信托机构顾问、神经学家沃基特克·拉克威茨(Wojtek Rakowicz)表示,尽管神经
细胞的作用至关重要,但事实上大脑细胞之间缝隙的功能退化对人体造成的冲击最大。

我们无一例外会认为,白发和皱纹是衰老的早期迹象,实际上,人体一些部位在我们外
表变老之前功能就开始退化。大脑细胞末端之间的这些微小缝隙被称为突触。突触的职责
是在细胞数量随我们年龄变得越来越少的情况下,保证信息在细胞之间正常流动。

肺:20 岁开始衰老

肺活量从 20 岁起开始缓慢下降,到了 40 岁,一些人就出现气喘吁吁的状况。部分原因
是控制呼吸的肌肉和胸腔变得僵硬起来,使得肺的运转更困难,同时还意味着呼气之后一些
空气会残留在肺里——导致气喘吁吁。30 岁时,普通男性每次呼吸会吸入 2 品脱(约合 946
毫升)空气,而到了 70 岁,这一数字降至 1 品脱(约合 473 毫升)。

皮肤:25 岁左右开始老化

据英国布拉德福国民保健信托(Bradford NHS Trust)的皮肤科顾问医生安德鲁·莱特
博士介绍,随着生成胶原蛋白(充当构建皮肤的支柱)的速度减缓,加上能够让皮肤迅速弹回
去的弹性蛋白弹性减小,甚至发生断裂,皮肤在你 25 岁左右开始自然衰老。

死皮细胞不会很快脱落,生成的新皮细胞的量可能会略微减少,从而带来细纹和薄而透
明的皮肤,即使最初的迹象可能到我们 35 岁左右才出现(除非因为抽烟或阳光损害加快皮
肤老化)。

肌肉:30 岁开始老化

肌肉一直在生长,衰竭;再生长,再衰竭。年轻人这一过程的平衡性保持很好。但是,30
岁以后,肌肉衰竭速度大于生长速度。过了 40 岁,人们的肌肉开始以每年 0.5% 到 2% 的
速度减少。经常锻炼可能有助于预防肌肉老化。

头发:30 岁开始脱落

男性通常到 30 多岁开始脱发。头发从头皮表层下面的小囊,也就是毛囊里长出来。一
根头发通常从一个毛囊里长 3 年左右,然后脱落,再长出一根新的头发来。不过,由于男性
型脱发,从 32 岁左右睾丸激素水平的改变影响了这一周期,导致毛囊收缩。每一根新头发
都比先前的那根细。最后,剩下的全是小得多的毛囊和细细的短桩,没有从表皮长出来。

多数人到 35 岁会长出一些白头发。年轻的时候,我们的头发被毛囊中叫做黑素细胞的
细胞产生的色素染黑了。随着年龄的增长,黑素细胞活跃性逐渐降低,产生的色素也随之减
少,头发颜色褪去,长出来的就是白头发。

乳房:35 岁开始衰老

女人到了 35 岁,乳房的组织和脂肪开始丧失,大小和丰满度因此下降。从 40 岁起,女
人乳房开始下垂,乳晕(乳头周围区域)急剧收缩。尽管随着年龄增长,乳腺癌发生的几率增
大,但是同乳房的物理变化毫无关联。曼彻斯特圣玛丽医院乳腺癌专家加雷斯·埃文斯
(Gareth Evans)表示,人体细胞随年龄增大受损的可能性更大,如此一来,控制细胞生长的
基因可能发生变异,进而引发癌症。

生育能力:35 岁开始衰退

由于卵巢中卵的数量和质量开始下降,女性的生育能力到 35 岁以后开始衰退。子宫内
膜可能会变薄,使得受精卵难以着床,也造成了一种抵抗精子的环境。男性的生育能力也在

这个年龄开始下降。40岁以后结婚的男人由于精子的质量下降其配偶流产的可能性更大。

骨骼：35岁开始老化

英国利物浦安特里大学医院风湿病学教授罗伯特·穆兹解释说："在我们的一生中，老化骨骼总是被破骨细胞破坏，由造骨细胞代替，这个过程叫骨转换。"儿童骨骼生长速度很快，只消2年就可完全再生。成年人的骨骼完全再生需要10年。25岁前，骨密度一直在增加。但是，35岁骨质开始流失，进入自然老化过程。绝经后女性的骨质流失更快，可能会导致骨质疏松。骨骼大小和密度的缩减可能会导致身高降低。椎骨中间的骨骼会萎缩或者碎裂。80岁的时候我们的身高会降低2英寸。

眼睛：40岁开始衰老

随着视力下降，眼镜成了众多年过四旬中年人的标志性特征——一般是远视，影响我们近看物体的能力。英国南安普顿大学眼科学教授安德鲁·罗特里（Andrew Lotery）表示，随着年龄的增长，眼部肌肉变得越来越无力，眼睛的聚焦能力开始下降。

心脏：40岁开始老化

随着我们的身体日益变老，心脏向全身输送血液的效率也开始降低，这是因为血管逐渐失去弹性，动脉也可能变硬或者变得阻塞，造成这些变化的原因是脂肪在冠状动脉堆积形成——食用过多饱和脂肪。之后输送到心脏的血液减少，引起心绞痛。45岁以上的男性和55岁以上的女性心脏病发作的概率较大。英国一家制药公司的一项新研究发现，英国人心脏平均年龄比他们的实际年龄大5岁，可能与他们的肥胖和缺乏锻炼有关。

牙齿：40岁开始老化

我们变老的时候，我们唾液的分泌量会减少。唾液可冲走细菌。唾液减少，我们的牙齿和牙龈更易腐烂。牙周的牙龈组织流失后，牙龈会萎缩，这是40岁以上成年人常见的状况。

肾：50岁开始老化

肾过滤量从50岁开始减少。肾过滤可将血流中的废物过滤掉。肾过滤量减少的后果是，人失去了夜间憋尿功能，需要多次跑卫生间。75岁老人的肾过滤血量是30岁壮年的一半。

前列腺：50岁开始老化

伦敦前列腺中心主任罗杰·吉比教授称，前列腺常随年龄而增大，引发的问题包括小便次数的增加。这就是良性前列腺增生，困扰着50岁以上的半数男子，但是，40岁以下男子很少患前列腺增生。前列腺吸收大量睾丸激素会加快前列腺细胞的生长，引起前列腺增生。正常的前列腺大小有如一粒胡桃，但是，增生的前列腺有一个橘子那么大。

听力：在55岁左右开始老化

英国皇家聋人协会的资料显示，60多岁半数以上的人会因为老化导致听力受损。这叫老年性耳聋，是因"毛发细胞"的缺失导致，内耳的毛发感官细胞可接受声振动，并将声振动传给大脑。

肠：55岁开始衰老

健康的肠可以在有害和"友好"细菌之间起到良好的平衡作用。巴兹和伦敦医学院（Barts And The London medical school）免疫学教授汤姆·麦克唐纳（Tom MacDonald）表示，肠内友好细菌的数量在我们步入55岁后开始大幅减少，这一幕尤其会在大肠内上演。结果，人体消化功能下降，肠道疾病风险增大。随着我们年龄增大，胃、肝、胰腺、小肠的消化液流动开始下降,发生便秘的几率便会增大。

味觉和嗅觉:60 岁开始退化

我们一生中最初舌头上分布有大约 10000 个味蕾。到老了之后这个数可能要减半。过了 60 岁,我们的味觉和嗅觉逐渐衰退,部分是正常衰老过程的结果。它可能会因为诸如鼻息肉或窦洞之类的问题而加快速度。它也可能是长年吸烟累积起来的结果。

膀胱:65 岁开始衰老

65 岁时,我们更有可能丧失对膀胱的控制。此时,膀胱会忽然间收缩,即便尿液尚未充满膀胱。女人更易遭受膀胱问题,步入更年期,雌激素水平下降使得尿道组织变得更薄、更无力,膀胱的支撑功能因此下降。人到中年,膀胱容量一般只是年轻人的一半左右——如果说 30 岁时膀胱能容纳两杯尿液,那么 70 岁时只能容纳一杯。这会引起上厕所的次数更为频繁,尤其是肌肉的伸缩性下降,使得膀胱中的尿液不能彻底排空,反过来导致尿道感染。

声音:65 岁开始衰老

随着年龄的增长,我们的声音会变得轻声细气,且越来越沙哑。这是因为喉咙里的软组织弱化,影响声音的音质、响亮程度和质量。这时,女人的声音变得越来越沙哑,音质越来越低,而男人的声音越来越弱,音质越来越高。

肝脏:70 岁开始老化

肝脏似乎是体内唯一能挑战老化进程的器官。英国莱斯特皇家医院的肝外科顾问大卫·劳埃德解释说:"肝细胞的再生能力非常强大。"他称手术切除一块肝后,3 个月之内它就会长成一个完整的肝。如果捐赠人不饮酒不吸毒,或者没有患过传染病,那么一个 70 岁老人的肝也可以移植给 20 岁的年轻人。

第十三章　细胞的基本功能

【课程体系】

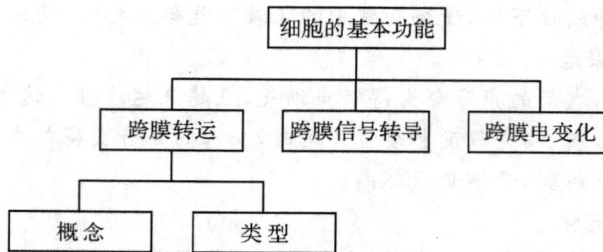

【课前思考】

1. 细胞的转运功能。
2. 细胞的信号转导。
3. 跨膜电变化。

【本章重点】

1. 细胞的跨膜转运功能。
2. 电变化与信号传递。

【教学要求】

1. 掌握细胞与周围环境间的物质交换途径。
2. 掌握细胞静息电位和动作电位的产生原理及信息传递。

细胞是人体和其他生物体的最基本结构和功能单位,体内所有的生理功能和生化反应,都是在细胞及其产物的物质基础上进行的。要阐明整个人体和各系统、器官生命活动的最基本原理,必须对细胞及其亚单位结构和功能有足够的研究。

表 13-1　生命的基本特征

基本特征	概　念	意　义
新陈代谢	机体通过同化作用与异化作用同外界环境进行物质和能量的交换以及机体内部物质与能量的转变而实现自我更新的过程	是生命的最基本特征。若新陈代谢停止，生命也就停止
兴奋生	活组织对刺激产生生物电反应的能力	是生物学体对环境变化作出适宜反应的基础
适应生	机体在各种环境变化中，保持自己生存的能力或特性	维持稳态保护机体适应生存

第一节　细胞的跨膜转运功能

所有的动物细胞都被一层薄膜所包被，称为细胞膜或质膜（plasma membrane）。细胞膜是细胞和它所处环境之间的天然屏障和物质交换的必经场所；是接受细胞外的各种刺激、传递生物信息，进而影响细胞功能活动的必由途径。

表 13-2　细胞膜的分子结构和功能

	要　点	说　明
结　构	脂质双层液态镶嵌	以液态的脂质双分子层为基架，其中镶嵌着具有不同生理功能的球形蛋白质
功　能	保护	脂质双分子层构成了细胞内容物和细胞环境之间的屏障
	转运	膜上含有载体、通道、离子泵等，起着转运物质的作用
	识别	膜外侧有特异性糖链，可作为细胞的标记
	信息传递	膜上有特殊的受体，能识别和传递化学信息；膜对离子有选择通透性，通过生物电活动传递电信息

一般来说，细胞内有较多的 K^+、磷酸盐、氨基酸、蛋白质等，细胞外有较多的 Na^+、Cl^-、Ca^{2+} 等；脂溶性的物质运输可通过细胞膜，而水溶性物质运输则与膜上特殊的蛋白质有关。

细胞膜是一个具有特殊结构和功能的半透膜，它允许某些物质或离子有选择性地通过。物质进出细胞必须通过细胞膜，细胞膜的特殊结构决定了不同物质通过细胞的难易程度不同。细胞膜主要是由脂质双分子层构成的，其间不存在大的空隙，故仅有极少数能溶于脂类的小分子物质可以自由通过细胞膜，而大多数物质分子或离子的跨膜转运，则与镶嵌在膜上的一些特殊蛋白质分子有关。常见的跨膜物质转运形式有：

1. 单纯扩散

（1）概念：脂溶性物质通过脂质双分子层由高浓度一侧向低浓度一侧转运的过程，称为单纯扩散（simple diffusion）。体内靠单纯扩散进出细胞膜的物质较少，比较肯定的是氧和二氧化碳等气体分子、某些甾体类激素、H_2O。"单纯"一词的含义在于说明这是一种单纯的物理过程，以区别于体内其他复杂的物质转运机制。

（2）扩散通量：与一般物理系统不同的是，在细胞内外液之间存在一个主要由脂质分子构成的屏障，故某一物质扩散的量（摩尔数/平方厘米/秒，即扩散通量）取决于膜两侧该物质的浓度差和该物质通过膜的难易程度（即膜对该物质的通透性）。决定扩散通量的因素有：浓度梯度、通透性（阻力）、电场力（离子）、温度、物质脂溶性的强弱等。

（3）特点：不需要外力帮助，也不消耗能量，是一被动过程。不是细胞膜跨膜物质转运的主要形式。

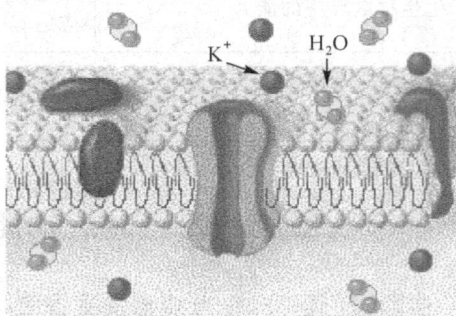

图 13-1　单纯扩散

2.易化扩散

（1）概念：不溶于脂质或脂溶性很小的物质，在特殊蛋白质的协助下，由高浓度的一侧通过细胞膜向低浓度的一侧转运的过程，称为易化扩散（facilitated diffusion）。其动力与单纯扩散一样，是浓度差和电位差，也是一种被动过程。

（2）分类：与易化扩散有关的特殊蛋白质有载体蛋白质和通道蛋白质。易化扩散可分为：

① 由通道介导的易化扩散：细胞膜对溶解在水中的离子（如 Na^+、K^+ 等）的通透性极差，但它们在一定条件下却能以非常高的速度顺浓度梯度和电位梯度跨过细胞膜，这是因为细胞膜中有帮助它们转运的特殊蛋白质分子帮助的结果。这些与离子易化扩散有关的特殊蛋白质分子，称为离子通道（ion channel），简称通道。

由通道介导的易化扩散有如下特点：

a.高速度：离子的移动速度就像离子在通常的水溶液中一样移动得非常快；故将与其有关的蛋白质分子，称为通道。

b.开关有一定条件：大多数离子通道有门，开和关很快，且开时是全开，关时是全关。根据引起通道开关的原理的不同，可将之分为：化学门控通道（chemically－gated channel）、电压门控通道（voltage－gated channel）和机械门控通道（mechanically－gated channel）。

c.有选择性：离子对通道的选择性，取决于通道开放时水相孔道的大小和孔道壁的带电情况。

② 由载体介导的易化扩散：主要依赖于载体蛋白分子内部的变构作用。有如下特点：

a. 竞争性抑制；

b. 饱和现象；

c. 结构特异性。

3.主动转运

（1）概念：细胞通过本身的某种耗能过程，将某种物质的分子或离子由膜的低浓渡一侧

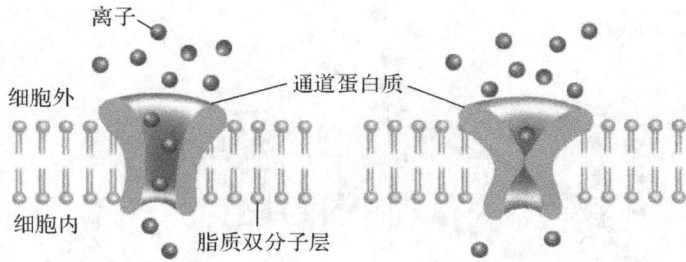

图 13-2　通道转运模式图

向高浓度一侧转运的过程,称为主动转运(active transport)。是人体最重要的物质转运形式。在膜的主动转运中,能量只能由膜或膜所属的细胞来供给,这就是主动的含义。

(2)特点:物质转运是逆电－化学梯度进行的;在物质转运过程中,细胞要代谢供能。

(3)钠泵:在细胞膜的主动转运中研究得最充分,而且对于细胞的生存和活动来说可能是最重要的,是对于钠和钾离子的主动转运过程。其与细胞膜上普遍存在的一种称为钠－钾泵(sodium－potassium pump,简称钠泵 Na^+ pump,又称钠钾依赖式 ATP 酶)的结构有关。

① 钠泵的本质:钠泵是镶嵌在膜的脂质双分子层中的一种特殊蛋白质分子,它本身具有 ATP 酶的活性,是 Na^+－K^+ 依赖式 ATP 酶的蛋白质。

② 钠泵的作用:钠泵能分解 ATP 使之释放能量,在消耗代谢能的情况下逆着浓度差把细胞内的 Na^+ 移出膜外,同时把细胞外的 K^+ 移入膜内,因而形成和保持膜内高 K^+ 和膜外高 Na^+ 的不均衡离子分布。启动或使钠泵活动加强的最重要因素是膜内 Na^+ 增多和膜外 K^+ 增多,一般情况下,每分解一个 ATP 能将 3 个 Na^+ 移出膜外,同时将 2 个 K^+ 移入膜内。

③ 钠泵的意义:

ε. 细胞膜内高 K^+ 是许多代谢反应进行的必要条件。

b. 维持正常的渗透压。

c. 最重要的是建立起一种势能贮备,即 Na^+、K^+ 在细胞内外的浓度势能;这是可兴奋组织产生兴奋性的基础,也可供细胞的其他耗能过程利用。

表 13-3　钠泵的生理功能

作　用	生　理　意　义
使细胞内外离子分布不均	是可兴奋组织产生兴奋性的基础
使细胞内高钾	K^+ 是细胞内进行代谢反应的必要条件;是产生静息膜电位的前提
使细胞外高钠	是大多数可兴奋细胞产生动作电位的前提;使 Na^+ 具有进入细胞内的势能贮备,供细胞其他耗能过程利用,可用于完成某些物质的继发性主动转运;是维持细胞外液量及渗透压的重要条件
阻止 Na^+ 进入细胞内	有助于维持静息膜电位;减少水随 Na^+ 进入细胞内.防止细胞肿胀,以保持细胞的正常结构和功能

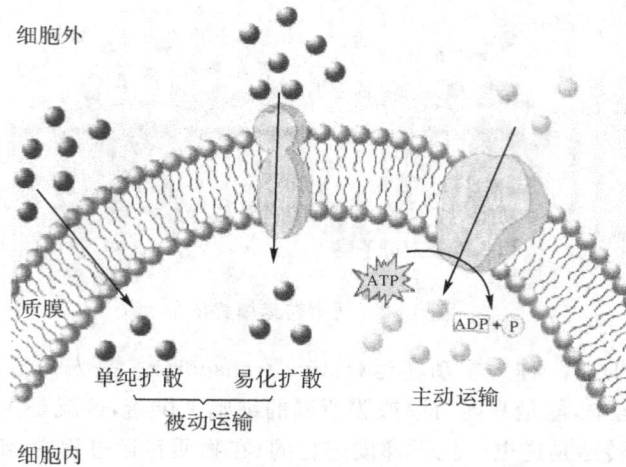

图 13-3　三种转运的比较

4.继发性主动转运

（1）概念：钠泵活动形成的势能贮备，还可以用来完成其他物质的逆浓度差跨膜转运。这种不直接利用分解 ATP 释放的能量，而利用来自膜外 Na^+ 的高势能进行的主动转运，称为继发性主动转运（secondary active transport），或简称联合转运（cotransport）。如肠上皮细胞、肾小管上皮细胞对葡萄糖的吸收。

（2）分类：可分为同向转运和逆向转运两种形式。与联合转运有关的蛋白质，称为转运体蛋白或转运体（transporter）。

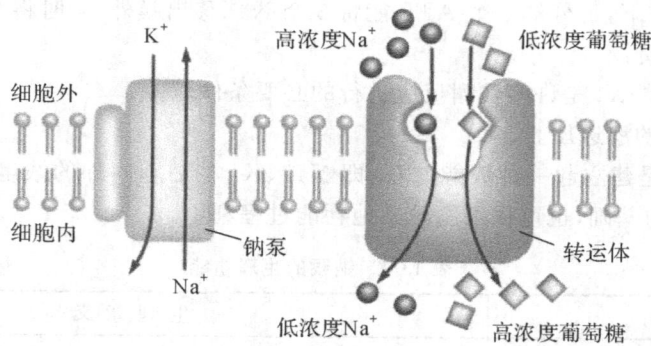

图 13-4　继发性主动转运示意图

5.出胞与入胞式物质转运

（1）出胞：某些大分子物质或物质团块由细胞排出的过程，称为出胞（exocytosis），如内分泌细胞分泌激素、神经细胞分泌递质等。

（2）入胞：细胞外的某些物质团块进入细胞的过程，称为入胞（endocytosis），如上皮细胞、免疫细胞吞噬异物等。一些特殊物质进入细胞，是通过被转运物质与膜表面的特殊受体蛋白质相互作用而引起的，称为受体介导式入胞。出胞与入胞式物质转运均为耗能过程。

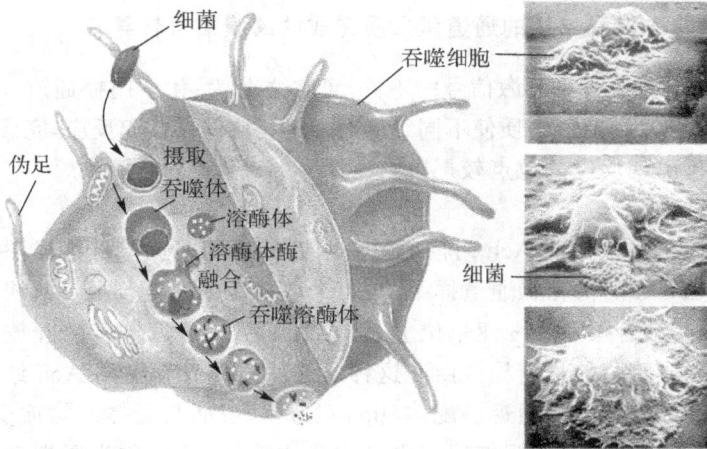

图 13-5　入胞与出胞

表 13-4　细胞膜的物质转运功能

过程			特点
被动过程（物质顺电—化学梯度运动，细胞本身不需耗能）		单纯扩散	物质从高浓度侧向低浓度侧的净移动，膜存在与否均可
	易化扩散	载体为中介	分子在载体蛋白的帮助下跨膜扩散。只消耗浓度差势能而细胞本身不需耗能。分子与载体之间有结构特异性、饱和现象和竞争性抑制
		通道为中介	某些离子在膜上有相应的离子通道（相对选择性）；当通道开放时，离子才能顺其浓度梯度经通道扩散（时而开放，时而关闭）
主动过程（物质逆电—化学梯度运动，细胞本身需消耗能量）		主动转运	物质在特殊蛋白质的帮助下逆电—化学梯度跨膜转运，需要细胞本身消耗能量
		继发性主动转运	是主动转运的另一种形式，在伴随钠离子转运的同时而转运其他物质，最终由钠泵提供能量
		出胞	细胞内物质通过膜上暂时出现的裂孔而被排出细胞的过程
		吞饮	细胞摄取液体物质的过程
		吞噬	细胞摄取固体物质的过程

第二节　细胞的跨膜信号转导功能

　　不同形式的外来信号作用于细胞时，通常并不进入细胞或直接影响细胞内过程，而是作用于细胞膜表面，通过引起膜结构中一种或数种特殊蛋白质分子的变构作用，将外界环境变化的信息以新的信号形式传递到膜内，再引发被作用细胞即靶细胞相应的功能改变，包括细胞出现电反应或其他功能改变。此过程称为跨膜信号转导（transmembrane signal transduction）或跨膜信号传递（transmembrane signaling）。

一、通过具有特殊感受结构的通道蛋白质完成的跨膜信号转导

根据通道蛋白质感受外来刺激信号的不同,可将之分为:化学门控通道、电压门控通道和机械门控通道。此三种通道蛋白质使不同细胞对外界相应的刺激起反应,完成跨膜信号转导。

特点:速度快、出现反应的位点较局限。

1.化学门控通道

具有结构上的相似性。如 Ach 门控通道是由四种不同的亚单位组成的 5 聚体蛋白质,形成一种结构为 α2βγδ 的梅花状通道样结构;每个亚单位的肽链都要反复贯穿膜四次;在五个亚单位中,Ach 的结合位点在 α 亚单位上,结合后可引起通道结构的开放,然后靠相应离子的易化扩散而完成跨膜信号转导。由于这种通道性结构只有在同 Ach 结合时才开放,故属于化学门控通道或配体门控通道。配体(ligand)是一般能与受体结构或受体分子特异性结合的化学信号。很显然,化学门控通道也具有受体功能,故也称为通道型受体;由于其激活时直接引起跨膜离子流动,故也称为促离子型受体(ionotropic receptor)。

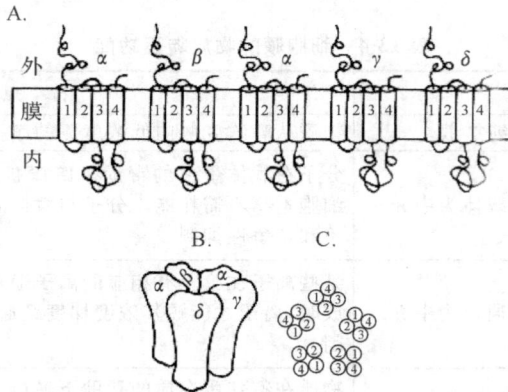

图 13-6 　N-型 Ach 门控通道的分子结构示意图

A:N-型 Ach 门控通的 5 个亚单位和它们所含 α-螺旋在膜中存在形式的平面示意图

B:5 个亚单位相互吸引,包绕成一个通道样结构

C:在跨膜通道结构中,各个亚单位所含 α-螺旋在通道结构中的位置

2.电压门控通道

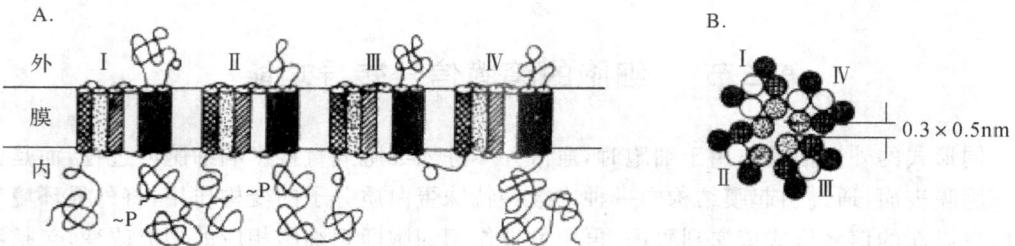

图 13-7 　电压门控 Na^+ 通道的分子结构示意图

A:构成电压门控 Na^+ 通道的 α-亚单中的 4 个结构以及每个结构域中 6 个 α-螺旋在膜中存在形式平面 ～P 表示磷酸化位点

B:4 个结构域及其 α—螺旋形成通道时的相对位置

分子结构与化学门控通道类似,也具有结构上的相似性。但控制其开关的是这些通道所在膜两侧跨膜电位的改变,也就是说在这类通道的分子结构中,存在一些对跨膜电位的改变敏感的结构域或亚单位,由后者诱发整个通道分子功能状态的改变。

3.机械门控通道

能感受机械性刺激并引起细胞功能状态的改变。

二、由膜的特异性受体蛋白质、G-蛋白和膜的效应器酶组成的跨膜信号转导系统

1.第二信使学说

一些激素本身不能通过细胞膜进入靶细胞,而是先与膜表面的特异性受体相结合,再引起膜内侧胞浆中环－磷酸腺苷(即 cAMP,简称环磷腺苷)含量的改变,实现激素对细胞功能的调节。在此种跨膜信号的转导过程中,一般把激素这类外来信号看作第一信使,把 cAMP 称作第二信使,很显然第二信使的生成依赖于第一信使,也表明细胞外信号分子所带的信息传递到了靶细胞内。

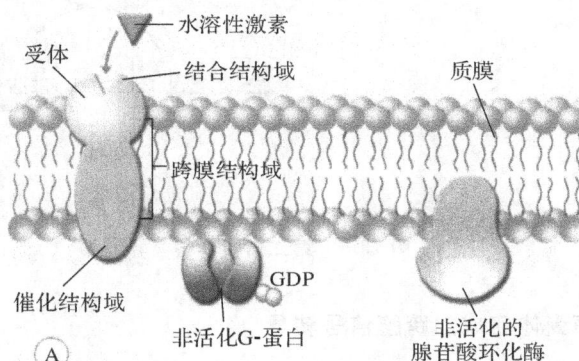

图 13-8 第一、第二信使

注意:导致 cAMP 产生的膜结构内部的过程非常复杂,至少与膜中的三类特殊蛋白质有关。

(1) 能与到达膜表面的外来化学信号作特异性结合的受体(receptor)蛋白质;

(2) 受体与外来信号结合后,进一步激活的膜内侧的鸟苷酸结合蛋白(guanine nucleotide bindingprotein),简称 G-蛋白;

(3) 被激活的 G-蛋白进一步激活,被称为膜的效应器酶的蛋白质。膜的效应器酶能使第二信使物质的含量发生变化。

2.特点

效应出现较慢、反应较灵敏、作用较广泛。

3.注意

(1)膜效应器酶的多样性:如腺苷酸环化酶、磷脂酶 C 等。

(2)第二信使的多样性:如 cAMP、三磷酸肌醇(inositol triphosphate,IP_3)、二酰甘油(diacylglycerol DG)等。

(3)生物放大作用:第二信使物质的生成要经过一系列酶催化反应,故有放大作用。

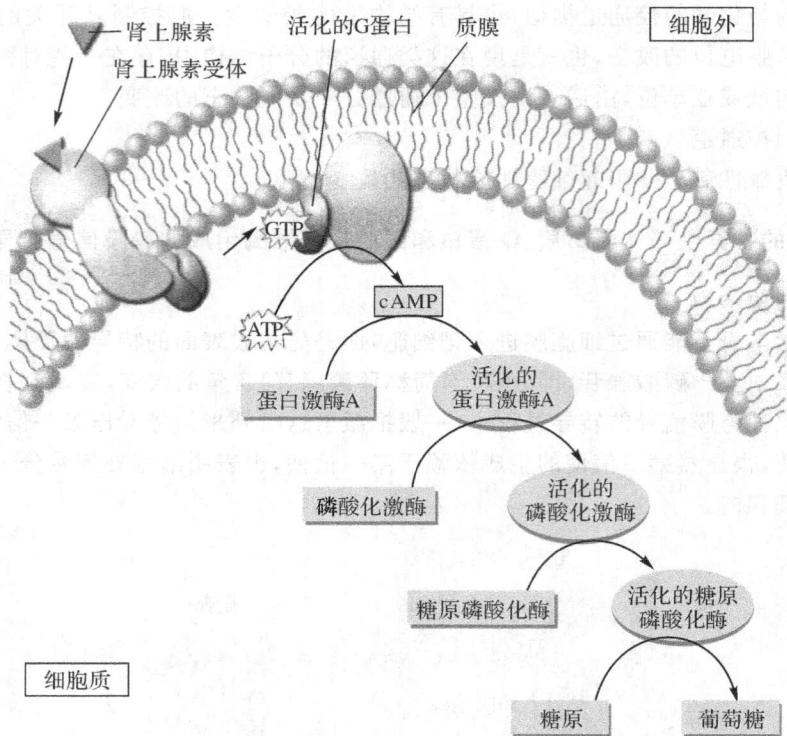

图 13-9　第二信使学说

三、由酪氨酸激酶受体完成的跨膜信号转导

一些肽类激素(如胰岛素等)和一些细胞因子(如神经生长因子、上皮生长因子、成纤维细胞生长因子、血小板源生长因子等),当它们作用于相应的靶细胞时,是通过细胞膜中一类称为酪氨酸激酶受体(tyrosine kinase receptor)的特殊蛋白质完成跨膜信号转导的。

特点:没有 G-蛋白参与,没有第二信使的产生,没有胞浆中蛋白激酶的激活。

第三节　细胞的跨膜电变化

早在 1902 年,Bernstein 就根据当时关于电离和电化学的理论成果,提出了膜学说,认为生物电现象的各种表现,主要是由于细胞内外离子分布不均匀,以及在不同状态下,细胞膜对不同离子的通透性不同造成的。

一切活细胞无论处于安静或活动状态都存在电的活动,这种电的活动称为生物电。人体和各器官表现的电现象,是以细胞水平的生物电现象为基础的,而细胞生物电又是细胞膜两侧带电离子的不均匀分布和一定形式的跨膜移动的结果。细胞水平的生物电现象主要有两种表现形式:安静时的静息电位和可兴奋细胞受到刺激时产生的动作电位。

一、神经和骨骼肌细胞的生物电现象

1.兴奋性和兴奋的定义及其变迁

活组织或细胞对刺激(stimulus)发生反应的能力,称为兴奋性(excitability),而由刺激引起的反应,称为兴奋(excitation),这是生理学上最早关于兴奋性和兴奋的定义。其中的刺激是因,反应是果。在各种组织中,神经、肌肉和腺体常表现出较高的兴奋性,习惯上将它们称为可兴奋组织。随着电生理技术的发展和应用,以及研究资料的积累,兴奋性和兴奋的概念又有了新的含义,更加准确和严谨。在近代生理学中,兴奋性是指细胞受到刺激时产生动作电位的能力,而兴奋就是指产生了动作电位,或者说产生了动作电位才是兴奋。兴奋性的指标是阈值。

刺激:能引起生物体发生反应的各种环境变化。按性质可分为:①物理性刺激:如温度、声、光、电、机械;②化学性刺激:如酸、碱等;③生物性刺激:如细菌、病毒等。

刺激的三要素:①刺激强度:兴奋性的客观指标;
②刺激时间;
③强度—时间变化率。

反应有兴奋和抑制两种。

兴奋性的变化:细胞的兴奋性不是固定不变的,尤其是受到刺激时发生较大变化。

兴奋性经历四个阶段的变化:

(1)绝对不应期:对任何新刺激都不产生反应。

(2)相对不应期:兴奋性开始恢复,但还没有达到正常水平,只有较强的刺激才能引起反应。

(3)超常期:兴奋性略高于正常水平,阈下刺激也能引起反应。

(4)低常期:降至正常水平以下,低常期后,兴奋性逐渐恢复正常。

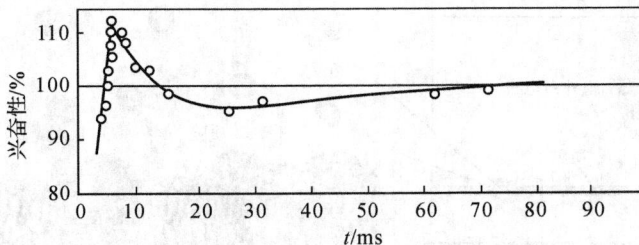

图 13-10　猫神经兴奋性

表 13-5　刺激引起组织细胞兴奋的条件

条　件		说　明
内　因		组织细胞的功能状况
外因(刺激)	性　质	适宜的刺激
	参　数	刺激的强度(等于或大于阈强度)
		刺激的持续时间(最少要有最短作用时间)
		刺激强度对时间的变化率

2. 静息电位

(1)概念:细胞处于安静状态(未受刺激)时存在于细胞膜内外两侧的电位差,称为跨膜静息电位,简称静息电位(resting potential)。

(2)特征:静息电位在大多数细胞中是一种稳定的直流电位,但不同细胞的静息电位数值可以不同;只要细胞未受刺激、生理条件不变,这种电位将持续存在。

(3)注意:细胞处于静息电位时,膜内电位较膜外电位为负,这种膜内为负、膜外为正的状态称为膜的极化(polarization);当静息时膜内外电位差的数值向膜内负值加大的方向变化时,称为膜的超极化(hyperpolarization);当静息时膜内外电位差的数值向膜内负值减小的方向变化时,称为膜的去极化或除极化(depolarization);细胞先发生去极化,然后再向正常安静时膜内所处的负值恢复,称复极化(repolarization)。

(4)静息电位的产生机制

在安静状态下,细胞内外离子的分布不均匀:细胞外液中的 Na^+、Cl^- 浓度比细胞内液要高;细胞内液中的 K^+、带负电荷的蛋白质比细胞外液多。这主要是钠泵活动的结果。此外,安静时细胞膜主要对 K^+ 有通透性,而对其他离子的通透性极低。故 K^+ 能以易化扩散的形式,顺浓度梯度移向膜外;而带负电荷的蛋白质不能随之移出细胞,且其他离子也不能由细胞外流入细胞内。于是随着 K^+ 的移出,就会出现膜内变负而膜外变正的状态,即静息电位。可见,静息电位是由 K^+ 外流形成的,相当于 K^+ 外流的平衡电位。

可见,细胞产生静息电位的条件为:

①在静息状态下,细胞膜主要对 K^+ 存在通透性;

②在静息状态下,细胞内外离子分布不均匀(细胞膜内 K^+ 浓度高于膜外约 30 倍,且膜内有许多蛋白质等带负电荷的有机离子;细胞膜外的 Na^+ 浓度高于膜内约 13 倍,Cl^- 约 30 倍,Ca^{2+} 约 20000 倍)。

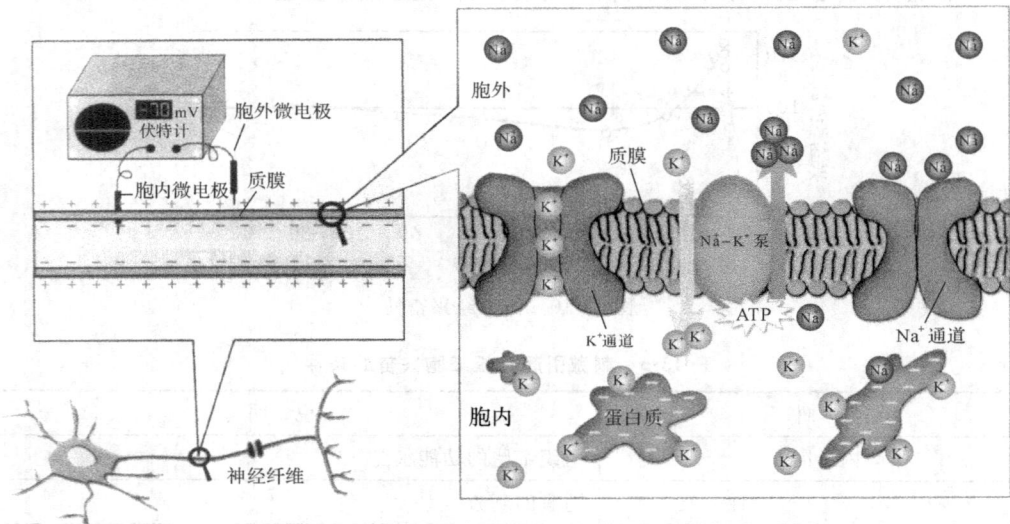

图 13-11　静息电位的产生机理

3. 动作电位

(1)概念:膜受刺激后在原有的静息电位基础上发生的一次膜两侧电位的快速倒转和复原,称为动作电位(action potential)。

(2)组成:在神经纤维上,其主要部分一般在0.5～2.0ms内完成,表现为一次短促而尖锐的脉冲样变化,称为峰电位(spike);在峰电位之后,恢复到静息电位水平以前,膜两侧电位还要经历一些微小而缓慢的波动,称为后电位;后电位又分为负后电位(去极化后电位)和正后电位(超极化后电位)。

(3)动作电位的产生机制

○ 峰电位的上升支:细胞受刺激时,膜对Na^+通透性突然增大,由于细胞膜外高Na^+,且膜内静息电位时原已维持着的负电位也对Na^+内流起吸引作用→Na^+迅速内流→先是造成膜内负电位的迅速消失,但由于膜外Na^+的较高浓度势能,Na^+继续内流,出现超射。故峰电位的上升支是Na^+快速内流造成的。动力是顺电—化学梯度;条件是膜对Na^+通透性增大。其相当于Na^+的平衡电位。

注意,膜对Na^+通透性增大,实际上是膜结构中存在的电压门控性Na^+通道开放的结果,因而造成上述Na^+向膜内的易化扩散。

利用膜片钳实验的研究表明,Na^+通道有以下特点:

a. 去极化程度越大,其开放的概率也越大,是电压门控性的。

b. 开放和关闭非常快。

c. 存在三种状态:激活、失活(inactivation)和备用(功能恢复)。是以蛋白质的内部结构,即是以构型和构象的相应变化为基础;当膜的某一离子通道处于失活(关闭)状态时,膜对该离子的通透性为零,同时膜电导就为零(电导与通透性一致),而且不会受刺激而开放,只有通道恢复到备用状态时才可以在特定刺激作用下开放。

动作电位的幅度决定于细胞内外的Na^+浓度差,细胞外液Na^+浓度降低,动作电位幅度也相应降低,而阻断Na^+通道(河豚毒)则能阻碍动作电位的产生。

② 峰电位的下降支:由于Na^+通道激活后迅速失活,同时膜结构中电压门控性K^+通道开放,在膜内电—化学梯度的作用下,K^+迅速外流。故峰电位的下降支是K^+外流所致。

③ 后电位:负后电位一般认为是在复极时迅速外流的K^+蓄积在膜外侧附近,暂时阻碍了K^+外流所致;正后电位一般认为是生电性钠泵作用的结果。

(4)特征:有"全或无"现象,即在同一细胞上动作电位的大小不随刺激强度和传导距离而改变的现象。

包含如下含义:

a. 动作电位的幅度和形状是"全或无"的。动作电位要么不产生,一旦产生就达到最大值。

b. 动作电位能沿细胞膜向周围不衰减性传导(等幅、等速和等频)。

(5)注意:动作电位是一种快速、可逆的电变化,产生动作电位的细胞膜将经历一系列兴奋性的变化:绝对不应期(absolute refractory period)、相对不应期(relative refractory period)、超常期和低常期。它们与动作电位各时期的对应关系是:峰电位——绝对不应期;负后电位——相对不应期和超常期;正后电位——低常期。

电位 3.更多的Na^+通道被打开，更多Na^+进入细胞
(mV)

40
30
20 2.少数Na^+门打开，
10 使少量Na^+流入膜内
0
−10
−20
−30 1.静息状态
−40
−50
−60
−70
−80

+35mV
动作电位峰

4.Na^+通道关闭，K^+通道
打开，K^+流出细胞，使膜
恢复到原来的极化状态

阈电位：
−50mV

● Na^+
● K^+

0 1 2 3 4 5 6 7
受到刺激 时间/ms

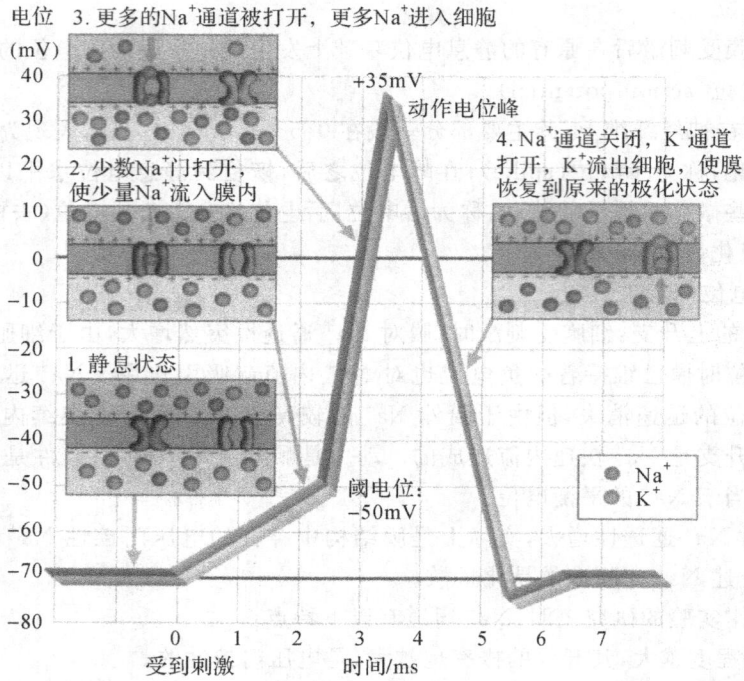

图 13-12　动作电位

表 13-6　神经细胞静息电位和动作电位的产生原理

特　点			产　生　原　理	
静息电位	稳定的直流电位，呈膜外为正、膜内为负的极化状态		细胞内外离子分布不均匀；细胞内K^+及带负电的蛋白质多，细胞外钠离子、钙离子及氯离子多	
			膜的选择通透性；安静时膜对K^+的通透性大	
			膜内带负电荷的蛋白质有外流的倾向，但不能出膜，形成内负外正极化状态	
			静息电位值相当于K^+的平衡电位	
动作电位	锋电位	去极相	膜受刺激后发生快速去极化和反极化	刺激达阈值，膜部分去极达阈电位，钠通道大量开放，钠离子迅速内流
		复极相	膜迅速复极化	1. 钠通道迅速关闭，钠离子内流停止 2. 膜对钾离子通透性增高，钾离子迅速外流
	后电位	负后电位	膜仍轻度去极化（未完全恢复到静息电位水平）	复极时，膜外钾离子蓄积妨碍钾离子继续外流
		正后电位	膜轻度超极化	主要为生电性钠泵活动的加强

二、动作电位的引起和它在同一细胞的传导

1. 阈电位和动作电位的引起

（1）阈值：能引起组织细胞发生反应的各种内外环境的变化称为刺激。任何刺激要引起组织兴奋必须使刺激的强度、刺激的持续时间以及刺激强度对时间的变化率达到某个最低有效值。刺激的这三个参数是互相影响的，当其中一个的值变化时，其余的值也会发生相应的变化。在刺激的持续时间以及刺激强度对时间的变化率不变的情况下，刚能引起细胞兴奋或产生动作电位的最小刺激强度，称为阈强度（threshold intensity）；也就是能够使膜的静息电位去极化达到阈电位的外加刺激的强度。此时的刺激称为阈刺激。比阈刺激弱的刺激称为阈下刺激；比阈刺激强的刺激称为阈上刺激。阈强度（阈值）是衡量组织兴奋性大小的较好指标，二者呈反比关系。

（2）阈电位：能进一步诱发动作电位的去极化的临界值，称为阈电位（threshold membrane potential），是用膜本身去极化的临界值来描述动作电位产生条件的一个重要概念。是在一段膜上能够诱发去极化和 Na^+ 通道开放之间出现再生性循环的膜内去极化的临界水平。可见，阈电位对动作电位的产生只起触发作用；膜电位达到此水平后，膜内去极化的速度和幅度就不再决定于原刺激的大小了，故动作电位的幅度与刺激的强度无关。

2. 局部兴奋

（1）概念：细胞受到阈下刺激时，也能引起少量的 Na^+ 通道开放，在受刺激的局部出现一个较小的膜的去极化，称为局部兴奋（local excitation）或局部反应。或者说是细胞受刺激后去极化未达到阈电位的电位变化。

（2）特点

① 不是"全或无"：指局部兴奋的幅度与刺激强度正相关，而与膜两侧离子浓度差无关，因为离子通道仅部分开放无法达到该离子的电平衡电位，因而不是"全或无"式的。

② 可以总和：局部兴奋没有不应期，一次阈下刺激引起一个局部反应虽然不能引发动作电位，但多个阈下刺激引起的多个局部反应如果在时间上（多个刺激在同一部位连续给

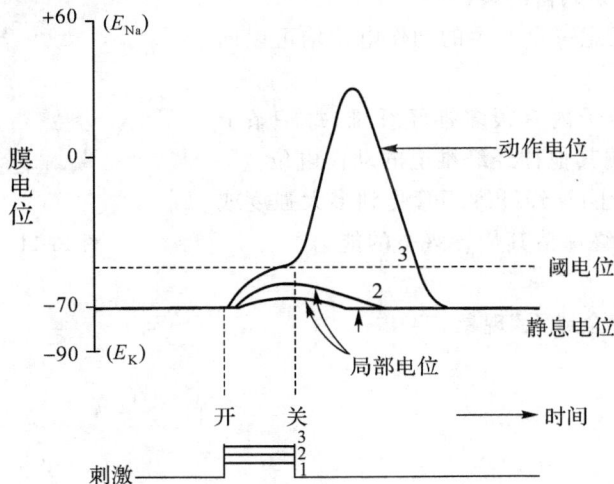

图 13-13　局部兴奋

予)或空间上(多个刺激在相邻部位同时给予)叠加起来(分别称为时间总和或空间总和),就有可能导致膜去极化到阈电位,从而爆发动作电位。

③ 电紧张性扩布(electrotonic propagation):局部兴奋不能像动作电位向远处传播,只能以电紧张的方式,影响邻近膜的电位。电紧张扩布随扩布距离增加而衰减。

表 13-7　局部反应与动作电位之比较

项　目	局部反应	动作电位
刺激强度	阈下刺激	阈刺激或阈上刺激
不应期	无	有
开放的钠通道	较少	多
电位变化幅度	小(在阈电位以下波动)	大(达阈电位以上)
总和	有(包括时间或空间总和)	无
"全"或"无"特点	无	有
传播特点	呈电紧张性扩布,随时间和距离的延长迅速衰减,不能连续向远处传播	能以局部电流的形式连续而不衰减地向远处传播

3. 兴奋在同一细胞上的传导机制

(1)可兴奋细胞兴奋的标志是产生动作电位,因此兴奋的传导实质上是动作电位向周围的传播。动作电位以局部电流(local current)的方式传导,直径大的细胞电阻较小,传导的速度快。有髓鞘的神经纤维动作电位以跳跃式传导(saltatory conduction),因而比无髓纤维传导快且"节能"。动作电位在同一细胞上的传导是"全或无"式的,动作电位的幅度不因传导距离增加而减小。

(2)神经纤维传导兴奋的特征

① 双向性:在任意一点产生的动作电位均可以向两个方向传播。

② 绝缘性:神经干内有很多神经纤维,每一条上产生的兴奋均不影响其他神经纤维上的动作电位。

③ 相对不疲劳性:神经纤维不管受到多大强度或多大频率的刺激,始终保持其传导兴奋的能力。

④ 生理完整性。

⑤ 不衰减性或"全或无"现象。

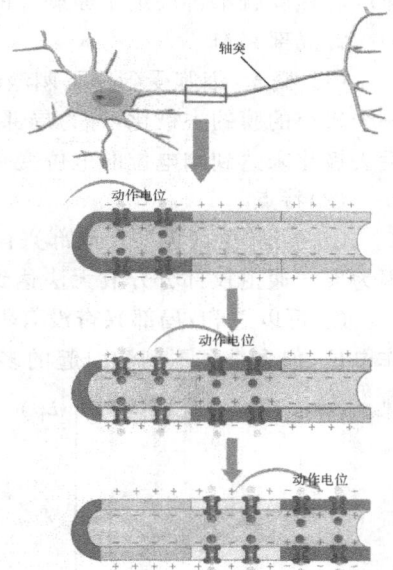

图 13-14　兴奋的传导

表 13-8 电紧张性扩布与动作电位传导之比较

项 目	电紧张性扩布	动作电位传导
传导速度	快	慢
传导距离	很短(有限)	远
不应期	无	有
信息衰减	随时间和距离的延长而迅速衰减	不衰减(信号不失真)
总 和	可进行时间性和空间性总和	不能总和("全"或"无"式)
机 理	依靠膜的基本电学特性向周围扩布(膜电位只发生被动改变)	膜的已兴奋部分通过局部电流刺激了邻接的未兴奋部分(膜阻抗能发生主动改变)

【课外拓展】

1. 不同动物动作电位的传导速度不同吗? 为何?
2. 心电图与细胞的电位有何关系?

【课程研讨】

1. 神经系统如何保证神经冲动朝一个方向传导? 其机理如何?
2. 从细胞和分子水平解释为何轻微的刺激就能引起机体巨大的反应。

【课后思考】

1. 比较细胞膜的跨膜物质转运功能的几种途径异同点。
2. 静息电位和动作电位的特点,兴奋性及兴奋性的变化规律如何?
3. 叙述细胞静息电位和动作电位的产生原理。

【小资料】

奇妙的细胞药物

为了改变传统服药方法利少弊多的缺点,专家们用人体细胞代替药物载体,制成了"细胞药物"。所谓"细胞药物",就是把药物装入人体细胞内,然后再将这种含有药物的细胞注入患者体内,让其在体内有目标地缓慢释放。人体细胞种类很多,最适宜用来输送药物的细胞是红细胞。红细胞生活在血液中,具有较长的循环时间,可自然地降解。因而,可用抽血的方法从患者身上取得。当血红细胞被透析处理时,红细胞膜因释放电解质或发生化学变化易膨胀起来。红细胞内的血红蛋白,可通过细胞膜上出现的20~50纳米直径的孔或裂缝出去,如果许多血红蛋白"离家出走",红细胞就表现为苍白并"如同幻影"。此时,可将药物或酶装载于内,然后通过等渗透(0.9%)盐水的孵化,再封闭细胞膜。重新封闭的红细胞的大小和血红蛋白含量不均匀,但它们在人体内能相当正常地执行功能。

近几年英国阿斯顿大学的刘易斯把天门冬酰胺酶装入红细胞内治疗小鼠的白血病,取得了良好的效果。

　　在体内红细胞最终要被吞噬细胞吞噬和分解，这就意味着，装上药物的红细胞能自然地"瞄向"巨噬细胞。人们知道，类风湿关节炎是由于巨噬细胞活动过度而引起，研究者把治疗该病的非甾族化合物装在红细胞中，药物就选择性地到达巨噬细胞内，其副作用大为减轻。在癌症研究中，研究者把淋巴激活素装入红细胞，提高了巨噬细胞功能；功能提高的巨噬细胞本身又激发了白细胞攻击癌细胞的能力。就这样使整个机体内的免疫系统增加了活力。临床应用证明，这种装有药物的红细胞回到体内，与其他红细胞毫无两样，可混杂在其他血液细胞内，沿着人体的血管不断流动。

　　细胞"药物""敌我分明"，专门包围和歼灭人体内受感染的细胞或特异致癌的细胞，而不伤害正常细胞。美国生物化学家德劳茨将赛塔拉平这种抗癌药物，用常规方法注射到狗的体内，仅两个小时就被分解而变得毫无用途，但用狗的红细胞作药物载体，使药物在狗体内发挥其医疗作用达 10 天之久。医生根据实际需要，把药物装在红、白两种细胞内，直接送到肿瘤处。

　　细胞药物的研制成功，是现代医药科研中的一项突破，已显示出无比优越的前途。

第四部分

动物生理学

第十四章　动物生理学绪论

【课程体系】

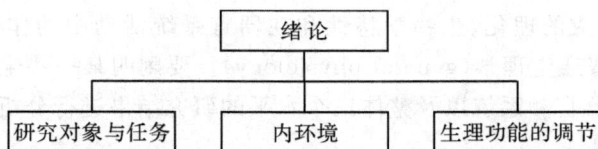

【课前思考】

1. 机体内环境的概念与特点。
2. 机体成为有机统一体的机理。

【本章重点】

1. 内环境的概念与机体其他各系统的关系。
2. 生理功能调节的种类与各自的特点。

【教学要求】

1. 掌握内环境的概念。
2. 掌握神经调节、体液调节、自身调节的特点。

第一节　动物生理学的研究对象与任务

一、动物生理学的任务

动物生理学是生物科学的一个分支,是研究生物体机能活动及其规律的科学,是研究健康动物的各种机能及其活动规律的学科。(你能列举属于动物的生命活动的实例吗?)

1. 各个器官、细胞功能表现的内部机制。
2. 不同细胞、器官、系统之间的相互联系、相互作用。

二、动物生理学的三个研究水平

(一)整体和环境水平的研究

动物机体总是以整体的形式存在:

1. 动物机体总是以整体的形式与外环境保持密切的联系。当外界环境变化时,可以引起动物机体生命活动的改变,这就是行为的变化。

2. 动物机体的各器官系统的活动都是围绕着生命活动而进行的。动物机体总是不断地改变和协调各器官系统活动来适应环境的变化。

阐明:当内外环境变化时机体功能活动的变化规律及机体在整体存在状况下的整合机制。

（二）器官和系统水平的研究

观察和研究各器官系统的活动特征、内在机制以及影响和控制它们的因素,它们对整体活动的作用及意义。

（三）细胞和分子水平的研究

研究细胞及其组成的理化、生物学特性和在器官系统活动中的作用,称为细胞生理学(cell physiology)或普通生理学(general physiology)。要阐明某一些生理功能的机制,一般需要对细胞和分子、器官和系统以及整体三个水平的研究结果进行分析和综合,才能得出比较全面的结论。

第二节 机体的内环境

脊椎动物的细胞直接生存于细胞外液(血浆、淋巴液、组织液)中。细胞外液被称为机体的内环境(internal environment)。内环境各项理化因素的相对稳定性是维持细胞正常生理功能和维持高等动物生命存在的必要条件。

内环境能为细胞提供营养物质和接受来自细胞代谢的终产物,并能保持其中各种成分和 pH、渗透压、各种离子浓度以及温度等理化性质的相对稳定,从而保证了细胞的各种代谢活动(各种酶促反应过程)和生理功能的正常进行。内环境的稳定有赖于各器官系统的相互协调的结果。内环境的稳定又为细胞、器官的正常活动提供了必要条件。

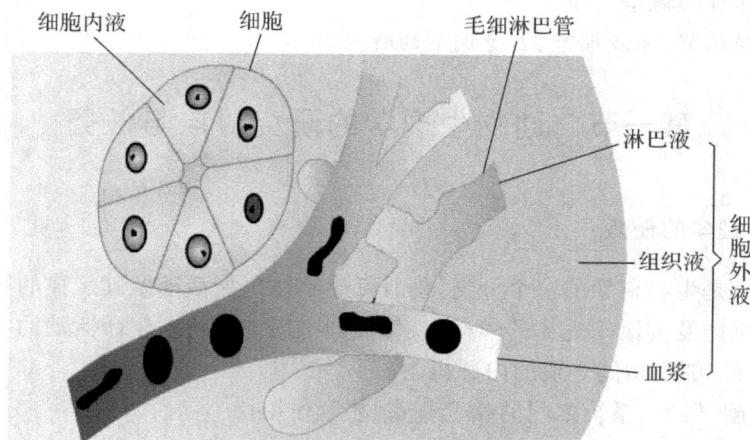

图 14-1 机体内环境

第三节　　生理功能的调节

一、神经调节（nervous regulation）

指通过神经系统的活动对机体各组织、器官和系统的生理功能所发挥的调节作用。神经调节的基本过程是反射（reflex）。

反射是指在中枢神经系统的参与下，机体对内外环境变化产生的有规律的适应性反应。反射的结构基础是反射弧（reflex arc）。反射弧中任何一部分被破坏，都会导致反射活动的消失。

反射弧包括：感受器、传入神经、中枢神经、传出神经、效应器。反射活动的种类很多，按其形成的条件和过程的不同，可分为非条件反射和条件反射两种类型。如：摄食导致唾液分泌增多，外界温度升高导致皮肤血管舒张。

特点：迅速、准确。

1. 非条件反射：是指不必特殊训练的一类反射。例如：物体触及新生儿唇部时，就引起吸吮动作（吸吮反射）等等。

特点：（1）有固定的反射弧；（2）先天遗传的是受到一定刺激便出现一些相应的反应。

非条件反射的中枢大都位于中枢神经系统的低级部位。它是机体适应环境的基本手段，对个体生存和种族繁衍都具有重要意义。

2. 条件反射：是人和高等动物在个体生活过程中，根据个体所处的生活条件而建立起来的一类反射。例如：望梅止渴。这种反射是后天在一定条件下获得的，其反射活动不是一成不变的，当环境条件改变时，相应的反射也会改变。因此，条件反射的反射弧是不固定的，易变的。建立条件反射一般要有大脑皮层的参与，所以它是一种较为高级的神经调节方式。

条件反射是建立在非条件反射的基础上的。例如：狗吃食——有唾液分泌——非条件反射。而某种声响如铃声则不能引起唾液分泌，因此对唾液分泌来说铃声是无关刺激。若在每次饲喂这条狗时都预先或同时伴有这种铃声，经过多次铃声与食物两种刺激这样结合后，则单有铃声而不伴有食物时也能引起唾液分泌。这就是在一定条件下，建立了由这种铃声引起唾液分泌的反射，因此称为条件反射，这种铃声就由无关刺激转变成了条件刺激。通过建立条件反射，可以使大量的无关刺激成为预示着某些非条件刺激出现的信号，使机体对环境条件的变化预先作出准备，大大提高了机体对环境的适应能力。

二、体液调节（humoral regulation）

指由体内某些细胞生成并分泌的某些化学物质经体液运输到达全身的组织细胞或体内某些特殊的组织细胞，通过作用于细胞上相应的受体，对这些组织细胞的活动进行调节。体液调节的途径有：远距离调节、旁分泌（paracrine）调节或局部体液性调节。

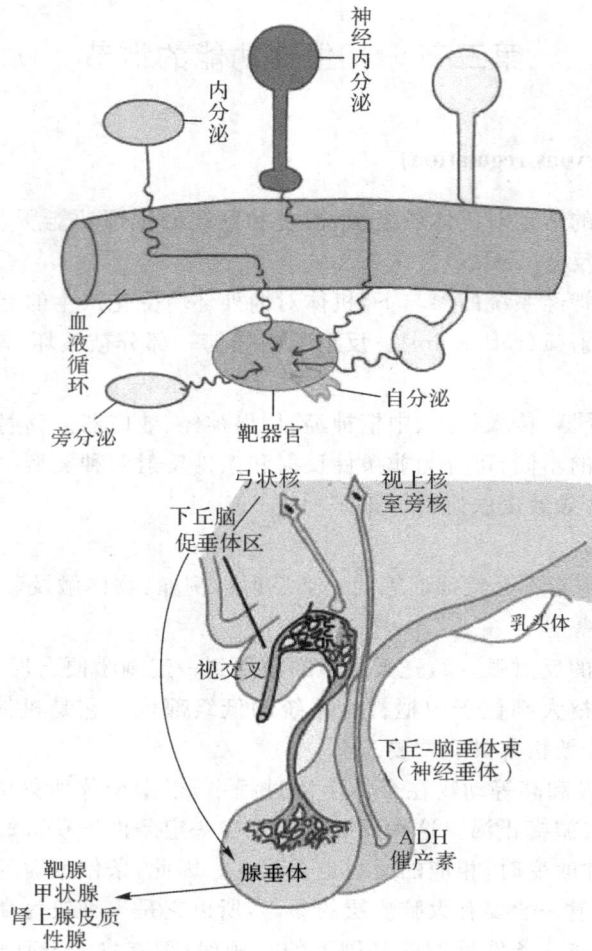

图 14-2　激素的分泌与体液调节途径

三、自身调节（autoregulation）

指某些细胞、组织和器官并不依赖于神经或体液因素的作用，也能对周围环境变化产生的适应性反应。由该器官和组织及细胞自身的生理特性所定。

四、三者关系

1. 神经调节控制体液激素的生成与释放。如：交感神经兴奋导致肾上腺的分泌。

2. 体液调节可看作是神经调节的延伸。激素成为反射弧传出途径的体液环节——称为"神经—体液调节"。近年来，神经系统的肽类激素在消化道发现，原属于胃肠道的肽类激素也在神经系统中发现，总称为"脑肠肽"。

3. 自身调节是全身性神经和体液调节的补充，使有机体的生理活动更臻完善。

【课外拓展】

1. 神经调节与体液调节有何关联?
2. 内环境中哪些离子、激素参与维持机体平衡?

【课程研讨】

阐述内环境的变化与机体的正常生理功能的关系。

【课后思考】

1. 机体内环境的概念。
2. 机体是如何成为一个有机的整体的?

【小资料】

美容保健应重视机体内环境的调整

美是人们在审美思维活动中对客观事物的主观反映与感受,这种感受是人们期望的理想境界的实现,能提高人的心理素质,增强自信自尊,并且能提高工作效率。因此美容保健已成为人类进化和时代意识的表现,也是一种和社会发展相适应的现代化标准之一。美容保健的发展应注重调节改善机体的内环境,在以内养外的思想指导下,研究微观领域中与其关系密切的营养物质,研究宏观生活中实践着与其要求协调一致的措施,逐步探索一条相互吻合而完善的美容保健之路。

一、美容保健学应提倡科学地以内养外

目前求美标准主要是皮肤白细而富弹性,形体健壮而不臃肿,五官、胸腹与审美要求相宜,否则需要治疗和调整。后者通常需整形外科处理,前两者则是美容保健的具体内容。肌肤的润泽、形体的健美与机体内环境的变化关系密切,若内环境不稳定,在脏器功能偏盛偏衰时都可能在肌肤和形体上反映出来。如脾胃功能虚弱时则营养不足,表现面色无华,神疲乏力;脾胃功能亢进时则食欲大开,多饮多食,会导致形体过于肥胖而显臃肿;若气血不足,睡眠不佳则面容憔悴,面肤出现褶皱;内分泌过盛时会表现"水牛背"、"满月脸"、面现红丝及痤疮等;维生素 D 和钙磷缺乏时可致骨质疏松,出现形体异常。可见人体对营养的摄入,消化吸收进入机体内环境,转换成必需的蛋白质、核酸、维生素、脂肪、生物元素及气血津液,最终作用于肌肤和形体上,这一系列复杂的过程无不透发着内外的关系。因此,应提倡科学地以内养外。在肌肤健康的基础上再薄施粉黛,犹如锦上添花;在形体适中的前提下再简练着装,才显示青春活力。

二、深入微观领域研究美容保健学

与美容保健息息相关的基本物质主要是核酸、维生素和微量元素。

1. 核酸:在人生的前 20 年,是生长发育阶段,细胞分裂及新陈代谢旺盛,核酸能不断地在体内合成,使肌肤富于弹性,光滑润泽,充满青春活力。到 25 岁以后,生长停滞,核酸的合

成功能也随之衰退,肌肤的蛋白质结构逐渐失去原有的弹性,人体开始老化。特别是在健美锻炼中,肌肉的收缩、肌纤维的粗壮靠蛋白质,而蛋白质的合成必须靠核酸的指令才能完成。锻炼活动时不能及时补充蛋白质和核酸,肌纤蛋白损耗过度而变性,再与活性氧结合生成氧自由基,使细胞膜发生脂质氧化反应,进一步损害肌肤和身体,甚至引起其他机能减退。因此,食用含核酸丰富的食品及调动其他因素促使核酸合成是关键。林志彬等对真菌类药物预防衰老和防治老年性疾病的药理研究颇有建树,发现灵芝、银耳及香菇等菌类内含多糖,能促进核酸合成代谢,纠正衰老的蛋白质,保持肌肤的润泽。并证实核酸正常合成代谢有助于保护心脑血管、降血脂等功能。核酸存在于细胞内,所以细胞多的食物核酸也丰富,如沙丁鱼、鲑鱼、龙虾等海产品,牛肉、洋葱、鲜笋等。

2. 维生素:常被称为美容最佳品。不少学者发现,人体皮肤衰老时,细胞中的脂褐素含量增加。脂褐素是不饱和脂肪酸的过氧化产物,影响细胞正常分裂次数。维生素E具有抗氧化作用,降低脂褐素的含量,增加细胞分裂次数而延长组织寿命。张余光等观察皮肤真皮层的老化是成纤维细胞数量减少,胶原纤维断裂,与细胞外基质间相互关系失去了平衡。用维生素B和胎儿成纤维细胞提取物对衰老真皮成纤维细胞胶原基因进行调控,能加速老年成纤维细胞增殖,维持肌肤的弹性和韧性。

造成肌肤衰老出现褶皱和色素沉着,与紫外线、尘埃、汽车废气及毒气等所含自由微粒有关,自由微粒可使表皮细胞的磷脂膜退化,失去保持自然水分的能力,使真皮层成纤维细胞数量减少,失去弹性。维生素A、B、C、D及E均参与蛋白质、糖、水分等物质代谢的调节,减轻自由微粒的损害,保护肌肤和骨骼的健美。但是在调节其美容保健机理和效果的确切程度方面尚有待于进一步探索与发掘。

3. 微量元素:在体内多以结合状态参与生物学过程,是与其相结合的生物配体分子协同发挥作用。如 Fe^{2+} 与血红蛋白结合,在血液循环中给组织细胞运输氧,使肌肤红润,若单纯存在时就会被氧化;又如 Se 是谷胱甘肽过氧化物酶结构中的必需成分,共同完成抑制和清除晶状体中的自由基,令目光炯炯有神;Zn、Cu 归宿于碳酸酐酶中;Mn 存在于线粒体超氧化物歧化酶中;Sn 能迅速地生成配位络合物,改善生长发育停滞、脱发及发质不良等。对灵芝美容机理的研究表明,灵芝含多种氨基酸和微量元素,与美容关系密切的是锗(Ge)。锗含多个锗氧键,氧化脱氢能力很强,畅通血液循环的同时带走一些小血管壁上的氢离子、多余的蛋白分子等,故有"清道夫"之称,利于肌肤新陈代谢、延缓衰老。北京协和医院研制硅霜防治皮肤皲裂,并能保养肌肤。若硅(Si)缺乏可致胶原蛋白含量降低,皮肤色素沉着,骨骼发育不良,激素水平下降,衰老等。但是,微量元素的离子浓度超过它的参比值时也会损害机体健康。需依靠生物体内的动态平衡,将其浓度维持在一个狭小的正常范围内为宜。

总之,微量元素、维生素、核酸在体内都不是孤立地发挥其作用,微量元素之间,与生物配体之间,与核酸、氨基酸、维生素等营养物质之间的影响、制约和协同作用十分复杂,参与美容保健的机理有待进一步地探讨。

三、多饮水,节制餐,动静均匀,限度喜怒悲忧

细胞与细胞间质水分充足,肌肤会显得滋润丰满,富有弹性和光泽。勿待口渴而饮水,应根据气温、机体活动量、心肝肾等重要脏器的功能状况,每日分次饮水共 3000～5000 ml。最好是新鲜开水骤然冷却到 20～25 ℃时饮用,此时溶解在其中的气体比煮沸前减少了 1/

2,其内聚力大,表面张力强,与生物细胞水相似,能够顺利地通过细胞膜进入细胞内,具有最佳的生理活性,称之为"活性水"(洗头、洗脸、洗澡也用活性水会更好)。还可以根据机体需要配制绿茶液、菊花茶液、果汁和矿泉水,以稀释血液和有助于血液循环,把营养物质输向末梢、皮肤,同时运走代谢废物,改善肌肤粗糙、毛发干枯,减少面部雀斑等。

节制餐就是餐时要规律,餐量要适中,制定科学的膳食,吃进的食物在胃肠消化吸收过程一般需要5小时,所以餐时以间隔5小时为宜。餐量要适中,过饱会增加胃肠负担,出现腹胀,年幼者易致肠蠕动增强而腹泻,年长者易致肠麻痹而便秘,分解出氨、吲哚等有毒物质,损害大脑功能及影响肌肤代谢。消化吸收时耗氧量也大,心脏负荷加重,久之可致心肌肥厚,脂肪蓄积,形体臃肿,老态龙钟。所以餐量定要节制,保证营养为度,最好每周制定一份科学的食谱,如每周吃1.2次牛肉、动物肝脏,每天食物必须有蛋白质、新鲜蔬菜、海产品。

动静均匀就是动静相宜。虽然生命在于运动,但剧烈的运动会破坏人体的生理平衡,加速体内某些器官的磨损,增加氧耗的同时会产生大量氧自由基,促使人体过早衰老,引发心脏病、高血压及动脉硬化等。动静均匀是进行规律的达到某种目的的运动。如进行消耗脂肪为主的面部、腰腹部按摩,颈腰胯旋转健身操、太极拳、游泳、慢跑等,这些运动能刺激大脑产生并释放类似吗啡样激素(内啡肽),使人愉悦,并且有活力和朝气。人的情志在美容与衰老之间亦起着重要作用。当人过度兴奋、愤怒、悲伤及精神压抑时是产生自由基的温床,此时体内的去甲肾上腺素和肾上腺素会大量释放,导致血管突然收缩。再舒张的一刹那,血液再灌流促使细胞产生活性氧自由基,致组织器官受损,肌肤无力,出现皱纹、色素斑,因此应加强自身修养,学会自我调控。

第十五章 神经生理

【课程体系】

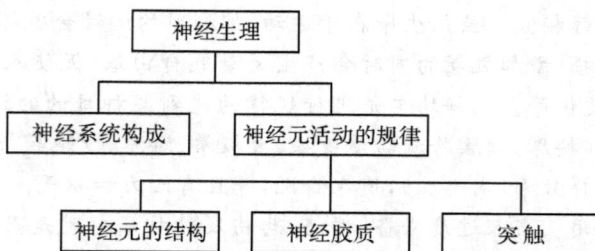

【课前思考】

1. 神经系统的结构。
2. 神经的突触间信息传递方法。

【本章重点】

1. 神经系统的构成。
2. 神经元活动的规律。

【教学要求】

1. 掌握外周神经递质判定标准、种类、分布、受体、功能。
2. 熟悉神经纤维传导兴奋的特征。

第一节 神经系统的构成

神经系统(nervous system)是机体内起主导作用的系统。按部位可分为中枢神经系统和周围神经系统两大部分:

(1)中枢神经系统:包括脑和脊髓。脑位于颅腔内,脊髓位于椎管内。

(2)周围神经系统(外周神经系统):包括与脑相连的 12 对脑神经和与脊髓相连的 31 对脊神经。

周围神经系统又可分为:

(1)躯体神经系统:又称为动物神经系统,含有躯体感觉和躯体运动神经,主要分布于皮肤和运动系统(骨、骨连结和骨骼肌),管理皮肤的感觉和运动器的感觉及运动。

(2)内脏神经系统:又称自主神经系统、植物神经系统,主要分布于内脏、心血管和腺体,管理它们的感觉和运动。含有内脏感觉(传入)神经和内脏运动(传出)神经。内脏运动神经又根据其功能分为交感神经和副交感神经。

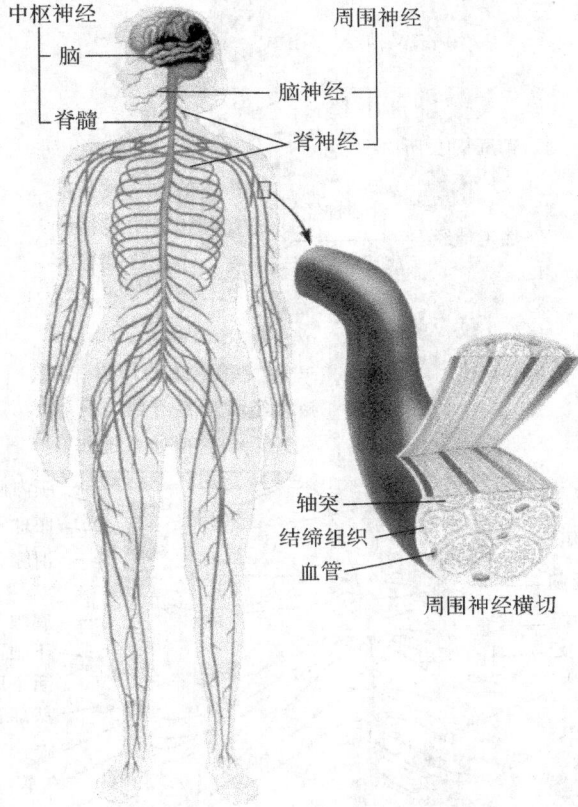

图 15-1　神经系统的构成

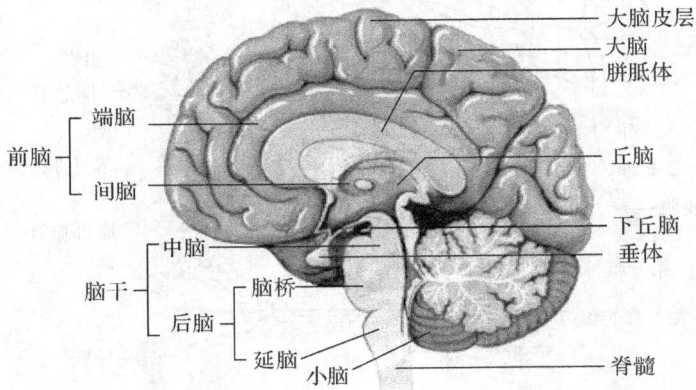

图 15-2　人脑正中纵剖面

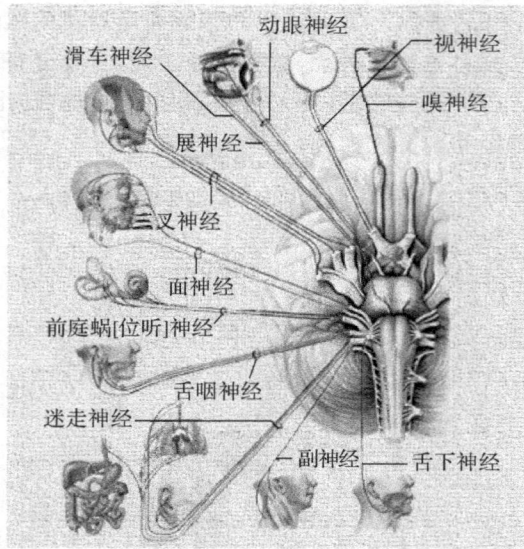

图 15-3　脑神经示意图

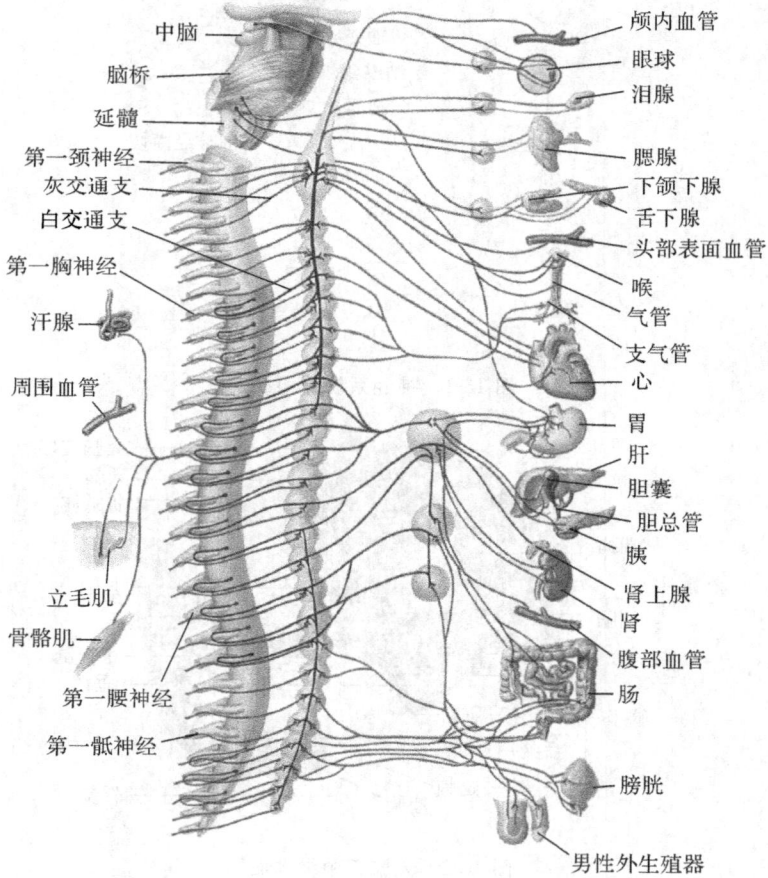

图 15-4　植物性神经

表 15-1　交感与副交感神经的分布与结构特征

	交感神经	副交感神经
中枢位置	胸1—腰3脊髓侧角	Ⅲ、Ⅶ、Ⅸ、Ⅹ脑神经核及骶段脊髓2—4节灰质内
传出纤维	节前纤维短,在椎旁核腹神经节换神经元,节后纤维长	节前纤维长,在支配的器官或组织内或附近的神经节换神经元,节后纤维很短
节后纤维数与节前纤维数的比值	大	小
支配效应器	广泛	局限

　　(3)内脏器官的双重神经支配:绝大部分内脏器官既接受交感神经,又接受副交感神经支配,形成双重神经支配。双重神经支配内脏器官是自主神经系统结构和功能上的重要特征。

　　双重神经支配对于许多内脏器官的活动,具有重要的生理机能意义。因为交感神经和副交感神经对于同一器官的机能影响往往表现为拮抗性质。当交感神经活动使某一脏器的活动加强时,副交感神经的影响则使之减弱,它们的共同作用是使内脏的活动保持协调,对于保证机体内环境的稳定具有重要意义。

表 15-2　自主神经的主要功能

器官	交感神经	副交感神经
循环器官	心跳加快加强	心跳减慢,心房收缩减弱
	腹腔内脏血管、皮肤血管以及分布于唾液腺与外生殖器官的血管均收缩,脾包囊收缩,肌肉血管可收缩(肾上腺素能)或舒张(胆碱能)	部分血管(如软脑膜动脉与分布于外生殖器的血管等)舒张
呼吸器官	支气管平滑肌舒张	支气管平滑肌收缩,促进黏膜腺分泌
消化器官	分泌黏稠唾液,抑制胃肠运动,促进括约肌收缩,抑制胆囊活动	分泌稀薄唾液,促进胃液、胰液分泌,促进胃肠运动和使括约肌舒张,促进胆囊收缩
泌尿生殖器官	促进肾小管的重吸收,使逼尿肌舒张和括约肌收缩,使有孕子宫收缩,无孕子宫舒张	使逼尿肌收缩和括约肌舒张
眼	使虹膜辐射肌收缩,瞳孔扩大使睫状体辐射状肌收缩,睫状体增大,使上眼睑平滑肌收缩	使虹膜环形肌收缩,瞳孔缩小,使眼下状体环形肌收缩,睫状体环缩小,促进泪腺分泌
皮肤	竖毛肌收缩,汗腺分泌	
代谢	促进糖原分解,促进肾上腺髓质分泌	促进胰岛素分泌

第二节　神经元活动的一般规律

一、神经元的结构

(一)神经元(neuron)

即神经细胞,是神经系统基本的结构与功能单位。大多数神经元的结构与典型的脊髓运动神经元的结构相仿。

神经元的基本结构:可分为胞体和突起两部分。胞体包括细胞膜、细胞质和细胞核;突起由胞体发出,分为树突(dendrite)和轴突(axon)两种。树突较多,粗而短,反复分支,逐渐变细;轴突一般只有一条,细长而均匀,中途分支较少,末端则形成许多分支,每个分支末梢部分膨大呈球状,称为突触小体。在轴突发起的部位,胞体常有一锥形隆起,称为轴丘。轴突自轴丘发出后,开始的一段没有髓鞘包裹,称为始段(initial segment)。由于始段细胞膜的电压门控钠通道密度最大,产生动作电位的阈值最低,即兴奋性最高,故动作电位常常由此首先产生。轴突离开细胞体一段距离后才获得髓鞘,成为神经纤维。

神经元的功能:神经元的基本功能是通过接受、整合、传导和输出信息实现信息交换。

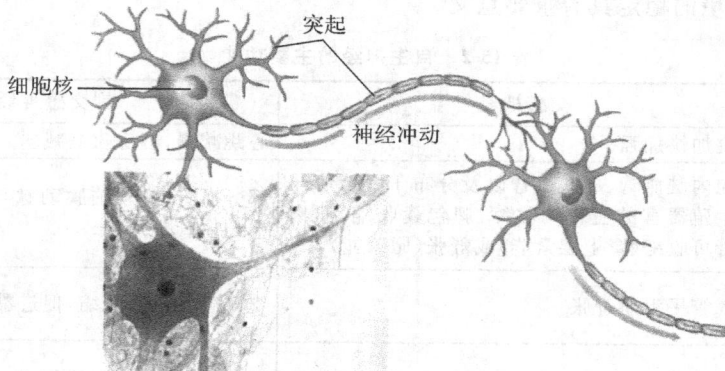

图 15-5　神经元及其模式图

(二)神经纤维传导兴奋的特征

神经纤维的主要功能是传导兴奋,即传导动作电位。神经纤维传导兴奋具有如下特征:

1. 完整性:神经纤维只有其结构和功能完整时才能传导兴奋。

2. 绝缘性:一根神经干内含有许多神经纤维,但多条纤维同时传导兴奋时基本上互不干扰,其主要原因是细胞外液对电流的短路作用,使局部电流主要在一条神经纤维上构成回路。

3. 双向性:用电刺激某一神经,神经纤维引发的冲动可以沿双向传导。

4. 相对不疲劳性:在适宜条件下,连续电刺激神经,神经纤维仍能长时间保持其传导兴奋能力。

(三)神经纤维的传导速度

传导速度随动物的种类、神经纤维类别和直径的不同以及温度的变化而异。

温度对神经纤维传导速度有一定影响。温度升高有利于传导。如果在 10℃ 以下则恒温动物的神经纤维往往丧失传导功能。温度对无髓鞘纤维的传导影响不大。

神经冲动传导速度主要决定于神经纤维本身的电缆性质。粗的神经纤维内纵向电阻小，局部电流较大，有利于传导。如膜电容较大，同样数量的电荷变化所引起的膜电位变化就小，因而不利于传导。膜电阻大，使胞内电流传播得远，一般有利于传导。髓鞘的加厚对传导速度的影响是多方面的，增厚在某种意义上就是膜电阻增加，再加上朗维埃氏结的结间距离增长都有利于传导，但髓鞘的加厚常伴有轴突实际直径的减小，又不利于传导。理论计算与实测都表明，当轴突直径/纤维外径之比为 0.7 左右时，传导速度最快。有趣的是动物的髓鞘纤维中，轴突直径与纤维外径之比恰好在 0.7 左右。另外，有关纤维直径与传导速度的关系，电缆理论计算与实测结果也是一致的，即无髓鞘纤维的传导速度和纤维直径的平方根成正比，而有髓鞘纤维的传导速度则与直径（包括髓鞘厚度的外径）成正比。

二、神经胶质

神经胶质广泛分布于中枢和周围神经系统，其数量比神经元的数量大得多，胶质细胞与神经元数目之比约 10∶1 至 50∶1。胶质细胞与神经元一样具有突起，但其胞突不分树突和轴突，亦没有传导神经冲动的功能。

（一）中枢神经系统的胶质细胞

1. 星形胶质细胞（astrocyte）：多分布在灰质，细胞的突起较短粗，分支较多，胞质内胶质丝较少。星形胶质细胞的突起伸展充填在神经元胞体及其突起之间，起支持和分神经元的作用。有些突起末端形成脚板，附在毛细血管壁上，或附着在脑和脊髓表面形成胶质界膜。

2. 少突胶质细胞（oligodendrocyte）：少突胶质细胞分布在神经元胞体附近和神经纤维周围，它的突起末端扩展成扁平薄膜，包卷神经元的轴突形成髓鞘，所以它是中枢神经系统的髓鞘形成细胞。新近研究认为，少突胶质细胞还有抑制再生神经元突起生长的作用。

3. 小胶质细胞（microglia）：中枢神经系统损伤时，小胶质细胞可转变为巨噬细胞、吞噬细胞碎屑及退化变性的髓鞘。血循环中的单核细胞亦侵入损伤区，转变为巨噬细胞，参与吞噬活动。由于小胶质细胞有吞噬功能，有人认为它来源于血液中的单核细胞，属单核吞噬细胞系统。

4. 室管膜细胞（ependymal cell）：室管膜细胞表面有许多微绒毛，有些细胞表面有纤毛。某些地方的室管膜细胞，其基底面有细长的突起伸向深部，称伸长细胞（tanycyte）。

（二）周围神经系统的胶质细胞

1. 施万细胞（Schwann cell）：是周围神经纤维的鞘细胞，它们排列成串，一个接一个地包裹着周围神经纤维的轴突。在有髓神经纤维，施万细胞形成髓鞘，是周围神经系统的髓鞘形成细胞。施万细胞外表面有一层基膜，在周围神经再生中起重要作用。

2. 卫星细胞（satellite cell）：是神经节内包裹神经元胞体的一层扁平或立方形细胞，故又称被囊细胞。细胞核圆或卵圆形，染色较深。细胞外面有一层基膜。

主要功能：（1）支持作用；（2）修复和再生作用；（3）物质代谢和营养性作用；（4）绝缘和屏障作用；（5）摄取和分泌递质。

三、突触（synapse）

突触是两个神经元之间或神经元与效应器细胞之间相互接触、并借以传递信息的部位。synapse 一词首先由英国神经生理学家 C. S. 谢灵顿（Charles Scott Sherrington）1897 年研究脊髓反射时引入生理学，用以表示中枢神经系统神经元之间相互接触并实现功能联系的部位。而后，又被推广用来表示神经与效应器细胞间的功能关系部位。synapse 来自希腊语，原意是"接触"或"接点"。

（一）分类

突触前细胞借助化学信号，即神经递质，将信息转送到突触后细胞者，称化学突触；借助于电信号传递信息者，称电突触。根据突触前细胞传来的信号，是使突触后细胞的兴奋性上升或产生兴奋，还是使其兴奋性下降或不易产生兴奋，化学和电突触都又相应地被分为兴奋性突触和抑制性突触。尚发现一些同时是化学又是电的混合突触。

（二）结构

1. 化学突触：化学突触或电突触均由突触前、后膜以及两膜间的窄缝——突触间隙所构成，但两者有着明显差异。胞体与胞体、树突与树突以及轴突与轴突之间都有突触形成，但常见的是某神经元的轴突与另一神经元的树突间所形成的轴突－树突突触，以及与胞体形成的轴突－胞体突触。

当轴突末梢与另一神经元的树突或胞体形成化学突触时，往往先形成膨大，称突触扣。扣内可见数量众多的直径在 $30 \sim 150\text{nm}$ 的球形小泡，称突触泡，还有较多的线粒体。递质贮存于突触泡内。一般认为，直径为 $30 \sim 50\text{nm}$ 的电子透明小泡内贮存的是乙酰胆碱（Ach）或氨基酸类递质。有些突触扣含有直径 $80 \sim 150\text{nm}$ 的带芯突触泡和一些电子密度不同的较小突触泡，这些突触泡可能含有多肽。那些以生物胺为递质的突触内也含有不同电子密度的或大或小的突触泡。突触膜增厚也是化学突触的特点。高等动物中枢突触被分为 Gray I 型和 II 型，或简称 I 型和 II 型。前者的突触间隙宽约 30nm，后膜明显增厚，面积大，多见于轴突－树突突触；后者的突触间隙宽约 20nm，后膜只轻度增厚，面积小，多见于轴突－胞体突触。当然也存在介于两者之间的移行型。

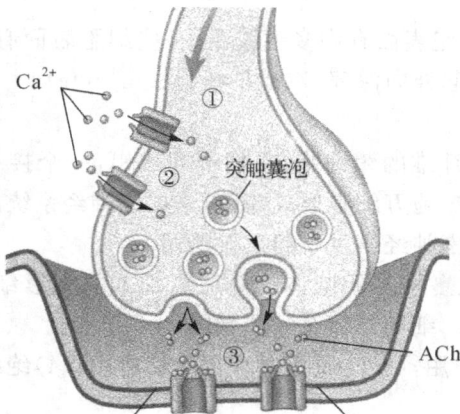

图 15-6 化学突触结构示意图

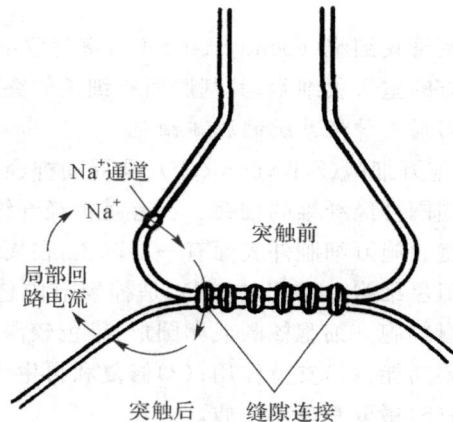

图 15-7 电突触结构示意图

2. 电突触：电突触没有突触泡和线粒体的汇聚，它的两个突触膜曾一度被错误地认为是融合起来的，实际上两者之间有 2nm 的突触间隙；因此电突触又称间隙接头。电突触的两侧突触膜都无明显的增厚现象，膜内侧胞浆中也无突触泡的汇聚，但存在一些把两侧突触膜连接起来的、直径约 2nm 的中空小桥，两侧神经元的胞浆（除大分子外）借以相通。如将化子量不大的荧光色素注入一侧胞浆中，往往可能过小桥孔扩散到另一神经元。这样的两个神经元，称色素耦联神经元。

（三）突触传递

1. 突触传递的过程

当突触前神经元兴奋传到神经末梢时，突触前膜发生去极化，当去极化达一定水平时，即引起前膜上的一种电压门控式 Ca^{2+} 通道开放，于是细胞外液中的 Ca^{2+} 进入突触前末梢内。Ca^{2+} 进大前膜后起两方面的作用，一是降低轴浆黏度，有利于突触小泡位移；二是消除突触前膜内侧负电位，促进突触小泡和前膜接触、融合和胞裂，最终导致神经递质释放。递质在突触间隙经扩散到达突触后膜，作用于突触后膜上特异性受体或化学门控式通道，引起突触后膜上某些离子通道通透性改变，导致某些带电离子进入突触后膜，从而引起突触后膜的膜电位发生一定程度的去极化或超极化。这种突触后膜上的电位变化称为突触后电位。如突触前膜兴奋，释放兴奋性神经递质，作用于突触后膜，使后膜对 Na^+ 和 K^+，尤其是 Na^+ 通透性增大，Na^+ 内流在突触后膜上产生局部去极化电位（兴奋性突触后电位，EPSP）。当 EPSP 达阈电位，触发突触后神经元轴突始段爆发动作电位，即完成了突触传递的过程。

2. 突触传递的特征

（1）单向传递：突触传递只能由突触前神经元沿轴突传给突触后神经元，不可逆向传递。因为只有突触前膜才能释放递质。因此兴奋只能由传入神经元经中间神经元，然后再由传出神经元传出，使整个神经系统活动有规律进行。

（2）总和作用：突触前神经元传来一次冲动及其引起递质释放的量，一般不足以使突触后膜神经元产生动作电位。只有当一个突触前神经元末梢连续传来一系列冲动，或许多突触前神经元末梢同时传来一排冲动，释放的递质积累到一定的量，才能激发突触后神经元产生动作电位。这种现象称为总和作用。抑制性突触后电位也可以进行总和。

（3）突触延搁：神经冲动由突触前末梢传递给突触后神经元，必须经历：递质的释放、扩散及其作用于后膜引起 EPSP，总和后才使突触后神经元产生动作电位，这种传递需较长时间的特性即为突触延搁。据测定，冲动通过一个突触的时间约 0.3～0.5ms.

（4）兴奋节律的改变：在一个反射活动中，如果同时分别记录背根传入神经和腹根传出神经的冲动频率，可发现两者的频率并不相同。因为传出神经的兴奋除取决于传入冲动的节律外，还取决于传出神经元本身的功能状态。在多突触反射中则情况更复杂，冲动由传入神经进入中枢后，要经过中间神经元的传递，因此传出神经元发放的频率还取决于中间神经元的功能状态和联系方式。

（5）对内外环境变化的敏感性：神经元间的突触最易受内环境变化的影响。缺氧、酸碱度升降、离子浓度变化等均可改变突触的传递能力。缺氧可使神经元和突触部位丧失兴奋性、传导障碍甚至神经元死亡。碱中毒时神经元兴奋性异常升高，甚至发生惊厥；酸中毒时，兴奋性降低，严重时致昏迷。

（6）对某些化学物质的较敏感性和易疲劳：许多中枢性药物的作用部位大都是在突触。

有些药物能阻断或加强突触传递,如咖啡碱、可可碱和茶碱可以提高突触后膜对兴奋性递质的敏感性,对大脑中突触尤为明显。士的宁能降低突触后膜对抑制性递质的敏感性,导致神经元过度兴奋,对脊髓内作用尤为明显,临床用作脊髓兴奋药。各种受体激动剂或阻断剂可直接作用于突触后膜受体而发挥生理效应。

突触是反射弧中最易疲劳的环节,突触传递发生疲劳的原因可能与递质的耗竭有关,疲劳的出现是防止中枢过度兴奋的一种保护性抑制。

（四）神经递质(neurotransmitter)和受体(receptor)

神经递质:由突触前膜释放,具有在神经元之间或神经元与效应细胞之间携带和传递神经信息功能的一些特殊化学物质。分为外周神经递质和中枢神经递质。

1. 外周神经递质

（1）乙酰胆碱(ACh):交感神经、副交感神经的节前纤维;副交感神经节后纤维;部分交感神经节后纤维;躯体运动神经。

（2）去甲肾上腺素(NA、NE):大部分交感神经节后纤维。

（3）肽类:支配消化道的外周神经纤维,除胆碱能纤维和肾上腺素能纤维外,还有一些神经纤维可以类化合物,多位于壁内神经丛中,称为肽能神经纤维。

2. 中枢神经递质

中枢神经递质种类很多,大致可归纳为五类:

（1）乙酰胆碱(ACh);

（2）生物胺类(包括有多巴胺、5-羟色胺、NA);

（3）氨基酸类(甘氨酸、γ-氨基丁酸);

（4）肽类(P物质、脑啡肽);

（5）其他递质(NO)。

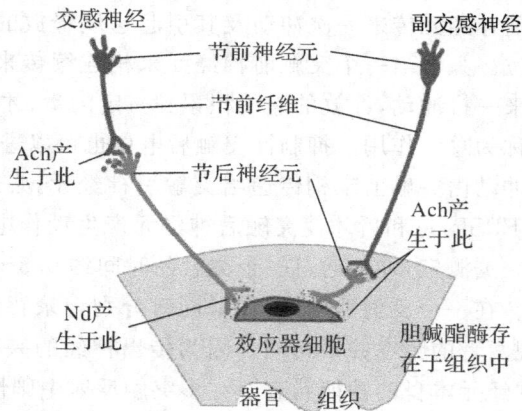

图 15-8　外周神经递质

3. 受体和配体

（1）受体:指存在于突触后膜或效应器细胞膜上的一些特殊蛋白质,选择性地与某种神经递质结合,产生一定的生理效应。

分类:能与ACh结合的受体为胆碱能受体;能与NA结合的受体,称肾上腺素受体。

（2）配体:能与受体特异性结合的化学物质。

激动剂:既能同受体特异结合又产生生物效应。

拮抗剂:只能同受体特异结合不产生生物效应。

特性:特异性、饱和性、竞争性、可逆性。

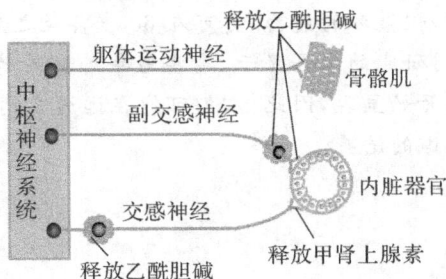

图 15-9　外周神经系统的化学递质

【课外拓展】

1. 大脑皮层间的信息是如何传递的?

2. 神经、内分泌与免疫功能有何关系?

【课程研讨】

1. 神经系统与其他系统的关系。

2. 神经递质的不同会导致躯体、内脏器官什么功能?

【课后思考】

1. 叙述神经系统的基本构成,各部分的作用。

2. 神经纤维传导兴奋的特征有哪些?

【小资料】

研究称:人脑 22 岁处于顶峰 27 岁开始衰弱

英国《每日邮报》网络版 2009 年 3 月 15 日报道:许多人说,人的记忆力在 30 多岁开始衰退,但一项新研究发现,人类的脑筋大概都在 22 岁时处于顶峰,但推理能力、思考速度和在脑海中处理图像的能力却会在 27 岁开始走下坡。

这些结果来自美国弗吉尼亚大学(University of Virginia)一项以 2000 名男性和女性为对象的 7 年跟进研究,报告由研究主管蒂莫西·索尔特豪斯(Timothy Salthouse)撰写,于 4 月号的《老年神经生物学》(Neurobiology of aging)杂志发表。研究对象介乎 18 至 60 岁,多数都身体健康而且受过高等教育,研究员为他们安排了 12 项测试,包括视觉谜题、字词记忆、故事内容记忆,以及找出字母和符号的形状——类似的测试,经常用于诊断智力障碍和智力衰退症状,包括痴呆症。

结果显示,其中 9 项测试的成绩都是在 22 岁时最佳,但在推理能力、思考速度和"空间可视化"的能力（即在脑海中处理平面和立体图像的能力）方面，那年龄已是"夕阳无限好"，在短短 5 年后（27 岁），它们已经出现显著的倒退。

　　研究显示，人的记忆力到了 37 岁才开始转差。其他受测试的智能，则在 42 岁左右开始走下坡。词汇、常识等依靠知识累积的能力，更可在 60 岁甚至之后仍不断增长。

　　索尔特豪斯指出，这系列研究的结果显示，某些与年龄有关的认知衰退，在健康而教育程度高的人士二三十岁时已开始呈现，因此，人们可能在远远未到老年时已经有需要接受用于防治与衰老有关的智能衰退的治疗。

第十六章 血 液

【课程体系】

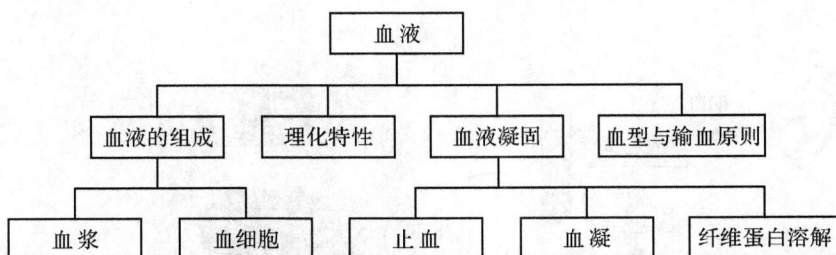

【课前思考】

1. 血液的成分及各自的功能。

2. 血凝、抗凝与纤维蛋白溶解。

【本章重点】

1. 血液的成分及各自的功能。

2. 血凝的过程。

【教学要求】

1. 掌握血液渗透压、pH 值、红细胞数相对稳定的机制。

2. 熟悉血液的功能、生理性止血、血液凝固、纤维蛋白溶解的生理意义和机制。

血液是一种由血浆和血细胞组成的液体组织,在心血管系统内周而复始地循环流动。

血液的机能:

(1)营养功能:血浆中的蛋白质起着营养储备的作用。

(2)运输功能:血浆白蛋白、球蛋白是许多激素、离子、脂质、维生素和代谢产物的载体。

运输是血液的基本功能,其他功能几乎都与此有关。

(3)维持内环境稳定:维持体液酸碱平衡、体内水平衡,维持体温的恒定等。

(4)参与体液调节:运输激素作用于相应的靶细胞,改变其活动。

(5)防御和保护功能。

第一节　血液的组成

人体内的血液量大约是体重的 7％～8％,如体重 60 公斤,则血液量约 4200～4800 毫升。各种原因引起的血管破裂都可导致出血,如果失血量较少,不超过总血量的 1C％,则通过身体的自我调节,可以很快恢复;如果失血量较大,达总血量的 20％时,则出现脉搏加快、血压下降等症状;如果在短时间内丧失的血液达全身血液的 30％或更多,就可能危及生命。

血液由四种成分组成:血浆、红细胞、白细胞、血小板。血浆约占血液的 55％,是水、糖、脂肪、蛋白质、钾盐和钙盐的混合物,也包含了许多止血必需的血凝块形成的化学物质。血细胞和血小板组成血液的另外 45％。

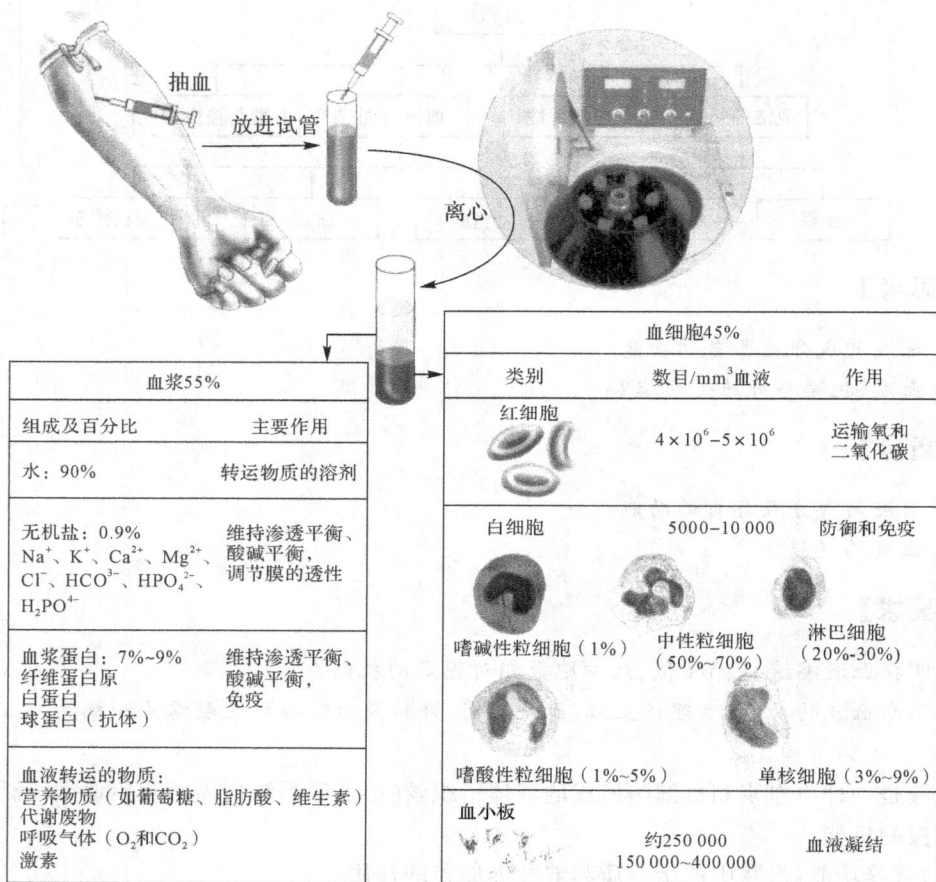

图 16-1　血液的组成

一、血浆

血浆相当于结缔组织的细胞间质,为浅黄色半透明液体,其中除含有大量水分以外,还有无机盐、纤维蛋白原、白蛋白、球蛋白、酶、激素、各种营养物质、代谢产物等。这些物质无一定的形态,但具有重要的生理功能。

1L 血浆中含有 900～910g 水(90％～91％)、65～85g 蛋白质(6.5％～8.5％)和20g 低分子物质(2％)。低分子物质中有多种电解质和小分子有机化合物,如代谢产物和其他某些激素等。血浆中电解质含量与组织液基本相同。由于这些溶质和水分都很容易透过毛细血管与组织液交流,这一部分液体的理化性质的变化常与组织液平行。在血液不断循环流动的情况下,血液中各种电解质的浓度,基本上代表了组织液中这些物质的浓度。

血浆功能是运载血细胞、运输养料和废物等。

二、血细胞

在机体的生命过程中,血细胞不断地新陈代谢。红细胞的平均寿命约 120 天,颗粒白细胞和血小板的生存期限一般不超过 10 天。淋巴细胞的生存期长短不等,从几个小时直到几年。

血细胞及血小板的产生来自造血器官,红血细胞、有粒白血细胞及血小板由红骨髓产生,无粒白血细胞则由淋巴结和脾脏产生。

血细胞分为三类:红细胞、白细胞、血小板。

1. 红细胞

红细胞(erythrocyte, red blood cell)直径 7～8.5μm,呈双凹圆盘状,中央较薄(1.0μm),周缘较

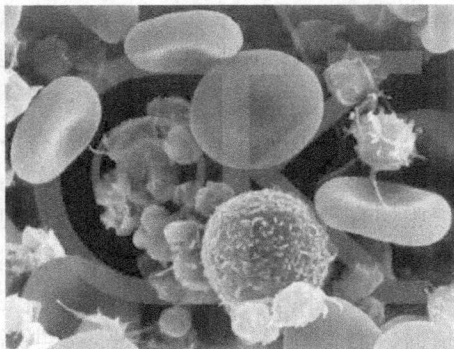

图 16-2　血细胞

厚(2.0μm),故在血涂片标本中呈中央染色较浅、周缘较深。在扫描电镜下,可清楚地显示红细胞这种形态特点。红细胞的这种形态使它具有较大的表面积(约 140μm^2),从而能最大限度地适应其功能——携 O_2 和 CO_2。新鲜单个红细胞为黄绿色,大量红细胞使血液呈猩红色,而且多个红细胞常叠连一起呈串钱状,称红细胞缗线。

红细胞有一定的弹性和可塑性,通过毛细血管时可改变形状。红细胞正常形态的保持需 ATP 供给能量,由于红细胞缺乏线粒体,ATP 只由无氧糖酵解产生;一旦缺乏 ATP 供能,则导致细胞膜结构改变,细胞的形态也随之由圆盘状变为棘球状。这种形态改变一般是可逆的,可随着 ATP 供能状态的改善而恢复。

成熟红细胞无细胞核,也无细胞器,胞质内充满血红蛋白(hemoglobin, Hb)。血红蛋白是含铁的蛋白质,约占红细胞重量的 33％。它具有结合与运输 O_2 和 CO_2 的功能。当血液流经肺时,肺内的 O_2 分压高(102mmHg),CO_2 分压低(40mmHg),血红蛋白(氧分压 40mmHg,二氧化碳分压 46mmHg)即放出 CO_2 而与 O_2 结合;当血液流经其他器官的组织时,由于该处的 CO_2 分压高(46mmHg)而 O_2 分压低(40mmHg),于是红细胞即放出 O_2 并结合 CO_2。由于血红蛋白具有这种性质,所以红细胞能供给全身组织和细胞所需的 O_2,带走所产生的部分 CO_2。

正常成人每立方毫米血液中红细胞数的平均值,男性约 400 万～500 万个,女性约 350万～450 万个。血液中血红蛋白含量,男性约 120～150g/L,女性约 105～135g/L。全身所有红细胞表面积总计,相当于人体表面积的 2000 倍。红细胞的数目及血红蛋白的含量可有生理性改变,如婴儿高于成人,运动时多于安静状态,高原地区居民大都高于平原地区居民。红细胞的形态和数目的改变,以及血红蛋白的质和量的改变超出正常范围,则表现为病理现

象。一般说,红细胞数少于 300 万/ml 为贫血,血红蛋白低于 100g/L 则为缺铁性贫血。此时常伴有红细胞的直径及形态的改变,如大红细胞贫血的红细胞平均直径>9μm,小红细胞贫血的红细胞平均直径<6μm。缺铁性贫血的红细胞,由于血红蛋白的含量明显降低,以致中央淡染区明显扩大。

红细胞的渗透压与血浆相等,使出入红细胞的水分维持平衡。当血浆渗透压降低时,过量水分进入细胞,细胞膨胀成球形,甚至破裂,血红蛋白逸出,称为溶血(hemolysis);溶血后残留的红细胞膜囊称为血影(ghost)。反之,若血浆的渗透压升高,可使红细胞内的水分析出过多,致使红细胞皱缩。凡能损害红细胞的因素,如脂溶剂、蛇毒、溶血性细菌等均能引起溶血。

红细胞的细胞膜,除具有一般细胞膜的共性外,还有其特殊性,例如红细胞膜上有 ABO 血型抗原。

外周血中除大量成熟红细胞以外,还有少量未完全成熟的红细胞,称为网织红细胞(reticulocyte),在成人约为红细胞总数的 0.5%~1.5%,新生儿较多,可达 3%~6%。网织红细胞的直径略大于成熟红细胞,在常规染色的血涂片中不能与成熟红细胞区分。用煌焦蓝作体外活体染色,可见网织红细胞的胞质内有染成蓝色的细网或颗粒,它是细胞内残留的核糖体。核糖体的存在,表明网织红细胞仍有一些合成血红蛋白的功能。红细胞完全成熟时,核糖体消失,血红蛋白的含量即不再增加。贫血病人如果造血功能良好,其血液中网织红细胞的百分比值增高。因此,网织红细胞的计数有一定临床意义,它是贫血等某些血液病的诊断、疗效判断和估计预指标之一。

红细胞的平均寿命约 120 天。衰老的红细胞虽无形态上的特殊性,但其机能活动和理化性质都有变化,如酶活性降低,血红蛋白变性,细胞膜脆性增大,以及表面电荷改变等,因而细胞与氧结合的能力降低且容易破碎。衰老的红细胞多在脾、骨髓和肝等处被巨噬细胞吞噬,同时由红骨髓生成和释放同等数量红细胞进入外周血液,维持红细胞数的相对恒定。

2. 白细胞

白细胞(leukocyte,white blood cell)为无色有核的球形细胞,体积比红细胞大,能做变形运动,具有防御和免疫功能。成人白细胞的正常值为 4000~10000 个/mm^3。男女无明显差别。婴幼儿稍高于成人。血液中白细胞的数值可受各种生理因素的影响,如劳动、运动、饮食及妇女月经期,均略有增多。在疾病状态下,白细胞总数及各种白细胞的百分比值皆可发生改变。

光镜下,根据白细胞胞质有无特殊颗粒,可将其分为有粒白细胞和无粒白细胞两类。有粒白细胞又根据颗粒的嗜色性,分为中性粒细胞、嗜酸性粒细胞和嗜碱性粒细胞。无粒白细胞有单核细胞和淋巴细胞两种。

(1)中性粒细胞

中性粒细胞(neutrophilic granulocyte,neutrophil)占白细胞总数的 50%—70%,是白细胞中数量最多的一种。细胞呈球形,直径 10~12μm,核染色质呈团块状。核的形态多样,有的呈腊肠状,称杆状核;有的呈分叶状,叶间有细丝相连,称分叶核。细胞核一般为 2~5叶,正常人以 2~3 叶者居多。在某些疾病情况下,核 1~2 叶的细胞百分率增多,称为核左移;核 4~5 叶的细胞增多,称为核右移。一般说核分叶越多,表明细胞越近衰老,但这不是绝对的,在有些疾病情况下,新生的中性粒细胞也可出现细胞核为 5 叶或更多叶的。杆状核粒细胞则较幼稚,约占粒细胞总数的 5%～10%,在机体受细菌严重感染时,其比例显著增高。

中性粒细胞的胞质染成粉红色,含有许多细小的淡紫色及淡红色颗粒,颗粒可分为嗜天青颗粒和特殊颗粒两种。嗜天青颗粒较少,呈紫色,约占颗粒总数的 20%,光镜下着色略深,体积较大;电镜下呈圆形或椭圆形,直径 0.6～0.7μm,电子密度较高,它是一种溶酶体,含有酸性磷酸酶和过氧化物酶等,能消化分解吞噬的异物。特殊颗粒数量多,淡红色,约占颗粒总数的 80%,颗粒较小,直径 0.3～0.4μm,呈哑铃形或椭圆形,内含碱性磷酸酶、吞噬素、溶菌酶等。吞噬素具有杀菌作用,溶菌酶能溶解细菌表面的糖蛋白。

中性粒细胞具有活跃的变形运动和吞噬功能。当机体某一部位受到细菌侵犯时,中性粒细胞对细菌产物及受感染组织释放的某些化学物质具有趋化性,能以变形运动穿出毛细血管,聚集到细菌侵犯部位,大量吞噬细菌,形成吞噬小体。吞噬小体先后与特殊颗粒及溶酶体融合,细菌即被各种水解酶、氧化酶、溶菌酶及其他具有杀菌作用的蛋白质、多肽等成分杀死并分解消化。由此可见,中性粒细胞在体内起着重要的防御作用。中性粒细胞吞噬细胞后,自身也常坏死,成为脓细胞。中性粒细胞在血液中停留约 6～7 小时,在组织中存活约1～3 天。

(2)嗜酸性粒细胞

嗜酸性粒细胞(eosinophilic granulocyte,eosinophil)占白细胞总数的 0.5%—3%。细胞呈球形,直径 10～15μm,核常为 2 叶,胞质内充满粗大(直径 0.5～1.0μm)、均匀、略带折光性的嗜酸性颗粒,染成橘红色。电镜下,颗粒多呈椭圆形,有膜包被,内含颗粒状基质和方形或长方形晶体。颗粒含有酸性磷酸酶、芳基硫酸酯酶、过氧化物酶和组胺酶等,因此它也是一种溶酶体。

嗜酸性粒细胞也能做变形运动,并具有趋化性。它能吞噬抗原抗体复合物,释放组胺酶灭活组胺,从而减弱过敏反应。嗜酸性粒细胞还能借助抗体与某些寄生虫表面结合,释放颗粒内物质,杀灭寄生虫。故而嗜酸性粒细胞具有抗过敏和抗寄生虫作用。在患过敏性疾病或寄生虫病时,血液中嗜酸性粒细胞增多。它在血液中一般仅停留数小时,在组织中可存活8～12 天。

(3)嗜碱性粒细胞

嗜碱性粒细胞(basoophilic granulocyte,basophil)数量最少,占白细胞总数的 0%—15%。细胞呈球形,直径 10～12μm。胞核分叶或呈 S 形或不规则形,着色较浅。胞质内含有嗜碱性颗粒,大小不等,分布不均,染成蓝紫色,可覆盖在核上。颗粒具有异染性,甲苯胺蓝染色呈紫红色。电镜下,嗜碱性颗粒内充满细小微粒,呈均匀状或螺纹状分布。颗粒内含有肝素和组胺,可被快速释放;而白三烯则存在于细胞基质内,它的释放较前者缓慢。肝素具有抗凝血作用,组胺和白三烯参与过敏反应。嗜碱性粒细胞在组织中可存活 12～15 天。

嗜碱性粒细胞与肥大细胞,在分布、胞核的形态以及颗粒的大小与结构上,均有所不同。但两种细胞都含有肝素、组胺和白三烯等成分,故嗜碱性粒细胞的功能与肥大细胞相似,但两者的关系尚待研究。

(4)单核细胞

单核细胞(monocyte)占白细胞总数的 3%～8%。它是白细胞中体积最大的细胞。直径 14～20μm,呈圆形或椭圆形。胞核形态多样,呈卵圆形、肾形、马蹄形或不规则形等。核常偏位,染色质颗粒细而松散,故着色较浅。胞质较多,呈弱嗜碱性,含有许多细小的嗜天青颗粒,使胞质染成深浅不匀的灰蓝色。颗粒内含有过氧化物酶、酸性磷酸酶、非特异性酯酶和溶菌酶,这些酶不仅与单核细胞的功能有关,而且可作为与淋巴细胞的鉴别点。电镜下,细胞表面有皱褶和微绒毛,胞质内有许多吞噬泡、线粒体和粗面内质网,颗粒具溶酶体样结构。

单核细胞具有活跃的变形运动、明显的趋化性和一定的吞噬功能。单核细胞是巨噬细胞的前身,它在血流中停留1—5天后,穿出血管进入组织和体腔,分化为巨噬细胞。单核细胞和巨噬细胞都能消灭侵入机体的细菌,吞噬异物颗粒,消除体内衰老损伤的细胞,并参与免疫,但其功能不及巨噬细胞强。

(5)淋巴细胞

淋巴细胞(lymphocyte)占白细胞总数的20%～30%,圆形或椭圆形,大小不等。直径6～8μm的为小淋巴细胞,9～12μm的为中淋巴细胞,13～20μm的为大淋巴细胞。小淋巴细胞数量最多,细胞核圆形,一侧常有小凹陷,染色质致密呈块状,着色深,核占细胞的大部,胞质很少,在核周成一窄缘,嗜碱性,染成蔚蓝色,含少量嗜天青颗粒。中淋巴细胞和大淋巴细胞的核椭圆形,染色质较疏松,故着色较浅,胞质较多,胞质内也可见少量嗜天青颗粒。少数大、中淋巴细胞的核呈肾形,胞质内含有较多的大嗜天青颗粒,称为大颗粒淋巴细胞。电镜下,淋巴细胞的胞质内主要是大量的游离核糖体,其他细胞器均不发达。

以往曾认为,大、中、小淋巴细胞的分化程度不同,小淋巴细胞为终末细胞。但目前普遍认为,多数小淋巴细胞并非终末细胞。它在抗原刺激下可转变为幼稚的淋巴细胞,进而增殖分化。而且淋巴细胞也并非单一群体,根据它们的发生部位、表面特征、寿命长短和免疫功能的不同,至少可分为T细胞、B细胞、杀伤(K)细胞和自然杀伤(NK)细胞等四类。

血液中的T细胞约占淋巴细胞总数的75%,它参与细胞免疫,如排斥异移体移植物、抗肿瘤等,并具有免疫调节功能。B细胞约占血中淋巴细胞总数的10%～15%。B细胞受抗原刺激后增殖分化为浆细胞,产生抗体,参与体液免疫。

3. 血小板

血小板(platelet)是哺乳动物血液中的有形成分之一。它有质膜,没有细胞核结构,一般呈圆形,体积小于红细胞和白细胞。血小板在长期内被看作是血液中的无功能的细胞碎片。直到1882年意大利医师J.B.比佐泽罗发现它们在血管损伤后的止血过程中起着重要作用,才首次提出血小板的命名。

血小板具有特定的形态结构和生化组成,在正常血液中有较恒定的数量(如人的血小板数为每立方毫米10万～30万),在止血、伤口愈合、炎症反应、血栓形成及器官移植排斥等生理和病理过程中有重要作用。

血小板只存在于哺乳动物血液中。低等脊椎动物圆口纲有纺锤细胞起凝血作用,鱼纲开始有特定的血栓细胞。两栖、爬行和鸟纲动物血液中都有血栓细胞。血栓细胞是有细胞核的梭形成椭圆形细胞,功能与血小板相似。无脊椎动物没有专一的血栓细胞,如软体动物的变形细胞兼有防御和创伤治愈作用。甲壳动物只有一种血细胞,兼有凝血作用。

血小板为圆盘形,直径1～4微米到7～8微米不等,且个体差异很大(5～12立方微米)。血小板因能运动和变形,故用一般方法观察时表现为多形态。血小板结构复杂,简言之,由外向内为3层结构,即由外膜、单元膜及膜下微丝结构组成的外围为第1层;第2层为凝胶层,电镜下见到与周围平行的微丝及微管构造;第3层为微器官层,有线粒体、致密小体、残核等结构。

血细胞形态、数量、比例和血红蛋白含量的测定称为血像。患病时,血像常有显著变化,故检查血像对了解机体状况和诊断疾病十分重要。

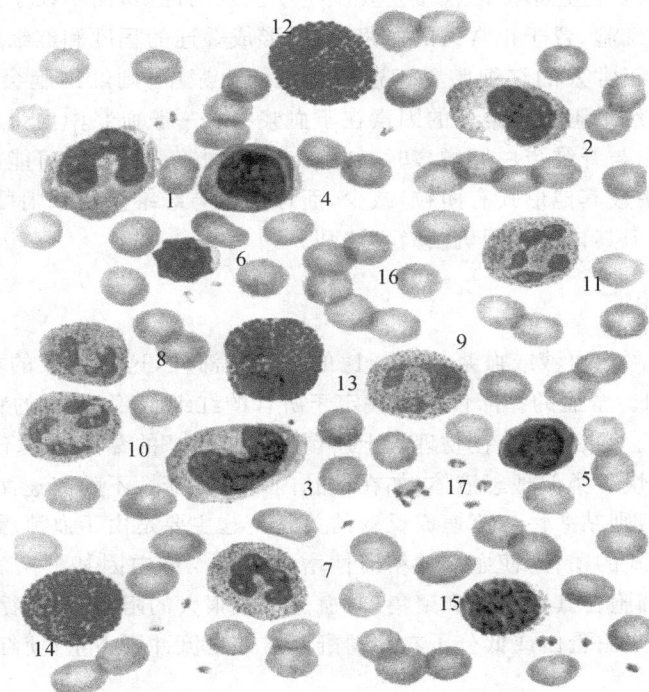

图 16-3 各种血细胞

1.2.3 单核细胞　　　4.5.6 淋巴细胞　　7.8.9.10.11 中性粒细胞
12.13.14 嗜酸性粒细胞　15.嗜碱性粒细胞　16.红细胞　　　17.血小板

第二节 血液的理化特性

一、血液的比重

血液的比重为 $1.050\sim1.060$,血浆的比重约为 $1.025\sim1.030$。血液中红细胞数愈多则血液比重愈大,血浆中蛋白质含量愈多则血浆比重愈大。血液比重大于血浆,说明红细胞比重大于血浆。

红细胞的悬浮稳定性:将与抗凝剂混匀的血液静置于一支玻璃管(如分血计)中,红细胞由于比重较大,将因重力而下沉,但正常时下沉十分缓慢。通常以红细胞在一小时内下沉的距离来表示红细胞沉降的速度,称为红细胞沉降率。正常男性的红细胞沉降率第一小时不超过 3mm,女性不超过 10mm。红细胞下降缓慢,说明它有一定的悬浮稳定性;红细胞沉降率愈小,表示悬浮稳定性愈大。

红细胞因比重较大而在血浆中下沉时,红细胞与血浆之间的摩擦则阻碍其下沉,特别是双凹碟形的红细胞,表面积与容积之比较大,因而所产生的摩擦也较大。红细胞沉降率在患某些疾病(如活动性肺结核、风湿热等)时加快,这主要是由于许多红细胞能较快地互相以凹面相贴,形成一叠红细胞,称为叠连。红细胞叠连起来,其外表面积与容积之比减小,因而摩擦力减小,下沉加快。叠连形成的快慢主要决定于血浆的性质,而不在于红细胞自身。若将血沉快的病人的红细胞,置于正常人的血浆中,则形成叠连的程度和红细胞沉降的速度并不加大;反过来,若将正常人的红细胞置于这些病人的血浆中,则红细胞会迅速叠连而沉降。这清楚地说明促使红细胞发生叠连的因素在于血浆中。一般血浆中白蛋白增多可使红细胞沉降减慢;而球蛋白与纤维蛋白原增多时,红细胞沉降加速。其原因可能就在于白蛋白可使红细胞叠连(或聚集成其他形式有团粒)减少,而球蛋白与纤维蛋白原则可促使叠连(或其他形式的聚集)增多,但其详细作用机制尚不清楚。

二、血液的粘滞性

通常是在体外测定血液或血浆与水相比的相对粘滞性,这时血液的相对粘滞性为4～5,血浆为1.6～2.4。全血的黏滞性主要决定于所含的红细胞数;血浆的粘滞性主要决定于血浆蛋白质的含量。水、酒精等在物理学上所谓"理想液体"的黏滞性是不随流速改变的,而血液在血流速度很快时类似理想液体(如在动脉内),其黏滞性不随流速而变化;但当血流速度小于一定限度时,则粘滞性与流速成反变的关系。这主要是由于血流缓慢时,红细胞可叠连或聚集成其他形式的团粒,使血液的粘滞性增大。在人体内因某种疾病使微环境血流速度显著减慢时,红细胞在其中叠连和聚集,对血流造成很大的阻力,影响循环的正常进行;这时可以通过输入血浆白蛋白或低分子右旋糖酐以增加血流冲刷力量,使红细胞分散。

三、血浆渗透压

血浆渗透压约为313mOsm/kgH$_2$O,相当于7个大气压708.9kPa(5330mmHg)。血浆的渗透压主要来自溶解于其中的晶体物质,特别是电解质,称为晶体渗透压。由于血浆与组织液中晶体物质的浓度几乎相等,所以它们的晶体渗透压也基本相等。血浆中虽含有多量蛋白质,但蛋白质分子量大,所产生的渗透压甚小,不超过1.5mOsm/kgH$_2$O,约相当于3.3kPa(25mmHg),称为胶体渗透压。由于组织液中蛋白质很少,所以血浆的胶体渗透压高于组织液。在血浆蛋白中,白蛋白的分子量远小于球蛋白,故血浆胶体渗透压主要来自白蛋白。若白蛋白明显减少,即使球蛋白增加而保持血浆蛋白总含量基本不变,血浆胶体渗透压也将明显降低。

血浆蛋白一般不能透过毛细血管壁,所以血浆胶体渗透压虽小,但对于血管内外的水平衡有重要作用。由于血浆和组织液的晶体物质中绝大部分不易透过细胞膜,所以细胞外液的晶体渗透压的相对稳定,对于保持细胞内外的水平衡极为重要。

等渗溶液与等张溶液:在临床或生理实验使用的各种溶液中,其渗透压与血浆渗透压相等的称为等渗溶液(如0.85%NaCl溶液),高于或低于血浆渗透压的则相应地称为高渗或低渗溶液。将正常红细胞悬浮于不同浓度的NaCl溶液中即可看到:在等渗溶液中的红细胞保持正常大小和双凹圆碟形;在渗透压递减的一系列溶液中,红细胞逐步胀大并双侧凸起,当体积增加30%时成为球形,体积增加45%～60%则细胞膜损伤而发生溶血,这时血红蛋白逸出细胞外,仅留下一个双凹圆碟形细胞膜空壳,称为影细胞(ghost cell)。正常人的红细胞一般在 0.42％NaCl 溶液中时开始出现溶血,在 0.35％NaCl 溶液中时完全溶血。在某些溶血性疾病中,病人的红细胞开始溶血及完全溶血的 NaCl 溶液浓度均比正常人高,即红细胞的渗透抵抗性减小了,渗透脆性增加了。不同物质的等渗溶液不一定都能使红细胞的体积和形态保持正常;能使悬浮于其中的红细胞保持正常体积和形状的盐溶液,称为等张溶液。所谓"张力"实际是指溶液中不能透过细胞膜的颗粒所造成的渗透压。例如 NaCl 不能自由透过细胞膜,所以 0.85％NaCl 既是等渗溶液,也是等张溶液;但如尿素,因为它能自由通过细胞膜,1.9％尿素溶液虽然与血浆等渗,但红细胞置入其中后立即溶血,所以不是等张溶液。

四、血浆的 pH 值

正常人的血浆的 pH 值约为 7.35－7.45.血浆 pH 值主要决定于血浆中主要的缓冲对,即 $NaHCO_3/H_2CO_3$ 的比值。通常 $NaHCO_3/H_2CO_3$ 比值为 20,血浆中 $NaHCO_3/H_2CO_3$ 外,尚有其他缓冲对。在血浆中有蛋白质钠盐/蛋白质、Na_2HPO_4/NaH_2PO_4,在红细胞内尚有血红蛋白钾盐/血红蛋白、氧合血红蛋白钾盐/氧合血红蛋白、Na_2HPO_4/NaH_2PO_4. KH_2PO_4. $KHCO_3/H_2CO_3$ 等缓冲对,都是很有效的缓冲对系统。一般酸性或碱性物质进入血液时,由于有这些缓冲系统的作用,对血浆 pH 值的影响已减至很小,特别是在肺和肾不断的排出体内过多的酸或碱的情况下,通常血浆 pH 值的波动范围极小。

第三节 生理止血、血液凝固与纤维蛋白溶解

小血管损伤后血液将从血管流出,但在正常人,数分钟后出血将自行停止,称为生理止血。用一个小撞针或注射针刺破耳垂或指尖使血液流出,然后测定出血延续的时间,这一段时间称为出血时间(bleeding time)。出血时间的长短可以反映生理止血功能的状态。正常出血时间为 1－3 分钟。血小板减少,出血时间即相应延长,这说明血小板在生理止血过程中有重要作用;但是血浆中一些蛋白质因子所完成的血液凝固过程也十分重要。凝血有缺陷时常可出血不止。

一、生理止血

生理止血过程包括三部分功能活动。首先是小血管于受伤后立即收缩,若破损不大即可使血管封闭;主要是由损伤刺激引起的局部缩血管反应,但持续时间很短。其次,更重要的是血管内膜损伤,内膜下组织暴露,可以激活血小板和血浆中的凝血系统;由于血管收缩使血流暂停或减缓,有利于激活的血小板粘附于内膜下组织并聚集成团,成为一个松软的止血栓以填塞伤口。接着,在局部又迅速出现血凝块,即血浆中可溶的纤维蛋白源转变成不溶的纤维蛋白分子多聚体,并形成了由血纤维与血小板一道构成的牢固的止血栓,有效地制止了出血。与此同时,血浆中也出现了生理的抗凝血活动与纤维蛋白溶解活性,以防止血凝块不断增大和凝血过程漫延到这一局部以外。显然,生理止血主要由血小板和某些血浆成分共同完成。

二、血凝、抗凝与纤维蛋白溶解

血液离开血管数分钟后,就由流动的溶胶状态变成不能流动的胶冻状凝块,这一过程称为血液凝固(blood coagulation)或血凝。在凝血过程中,血浆中的纤维蛋白源转变为不溶的血纤维。血纤维交织成网,将很多血细胞网罗在内,形成血凝块。血液凝固后1—2小时,血凝块又发生回缩,并释出淡黄色的液体,称为血清。血清与血浆的区别,在于前者缺乏纤维蛋白原和少量参与血凝的其他血浆蛋白质,但又增添了少量血凝时由血小板释放出来的物质。

血浆内具备了发生凝血的各种物质,所以将血液抽出放置于玻璃管内即可凝血。血浆内又有防止血液凝固的物质,称为抗凝物质(anticoagulant)。血液在血管内能保持流动,除其他原因外,抗凝物质起了重要的作用。血管内又存在一些物质可使血纤维再分解,这些物质构成纤维蛋白溶解系统(简称纤溶系统)(fibrinloytic system)。

在生理止血中,血凝、抗凝与纤维蛋白溶解相互配合,既有效地防止了失血,又保持了血管内血流畅通。

(一)血液凝固

凝血因子:血浆与组织中直接参与凝血的物质,统称为凝血因子(blood clotting factors),其中已按国际命名法用罗马数字编了号的有12种。此外,还有前激肽释放酶、高分子激肽原以及来自血小板的磷脂等直接参与凝血过程。除因子IV与磷脂外,其余已知的凝血因子都是蛋白质,而且因子II、VII、IX、X、XI、XII以及前激肽释放酶都是蛋白酶。

凝血过程:凝血过程基本上是一系列蛋白质有限水解的过程。凝血过程一旦开始,各个凝血因子便一个激活另一个,形成一个"瀑布"样的反应链直至血液凝固。有两条途径:

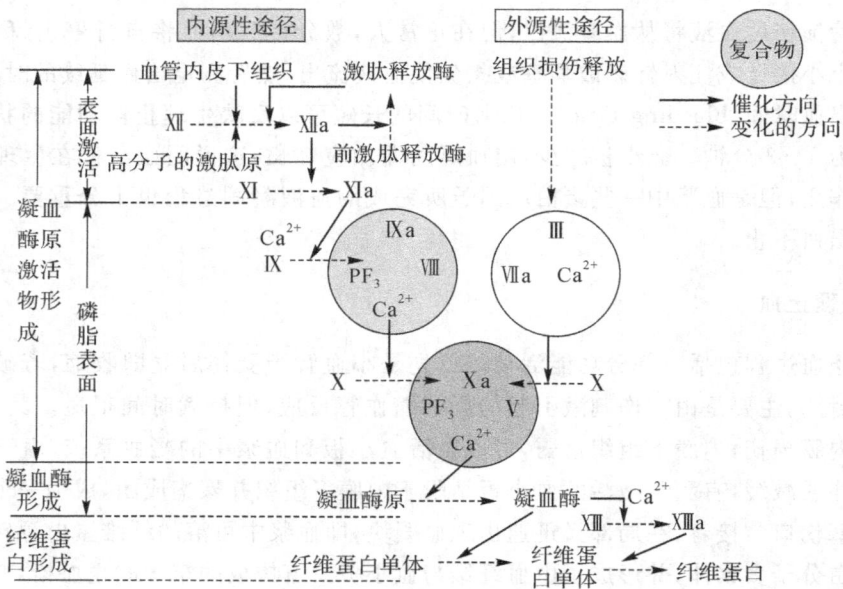

图16-4 血液凝固过程

(1)内源性途径:血管内皮受损时,暴露的胶原纤维与血浆中无活性的接触因子XII相接触,将其活化为因子Ⅻa。

(2)外源性途径:当组织损伤时,释放出组织凝血激酶(因子Ⅲ),进入血浆,启动外源性凝血过程。

(二)抗凝系统的作用

正常人 1ml 血浆含凝血酶原约 300 单位,在凝血时通常可以全部激活。10ml 血浆在凝血时生成的凝血酶就足以使全身血液凝固。但在生理止血时,凝血只限于某一小段血管,而且 1ml 血浆中出现的凝血酶活性很少超出 8～10 单位,说明正常人血浆中有很强的抗凝血酶活性。

现在已经查明,血浆中最重要的抗凝物质是抗凝血酶Ⅲ(antithrombinⅢ)和肝素,它们的作用约占血浆全部抗凝血酶活性的 75%。

1. 抗凝血酶Ⅲ:是血浆中一种丝氨酸蛋白酶抑制物(serine protease inhibitor)因子,Ⅱa、Ⅶ、Ⅸa、Xa、Ⅻa 的活性中心均含有丝氨酸残基,都属于丝氨酸蛋白酶(serine protease)。抗凝血酶Ⅲ分子上的精氨酸残基,可以与这些酶活性中心的丝氨酸残基结合,这样就"封闭"了这些酶的活性中心而使之失活。在血液中,每一分子抗凝血酶Ⅲ,可以与一分子凝血酶结合形成复合物,从而使凝血酶失活。

2. 肝素:是一种酸性粘多糖,主要由肥大细胞和嗜碱性粒细胞产生,存在于大多数组织中,在肝、肺、心和肌组织中更为丰富。

肝素在体内和体外都具有抗凝作用。肝素抗凝的主要机制在于它能结合血浆中的一些抗凝蛋白,如抗凝血酶Ⅲ和肝素辅助因子Ⅱ(heparin cofactorⅡ)等,使这些抗凝蛋白的活性大为增强。

肝素还可以作用于血管内皮细胞,使之释放凝血抑制物和纤溶酶原激活物,从而增强对凝血的抑制和纤维蛋白的溶解。此外,肝素能激活血浆中的脂酶,加速血浆中乳糜微粒的清除,因而减轻脂蛋白对血管内皮的损伤,有助于防止与血脂有关的血栓形成。

3. 蛋白质 C(protein C):是近年来引起注意的另一种具有抗凝作用的血浆蛋白,分子量为 62000。它由肝合成,并有赖于维生素 K 的存在。蛋白质 C 以酶原形式存在于血浆中,蛋白质 C 在凝血酶的作用下发生有限的酶解过程,从分子上裂解下一个小肽后即具有活性。激活的蛋白质 C 与血管内皮表面存在的辅因子凝血酶调制素(thrombomodulin)结合成复合物,在 Ca^{2+} 存在的条件下这种复合物使蛋白质 C 的激活过程大大加快。激活的蛋白质 C 具有多方面的抗凝血、抗血栓功能。

体外延缓或阻止血液凝固的因素:

1. 降低温度。当反应系统的温度降低至 10℃ 以下时,很多参与凝血过程的酶的活性下降,这些可延缓血液凝固,但不能完全阻止凝血的发生;

2. 光滑的表面。也称不湿表面,可减少血小板的聚集和解体,减弱对凝血过程的触发,因而延缓了凝血酶的形成。例如,将血液盛放在内表面涂有硅胶或石蜡的容器内,即可延缓血凝。

3. 去 Ca^{2+}。由于血液凝固的多个环节中都需要 Ca^{2+} 的参加,因此如在体外向血液中加入某些能与钙结合形成不易解离但可溶解的络合物,从而减少了血浆中的 Ca^{2+},防止了血液凝固。由于少量枸橼酸钠进入血液循环不致产生毒性,因此常用它作抗凝剂来处理输血用的血液。此外,实验室中可使用草酸铵、草酸钾和螯合剂乙二胺四乙酸(ECTA)作抗凝剂,它们能与 Ca^{2+} 结合成不易溶解的复合物。但它们对机体有害,因而不能进入体内。

(三)纤维蛋白溶解

在正常血管中,少量、轻度血凝会经常发生,如果所形成的血凝块不能及时被清除,将使血管阻塞。在生理止血过程中产生的止血栓也可以阻塞损伤处的血管。当损伤处的创口逐渐愈合后,血凝时形成的纤维蛋白网可被溶解,一部分不必要的血栓被清除,使血管变得畅通,此过程称纤维蛋白溶解。

纤维蛋白溶解的过程大致可分为两步:首先是血浆中的纤维蛋白溶解酶原(plasminogen,简称纤溶酶原)激活,转变成纤维蛋白溶解酶(plasmin,简称纤溶酶);然后是纤溶酶促使纤维蛋白和纤维蛋白原降解,使凝胶状态的纤维蛋白溶解。

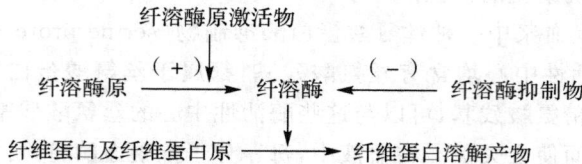

```
                     纤溶酶原激活物
              (+) ↓          (−)
纤溶酶原 ────→ 纤溶酶 ←──── 纤溶酶抑制物
              ↓
纤维蛋白及纤维蛋白原 ────→ 纤维蛋白溶解产物
```

第四节　血型与输血原则

一、人类的血型

人类红细胞膜上存在不同的特异糖蛋白抗原,称为凝集原;而血浆中存在着能与红细胞膜上相应凝集原发生反应的抗体,称为凝集素。如果将含有不同凝集原的血混合,将会使红细胞聚集成簇,同时伴有溶血发生,这种现象称为红细胞凝集。

目前已知人类红细胞膜上至少存在 30 种不同的抗原,还有 100 多种其他类型的抗原仅存在于个别家族中,称为"私人抗原"。血型(blood group)是指红细胞膜上特异的抗原类型。红细胞膜上的绝大多数抗原的抗原性很弱,在输血中不会产生明显的凝集反应,但某些抗原的抗原性很强。在这些抗原中,对人类最重要的是 ABO 血型和 Rh 血型系统。

二、ABO 血型

ABO 血型系统由红细胞膜上的凝集原 A 和凝集原 B 决定。这两种凝集原可组合为 4 种血型。

表 16-1　红细胞抗原的 ABO 系统

血　型	红细胞抗原(凝集原)	血浆中抗体(凝集素)
A	A	抗 B
B	B	抗 A
AB	AB	无抗 A 或抗 B
O	无 A 和 B	抗 A 和抗 B

ABO 血型抗原具有种族差异。例如,中欧地区的人群中,约 40% 以上的人为 A 型,近

40％的人为 O 型,10％的人为 B 型,6％的人为 AB 型;而 90％的美洲土著人为 O 型。

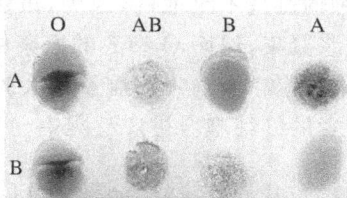

图 16-5 ABO 血型的检测

三、Rh 血型

1. Rh 血型的发现与分布

1940 年,Landstein 和 Wienner 用恒河猴(Rhesus Monkey)的红细胞重复注射入家兔体内,家兔体内产生抗 Rh 抗体。这种抗体能与白人中约 85％的人的红细胞发生凝集。表明人的红细胞中具有与 Rh 同样的抗原,称 Rh 阳性血型。我国汉族及其他大部分民族中 Rh$^+$ 占 99％;某些少数民族 Rh$^-$ 占 5％。

2 Rh 血型的特点及其临床意义

Rh 血型系统与 ABO 血型系统不同。Rh 阴性个体血浆中不存在天然的抗 Rh 因子的抗体。如果 Rh 阴性个体接受了 Rh 阳性个体的血液,输血后不久,在 Rh 阴性的血中就能发现抗 Rh 的抗体。对于 Rh 阴性受血者而言,第一次输入 Rh 阳性供血者的血时,一般不出现凝集反应,这是因为 Rh 阴性受血者的免疫系统需要一段时间才能产生抗 Rh 的抗体;如果第二次或多次输入 Rh 阳性血液,将会发生抗原—抗体反应,使输入的 Rh 红细胞凝集。

当 Rh 阴性的母亲怀有 Rh 阳性的胎儿时,如果 Rh 阳性胎儿的少量红细胞通过胎盘进入到母亲血液中,将产生抗 Rh 的抗体,这种抗体又通过胎盘进入到胎儿血中后,可使胎儿红细胞凝集并发生溶血,严重时可造成胎儿死亡。一般只有在分娩时才可能有大量的红细胞进入母体,而母体血浆中抗体浓度的增加是非常缓慢的,往往要经历几个月的时间,因此第一次妊娠常常不会造成严重后果。但 Rh 阴性母亲如果第二次怀有 Rh 阳性的胎儿,母体中的高浓度 Rh 抗体将会进入胎儿血液中,破坏胎儿的红细胞,造成胎儿死亡或新生儿溶血性贫血症。

四、输血原则

(一)鉴定血型

除了鉴定 ABO 血型,对于生育年龄的妇女和需要反复输血的病人,还必须使供血者和受血者的 Rh 血型相符,以免受血者被致敏后产生抗 Rh 的抗体。

(二)ABO 血型的交叉配血试验

(供血者)红细胞＋(受血者)血清——交叉配血主侧;

(供血者)血清＋(受血者)红细胞——交叉配血次侧。

如果交叉配血试验的两侧都没有凝集反应,即为配血相合,可以进行输血;如果主侧有凝集反应,则为配血不合,不能输血;如果主侧不起凝集反应,而次侧有凝集反应,只能在应急情况下输血,输血时不宜太快太多,并密切观察,如发生输血反应,应立即停止输注。

以往曾经把 O 型的人称为"万能供血者（universal donor）"，认为他们的血液可以输给其他血液的人。但目前认为这种输血是不足取的，因为，虽然 O 型的红细胞上没有 A 和 B 凝集原，因而不会被受血者的血浆凝集，然而 O 型人的血浆中的抗 A 和抗 B 凝集素能与其他血型受血者的红细胞发生凝集反应。当输入的血量较大时，供血者血浆中的凝集素未被受血者的血浆足够稀释时，受血者的红细胞会被广泛凝集。

（三）成分输血

把血中各种有效成分——红细胞、粒细胞、血小板、血浆分别制备成高浓度或高纯度的制品才输入，可提高疗效，减少不良反应，又能节约血源。

（四）自身输血

可预防肝炎、艾滋病等传播。

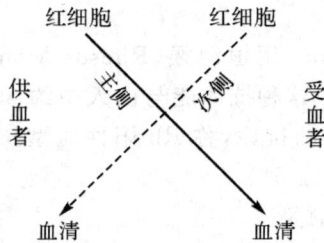

图 16-6　交叉配血实验示意图

【课外拓展】

1. 血液中成分变化可作哪些疾病判断？
2. 造血过程的调节如何？

【课程研讨】

1. 为何人与人之间不能随便输血？你认为血型与人的性格、同学关系、职业等有关吗？
2. 体检时为什么常要检测血液指标？

【课后思考】

1. 血液中有哪些成分？含量是多少？过多过少有什么结果？
2. 什么是血浆？什么是血清？二者的主要区别是什么？
3. 试述血浆渗透压的构成及其生理意义。
4. 简述红细胞的生理特性、生理功能及生成调节。
5. 简述白细胞的数量、生理特性及各类白细胞的生理功能。
6. 简述血液在维持内环境稳态作用中的重要性。
7. 出血了，过了一会就会止血。请问其中的奥秘是什么？为什么正常人血管中的血液不会发生凝固？

【小资料】

人类血液中发现艾滋克星

最近科学家们研究发现,人体血液中有一种天然成分,具有抗 HIV 的作用,只要将血液中的一个蛋白质结构稍作调整,把它的抗 HIV 能力提高两个数量级,人类就能克服艾滋病。

最近的医学研究发现,人体血液中有一种天然成分具有抗 HIV 的作用,这一成果为开发全新的抗艾滋病毒药物带了希望。这种分子的作用机理与现在通用的抗逆转录 RNA 疗法完全不同,而且对那些具有抗药性的变种 HIV 也有效果,因此为人类攻克艾滋病的战斗开辟了一条全新的战线。研究人员还发现,只要对其化学结构作微小的改变就可以大幅度提高其抗病毒能力。这项德国乌尔姆大学的研究成果发表在最新一期《细胞》杂志上。

世界卫生组织估计全球有近 4000 万人是 HIV 携带者或艾滋病毒感染者。仅在 2006 年就有 400 万人被感染,300 万人因艾滋病丧生。抗逆转录 RNA 药物是目前最主要的艾滋病疗法,曾经挽救了许多人的生命。但 HIV 具备惊人的自我改造能力,它能不断产生新的具有抗药性的病毒变种,因此人们担心许多现在使用的主要抗 HIV 药物会在将来逐渐失去疗效。摆在科学家们面前的当务之急就是找到新的疗法来代替这种药物。

许多人很早以前就认为血液中的某些分子对 HIV 具有抑制作用,但一直不清楚哪些分子的效果显著。乌尔姆大学的研究者采用目前最领先的技术对超过 100 万种血液蛋白的抗 HIV 效果进行了评估。他们发现一种被他们称为"病毒抑制肽"的蛋白质,其分子的某些片断有相对充足的抗 HIV 效果,而且只要对其氨基酸构成稍作调整就能把它的抗 HIV 能力提高两个数量级。

研究者针对这种蛋白质做了大量测试。一项测试表明,它的某些衍生物在血浆中极其稳定,而且在高浓度状态下仍然对人体无毒。另一项测试则使用了人工合成的病毒抑制肽,结果发现它也具有显著抗 HIV 效果,这就证明了确实是这种分子在起作用,而排除了抗 HIV 是其他未知血液成分作用的可能。

病毒抑制肽的作用机理是攻击 HIV 所需要的一种糖类分子,夺取其养分使它不能感染寄主细胞。因此它能对所有的 HIV 变种都产生抑制效果,而不像抗逆转录 RNA 药物那样直接攻击杀死病毒本身,从而不断刺激 HIV 产生新 A 的具有抗药性的变种。

罗杰佩伯迪,英国特伦斯希金斯信托基金的一位医学顾问,在对这项研究发表评论时说,它还仅仅是在开始阶段,但对人类研究新型抗艾滋病毒药物具有重大意义。

"随着时间的推移,越来越多的 HIV 携带者对现在的疗法具有了抗药性,因此我们必须通过不懈努力来给患者带来机会。这项研究可能要花上很多年的时间,但我们希望它为未来提供有效的艾滋病新疗法。"

第十七章　血液循环

【课程体系】

【课前思考】

1. 心脏泵血功能。
2. 心肌细胞的特点。
3. 血压产生的机理。

【本章重点】

1. 血液循环过程。
2. 心脏代偿功能。
3. 血压的产生机理。
4. 组织液的生成。

【教学要求】

1. 掌握血液循环过程、心脏的泵血功能、心肌细胞的特点。
2. 熟悉血管生理、血压产生的机制。

心脏和血管组成机体的循环系统。血液在其中按一定方向流动,周而复始,称为血液循环。血液循环的主要功能是完成体内的物质运输,运输代谢原料和代谢产物,使机体新陈代谢能不断进行。体内各内分泌腺分泌的激素,或其他体液因素,通过血液的运输,作用于相应的靶细胞,实现机体的体液调节;机体内环境理化特性相对稳定的维持和血液防卫功能的实现,也都有赖于血液的不断循环流动。

第一节　心脏的泵血功能

心脏是一个由心肌组织构成并具有瓣膜结构的空腔器官,是血液循环的动力装置。生命过程中,心脏不断做收缩和舒张交替的活动,舒张时容纳静脉血返回心脏,收缩时把血液射入动脉,为血液流动提供能量。通过心脏的这种节律性活动以及由此而引起的瓣膜的规律性开启和关闭,推动血液沿单一方向循环流动。心脏的这种活动形式与水泵相似,因此可以把心脏视为实现泵血功能的肌肉器官。

心脏由左右两个心泵组成。右心主肺循环,左心主体循环。心脏内特殊的传导系统:窦房结、房室结、房室束和浦肯野氏纤维。

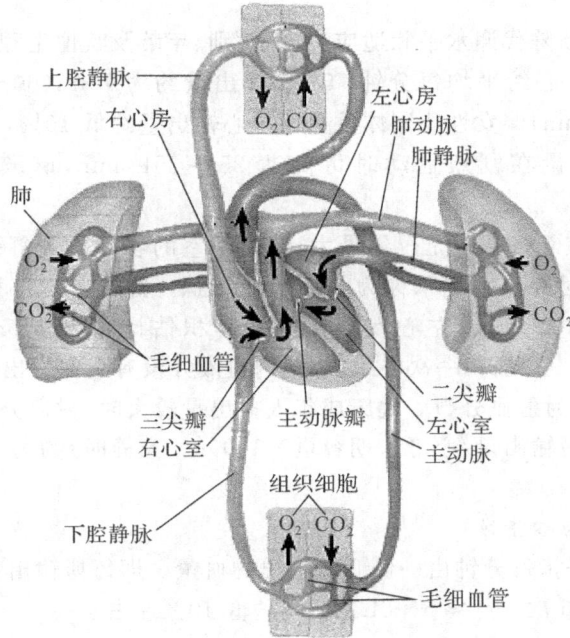

图 17-1　血液循环示意图

一、心动周期和心率

(一)心动周期

心脏每收缩和舒展一次,称心动周期。

(二)心率

正常成人:60～100 次/分。新生儿:130 次/分。女性较快,体力劳动、运动锻炼者较慢。

二、心音的产生

心音是由心脏瓣膜关闭和血液撞击心室壁引起的振动。

第一心音:心室收缩,血流冲击房室瓣产生。

第二心音:心室舒张,血液回流冲击半月瓣及心室内壁振动产生。

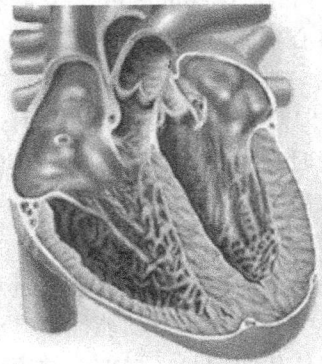

图 17-2　心脏

三、心输出量与心力贮备

这是评价心泵功能的重要指标。

(一)每搏输出量和射血分数

1. 每搏输出量：是指一个心动周期一侧心室射出的血量。成年人、安静平卧,约为70mL。心室舒张末期:血液充盈容量达125mL。心室收缩末期:心室残余血量达55mL,与心肌收缩力有关。

心输出量与机体新陈代谢水平相适应,可因性别、年龄及其他生理情况而不同。如健康成年男性静息状态下,心纺平均每分钟75次,搏出量约为70ml(60~80ml),心输出量为5L/min(4.5~6.0L/min)。女性比同体重男性的心输出量约低10%,青年时期心输出量高于老年时期。心输出量在剧烈运动时可高达25~35L/min,麻醉情况下则可降低到2.5L/min。

2. 射血分数:心室舒张末期充盈量最大,此时心室的容积称为舒张末期容积。心室射血期末,容积最小,这时的心室容积称为收缩末期容积。舒张末期容积与收缩末期容积之差,即为搏出量。正常成年人,左心室舒张末期容积估计约为145ml,收缩末期容积约75ml,搏出量为70ml。可见,每一次心跳,心室内血液并没有全部射出。搏出量占心室舒张末期容积的百分比,称为射血分数。健康成年人搏出量较大时,射血分数为55%~65%。

射血分数等于每搏输出量/心舒末期容量×100%。安静时:约为60%。心脏强烈收缩时,射血分数增加。

(二)每分输出量与心指数

1. 每分输出量:是指每分钟由一侧心室输出的血量。即每搏输出量×心率。

成年人:70mL×75次/分 ≈ 5~6L;女性:约低10%左右。

2. 心指数:心输出量是以个体为单位计算的。身体矮小的人和高大的人,新陈代谢总量不相等,因此,用输出量的绝对值作为指标进行不同个体之间心功能的比较,是不全面的。群体调查资料表明,人体静息时的心输出时,也和基础代谢率一样,并不与体重成正比,而是与体表面积成正比的。以单位体表面积(m²)计算的心输出量,称为心指数。中等身体的成年人体表面积约为1.6~1.7m²,安静和空腹情况下心输出量约5~6L/min,故心指数约为3.0~3.5L/min·m²。安静和空腹情况下的心指数,称之为静息心指数,是分析比较不同个体心功能时常用的评定指标。

心指数随不同重量条件而不同。年龄在10岁左右时,静息心指数最大,可达4L/min·m²以上,以后随年龄增长而逐渐下降,到80岁时,静息心指数接近于2L/min.m²。肌肉运动时,心指数随运动强度的增加大致成比例地增高。妊娠、情绪激动和进食时,心指数均增高。

(三)心力贮备

心力贮备是指心输出量随机体需要而相应增大的能力,反映对代谢的适应能力。

心脏的泵血功能能够广泛适应机体不同生理条件下的代谢需要,表现为心输出量可随机体代谢增长而增加。健康成年人静息状态下心率每分钟75次,搏出量约70mL,心输出量为5L左右。强体力劳动时,心率可达每分钟180~200次,搏出量可增加到150mL左右,心输出量可达25~30L,为静息时的5~6倍。心脏每分钟能射出的最大血量,称最大输出量。它反映心脏的健康程度。由上可以看出,在平时,心输出量产是最大的,但能够在需要时成倍地增长,表明健康人心脏泵血功能有一定的贮备力量。心输出量随机体代谢需要而增加的能力,称为泵功能贮备,或心力贮备。健康人有相当大的心力贮备,而某些心脏疾患的病人,静息时心输出量与健康人没明显差别,尚能够满足静息状态下代谢的需要,但在代谢活动增强时,输出量却不相应增加,最大输出量较正常人为低;而训练有素的运动员,心脏的最大输出量远比一般人为高,可达 35L 以上,为静息时的 8 倍左右。

（四）影响心输出量的因素

1. 心肌的异长自身调节:心室舒张末期,回心血量增多导致心脏容积增大,心肌进一步拉长、心肌收缩强度增强(在一定限度内)。

2. 心肌的等长自身调节:心肌收缩力增强,心脏搏出量增加。

3. 外周阻力的影响:主要是动脉血压,外周阻力增加导致搏出量下降(一定的范围内)导致心舒末期容积增大、心肌异长(或等长收缩)的调节加大、心收缩力增强、搏出量增加。

如果外周阻力持续升高(如高血压),会导致心肌长期处于收缩状态,导致心力衰竭,泵血功能下降。

4. 心率的影响:一定范围内,心输出量与心率速率成正比。超过一定范围,心率加快导致心舒期缩短、心室充盈量减少,如:心率太慢,超过心室充盈量达极限所需的时间导致搏出量下降。

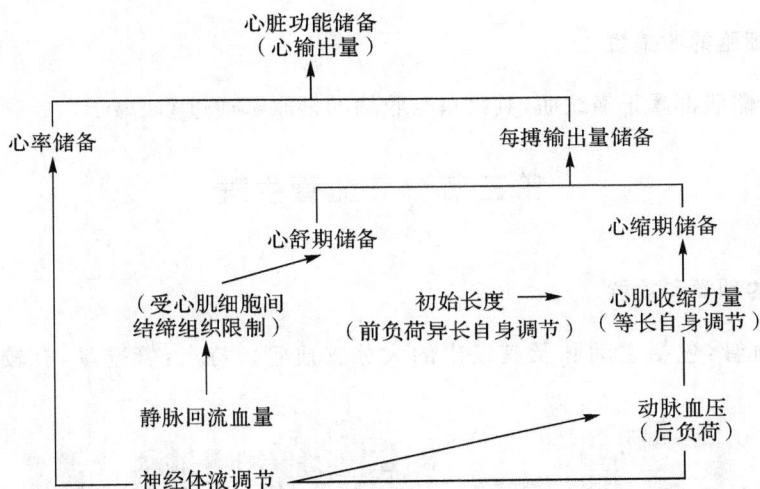

图 17-3　心脏泵血功能的储备

第二节　心肌细胞的生理特性

一、心肌细胞的兴奋性

心肌在兴奋后,兴奋性产生了一系列变化,其有效不应期时间较长,这与神经细胞和骨骼肌细胞具有很大的差别。

二、心肌细胞的自律性

是指没有外来刺激条件下,能自动发生节律性兴奋的特性与能力。

在正常情况下,窦房结细胞的自律性最高,自动兴奋的频率为 100 次/min;房室交界次之,约为 50 次/min;房室束和普肯野纤维网最低,约为 25 次/min。窦房结是心脏正常起搏点。其他自律组织的自律性较低,正常情况下处于窦房结的控制之下,其自身的节律性不能表现出来,称为潜在起搏点。在某些异常情况下,潜在起搏点有可能在窦性心率之外引起心脏的额外起搏,此时的心脏节律称为异位节律,产生异位节律的组织,称为异位起搏点。

窦房结中的 P 细胞称为起搏细胞,其起搏电位的产生主要决定于舒张期膜对钙离子和钠离子的通透性增加,这两种离子内流都趋向于使膜去极化,当去极化达到阈电位水平时产生动作电位。

三、心肌细胞的传导性

心脏起搏点产生的兴奋,能够扩布到整个心脏。兴奋由窦房结传导整个心房需要 60—90ms,传导速度为 1m/s;蒲肯野氏纤维为 4m/s,心室肌为 1m/s。在房室交界处兴奋传导的速度最慢,为 0.05～0.1m/s,历时约 120ms,通常称为房室延搁。房室延搁有利于心房与心室交替收缩。而心室肌、心房肌、蒲肯野氏纤维传导速度快,有利于心房或心室的同步收缩。

四、心肌细胞的收缩性

心肌与骨骼肌都属于横纹肌,其兴奋与收缩的耦联都通过 Ca 离子。

第三节　　血管生理

一、血管的种类和功能

1. 弹性血管:包括主动脉及其发出的大分支血管。特点:管壁厚,有较大的扩张性、弹性。

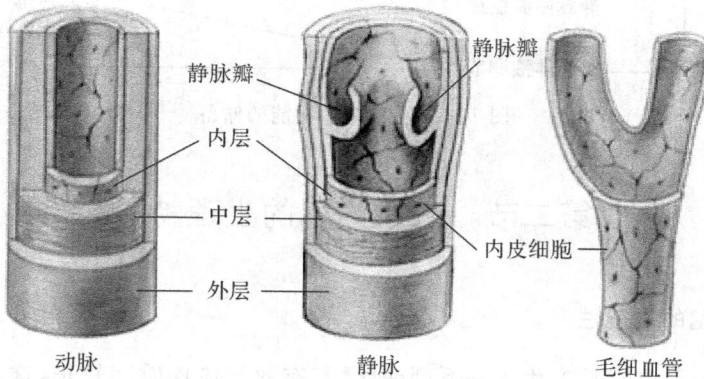

图 17-4　各类血管壁的结构

2. 阻力血管:包括小动脉、微动脉。富含平滑肌,可改变管径导致血流阻力的变化。

3. 交换血管:毛细血管。管壁仅由单层内皮细胞构成,有很大的通透性,有利于物质交换。

4. 容量血管:指静脉血管。数量多,口径大,管壁薄,容量大,可容纳循环血量的60%—70%。

5. 短路血管:指小动脉与小静脉间的吻合支。与体温调节、应急有关。

二、血液在血管系统内的流动

(一)血流量与血流速度

血流量是指在单位时间内流过血管某一横断面的血量。与两端的压力差成正比,与血管对血流的阻力成反比。主动脉 40~50cm/s,毛细血管 0.05~0.08cm/s,有利于物质的交换。

(二)血流阻力

来源于血液内部和血液与血管壁的摩擦力。血管中:管壁处血流慢,中轴血流快,主要是红细胞。

(三)血压

是指血管内的血液对于单位血管壁的侧压力,也即压强。惯用 mmHg。1mmHg=133Pa(牛顿/米²)=0.133kPa。

血压的形成,首先是由于心血管系统内有血液充盈。循环系统中血液充盈的程度可用循环系统平均充盈压来表示。

形成血压的另一个基本因素是心脏射血。心室肌收缩时所释放的能量可分为两部分,一部分用于推动血液流动,是血液的功能;另一部分形成对血管壁的侧压,并使血管壁扩张,这部分是势能,即压强能。在心舒期,大动脉发生弹性回缩,又将一部分势能转变为推动血液的动能,使血液在血管中继续向前流动。由于心脏射血是间断性的,因此在心动周期中动脉血压发生周期性的变化。另外,由于血液从大动脉流向心房的过程中不断消耗能量,故血压逐渐降低。在机体处于安静状态时,体循环中毛细血管前阻力血管部分血压降落的幅度最大。

影响动脉血压的另一个因素是外周阻力。外周阻力主要是指小动脉和微动脉对血流的阻力。假如不存在外周阻力,心室射出的血液将全部流至外周,即心室收缩释放的能量可全部表现为血流的动能,因而对血管壁的侧压不会增加。

三、动脉血压

(一)动脉血压的正常值

1. 收缩压:心室收缩时,主动脉急剧升高,达到最高值。

正常:100~120mmHg(13.3~16.0kPa)。

2. 舒张压:心室舒张时,主动脉下降到最低值。

正常:60~80mmHg(8.0~10.6kPa)。

3. 脉搏压(脉压):收缩压与舒张压的差值。

正常:30~40mmHg(4.0~5.3kPa)。

（二）影响动脉血压的因素

1. 循环系统平均充盈压：指血量大于血管系统未被扩张的自然容积而使血管扩张引起的血压。血管系统中必须有足够的血量方能使血管充盈而产生一定的体循环平均充盈压。在正常情况下，血管系统充盈程度变化不大，因此循环血量和血管容量是相适应的。体循环平均充盈压约 7mmHg，但在失血后，循环血量急剧减少就会影响动脉血压。

2. 每搏输出量：每搏输出量是一次心室收缩所射出的血量。每搏输出量增大，心缩期射入主动脉的血量增多，心缩期中主动脉和大动脉内的血量增多，血管壁所受的张力上升，收缩期动脉血压升高。若外周阻力或心率变化不大时，在舒张期搏出的血量可流至外周，因此，只出现收缩压升高，舒张压基本不变，脉压变大。反之，若每搏输出量减小，则引起收缩压下降，脉压减小。

3. 心率：如果心率加快，而每搏输出量和外周阻力都不变，由于心舒期缩短，心舒期内流向外周的血量减少，心舒期末留存在大、主动脉内的血量增多，舒张压升高。此时收缩压也升高，但不如舒张压升高明显，故脉压减小。相反，心率减慢时，舒张压的下降大于收缩压，脉压加大。

4. 大动脉弹性：由于动脉管壁的顺应性，每次心室收缩都引起主动脉和大动脉的扩张和血压的升高。动脉管壁扩张的程度与大动脉和主动脉管壁的弹性和血管的顺应性有关。大动脉的弹性越好，越能缓冲心室射血时的压力。若动脉硬化，动脉管壁的顺应性下降，缓冲能力减弱，则心室射血时血压上升，收缩压明显增高，此时舒张压的增加不如收缩压明显，故脉压加大。

5. 外周阻力：影响外周阻力的主要因素是阻力血管的口径和血液的粘滞性。如果外周阻力增加而心输出量不变，则心舒期血液向外周流动的速度减慢，心舒期留存在动脉内的血液增多，故舒张压增高。由于在心脏收缩期动脉内还留存较多的血液，心缩期大、主动脉承受更大的张力，收缩压也增高，但收缩压增高不如舒张压增高大，脉压减小。

外周阻力增高主要原因是小血管口径变小引起。这是机体调节血压的主要方式，也是高血压病人发病的主要原因之一。

四、静脉血压和静脉回心血量

（一）静脉血压

体循环中静脉系统的血液最后返回右心房。右心房作为体循环的终点，血压最低，接近于零。通常将右心房或胸腔内大静脉的血压称为中心静脉压，各器官静脉内的血压称为外周静脉压。

（二）影响静脉压和静脉回心血量的因素

1. 体循环平均充盈压：心血管系统血液充盈度越高，静脉回心血量越多。

2. 心脏的舒缩活动：在心动周期中，心房舒张使房内压下降，同时心室收缩将牵拉心房使房内压进一步下降；且心室肌的收缩力越强，射血越完全，心室收缩末期压力就越低，对心房和大静脉内血液的抽吸作用就越大，故静脉回心血量就越快。

3. 重力与体位：血液因为受到地心引力的作用，在血管内将产生一定的静水压。身体各处血管中的血压应等于血流动力压加上静水压。当一个人站立的时候，腿部血管的血压要高于上肢血管的血压，这是由于腿部血管的静水压要高于上肢血管的静水压。在平卧时，身体各部分血管的位置大致与心脏水平,故静水压也基本相同。影响静水压的另一因素是跨壁压。跨壁压是指血管内血液和血管外组织对管壁的压力之差。跨壁压减小到一定程度时,血管发生塌陷。人直立时,位于心脏水平以下的静脉充盈扩张,比卧位时多容纳 550mL 左右的血液。此时中心静脉压降低。长时间站立会使大量血液滞留于下肢,容易引起下肢浮肿。

4. 骨骼肌的挤压作用:骨骼肌收缩时,位于肌纤维间的静脉血管受到挤压,使静脉血流加快。在外周静脉中,特别是在四肢的大、中静脉中存在静脉瓣,能阻滞血液返流,故骨骼肌收缩对静脉的挤压作用,可促进静脉血液回流。骨骼肌舒张时,对静脉血管的挤压作用降低,有利于毛细血管和微静脉血液回流。这样,骨骼肌和静脉瓣膜一起,对静脉回流起着"泵"的作用,称为"静脉泵"或"肌肉泵"。

王、微循环

微循环是指微动脉和微静脉之间的血液循环。血液循环最根本的功能是进行血液和组织之间的物质交换,这一功能就是在微循环部分实现的。

各器官、组织的结构和功能不同,微循环的结构也不同。人手指甲皱皮肤的微循环形态比较简单,微动脉和微静脉之间仅由呈襻状的毛细血管相连。骨骼肌和肠系膜的微循环形态则比较复杂。典型的微循环由微动脉、后微动脉、毛细血管前括约肌、真毛细血管、通血毛细血管(或称直捷通路)、动一静脉吻合支和微静脉等部分组成。

微动脉管壁有环行的平滑肌,其收缩和舒张可控制微血管的血流量。微动脉分支成为管径更细的后微动脉。每根后微动脉向一根至数根真毛细血管供血。真毛细血管通常从后微动脉以直角方向分出。在真毛细血管起始后端通常有 1~2 个平滑肌细胞,形成一个环,即毛细血管前括约肌。该括约肌的收缩状态决定进入真毛细血管的血流量。

毛细血管的血液经微静脉进入静脉。最细的微静脉管径不超过 20~30μm,管壁没有平滑肌,在功能上有交换血管的作用。较大的微静脉管壁有平滑肌,在功能上是毛细血管后阻力血管。微静脉的舒缩状态可影响毛细血管血压,从而影响毛细血管处的液体交换和静脉回心血量。

另外,微动脉和微静脉之间还可通过直捷通路和动一静脉短路发生沟通。直捷通路(thoroughfare channel)是指血液从微动脉经后微动脉和通血毛细血管进入微静脉的通路。通血毛细血管是后微动脉的直接延伸,其管壁平滑肌逐渐稀小以至消失。直捷通路经常处于开放状态,血流速度较快,其主要功能并不是物质交换,而是使一部分血液能迅速通过微循环而进入静脉。直捷通路在骨骼肌组织的微循环中较为多见。动一静脉短路(arteriovenous shunt)是吻合微动脉和微静脉的通道,其管壁结构类似微动脉。在人体某些部分的皮肤和皮下组织,特别是手指、足趾、耳廓等处,这类通路较多。动一静脉吻合支在功能上不是进行物质交换,而是在体温调节中发挥作用。当环境温度升高时,动一静脉吻合支开放增多,皮肤血流量增加,皮肤温度升高,有利于发散身体热量。环境温度降低时,则动一静脉短路关闭,皮肤血流量减少,有利于保存体热。动一静脉短路开放,会相对地减少组织对血液中氧的摄取。在某些病理状态下,例如感染性和中毒性休克时,动一静脉短路大量开放,可加重组织的缺氧状况。

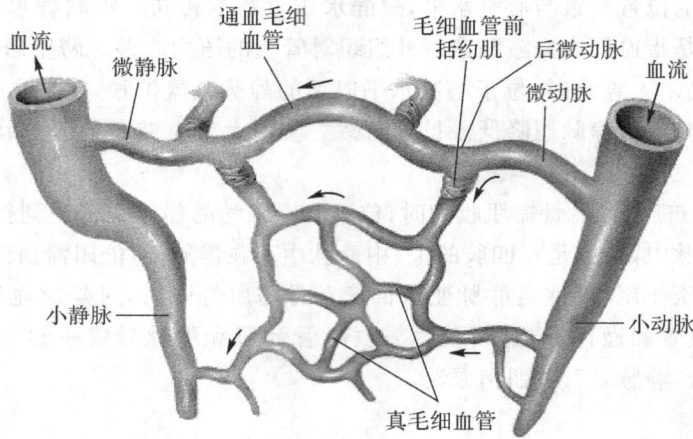

图 17-5　微循环模式图

六、组织液的生成

正常成人的体重的 60% 左右是水,其中约 5/8 存在于细胞内,称为细胞内液;其余 3/8 存在于细胞外,称为细胞外液。细胞外液中,约有 1/5 在血管内,即血浆的水分;其余 4/5 在血管外,即组织液和各种腔室内液体(脑脊液、眼球内液等)的水分。组织液存在于组织、细胞的间隙内,绝大部分呈胶冻状,不能自由流动,因此不会因重力作用而流至身体的低垂部分;将注射针头插入组织间隙内,也不能抽出组织液。组织液凝胶的基质是胶原纤维和透明质酸细丝。组织液中有极小一部分呈液态,可自由流动。组织液中各种离子成分与血浆相同。组织液中也存在各种血浆蛋白质,但其浓度明显低于血浆。

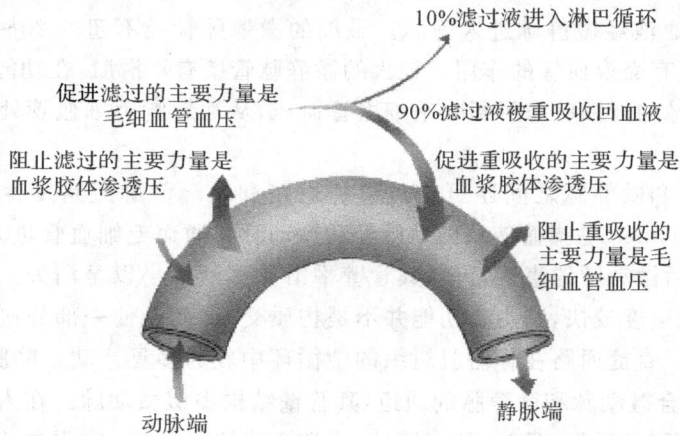

图 17-6　组织液生成与汇流示意图

(一)组织液的生成

组织液是血浆滤过毛细血管壁而形成的。如前所述,液体通过毛细血管壁的滤过和重吸收取决于四个因素,即毛细血管血压(Pc)、组织液静水压(Pif)、血浆胶体渗透压(πp)和组织液胶体渗透压(πif)。其中,Pc 和 πif 是促使液体由毛细血管内向血管外滤过的力量,而

πp 和 Pif 是将液体从血管外重吸收入毛细血管内的力量。滤过的力量(即 Pc＋πif)和重吸收的力量(即 πp＋Pif)之差，称为有效滤过压。单位时间内通过毛细血管壁滤过的液体量 V 等于有效滤过压与滤过系数 Kf 的乘积，即：$V＝Kf[(Pc＋πif)－(πp＋Pif)]$。

　　滤过系数的大小取决于毛细血管壁对液体的通透性和滤过面积。以图示所设的各种压力数值为例，可见在毛细血管动脉端的有效滤过压为 1.3kPa(10mmHg)，液体滤出毛细血管；而在毛细血管静脉端的有效滤过压为负值，故发生重吸收。总的说来，流经毛细血管的血浆，约有 0.5％在毛细血管动脉端以滤过的方式进入组织间隙，其中约 90％在静脉端被重吸收回血液，其余约 10％进入毛细淋巴管，成为淋巴液。

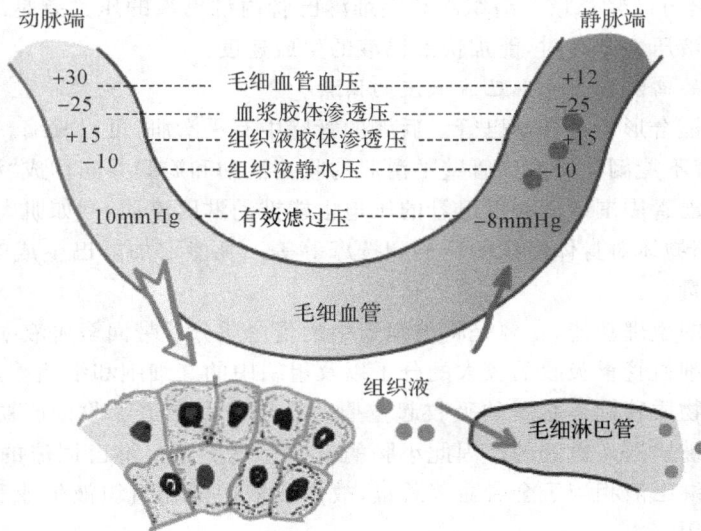

图 17-7　组织液生成与回流示意图
＋代表使液体滤出毛细血管的力量
－代表使液体吸收回毛细血管的力量

(二)影响组织液生成的因素

　　在正常情况下，组织液不断生成，又不断被重吸收，保持动态平衡，故血量和组织液量能维持相对稳定。如果这种动态平衡遭到破坏，发生组织液生成过多或重吸收减少，组织间隙中就有过多的潴留，形成组织水肿。上述决定有效滤过压的各种因素，如毛细血管血压升高和血浆胶体渗透压降低时，都会使组织液生成增多，甚至引起水肿。静脉回流受阻时，毛细血管血压升高，组织液生成也会增加。淋巴回流受阻时，组织间隙内组织液积聚，可导致组织水肿。此外，在某些病理情况下，毛细血管壁的通透性增高，一部分血浆蛋白质滤过进入组织液，使组织液生成增多，发生水肿。

七、淋巴液的生成和回流

　　淋巴管系统是组织液向血液回流的一个重要的辅助系统。毛细淋巴管以稍膨大的盲端起始于组织间隙，彼此吻合成网，并逐渐汇合成大的淋巴管。全身的淋巴液经淋巴管收集，最后由右淋巴导管和胸导管导入静脉。

（一）淋巴液的生成

组织液进入淋巴管，即成为淋巴液。因此，来自某一组织的淋巴液的成分和该组织的组织液非常接近。在毛细淋巴管起始端，内皮细胞的边缘像瓦片般互相覆盖，形成向管腔内开启的单向活瓣。另外，当组织液积聚在组织间隙内时，组织中的胶原纤维和毛细淋巴管之间的胶原细丝可以将互相重叠的内皮细胞边缘拉开，使内皮细胞之间出现较大的缝隙。因此，组织液包括其中的血浆蛋白质分子可以自由地进入毛细淋巴管。

正常成人在安静状态下大约每小时有 120mL 淋巴液流入血液循环，其中约 100mL 经由胸导管、20mL 经由右淋巴导管进入血液。以此推算，每天生成的淋巴液总量约为 2～4L，大致相当于全身血浆总量。组织液和毛细淋巴管内淋巴液的压力差是组织液进入淋巴管的动力。组织液压力升高时，能加快淋巴液的生成速度。

（二）淋巴液的回流及影响淋巴液回流的因素

毛细淋巴管汇合形成集合淋巴管。后者的管壁中有平滑肌，可以收缩。另外，淋巴管中有瓣膜，使淋巴液不能倒流。淋巴管壁平滑肌的收缩活动和瓣膜共同构成"淋巴管泵"，能推动淋巴流动。淋巴管周围组织对淋巴管的压迫也能推动淋巴流动，例如肌肉收缩，相邻动脉的搏动，以及外部物体对身体组织的压迫和按摩等等。凡能增加淋巴生成的因素也都能增加淋巴液的回流量。

淋巴液回流的生理功能，主要是将组织液中的蛋白质分子带回至血液中，并且能清除组织液中不能被毛细血管重吸收的较大的分子以及组织中的红细胞和细菌等。小肠绒毛的毛细淋巴管对营养物质特别是脂肪的吸收起重要的作用。由肠道吸收的脂肪的 80%－90% 是经过这一途径被输送入血液的。因此小肠的淋巴呈乳糜状。淋巴回流的速度虽较缓慢，但一天中回流的淋巴液相当于全身血浆总量，故淋巴液回流在组织液生成和重吸收的平衡中起着一定的作用。

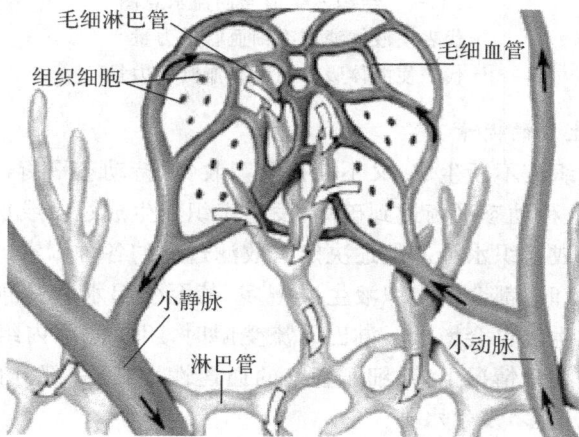

图 17-8　淋巴液的生成与回流

第四节　心血管活动的调节

人体在不同的生理状况下，各器官组织的代谢水平不同，对血流量的需要也不同。机体的神经和体液机制可对心脏和各部分血管的活动进行调节,从而适应各器官组织在不同情况下对血流量的需要,协调地进行各器官之间的血流分配。

一、神经调节

心肌和血管平滑肌接受自主神经支配。机体对心血管活动的神经调节是通过各种心血管反射实现的。

(一)心脏和血管的神经支配

1. 心脏的神经支配

支配心脏的传出神经为心交感神经和心迷走神经。

(1)心交感神经及其作用:心交感神经的节前神经元位于脊髓第1～5胸段的中间外侧柱,其轴突末梢释放的递质为乙酰胆碱,后者能激活节后神经元膜上的 N 型胆碱能受体。心交感节后神经元位于星状神经节或颈交感神经节内。节后神经元的轴突组织心脏神经丛,支配心脏各个部分,包括窦房结、房室交界、房室束、心房肌和心室肌。

(2)心迷走神经及其作用:支配心脏的副交感神经节前纤维行走于神经干中。这些节前神经元的细胞体位于延髓的迷走神经背核和疑核,在不同的动物中有种间差异。在胸腔内,心迷走神经纤维和心交感神经一起组成心脏神经丛,并和交感纤维伴行进入心脏,与心内神经节细胞发生突触联系。心迷走神经的节前和节后神经元都是胆碱能神经元。节后神经纤维支配窦房结、心房肌、房室交界、房室束及其分支。心室肌也有迷走神经支配,但纤维末梢的数量远较心房肌中为少。两侧心迷走神经对心脏的支配也有差别,但不如两侧心交感神经支配的差别显著。右侧迷走神经对窦房结的影响占优势;左侧迷走神经对房室交界的作用占优势。

(3)支配心脏的肽能神经元:用免疫细胞化学方法证明,心脏中存在多种神经纤维,如神经肽 Y、血管活性肠肽、降钙素基因相关肽、阿片肽等。现已知一些肽类递质可与其他递质,如单胺和乙酰胆碱,共存于同一神经元内,并共同释放。目前对于分布在心脏的肽神经元的生理功能还不完全清楚,但心脏内肽能神经纤维的存在说明这些肽类递质也可能参与对心肌和冠状血管作用,降钙素基因相关肽有加快心率的作用等。

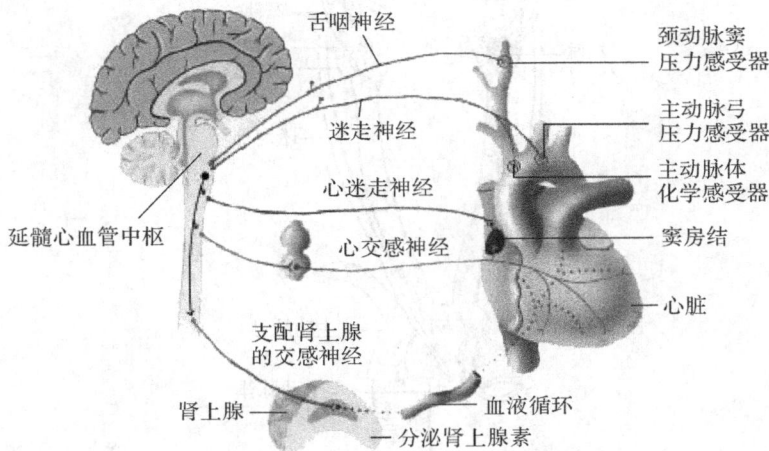

图 17-9　心血管功能神经调节的主要结构及相互关系示意图

2. 血管的神经支配

除真毛细血管外，血管壁都有平滑肌分布。不同血管的平滑肌的生理特性有所不同。有些血管平滑肌有自发的肌源性活动，而另一些血管平滑肌很少有肌源性活动。但绝大多数血管平滑肌都受局部组织代谢产物影响。支配血管平滑肌的神经纤维可分为缩血管神经纤维和舒血管神经纤维两大类，两者又统称为血管运动神经纤维。

(二)心血管调节中枢

最基本的心血管中枢位于延髓。

延髓心血管中枢至少可包括以下四个部位的神经元：

(1)缩血管区：引起交感缩血管神经正常的紧张性活动的延髓心血管神经元的细胞体位于延髓头端的腹外侧部，称为 C1 区。这些神经元内含有肾上腺素，它们的轴突下行到脊髓的中间外侧柱。心交感紧张也起源于此区神经元。

(2)舒血管区：位于延髓尾端腹外侧部 A1 区(即在 C1 区的尾端)的去甲肾上腺素神经元，在兴奋时可抑制 C1 区神经元的活动，导致交感缩血管紧张降低，血管舒张。

(3)传入神经接替站：延髓孤束核的神经元接受由颈动脉窦、主动脉弓和心脏感受器经舌咽神经和迷走神经传入的信息，然后发出纤维至延髓和中枢神经系统其他部位的神经元，继而影响心血管活动。

(4)心抑制区：心迷走神经元的细胞体位于延髓的迷走神经背核和疑核。

(三)心血管系统的反射调节

1. 颈动脉窦和主动脉弓压力感受器反射

在颈动脉窦和主动脉弓管壁的外膜下分布有丰富的感觉神经末梢，称为动脉压力感受器。当血压升高时，动脉管壁被牵张的程度增加，压力感受器发放的神经冲动也就增多。颈动脉窦和主动脉弓压力感受器兴奋时，引起的反射效应使心率减慢，外周血管阻力降低，血压下降，所以颈动脉窦和主动脉弓压力感受器反射又称为减压反射。

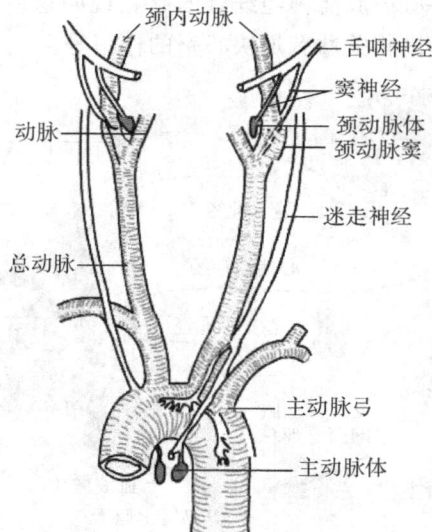

图 17-10　血管感受器

2. 颈动脉体和主动脉体化学感受器反射

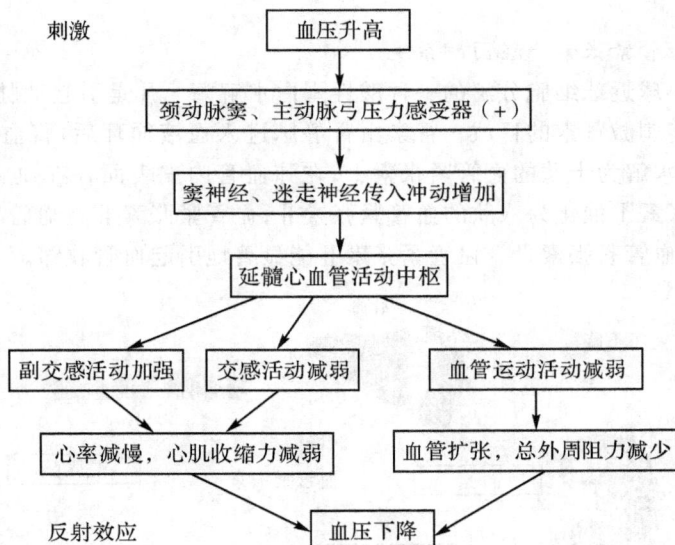

刺激

```
                    ┌──────────┐
                    │ 血压升高 │
                    └────┬─────┘
                         ↓
        ┌──────────────────────────────────┐
        │ 颈动脉窦、主动脉弓压力感受器（＋） │
        └────────────────┬─────────────────┘
                         ↓
        ┌──────────────────────────────────┐
        │ 窦神经、迷走神经传入冲动增加      │
        └────────────────┬─────────────────┘
                         ↓
              ┌────────────────────┐
              │ 延髓心血管活动中枢  │
              └──────────┬─────────┘
```

副交感活动加强	交感活动减弱		血管运动活动减弱
心率减慢，心肌收缩力减弱			血管扩张，总外周阻力减少

反射效应

```
                    ┌──────────┐
                    │ 血压下降 │
                    └──────────┘
```

图 17-11　降压反射

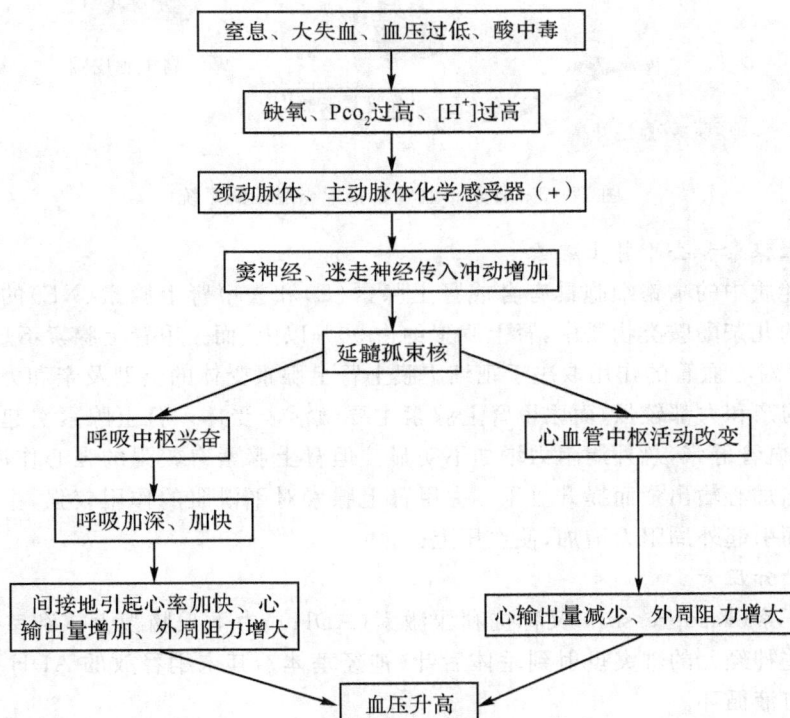

```
        ┌──────────────────────────────────┐
        │ 窒息、大失血、血压过低、酸中毒     │
        └────────────────┬─────────────────┘
                         ↓
        ┌──────────────────────────────────┐
        │ 缺氧、Pco₂过高、[H⁺]过高          │
        └────────────────┬─────────────────┘
                         ↓
        ┌──────────────────────────────────┐
        │ 颈动脉体、主动脉体化学感受器（＋） │
        └────────────────┬─────────────────┘
                         ↓
        ┌──────────────────────────────────┐
        │ 窦神经、迷走神经传入冲动增加      │
        └────────────────┬─────────────────┘
                         ↓
              ┌────────────────────┐
              │ 延髓孤束核          │
              └──────────┬─────────┘
```

缺氧、Pco_2过高、$[H^+]$过高

呼吸中枢兴奋	心血管中枢活动改变
呼吸加深、加快	
间接地引起心率加快、心输出量增加、外周阻力增大	心输出量减少、外周阻力增大

```
                    ┌──────────┐
                    │ 血压升高 │
                    └──────────┘
```

图 17-12　化学感受器反射

　　在颈总动脉分叉处和主动脉弓区域，或在延髓的特定区域，存在着对溶液中 CO_2 分压、pH 和 O_2 分压变化敏感的化学感受器，分别称为外周化学感受器和中枢化学感受器。颈动脉体和主动脉体化学感受器为外周化学感受器；位于延髓中的化学感受器为中枢化学感受器。

二、体液调节

(一)肾素—血管紧张素—醛固酮系统

肾素是由肾小球近球细胞分泌的一种酸性蛋白水解酶。凡是引起动脉血压下降和肾血流减少的因素都能刺激肾素的释放。肾素由肾静脉进入血液循环后,将血浆中由肝脏产生的血管紧张素原,水解为十肽的血管紧张素Ⅰ;在肺血管内皮表面存在血管紧张素转换酶,此酶能将血管紧张素Ⅰ催化为八肽的血管紧张素Ⅱ;血管紧张素Ⅱ在血管紧张素酶A的作用下,形成七肽的血管紧张素Ⅲ。血管紧张素Ⅱ能显著地引起血管收缩。

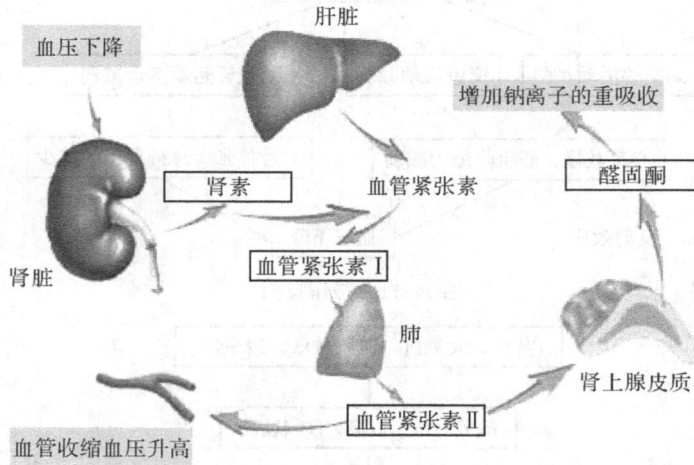

图 17-13 肾素—血管紧张素—醛固酮系统

(二)肾上腺素和去甲肾上腺素

肾上腺髓质中的嗜铬细胞具有合成肾上腺素(E)和去甲肾上腺素(NE)的能力。肾上腺髓质释放的儿茶酚胺类物质中,肾上腺素约占90%以上,而去甲肾上腺素不足10%。

E 和 NE 对心血管的作用取决于靶细胞膜上肾上腺素受体的类型及亲和力。肾上腺素与 α,β 受体的亲和力都较强,而去甲肾上腺素主要激活 α 受体。肾上腺素引起外周部分血管收缩,部分血管舒张,总外周阻力增加不明显。但肾上腺素有较强的强心作用,故肾上腺素主要通过增加心输出量而提升血压。去甲肾上腺素对平滑肌的作用较强,主要通过外周血管的收缩而引起外周阻力增加,使血压上升。

(三)血管升压素

血管升压素(vasopressin),又称抗利尿激素(ADH),由下丘脑视上核和室旁核中神经元合成。这些神经元的轴突投射到垂体后叶(神经垂体),其末梢释放的 ADH 作为垂体后叶激素进入血液循环。

ADH 作用于肾的远曲小管和集合管上皮细胞,促进水的重吸收。引起 ADH 释放的主要因素有:血浆渗透压升高、心房容量感受器兴奋性降低、脱水、失血和机体外伤等。ADH 还可作用于血管平滑肌上的相应受体,引起血管平滑肌收缩。

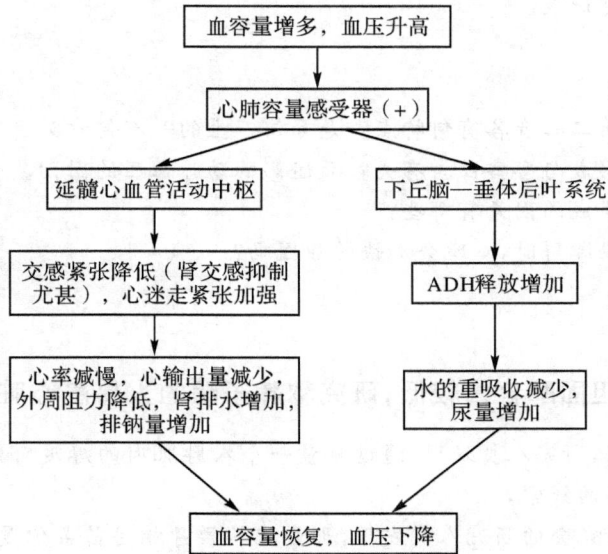

图 17-14

三、自身调节

自身调节主要指不依赖神经和体液的一种调节方式,通常只是指组织局部血流量的调节。

1. 代谢性自身调节机制

代谢性自身调节是指组织细胞代谢所产生的各种代谢产物或局部体液因素,对局部组织血流量的调节。这种作用一般发生在微循环水平。当组织代谢活动增强时,代谢产物如CO_2、H^+、腺苷、ADP、激肽和组织胺等增加,这些物质可使毛细血管前括约肌舒张,血流量增多,从而加速代谢产物的运走。当代谢产物排出后,毛细血管前括约肌收缩,血流量则下降。

2. 肌源性自身调节

某一器官的血管内压力突然升高时,牵扯平滑肌,平滑肌紧张度上升,引起血管收缩,血流量因此减小。当血管内的血压突然降低时则相反。肌源性自身调节机制可以使血流量维持稳定,不随血压的变化而大幅波动。

【课外拓展】

1. 心脏的生物电与心电图的关系。

2. 高血压的产生与哪些因素有关?

【课程研讨】

1 何谓高血压? 机理是什么? 有什么危害? 低血压好吗? 为什么?

2 在我们一生中(70 岁),心脏为我们输出了多少血? 它自己为何不太会疲劳? 它自身的血液供应怎样?

3. 高血压的研究进展。

【课后思考】

1. 第一心音和第二心音各有何特点？是如何产生的？有何意义？
2. 动脉血压的形成与哪些因素有关？简述影响动脉血压的因素。
3. 影响组织液生成的因素有哪些？
4. 你能解释呼吸障碍时,心跳会加快的原因吗？

【小资料】

好胆固醇含量较低,研究称脖子粗的人易患心脏病

据国外媒体报道,研究人员发现,通过测量一个人脖肌肉的厚度可能和测量腰围一样,也可以发现患心脏病的线索。

弗明汉心脏病研究会的研究人员发现,那些就算腰身相对苗条但是有个粗脖子的人患心脏病的风险似乎也较大。这里说的风险指的是好胆固醇含量较低,或者血糖含量较高。该研究结果是在美国心脏病学会会议上公开的。美国科学家对 3300 多名平均年龄为 51 岁的男人和女人进行了研究。

英国医学研究理事会临床科学中心的杰米·贝尔教授称,研究人员开始找到更多的证据,证明获得健康不光与人们胖瘦有关系,还与脂肪长在什么地方有关。在这项研究中,男人的平均颈围是 40.5 厘米,女人的平均颈围是 34.2 厘米。随着颈围的增加,他们患心脏病风险也在增大。男性颈围每增加 3 厘米,他们血液中的好胆固醇就少 2.2 mg/dL（浓度单位）,女人颈围每增加 3 厘米,好胆固醇减少 2.7 mg/dL。好胆固醇或者说是高密度脂蛋白能将细胞内的胆固醇转运到肝脏进行代谢。男性血液中的好胆固醇低于 40mg/dL,女性血液中的好胆固醇低于 50 mg/dL 被认为是患心脏病的风险较高。

脖子粗细与坏胆固醇也叫低密度脂蛋白的水平没有关系,但是影响血糖水平。男性颈围每增加 3 厘米,他们的血糖增加 3.0mg/dL,女性颈围每增 3 厘米,血糖水平会增加 2.1mg/dL。正常空腹血糖水平低于 100 mg/dL,血糖水平增大被认为是心脏问题要造访的一项指示。

不管腰围如何,粗脖子人患心脏病的风险都可能较高,既是粗脖子而且腰围也较大的人患心脏病的情况更加复杂。研究人员认为,粗脖子可能是上半身脂肪——与心脏病风险有关——的一个"外观指数"。贝尔教授说:"最麻烦的是肝或者心脏周围的脂肪,即使表面看起来还算苗条的你也可能存在这一问题,想改变这一点与饮食无关,需要的是锻炼。"

第十八章　呼吸生理

【课程体系】

【课前思考】

1. 呼吸的全过程。
2. 气体如何与肺泡、组织进行交换。
3. 气体在血液中的运输方式。

【本章重点】

1. 呼吸的全过程。
2. 肺通气的阻力。
3. 气体交换的动力与影响因素。
4. 氧气、二氧化碳的运输方式。

【教学要求】

1. 熟悉肺通气的原理,掌握肺容量的一些基本概念。
2. 熟悉气体交换的原理及影响因素。
3. 掌握 O_2 及 CO_2 在血液中的运输方式。

　　呼吸是指机体与外界环境之间进行气体交换的过程,主要是机体从外界吸入氧气和从机体内呼出二氧化碳的过程。呼吸的全过程包括三个相互联系的环节。一是外界空气与肺泡之间的气体交换(肺通气)和肺泡与肺毛细血管血液之间的气体交换(肺换气),二者合称外呼吸;二是气体在血液中运输;三是组织细胞与组织毛细血管血液之间的气体交换,称内呼吸。

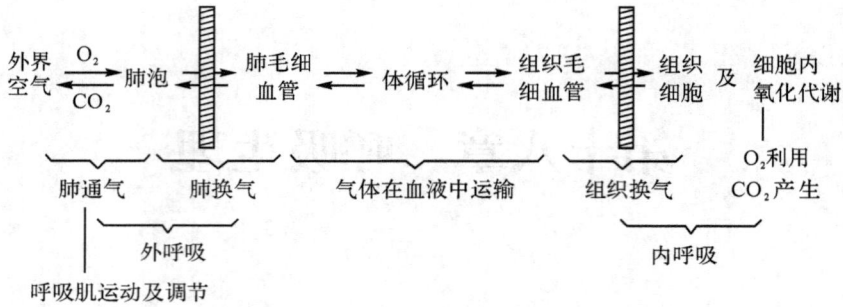

图 18-1 呼吸全过程的三个环节

第一节 呼吸道与肺泡

呼吸器官主要由呼吸道和肺泡组成。

一、呼吸道

1. 上呼吸道:包括鼻、咽、喉。

2. 下呼吸道:包括气管及各级支气管。

以气管为 0 级,主支气管为 1 级,以此类推,到达肺泡囊时,共分支 23 次,末级支气管为第 23 级。成人的气管长约 12cm,平均直径为 1.8～2.0cm。管壁有 U 形的软骨,U 形口向后,在气管的后面,软骨由平滑肌和结缔组织连接成环状使得气管经常保持扩张状态。第 1～10 级支气管的管壁也有软骨支持,称软骨性支气管;第 11～16 级支气管壁的软骨逐渐消失,称为膜性气道;第 17～19 级的膜性气道开始具有通气作用,称为呼吸性细支气管;第 20～22 级为肺泡管,与肺泡相通;第 23 级(最后一级)为肺泡囊,每个肺泡囊约由 17 个肺泡组成。

下呼吸道管壁的黏膜具有上皮细胞和分泌黏液的杯状细胞。气管以下呼吸道黏膜的上

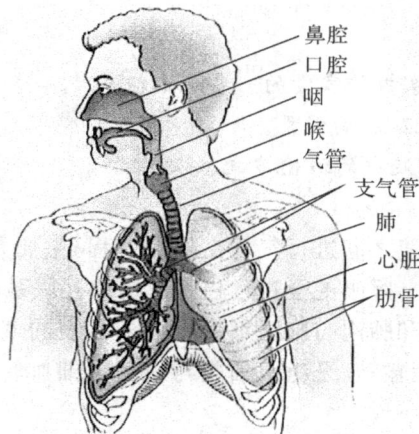

图 18-2 呼吸道

皮细胞都具有纤毛。呼吸时,空气中的尘埃颗粒被黏液所粘着,通过纤毛有规则而协调的摆动,不断地将它上面的黏液推向口腔方面,最终形成痰液排出,对呼吸器官有保护作用。空气污染、吸烟等可促使黏膜的杯状细胞增生,黏液分泌增加,痰液增多。一方面促进尘埃的排出,但同时也增加了上皮细胞的负担甚至引起黏液堵塞,细菌繁殖,导致支气管炎。

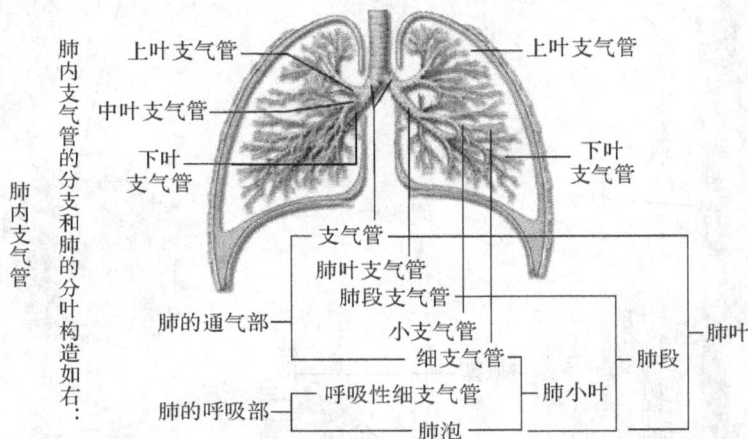

图 18-3　肺的结构示意图

二、肺泡

肺泡:是半球状囊泡。人体两肺的肺泡总数约为 3 亿个,其总面积约 $70m^2$,因而提供了巨大的气体交换面积。

肺泡表面上皮:肺泡上皮细胞可分为三种类型:Ⅰ型细胞,为鳞状上皮细胞,是覆盖肺泡表面的主要细胞;Ⅱ型细胞,近似于球形,主要位于相邻肺泡之间,具有分泌表面活性物质的功能 Ⅲ型细胞,较少,可能是一种感受细胞。

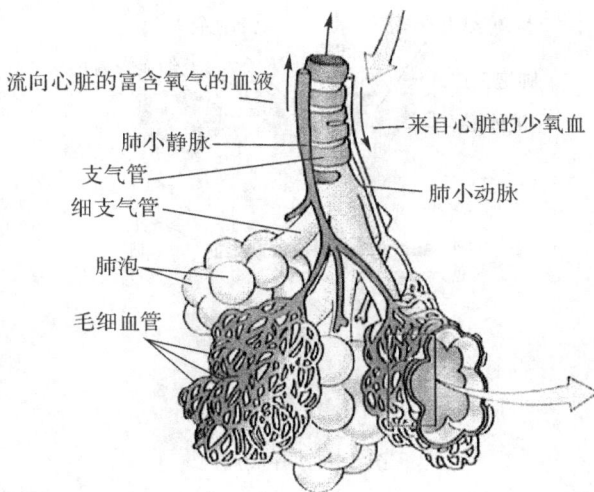

图 18-4　肺泡与毛细血管

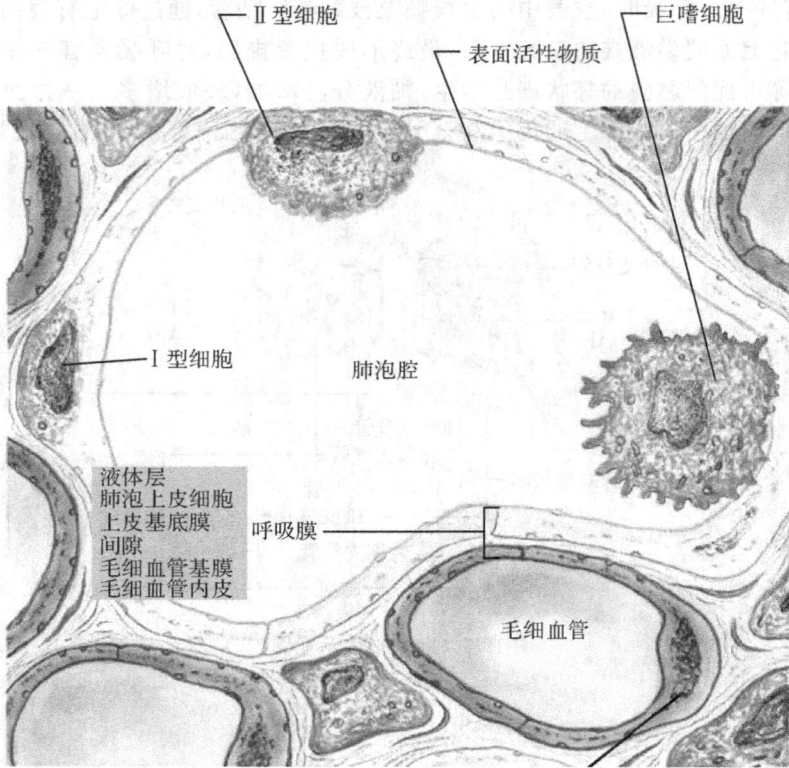

图 18-5　肺泡的结构

呼吸膜：肺泡气体与肺毛细血管血液之间至少存在 6 层结构，即肺泡表面活性物质层、极薄的液体层、肺泡上皮层、由胶原纤维和弹性纤维交织成网的间质、基膜层和毛细血管内皮层。这 6 层共同构成呼吸膜（或称肺泡膜）。

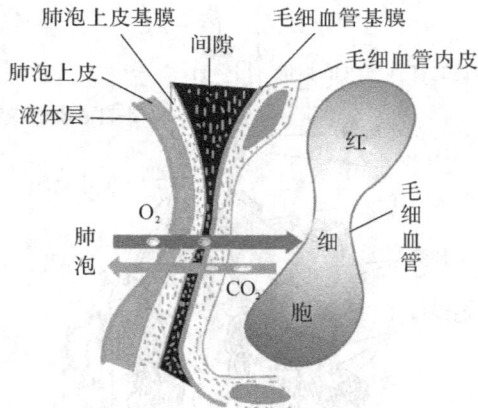

图 18-6　呼吸膜

第二节　呼吸运动与肺通气

呼吸过程包括外呼吸、气体运输、内呼吸三个连续的过程。外呼吸首先的步骤就是肺内气体与外界气体之间的交换——肺通气。肺通气是通过呼吸运动完成的。

一、呼吸运动

呼吸过程:气体通过呼吸道进出肺是由肺泡与外界之间的气压差所引起的。肺本身没有横纹肌,不具有自动的舒缩能力,只能依靠胸廓的扩大和缩小被动地舒缩。胸廓在呼吸肌参与下节律性地扩大和缩小,称为呼吸运动。肺通气的动力来自呼吸运动。其具体过程为:呼吸肌收缩→胸腔容积变化→肺容积变化→肺内压变化→肺泡与大气间的压力差→气体进入或流出肺。

呼吸肌:呼吸肌可分为主要呼吸肌与辅助呼吸肌。主要呼吸肌的吸气肌为膈肌和肋间外肌,呼气肌为肋间内肌和腹壁肌。肋间肌是联系上下肋骨之间的骨骼肌。分内外两层,肋间外肌从上一肋骨的近脊柱端斜向下一肋骨的胸骨端,收缩时使肋骨向上向前移动,使胸廓的前后左右径扩大,产生吸气;肋间内肌从上一肋骨的近胸骨端斜向下一肋骨的近脊柱端,收缩时引起的肋骨运动与肋间外肌相反,产生呼气动作。膈肌位于胸廓的底部,收缩时引起膈肌向下移动,导致胸腔的上下径增加,产生吸气动作。

呼吸方式:呼吸过程中,肋骨、胸骨和膈的运动是协同的,主要由肋间肌舒缩导致肋骨和胸骨运动而产生的呼吸运动表现为胸廓的起伏,称为胸式呼吸;主要以膈肌舒缩引起的呼吸运动更多表现为腹部的起伏,称为腹式呼吸。

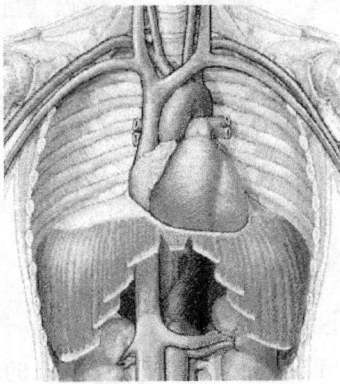

图 18-7　膈示意图

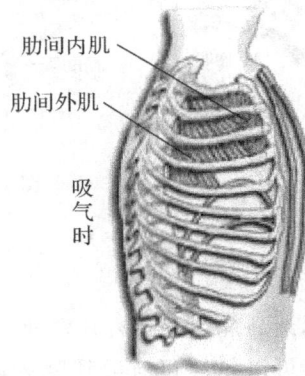

图 18-8　肋间肌示意图

肋间内肌

肋间外肌

吸气时

二、肺内压与胸内压的变化

(一)肺内压

肺内压是指肺泡内的压力。呼气之初,肺内压随吸气肌的舒张或(和)呼气肌的收缩、肺容积的减小而升高,超过大气压,因而使肺内气体排出体外。在呼气末期,肺内压又回到与大气压相等。吸气时,肺内压随吸气肌的收缩、肺容积的增大而下降,低于大气压,空气进入肺内。平和呼吸时,肺内压的升降幅度为 $0.3 \sim 0.4 kPa(2 \sim 3 mmHg)$。

（二）胸内压和肺的弹性回位

胸膜腔：肺和胸廓壁之间的腔隙称胸膜腔，围成胸膜腔的膜称胸膜。胸膜可分为两部分：同肺贴紧的脏层胸膜和同胸廓内壁贴紧的壁层胸膜。两层膜之间的空隙，称为胸膜腔。胸膜腔内有少量液体，起润滑作用。

胸内负压：是指胸膜腔内负压。在平和呼吸时，胸内压始终低于大气压，故习惯上称为胸内负压。胸内负压是出生以后发展起来的。婴儿出生后，肺即随着胸廓的扩张而增大。以后胸廓的发育速度大于肺的发育速度，肺被动地随之扩张。由于肺是有弹性的器官，故总表现一定的弹性回缩力。肺的弹性回缩力的方向恰与大气通过肺作用于胸膜腔的力量方向相反，因而抵消了一部分作用于胸膜腔的压力，即：胸内压＝大气压－肺回缩力。若相对大气压以 0 为标准，则胸内压＝大气压－肺回缩力。在平和呼吸过程中，胸内压始终是负压。

肺回缩力的组成：肺回缩力由两部分组成：首先是肺结构中弹性成分的回缩力。肺泡壁内有弹性纤维，在肺被动扩张时，这些弹性纤维被拉长，因而具有弹性回缩的趋向。形成肺回缩力的另一个因素是肺泡内液体表面张力。在肺泡的内表面有一薄层液体，根据物理学原理，液体具有表面张力，其张力的作用将使液体表面积趋于缩小。肺泡内液体的表面张力将驱使肺泡回缩。在整个肺回缩力中，弹性回缩力占 1/3，肺泡内液体表面张力占 2/3。

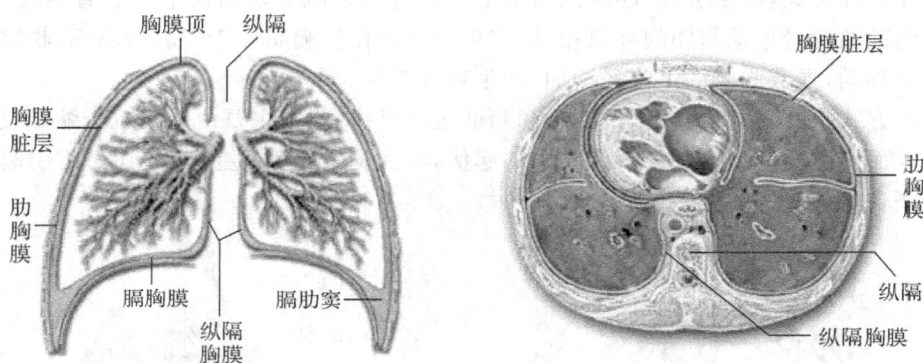

图 18-9　胸膜腔示意图

三、肺容量与肺通气量

（一）肺容纳的气体量称为肺容量

用肺量计可以测量和描记呼吸运动时吸入和呼出的气体容积，所描记的曲线称为肺量图。

肺容量可分为以下几个组成部分：

1. 潮气量：平时呼吸时，每次吸入和呼出的气量基本相等，其进出肺的形式如同海潮的涨落，固称为潮气量，约为 400～500mL。

2. 补吸气量和深吸气量：在平和呼吸之后再尽力做一深呼吸，所能吸入的气量称为补气量或吸气储备量，约为 1500～2000mL。

3. 补呼气量：在平和呼吸之后再尽力做一呼气，所能呼出的气量称为补呼气量或呼气储备量，约为 900～1200mL。

4 肺活量和时间肺活量:在最大吸气后,尽力所能呼出的气体量,称为肺活量。正常男性的肺活量平均约为 3500mL,女性为 2500mL。时间肺活量是最大深吸气后用力做最大速度呼气,在一定时间内所能呼出的气量,正常人第 1、2、3s 末的时间肺活量值分别为肺活量的 83%、96%、99%。

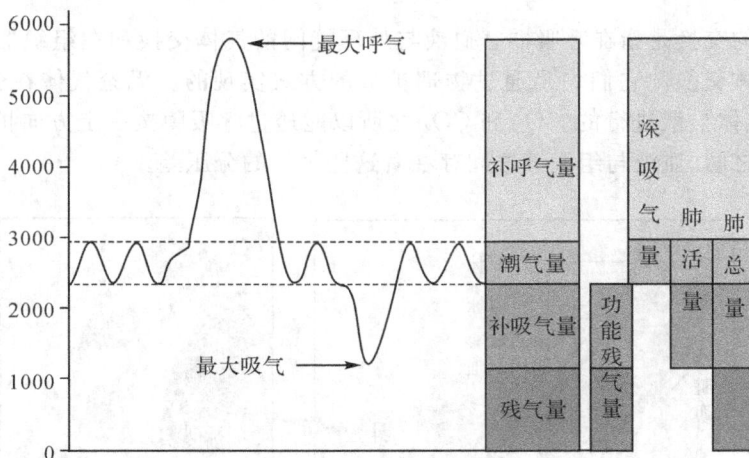

图 18-10 肺容积和肺容量

肺总容量:肺所能容纳的最低气量称为肺总容量。

(二)肺通气量

1. 每分通气量:肺每分钟吸入或呼出的气量称每分通气量。

每分通气量=潮气量×呼吸频率(次/min)

在平和呼吸时,成人的呼吸频率约为 12~15 次/min,如果潮气量为 500mL,则每分通气量为 6~7.5L/min。

2. 无效腔:吸入的气体在上呼吸道以及没有气体交换功能的支气管这一段呼吸道中不能进行气体交换,因而这部分容积称为解剖无效腔或死区,进入肺泡或呼吸性细支气管的气体,虽然可以和血液中的气体进行交换,但是否交换充分有赖于足够的肺血流量。有时因为肺血流量的减小而不能充分进行气体交换,未能进行气体交换的这部分气体的体积称为肺泡无效腔。解剖无效腔和肺泡无效腔合称生理无效腔。解剖无效腔容量约为 150mL。正常情况下进入肺泡的气体都能进行交换,肺泡无效腔很小,故正常情况下,生理无效腔近似于解剖无效腔。

3. 肺泡通气量:指每分钟进入呼吸性细支气管和肺泡内的气量。

每分肺泡通气量(L)=(潮气量-解剖无效腔气量)×呼吸频率(次/min)

由于存在解剖无效腔,若每分通气量不变,深而慢的呼吸比浅而快的呼吸的肺泡通气量更大,呼吸更有效。

四、肺通气的阻力

弹性阻力(约占 70%):包括胸壁的弹性阻力和肺的弹性阻力(包括弹性纤维的回位和肺泡表面张力)。

非弹性阻力(约占 30%):包括气流所遇到的摩擦阻力(特别是气流加快时)和纽织粘滞性阻力。

第三节　呼吸气体的交换

呼吸气体的交换是指在呼吸器官血液与外环境间的气体交换和在组织器官、血液与组织细胞间的气体交换。它们均是通过物理扩散的方式实现的。无论气体在肺或在组织交换,都是通过气体扩散进行的。O_2 和 CO_2 之所以能透过呼吸膜按一定方向扩散,关键在于肺泡气与血液之间、血液与组织液之间存在着这些气体的分压差。

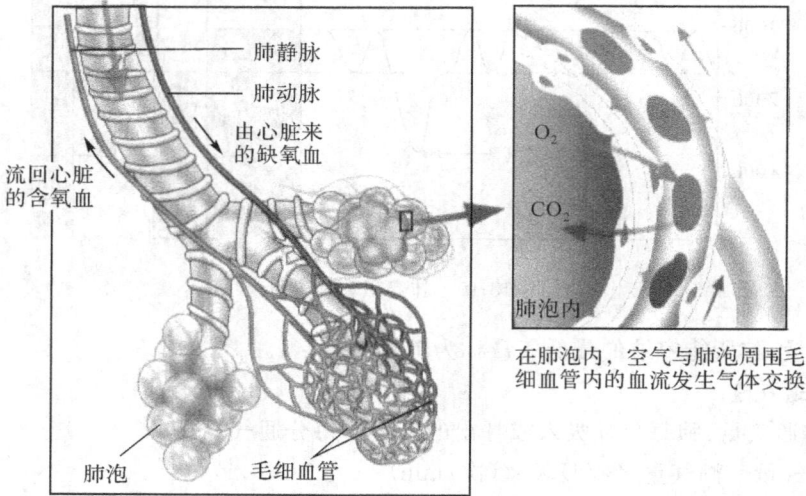

图 18-11　肺泡内气体交换示意图

(一)气体交换的动力

动力:不同气体分压差导致气体分子的扩散运动来实现气体交换。

1. 气体分压:是指混合气体中某一气体成分构成的压力。

气体分压＝总压力×该气体的容积百分比。如:

p O_2＝101.325kPa(大气压)×20.71 ％＝20.98kPa

p CO_2＝101.325kPa×0.04 ％≈0.04kPa

2. 气体的分子量和溶解度。

表 18-1　气体在液体中的溶解度(100mL 液体)

	水中/mL	血浆中/mL	全血中/mL
O_2	2.386	2.14	2.36
CO_2	56.7	51.5	48.0

3. 扩散面积(A)和距离(d):气体扩散速率与扩散面积成正比,与距离成反比。

4. 温度:与温度成正比。在人体,体温相对恒定,温度因素可忽略不计。

气体扩散系数:在单位分压差下,单位时间内通过单位面积扩散的气体量称为该气体的扩散系数。气体的扩散系数与该气体的溶解度成正比,与该气体的相对分子质量的平方根成反比。如:CO_2 溶解度(51.5)是 O_2(2.14)的 24 倍。CO_2 分子量(44)略大于 O_2(32)。CO_2 的扩散速率约为 O_2 的 20 倍。临床上,多见缺 O_2,少见 CO_2 潴留。

(二)气体的交换过程

表 18-2　肺泡、血液和组织内 O_2 和 CO_2 的分压

分压	肺泡气	静脉血	动脉血	组织液
pO_2	13.8kPa (103mmHg)	5.33kPa (40mmHg)	13.3kPa (100mmHg)	4kPa (30mmHg)
pCO_2	5.33kPa (40mmHg)	6.13kPa (46mmHg)	5.33kPa (40mmHg)	6.65kPa (50mmHg)

1. 血液与肺泡间的气体交换

(1)肺换气过程:肺泡 O_2 的分压是 103mmHg,大于静脉中 O_2 的分压(40 mmHg)。而 CO_2 的分压 40mmHg 小于静脉中 CO_2 的分压(46mmHg)。O_2 和 CO_2 约需 0.3s 就完成气体交换过程。通常,血液流经毛细血管的时间约 0.7s。因此,换气时间很充分。

(2)影响肺换气的因素

①呼吸膜的厚度:小于 $1\mu m$,通透性大。

②换气肺泡数量:平静呼吸时,参与肺泡占总肺泡量(3 亿个肺泡,70 m^2)的 55%。

③通气/血流比＝每分钟肺泡通气量(VA)/每分钟血流量(Q)

正常:VA/Q＝ 4.2/5＝0.84

升高:通气过剩,血流不足,肺泡无效腔增多。

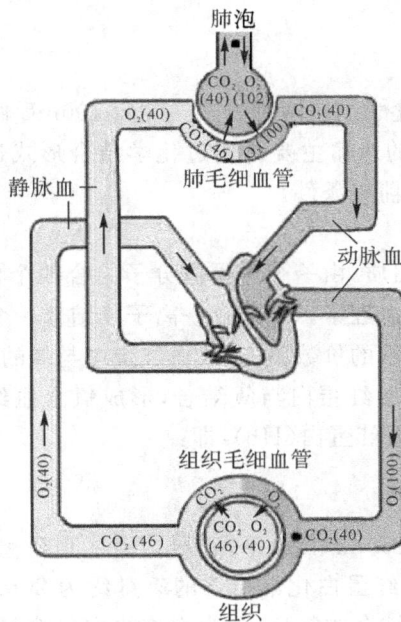

图 18-12　气体交换示意图

降低：通气不足，血流过剩，气体没有充分交换。

升高和降低都会导致缺 O_2（为主）、CO_2 潴留。

2. 血液与组织间的气体交换

组织换气的机制、影响因素与肺换气相似，所不同是：

(1) 交换发生于液相（血液、组织液、细胞内液）之间。

(2) 扩散膜两侧的 O_2、CO_2 的分压差因细胞内氧化代谢的强度和组织血流量而异。

影响组织换气的因素：除了以上影响肺换气的因素外，还受组织细胞代谢水平、组织血流量的影响。当血流量不变时，代谢强，耗氧量大，组织液中 CO_2 分压增高而 O_2 的分压下降。当代谢强度不变时，血流加快导致 O_2 分压升高而 CO_2 分压下降。

第四节　气体在血液中的运输

血液中的氧和二氧化碳以物理溶解和化学结合的两种形式存在。在血液中，98％以上的氧和 95％以上的二氧化碳是以化学结合的形式运输的。只有 2％的氧和 5％的二氧化碳是以物理溶解的形式运输。物理溶解的量虽少，却是化学结合过程中不可缺少的中间步骤。

表 18-3　血液呼吸气体的量（mL）/100mL 血液

气体	动脉血			混合静脉血		
	化学结合	物理溶解	合计	化学结合	物理溶解	合计
O_2	20.0	0.30	20.30	15.2	0.12	15.32
CO_2	46.4	2.62	49.02	50.0	3.00	53.00
N_2	0.00	0.98	0.98	0.00	0.98	0.98

一、氧的运输

氧的运输有物理溶解和化学结合两种方式。在每 100mL 血液运输的 20mL 氧气中，物理溶解只有 0.3mL。所以氧的运输主要是通过化学结合形式进行的。但物理溶解非常重要，因为这是实现化学结合的前提条件。

(一) 氧的化学结合

血红蛋白是一种结合蛋白质，由一个珠蛋白分子结合四个血红素构成。每个血红素分子含一个亚铁离子，称为亚铁血红素。每个亚铁离子能结合一个氧分子，但这种结合是疏松的。血红蛋白与氧结合后，亚铁的价数不变，故血红蛋白与氧的结合称为氧合，而不是氧化。

当血液中氧分压升高时，血红蛋白与氧结合，形成氧合血红蛋白（HbO_2）；当氧分压降低时，HbO_2 将氧解离成去氧血红蛋白（Hb），即：

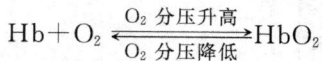

$$Hb + O_2 \underset{O_2 \text{分压降低}}{\overset{O_2 \text{分压升高}}{\rightleftharpoons}} HbO_2$$

在足够的氧分压 20kPa（150mmHg）下，百分之百的血红蛋白与氧结合成 HbO_2，称为氧饱和。每 100mL 血液的血红蛋白化学结合的氧量约为 20mL，称为血红蛋白的氧容量。每 100mL 血液血红蛋白实际结合的氧量，称为血红蛋白氧含量，它所占血红蛋白容量的百分数称为血红蛋白氧饱和度。

血红蛋白中的亚铁离子也能和一氧化碳结合，结合的位置是在与氧结合的同一位点。

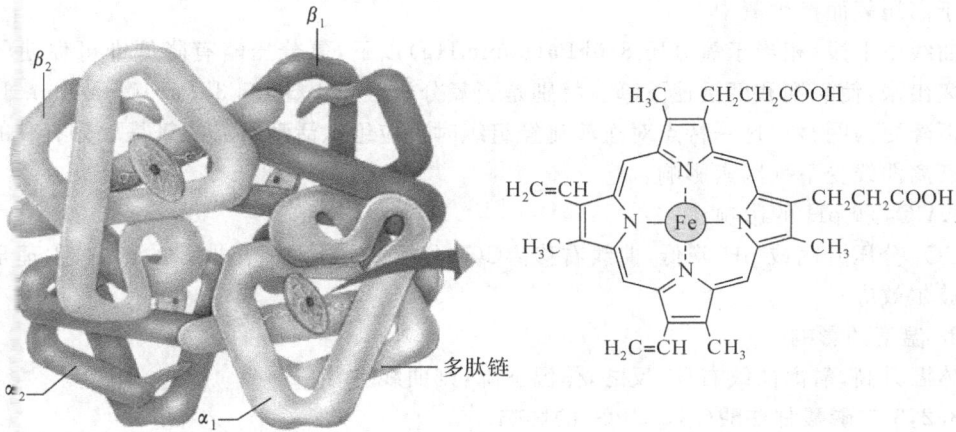

1. 氧合而非氧化 2. 可逆反应 3.1 个 Hb 结合 4 分子氧
概念：血氧容量、血红蛋白氧容量、血氧含量、血红蛋白样含量、血氧饱和度、血红蛋白氧饱和度

图 18-13 Hb 组成示意图

但一氧化碳与血红蛋白的亲和力是氧的 210 倍，当吸入一氧化碳后，血红蛋白将丧失与氧的结合力，导致一氧化碳中毒，造成机体因缺氧而死亡。抢救时，要把病人置于空气新鲜的环境或吸入纯氧，逐渐使氧气把一氧化碳替换出来。

（二）氧离曲线及其影响因素

血红蛋白氧饱和度与氧分压有关，在一定范围内，氧分压越高，饱和度也越高。表达氧分压和氧饱和度之间的关系的曲线称为氧解离曲线或氧离曲线。

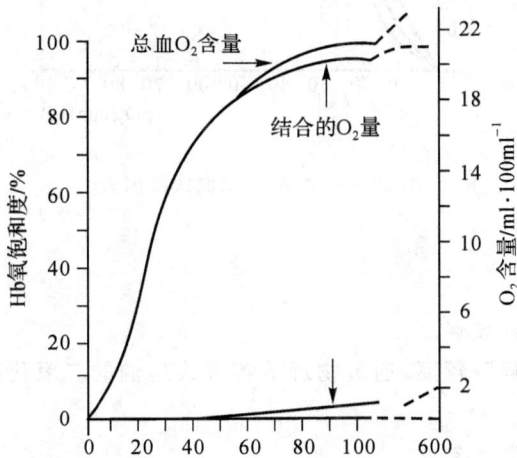

图 18-14 氧离曲线

曲线上段，相当于氧分压 8.0～13.3kPa（60～100mmHg）之间，氧分压变化虽然较大，但氧饱和度的变化却较小。这一特征表明，即使外界或肺泡中的氧分压有所下降，但氧饱和度依然可维持在较高的水平，从而保证了全身组织氧的供应。因此，居住在高原的人或轻度呼吸机能不全（肺泡氧分压低）的人，摄氧总量并不显著减少。血红蛋白的这种特性，使机体在环境氧分压远远大于 100mmHg 时，由于血红蛋白已经饱和，血氧含量保持稳定，从而避

免由于高压氧而产生氧中毒。

曲线中下段,相当于氧分压 8.0kPa(60mmHg)以下,氧分压略有降低即可促使较多的氧解离出来,使氧饱和度迅速下降。特别是当氧分压低至 1.3~5.3kPa(10~40mmHg)时,坡度下降更为明显。这一特点对血液流经组织时供应组织活动所需的氧是十分有利的。

氧离曲线受下列因素影响:

1. CO_2 和 pH 的影响

CO_2 分压升高或 pH 降低,曲线右移。CO_2 分压或 pH 对氧离曲线的影响,生理学上常称为玻尔效应。

2. 温度的影响

体温升高,氧离曲线右移;反之,体温下降,则曲线左移。

3. 2,3-二磷酸甘油酸(2,3-DPG)的影响

红细胞无氧代谢中可产生 2,3-DPG。较高的 2,3-DPG 浓度可使氧离曲线右移,即血红蛋白容易释放出氧气。

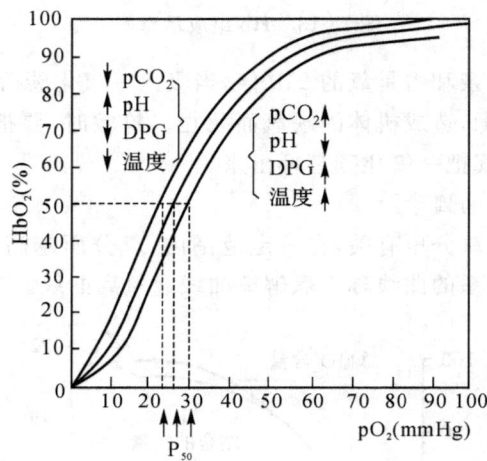

图 18-15　影响氧离曲线的因素

二、二氧化碳的运输

(一)二氧化碳的物理溶解

二氧化碳的物理溶解度较高,通过物理溶解方式运输的二氧化碳约 2.5~3.0mL,占二氧化碳运输量的 5%。

(二)二氧化碳的化学结合

碳酸氢盐形式的运输:红细胞内含有较高浓度的碳酸酐酶,它促使二氧化碳和水形成碳酸,这一反应比在血浆中的水合快 13000 倍,形成的碳酸又迅速解离成 H^+ 和 HCO_3^-。这种结合形式的二氧化碳在总的二氧化碳运输中占 75%,是二氧化碳最主要的运输形式。

$$CO_2 + H_2O \Longrightarrow H_2CO_3 \Longrightarrow H^+ + HCO_3^-$$

氯转移:由于二氧化碳不断进入红细胞,使得红细胞中的 HCO_3^- 的浓度逐渐增高,使其在红细胞膜内外侧形成浓度差。因 HCO_3^- 易于透过红细胞膜,故 HCO_3^- 扩散进入血浆,同

时血浆中的 Cl^- 则向红细胞内转移,以恢复膜两侧的电学平衡,这种现象称为氯转移。

1. 碳酸氢盐 氯离子转移

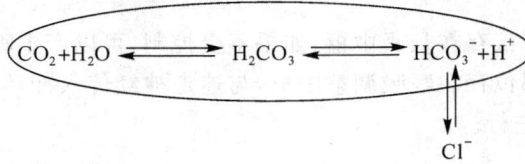

$$CO_2+H_2O \rightleftharpoons H_2CO_3 \rightleftharpoons HCO_3^-+H^+$$

$$Cl^-$$

2. 氨基甲酸血红蛋白

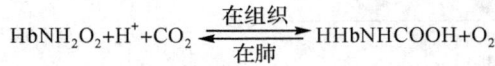

$$HbNH_2O_2+H^++CO_2 \underset{在肺}{\overset{在组织}{\rightleftharpoons}} HHbNHCOOH+O_2$$

图 18-16 二氧化碳的运输

氨甲酰血红蛋白形式的运输:进入红细胞的一部分二氧化碳能直接与血红蛋白的自由氨基结合,形成氨甲酰血红蛋白,并能迅速解离。

$$HbNH_2+CO_2 \rightarrow bNHCOOHH \rightarrow NHCOO^-+H^+$$

这种结合形式的二氧化碳在总的二氧化碳运输中占20%。

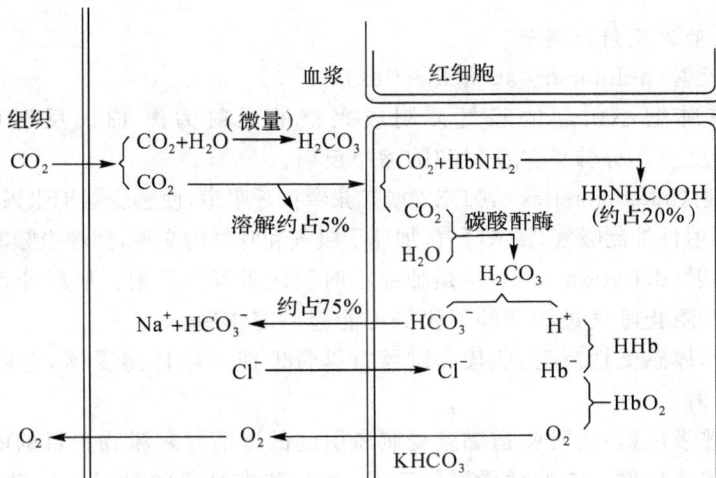

图 18-17 二氧化碳在血液中运输示意图

第五节 呼吸的调节

一、神经调节

(一)各级呼吸中枢及其相互关系

横切脑干的实验表明,在哺乳动物的中脑和脑桥之间进行横切,呼吸无明显变化;在延髓和脊髓之间横切,呼吸停止;在脑桥上、中部之间横切,呼吸将变慢变深,如再切断双侧迷走神经,出现长吸式呼吸(apneusis);在脑桥和延髓之间横切,不论迷走神经是否完整,长吸式呼吸都消失,而呈喘息样呼吸(gasping),于是可得出结论。

1. 延髓存在基本的呼吸中枢,能发动和维持比较有规律的呼吸运动,尽管这种规律性还不够正常。

2. 脑桥的中部和下部存在长吸中枢,如果不受控制,可以产生吸气痉挛或长吸呼吸。

3. 脑桥的上 1/3 部位存在呼吸调整中枢,与迷走神经传入冲动一起周期性地抑制长吸中枢,使呼吸有规律地进行。

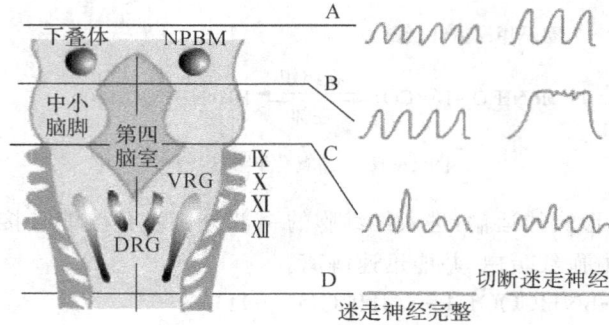

图 18-18　脑干与呼吸变化示意图

(二)呼吸运动的反射性调节

(1)肺牵张反射(pulmonary stretch reflex)

由肺扩张或肺缩小引起的吸气抑制或兴奋的反射为黑-伯氏反射(Hering-Breuer reflex)或肺牵张反射。分肺扩张反射和肺缩小反射。

①肺扩张反射(inflation reflex):肺充气或扩张牵拉呼吸道,使感受器扩张兴奋。兴奋由迷走神经传入延髓,反射性抑制吸气,转入呼气,加速了吸气和呼气的交替,使呼吸频率增加。

②肺缩小反射(deflation reflex):是肺缩小时引起吸气的反射。肺缩小反射在较强的肺收缩时才出现,对阻止呼气过深和肺不张等可能起一定作用。

(2)呼吸肌本体感受性反射:肌梭和腱器官是骨骼肌的本体感受器,它们所引起的反射为本体感受性反射。

(3)防御性呼吸反射:由呼吸道黏膜受刺激引起的以清除刺激物为目的的反射性呼吸变化,称为防御性呼吸反射。它的感受器位于喉、气管和支气管的黏膜。冲动经舌咽神经、迷走神经传入延髓。

二、化学因素对呼吸运动的调节

(一)化学感受器

外周化学感受器是指主动脉体和颈动脉体。中枢化学感受器所在部位靠近舌咽迷走神经和迷走神经根处。它接受细胞外液 H^+ 浓度刺激。血液中的二氧化碳能迅速透过血—脑屏障,与脑脊液中的水结合成碳酸,碳酸解离出 H^+,再对中枢化学感受器起刺激作用。

(二)二氧化碳对呼吸的影响

二氧化碳主要通过中枢化学感受器对呼吸运动起调节作用。切断外周化学感受器的传入神经,二氧化碳对呼吸运动的调节作用依然保持不变。二氧化碳对中枢化学感受器的作用主要是因为二氧化碳可以通过血脑屏障,在脑脊液中形成 H_2CO_3,H_2CO_3 解离出 H^+,后者作用于中枢化学感受器所致。二氧化碳上升将引起呼吸加深加快。根据二氧化碳对呼吸的刺激效应,临床上给病人吸氧时,往往采用含5％左右二氧化碳和95％氧气的混合气体,以刺激病人产生主动呼吸。

过高的二氧化碳对中枢神经系统将产生毒性作用。人吸入10％以上二氧化碳可出现头痛眩晕,吸入15％以上二氧化碳可引起肌肉强直或抽搐、惊厥,吸入超过30％的二氧化碳则导致深度麻醉甚至呼吸停止。

(三)缺氧对呼吸的影响

缺氧对呼吸的影响是通过外周化学感受器而实现的。如果切断外周化学感受器的传入神经,缺氧的刺激作用就消失。缺氧将引起呼吸加深加快。

(四)H^+对呼吸的影响

H^+是外周化学感受器的有效刺激物。用酸性溶液灌流颈动脉体,可反射性引起呼吸加强,通气量增大。H^+可以直接刺激中枢化学感受器而加强呼吸,但H^+透过血—脑屏障的速度较二氧化碳慢,故中枢化学感受器受脑脊液中的H^+的影响比受动脉血的影响更大。H^+浓度上升将引起呼吸加深加快。

【课外拓展】

1. 支气管炎、肺炎、肺气肿、心脏病引起的机体缺氧其机理有何不同?
2. 临危病人有哪些呼吸形式? 其机理如何?

【课程研讨】

1. 请阐述高压氧的治疗机理及优缺点。
2. 组织细胞如何才能获得足够的氧气、排出代谢产物?

【课后思考】

1. 呼吸的全过程有哪三个环节? 请分别举例说明某个环节中断,呼吸就终止。
2. 肺通气过程有哪些阻力? 游泳时,引起呼吸阻力的因素有哪些?
3. O_2、CO_2在血液中运输的方式有何不同?
4. 影响气体交换的因素有哪些?

【小资料】

英国科学家打造便携式人造肺帮助呼吸困难患者

据国外媒体报道,英国科学家正在开发一种能让那些呼吸困难的人们过上正常生活的便携式肺脏。他们的这一装置可给通过肺部前的身体之外的血液供氧,可能会成为肺部移植的另一种选择。

该研究由英国斯旺西大学的科学家进行,他们称,这种眼镜盒大小的装置可能还需要很多年才能上市,但一些肺脏有问题的患者对这项研究充满期待。根据英国肺脏基金会的资料显示,英国因肺病和气管疾病并影响呼吸能力的病超过了40种,包括肺癌、肺结核、哮喘、慢性肺病、囊肿性纤维化、睡眠呼吸暂停、禽流感、细支气管炎和很多其他疾病。

　　英国肺部基金会的调查显示,英国七分之一的人患有肺病,人数约为800万。据英国移植服务中心的资料显示,从2008年3月31日起,等待接受肺移植手术的人数达287。现在,斯旺西大学科学家正在开发一种便携式人造肺,这种肺能让患者过上正常的生活。研究人员称,从长远的观点来看,该装置可为肺移植提供一种选择,给那些患有如肺气肿和囊肿性纤维化之类的患者给来希望。

　　这种装置通过吸入氧气呼出血液中的二氧化碳来模仿肺的功能。这是比尔·琼斯教授在儿子死于囊肿性纤维化之后构想出来的创意。他说:"我们在制作将对人们有帮助的东西,这很重要,患者们将不必被限制带着氧气瓶坐在轮椅上,他们可以到处走走,为自己做一些事情。"尽管这项研究已经深为一些一线慈善机构看好,但是,这种便携式肺要实现还需要走很长的路。英国肺部基金会负责人克里斯·穆霍兰德说:"我们必须强调,要实现这种装置还需要几年的时间,即使是试验阶段。虽然我们欢迎这种装置,但是,现在,我们必须现实,而且要知道接受这种帮助的人可能为五分之一。"

　　来自斯旺西市的患者伊丽莎白·思朋斯一直拒绝接受双肺移植,她希望有一天这种新装置能对自己有帮助。她说:"我的身体会排斥移植肺,因此,这可能是一种解决办法,是能得到新肺而无须接受移植手术的另一种方法。"

第十九章　消化与吸收

【课程体系】

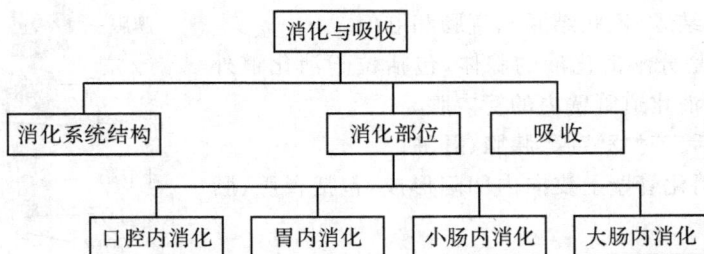

【课前思考】

1. 消化的方式。
2. 消化道的结构与功能相适应的特点。
3. 各个器官的消化特点与机理。
4. 营养物质的吸收方式与途径。

【本章重点】

1. 消化道的结构。
2. 胃液的成分与功能。
3. 小肠的消化与吸收特点。

【教学要求】

1. 了解消化和吸收的概念。
2. 掌握消化道平滑肌的电生理特性。
3. 掌握唾液、胃液、胰液、胆汁的主要成分和生理作用。
4. 了解主要营养物质的吸收方式。

第一节　概　述

本章主要讲述食物在消化道内被消化和吸收的过程和机理。

消化:消化是食物在消化道内被分解成小分子物质的过程。消化的方式分为两种:一种是机械性消化,即通过消化道的运动,将食物磨碎,并使其与消化液充分混合,同时将其向消化道远端推送。另一种消化方式是化学性消化,即通过消化液的各种化学分解作用,将食物中的营养成分分解成小分子物质。通常这两种消化方式同时进行,相互配合。

吸收:食物经过消化后,通过消化道黏膜,进入血液和淋巴循环过程,称为吸收。

一、消化系统结构

(一)消化系统大体结构

消化系统主要由消化道和消化腺组成。

1. 消化道:是食物运行的整个管道状结构,包括口与口腔、咽、食道、胃、十二指肠、小肠(空肠、回肠)、大肠(升结肠、横结肠、降结肠、乙状结肠)、直肠和肛门。

2. 消化腺:是分泌消化液的腺体,包括位于消化道外的管外腺和位于消化道管壁内的管内腺。

管外腺:包括三对唾液腺、胰腺、肝脏。

管内腺:由消化管壁上皮向内凹陷形成,包括胃腺、肠腺等。

(二)消化道管壁组织结构

消化道管壁由内向外通常分为四层:

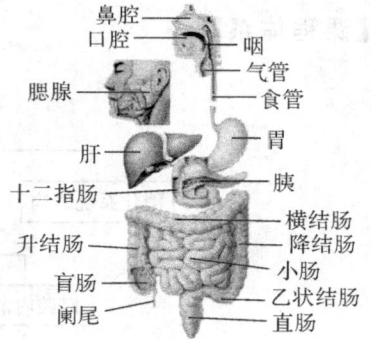

图 19-1　消化系统的组成

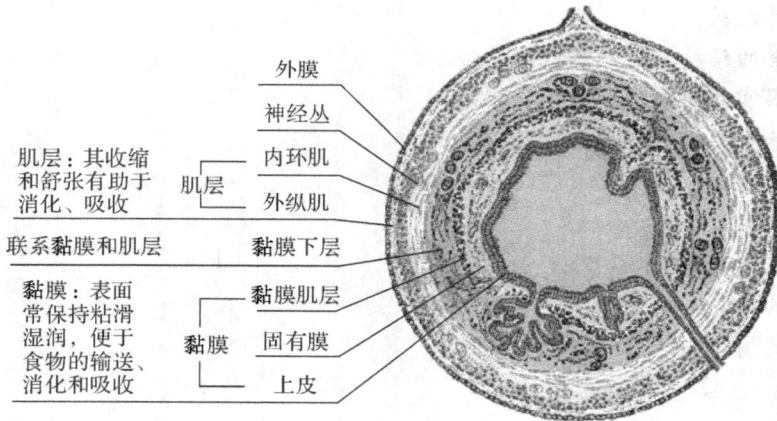

图 19-2　消化道管壁的组织结构

1. 黏膜层:由黏膜上皮、固有层和黏膜肌层组成。

2. 黏膜下层:由疏松结缔组织组成。

3. 肌层:通常由内环行肌和外纵行肌两层平滑肌组成。胃壁则由内斜行、中环行、外纵行三层平滑肌组成。

4. 外膜:是消化管壁的最外层,通常由薄层结缔组织和间皮构成,又称浆膜。其表面光滑,可减少相互间的摩擦。

二、消化道平滑肌的特性

除口、咽、食道上端和肛门括约肌是骨骼肌以外,其余均由平滑肌构成。其特点:

1. 兴奋性较低。
2. 收缩速度较慢,但伸展性大。
3. 许多有自发节律性运动,但频率慢且节律不稳定。
4. 对机械牵张、温度变化和化学刺激敏感。

三、胃肠道机能的调节

(一)神经调节

1. 胃肠壁内在神经丛

又称为肠神经系统(enteric nervous system),是由存在于消化管壁内无数的神经元和神经纤维组成的复杂的神经网络。神经元数量约为 10^8 个,相当于脊髓内的神经元数目。其中有感觉神经元,感受肠胃道内化学、机械和温度等刺激;有运动神经元,支配胃肠道平滑肌、腺体和血管;还有大量的中间神经元。各种神经元中间通过短的神经纤维形成网络联系。内在神经系统释放的神经递质和调质种类很多,几乎所有中枢神经系统中的递质和调质均存在于内在神经元中。因此,消化道内在神经构成了一个完整的、可以独立完成反射活动的整合系统,但在完整的机体内,内在神经受外来神经的调节。

内在神经包括两大神经丛,即黏膜下神经丛和肌间神经丛。黏膜下神经丛的神经元分布在消化道黏膜下,其中运动神经元释放乙酰胆碱和血管活性肽,主要调节腺细胞和上皮细胞的功能,也有些支配黏膜下血管。肌间神经丛的神经元分布在纵行肌和环行肌之间,其中有以乙酰胆碱和 P 物质为递质的兴奋性神经元,也有以血管活性肠肽(VIP)和一氧化氮(NO)为递质的抑制性神经元。肌间神经丛的运动神经元主要支配平滑肌细胞。两神经丛之间有中间神经元相互联系,并接受外来神经纤维支配。

2. 植物性神经系统

(1)迷走神经(副交感神经):大部分副交感神经节后纤维释放乙酰胆碱,有加强胃肠运动,促进消化液分泌和胃肠激素释放的作用。主要起机械感受和化学感受作用。

(2)交感神经:胃肠蠕动减慢,分泌减少,交感神经一般对消化活动起抑制作用。

(二)体液调节

1. 全身性激素

如:生长素促进生长发育,甲状腺素促进消化液分泌增加、物质吸收加快。

2. 胃肠激素:由胃肠黏膜 40 多种内分泌细胞所分泌的激素。是体内最大的内分泌器官(APUD 细胞),产生肽类激素或活性胺。有些肽类激素由胃肠道内神经末端所释放——肽类神经系统。大多数胃肠激素主要作用于邻近部位,也有的有远距离效应。如:促胃液素、促胰液素、缩胆囊素、胰多肽、抑胃肽、促胃动素、胰高血素。脑肠肽是由神经细胞和内分泌细胞均可释放的肽类激素,还在脑内存在,如:P 物质、生长抑素、血管活性肠肽、内啡肽等20 余种。

胃肠激素的作用:

(1)调节消化腺的分泌和消化道的运动。

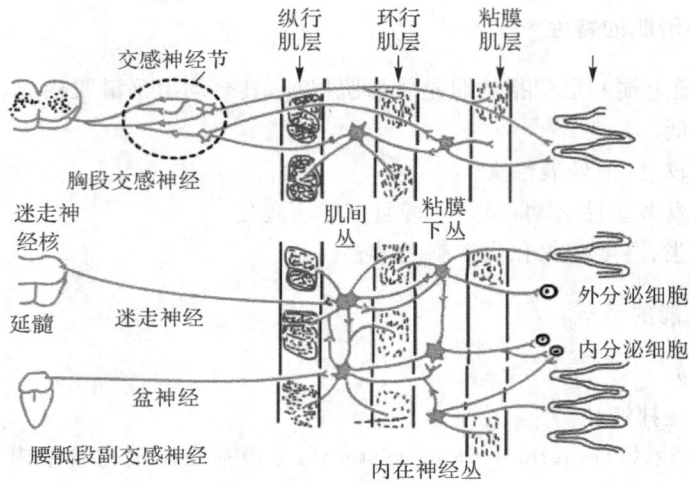

图 19-3 胃肠道的神经支配

（2）调节其他激素的释放。

（3）营养作用：一些胃肠激素具有刺激消化道组织的代谢和促进生长的作用，即营养作用。

第二节 口腔内消化

一、唾液及其作用

人的口腔内有三对主要的唾液腺，即腮腺、颌下腺和舌下腺。

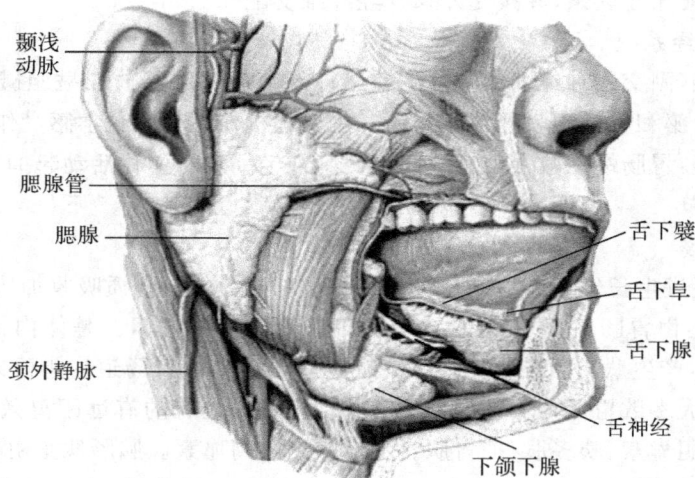

图 19-4 腮腺、颌下腺及舌下腺

（一）唾液的性质和成分

唾液是接近于中性（pH6.6～7.1）的液体，其中水分约占 99%；有机物主要为粘蛋白，还有球蛋白、唾液淀粉酶、溶菌酶等。

（二）唾液的作用

1 唾液可以湿润和溶解食物，以引起味觉并易于吞咽。

2 清除口腔中食物的残渣，冲淡和中和进入口腔的有害物质，对口腔起清洁和保护作用。

3 唾液中的溶菌酶和免疫球蛋白有杀灭细菌和病毒的作用。

4 在人的唾液中含有唾液淀粉酶，可将淀粉分解为麦芽糖。此酶的最适 pH 是 7.0，但随着食物进入胃后还可以继续作用一段时间，直至食物 pH 小于 4.5 后才彻底失活。

（三）唾液分泌的调节

唾液分泌的调节完全是神经反射性调节。包括非条件反射和条件反射。唾液分泌的基本中枢在延髓，在下丘脑和大脑皮层有更高级的中枢。通常，交感神经兴奋引起的唾液分泌量少而黏，副交感神经兴奋引起的唾液分泌量多而稀薄，含有较多的酶。

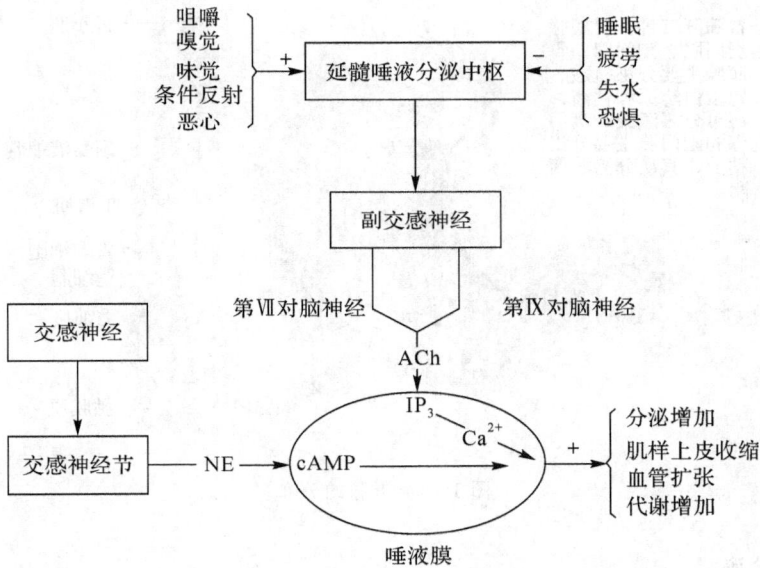

图 19-5 唾液分泌的调节示意图

二、咀嚼

咀嚼是口腔内的机械消化过程，其作用是：

（1）切碎食物；

（2）将切碎的食物与唾液混合成食团；

（3）使食物与唾液淀粉酶充分接触而有利于化学消化。

三、吞咽反射

吞咽是一个复杂的反射活动。根据食团所经过的部位，可将吞咽动作分为三期：

第一期:由口腔到咽。这是在大脑皮层控制下随意启动的,舌从舌尖至舌后部依次上举,抵触硬腭并后移,将食团挤向软腭后方至咽部。

第二期:由咽到食管上端。由于食团刺激了软腭和咽部的触觉感受器,引起一系列反射动作,包括软腭上升,咽后壁向前突出,封闭鼻咽通路,声带内收,喉头升高并向前贴紧会厌,封闭咽与气管的通路,呼吸暂停,食管上括约肌舒张,食团被挤入食管。

第三期:沿食管下行至胃。当食团通过食管上括约肌后,该括约肌即反射性收缩,食管随即产生一由上而下的蠕动,将食团向下推送。

第三节　胃内消化

一、胃的结构与分区

胃腺分三种:胃底腺、贲门腺、幽门腺。胃底腺主要分泌盐酸、胃蛋白酶原和粘液,还可分泌激素;贲门腺和幽门腺主要分泌粘液,其次分泌溶菌酶。

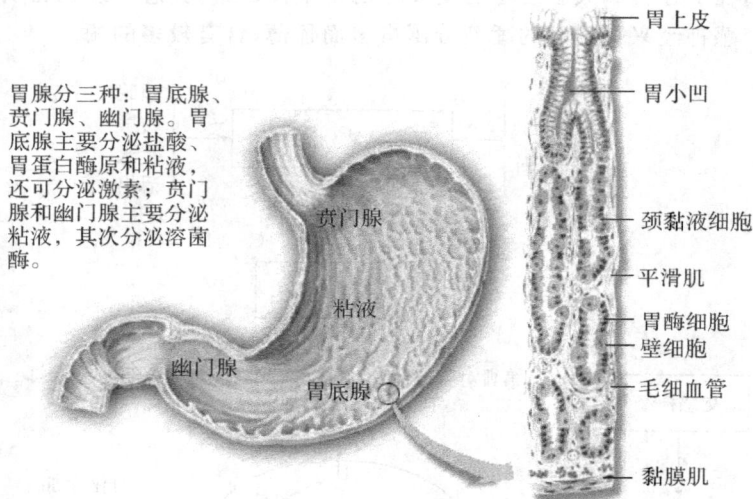

图 19-6　胃腺的分布

二、胃的分泌

在胃内分泌消化液的细胞都位于胃壁内,属于管内腺。主要有三种细胞:

1. 颈黏液细胞:主要分布在胃与食管连接处的宽约 $1 \sim 4cm$ 的环状区及胃靠近十二指肠的幽门区,分泌黏液。

2. 壁细胞:主要分布在胃体部位,分泌盐酸以及与维生素 B12 吸收有关的内因子。

3. 主细胞:主要分布在胃体部位,分泌胃蛋白酶原。

根据这些细胞的分布位置及分泌消化液特性,有时把胃腺分为贲门腺、泌酸腺和幽门腺。胃黏膜内还有多种内分泌细胞,如分泌胃泌素的 G 细胞,分泌生长抑素的 D 细胞等。

（一）胃液的性质、成分和作用

纯净的胃液是一种 pH 为 $0.9 \sim 1.5$ 的无色液体。正常人每日分泌量约 $1.5 \sim 2.5L$。胃液的成分包括无机物如盐酸、钠和钾的氯化物等,以及有机物粘蛋白、消化酶等。胃液中的无机成分随分泌速率的变化而有变化。

1. 盐酸:也称胃酸。正常人空腹时盐酸排出量(基础排出量)为每小时 0～5mmol。在食物或某些药物的刺激下,盐酸排出量可明显增加。正常人的盐酸最大排出量每小时可达 20～25mmol。男性的盐酸分泌率高于女性。壁细胞分泌盐酸的假设见图 19-7。

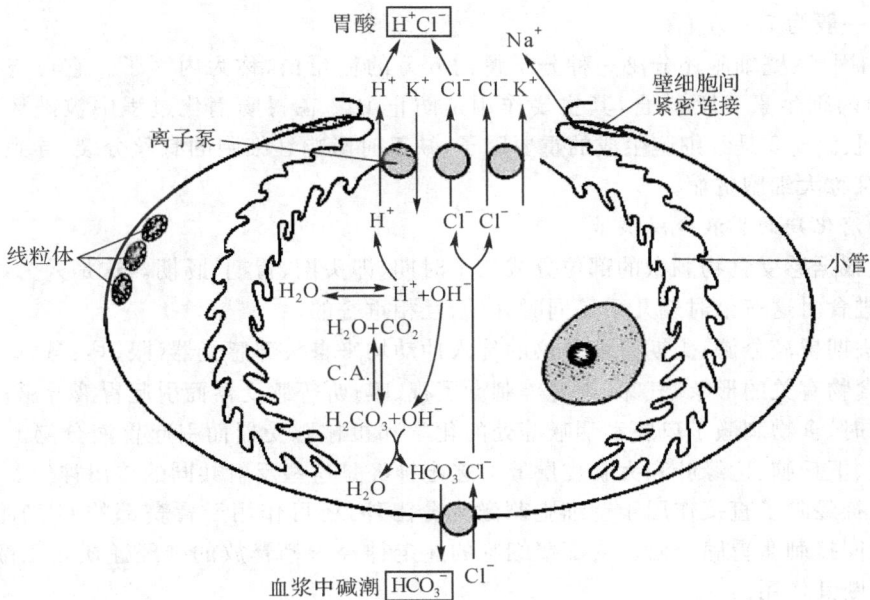

图 19-7　壁细胞分泌盐酸示意图

2. 胃蛋白酶原:主细胞是胃蛋白酶原的主要来源。主细胞中的胃蛋白酶原贮存在细胞顶部的分泌颗粒中,当细胞受到刺激时,通过胞吐作用释入腺腔。无活性的胃蛋白酶原在盐酸作用下或是在酸性条件下,通过自身的催化,从 N 端断裂掉一段氨基酸序列而转变为有活性的胃蛋白酶。胃蛋白酶为内切酶,可分解大部分蛋白质为际和胨的大分子,产生的多肽或氨基酸较少。胃蛋白酶作用的最适 pH 为 2.0～3.5,当 pH＞5 时便失活。

3. 黏液和碳酸氢盐:胃的黏液主要成分为糖蛋白。黏液具有较高的粘滞性和形成凝胶

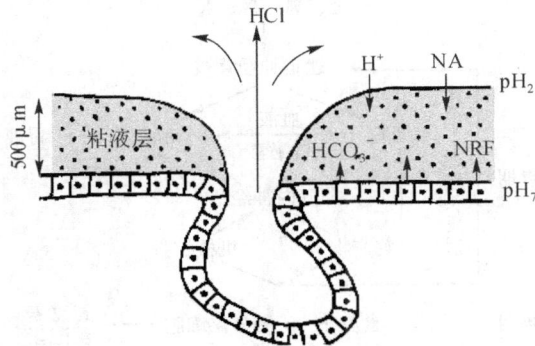

图 19-8　胃黏液－碳酸氢盐屏障示意图

的特性,它在正常人胃黏膜表面形成一个厚约 $500\mu m$ 的凝胶层,可减少粗糙的食物对胃黏膜的机械性损伤。"黏膜—碳酸氢盐屏障"可以有效地保护胃,这是因为黏液的粘稠度为水的 $30\sim620$ 倍,当胃腔内的氢离子通过黏膜表面的黏液向上皮细胞扩散时,其移动速度将明显减慢,并不断地与从黏液下面向表面扩散的碳酸氢根遭遇。两种离子在黏液层内发生中和,形成一个跨黏液层的 pH 梯度。黏液靠近胃腔侧的 pH 一般为 2.0 左右,而靠近上皮细胞的 pH 一般为 7.0 左右。

4. 内因子:壁细胞还分泌一种分子量约 6 万的糖蛋白,称为内因子。它可与随着食物进入胃内的维生素 B12 结合,其主要作用是防止 B12 在胃肠消化过程中被破坏从而促进 B12 的吸收。B12 是红细胞生成的重要因子,缺乏时影响红细胞的有丝分裂,导致巨幼红细胞贫血,又称大细胞贫血。

(二)消化期的胃液分泌调节

一般根据感受食物刺激的部位分成三个时期,即头期、胃期、肠期。这是人为划分的,实际上,在进食时这三个时期几乎是同时开始,互相重叠的。

(1)头期胃液分泌:头期胃液分泌的传入冲动均来自头部感受器(眼、耳、鼻、口腔、咽、食管)。和食物有关的形象、气味、声音等刺激了视、嗅、听等感受器而引起胃液分泌;当咀嚼和吞咽食物时,食物刺激了口腔和咽喉等处的化学和机械感受器而引起胃液分泌。反射中枢包括延髓、下丘脑、边缘叶和大脑皮层等。迷走神经是这些反射共同的传出神经。

迷走神经除了直接作用于壁细胞刺激其分泌外,还可作用于胃窦部的 G 细胞,通过释放胃泌素间接刺激胃腺分泌。支配壁细胞的迷走神经末梢释放的神经递质是乙酰胆碱,阿托品可阻断其作用。

(2)胃期胃液分泌:食物入胃后,对胃产生的机械性和化学性刺激,继续引起胃液的分泌,其主要途径为:①扩张刺激胃底、胃体部的感受器,通过迷走—迷走神经的长反射和壁内神经丛的短反射,直接或间接通过胃泌素引起胃腺分泌;②扩张刺激胃幽门部,通过壁内神经丛,作用于 G 细胞引起胃泌素的释放;③食物的化学成分直接作用于 G 细胞,引起胃泌素的释放。

(3)肠期胃液分泌:食物离开胃进入小肠后,还有继续刺激胃液分泌的作用。

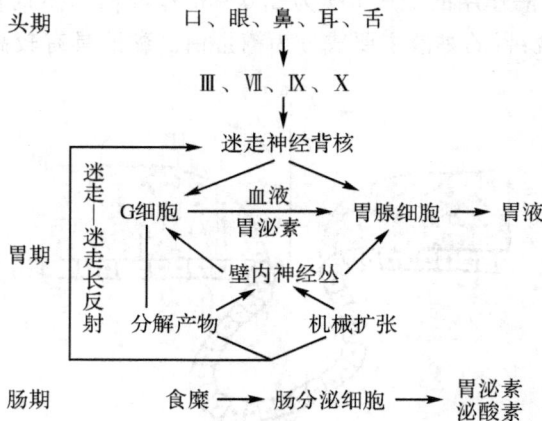

图 19-9　胃液分泌调节示意图

（三）胃液分泌的抑制性调节

抑制胃液分泌的除精神、情绪因素外，主要有盐酸、脂肪和高张溶液三种。

（1）盐酸：当胃窦内 pH 降到 1.2—1.5 时，对胃酸分泌可产生抑制作用。

（2）脂肪：脂肪及其消化产物可抑制胃液的分泌。

（3）高张溶液：十二指肠内的高张溶液可刺激渗透压感受器，通过肠—胃反射或刺激小肠分泌胃肠激素而抑制胃液分泌。

三、胃的运动

（一）胃运动的主要形式

1　容受性舒张：当大量摄入食物时，胃开始舒张以容纳食物，从而使胃内压维持比较恒定的水平。

2　紧张性收缩：胃的平滑肌经常保持某种程度的持续收缩状态，由胃壁肌肉内在神经丛调节，这种收缩在空胃时尤为显著。当胃充满食物及处于消化过程中时，紧张性收缩逐渐加强，胃窦紧缩，胃体缩小，使胃腔内具有一定的压力，有助于食物与胃液的混合，并协助推动食糜向十二指肠移行。

3　蠕动：胃蠕动出现于食物入胃后 5 分钟左右。蠕动起始于胃的中部，每分钟约 3 次，每个蠕动波约需一分钟到达幽门。蠕动起初时较小，在向幽门传播的过程中，波的幅度和速度逐渐增加，当接近幽门时明显增强，可将一部分食糜排入十二指肠。

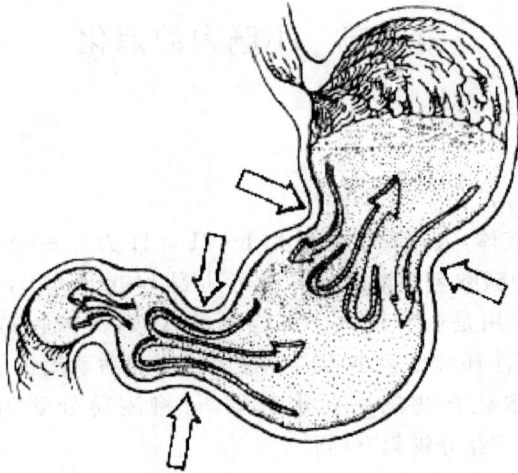

图 19-10　胃的运动

（二）胃运动的调节

1．神经调节

包括两类反射：一类是通过食物中枢的反射；另一类是壁内神经丛的局部反射。食物对胃壁黏膜及胃壁深层机械感受器的刺激，通过中枢神经系统而反射性地实现。支配胃的兴奋性冲动沿迷走神经走行，抑制性冲动沿交感神经走行。刺激交感神经主要效应是减少胃的基本电节律的频率和降低传导速度，并减低环行肌的收缩力，但引起括约肌收缩。刺激迷走神经则相反。

2. 体液调节

(1)幽门部位:G 细胞释放的胃泌素可使胃的基本电节律频率增加,胃的运动加强,幽门括约肌舒张。十二指肠及小肠释放某些物质(肠抑胃素)可抑制胃的运动。

(2)肠胃反射:十二指肠的一些较强的刺激,如 pH3.5 以下、高渗溶液、10%乙醇及腹腔上升等刺激因素,都可引起胃运动减弱及幽门舒张,此称为肠胃反射。

(三)胃的排空及其调节

胃内食糜由胃排入十二指肠的过程称为胃排空。胃的排空在进食后不久就开始了,影响胃排空的主要因素有:

1. 胃内压:是胃排空的主要动力。

2. 食物的理化性质:溶液或小颗粒的悬浮液较块状物排空快。一般糖类食物排空较蛋白类食物快,脂肪类食物排空最慢。混合食物由胃全部排空约需 4—6 小时。

3. 胃排空同样受神经体液的调节。

(四)呕吐

1. 原因:机械或化学性刺激作用于舌根、咽、胃、大小肠、总胆管、视觉、内耳前庭的位置感觉的改变及中枢性。

2. 呕吐中枢:延脑。颅内压升高、脑瘤等可直接刺激该中枢而引起呕吐。

3. 意义:呕吐是一种具有保护意义的防御性反射,排出有害物质。但长期、剧烈的呕吐会影响进食、正常消化活动,使消化液丢失,造成体内水、电解质、酸碱平衡的紊乱。

第四节　小肠内的消化

一、胰液的分泌

(一)胰液的成分和作用

胰液是无色无臭的液体,人每日分泌量为 $1\sim2L$,pH 为 $7.8\sim8.4$,渗透压与血浆相等。

1. 碳酸氢盐:胰液中碳酸氢根浓度最高时可达到 140mmol/L,为血浆碳酸氢根浓度的 4 倍。碳酸氢根的主要作用是中和进入十二指肠的胃酸,保护肠黏膜免受强酸的侵蚀;此外,碳酸氢根造成的弱酸性环境也为小肠内多种消化酶的活动提供了适宜的 pH 环境。

2. 胰淀粉酶:是碳水化合物的主要水解酶,可将淀粉分解为双糖、麦芽糖等,最适 pH6.9～7.0。胰淀粉酶一经分泌就有活性。

3. 胰脂肪酶:是脂类水解酶,可将脂肪分解为甘油和脂肪酸。

4. 胰蛋白酶和糜蛋白酶:是蛋白质水解酶,它们都是以不具有活性的酶原形式存在于胰液中的。肠液中的肠致活酶可以激活蛋白酶原,使之变为具有活性的胰蛋白酶。此外,胃酸、胰蛋白酶本身,以及组织液也能使胰蛋白酶原激活。胰蛋白酶和糜蛋白酶的作用极为相似,都能分解蛋白质为际和胨。当两者共同作用于蛋白质时,则可消化蛋白质为小分子的多肽和氨基酸。

正常胰液中还含有羧基肽酶、核糖核酸酶、脱氧核糖核酸酶等水解酶。

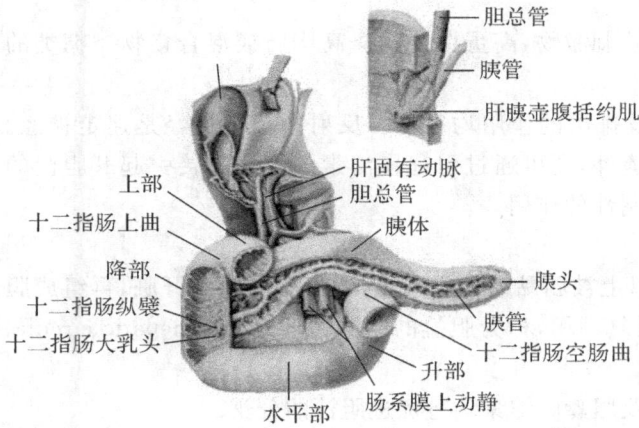

图 19-11　胆道、十二指肠和胰腺前面观

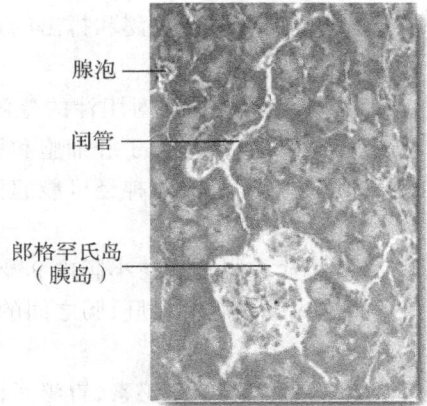

图 19-12　胰腺切面

(二)消化期胰液分泌的调节

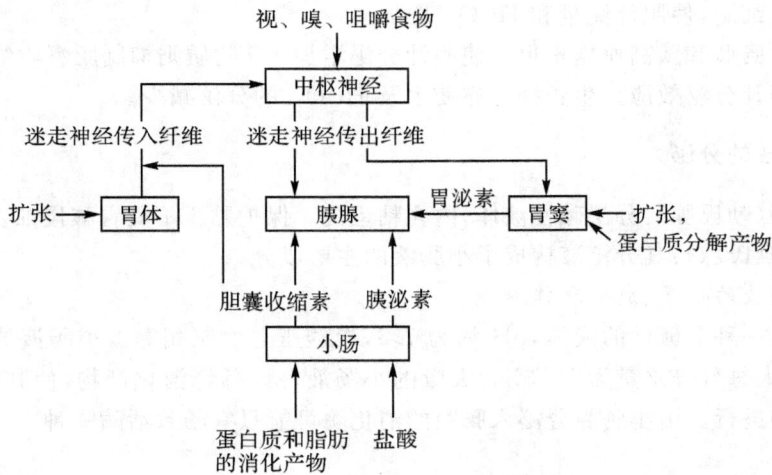

图 19-13　胰液分泌调节示意图

二、胆汁的分泌与排出

(一)胆汁的性质和成分

　　胆汁的成分很复杂,除水分和钠、钾、钙、碳酸氢盐等无机成分外,其有机成分有胆汁酸、胆色素、脂肪酸、胆固醇、卵磷脂和粘蛋白等。胆汁中无消化酶。胆汁酸与甘氨酸或牛磺酸结合形成的钠盐或钾盐称为胆盐。胆汁中的胆盐与胆固醇和卵磷脂的适当比例是维持胆固醇成溶解状态的必要条件。当胆固醇分泌过多,或胆盐、卵磷脂合成减少时,胆固醇就容易沉积下来,这是形成胆结石的原因之一。

(二)胆汁的作用

　　胆汁中的胆盐、胆固醇、卵磷脂等都可作为乳化剂,减少脂肪的表面张力,使脂肪以微粒形式分散于液体中,有助于脂肪酶的接触与消化。

（三）胆汁分泌和排出的调节

食物是引起胆汁分泌和排出的自然刺激物,高蛋白食物＞高脂肪或混合食物＞糖类的作用。

1. 神经调节:神经对胆汁的分泌及排出的作用均很弱。反射的传出神经是迷走神经。迷走神经除可直接作用于肝细胞和胆囊外,还可通过引起胃泌素的释放间接引起肝胆汁的分泌和胆囊收缩。交感神经可能起抑制性的作用。

2. 体液调节

（1）胆盐和胆汁酸在小肠内95％以上被肠黏膜吸收入血,经门静脉回到肝脏,再组成胆汁被分泌入肠。胆盐在肝、肠之间的反复利用,称为胆盐的肠肝循环（enterohepatic circulation）。

（2）胃肠激素中胰泌素、胃泌素以及胆囊收缩素均可促进胆汁的分泌。

胃泌素:主要作用肝细胞和胆囊,促进肝胆汁的分泌和胆囊收缩。

促胰液素:能引起胆管系统分泌水及HCO_3^-。

胆囊收缩素:可引起胆囊收缩降低奥的氏括约肌的紧张性,而使胆汁大量排出。它也能刺激胆管上皮细胞,使胆汁流量和HCO_3^-增加。

血管活性肠肽和胰高血糖素也可使胆汁分泌增加。P物质则抑制胆囊收缩素和血管活性肠肽的促胆汁分泌效应。生长抑素亦使水及HCO_3^-的分泌减少。

三、小肠液的分泌

十二指肠（勃氏腺）:分泌碱性液体,内含粘蛋白。保护黏膜不受胃酸侵蚀。

小肠腺（李氏腺）:其分泌液构成了小肠液的主要成分。

（一）小肠液的性质、成分和作用

小肠液是一种弱碱性的液体,pH约为7.6,渗透压与血浆相等。小肠液的分泌量变动范围很大,成人每日分泌量为1～3L。大量的小肠液可以稀释消化产物,使其渗透压下降,有利于吸收的进行。由小肠腺分泌入肠腔的消化酶可能只有肠致活酶一种。

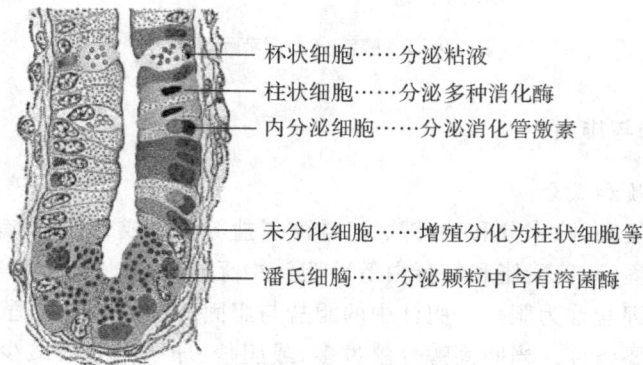

图 19-14 小肠的肠腺（高倍镜下）

（二）小肠液的分泌调节

小肠液的分泌是经常性的,在不同条件下其分泌的变化较大。

1. 神经调节

肠壁内在神经系统在肠液分泌调节中很重要。但是大脑皮层也调控肠液的分泌,其传出神经为迷走神经。迷走神经兴奋,十二指肠的肠液分泌增加,肠液内酶的含量增高,交感神经可能抑制肠液的分泌。

2. 体液调节

小肠液的分泌同样受胃肠激素的调节:胰泌素和胆囊收缩素能够刺激肠液分泌,并使其酶的含量增加,这一效应必须有胆汁或胰液参与;血管活性肠肽、胰高血糖素和胃泌素对肠液分泌均有刺激作用。

四、消化期小肠的运动

1. 紧张性收缩:有利于食糜的混合运动。
2. 自律性分节运动:以环状肌的自律性舒缩为主。
3. 蠕动:速度缓慢(0.5～2.0cm/s),使食糜向大肠方向波状推进。

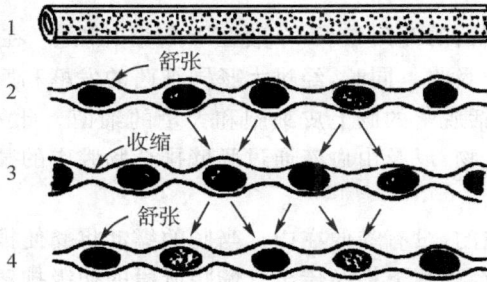

1 未运动肠管表面观;2,3,4 肠管分节运动切面观,示肠管不同部位收缩和舒张时产生的分节现象。

图 19-15　小肠的分节运动模式图

第五节　大肠内的消化

大肠长约 1.5 米,可分为盲肠、结肠、直肠。大肠壁的结构特点:黏膜无绒毛及皱襞,肠上皮杯状细胞很多,大肠的肠腺较发达,富含黏液和碳酸氢盐,pH 8.3～8.4,其中有粘蛋白,能保护肠黏膜和润滑粪便。大肠没有重要的消化功能,主要生理功能能有:(1)吸收水和电解质,参与机体对水、电解质平衡的调节。(2)产生、吸收维生素 B、K。(3)暂时贮存粪便。

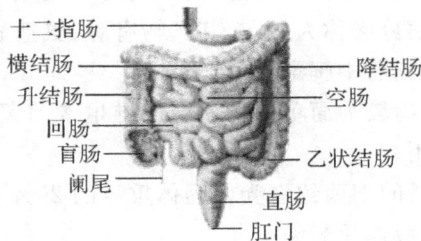

图 19-16　各段大肠的名称

大肠的运动少而慢,对刺激的反应也较迟缓,这些特点对于大肠作为粪便的暂时贮存所是适合的。

（一）大肠运动的形式

1. 袋状往返运动：这是在空腹时最多见的一种运动形式,由环行肌无规律地收缩所引起,它使结肠袋中的内容物向两个方向做短距离的位移,但并不向前推进。

2. 分节或多袋推进运动：这是一个结肠袋或一段结肠收缩,其内容物被推移到下一段的运动。进食后或结肠受到拟副并感药物刺激时,这种运动增多。

3. 蠕动：大肠的蠕动是由一些稳定向前的收缩波所组成的。收缩波前方的肌肉舒张,往往充有气体；收缩波的后面则保持在收缩状态,使这段肠管闭合并排空。

在大肠还有一种进行很快且前进很远的蠕动,称为集团蠕动。它通常开始于横结肠,可将一部分大肠物推送至降结肠或乙状结肠。集团蠕动常见于进食后,最常发生在早餐后60min 之内,可能是胃内食物进入十二指肠,由十二指肠－结肠反射所引起的。这一反射主要是通过内在神经丛的传递实现的。

（二）排便

食物残渣在大肠内停留的时间较长,一般在十余小时以上,在这一过程中,食物残渣中的一部分水分被大肠黏膜吸收。同时,经过大肠同细菌的发酵和腐败作用,形成了粪便。粪便中除食物残渣外,还包括脱落的肠上皮细胞和大量的细菌。此外,机体代谢后的废物,包括由肝排出的胆色素衍生物,以及由血液通过肠壁排至肠腔中的某些金属,如钙、镁、汞等的盐类,也随粪便排至体外。

正常的直肠通常是空的,没有粪便在内。当肠的蠕动将粪便推入直肠时,刺激了直肠壁内的感受器,冲动经盆神经和腹下神经传至脊髓腰骶段的初级排便中枢,同时上传到大脑皮层,引起便意和排便反射。这时,通过盆神经的传出冲动,使降结肠、乙状结肠直肠收缩,肛门内括约肌舒张。与此同时,阴部神经的冲动减少,肛门外括约肌舒张,使粪便排出体外。此外,由于支配腹肌和膈肌的神经兴奋,腹肌和膈肌也发生收缩,腹内压增加,促进粪便的排出。正常人的直肠对粪便的压力刺激具有一定的阈值,当达到此阈值时即可引起便意。

排便运动受大脑皮层的影响是显而易见的,意识可以加强或抑制排便。人们对便意经常予以制止,就使直肠渐渐地对粪便压力刺激失去正常的敏感性,加之粪便在大肠内停留过久,水分被吸收过多而变得干硬,引起排便困难,这是产生便秘的最常见的原因之一。

（三）大肠内细菌的活动

大肠内有许多细菌。细菌主要来自食物和空气,它们由口腔入胃,最后到达大肠。大肠内的酸碱度和温度对一般细菌的繁殖极为适宜,细菌便在这里大量繁殖。细菌中含有能分解食物残渣的酶。糖及脂肪的分解称为发酵,其产物有乳酸、醋酸、二氧化碳、沼气、脂肪酸、甘油、胆碱等。蛋白质的细菌分解称为腐败,其产物有胨、氨基酸、氨、硫化氢、组胺、吲哚等,其中有的成分由肠壁吸收后到肝中解毒。

大肠内的细菌能利用肠内较为简单的物质合成维生素 B 复合物和维生素 K,它们由肠内吸收后,对人体有营养作用。

据估计,粪便中死的和活的细菌约占粪便固体重量的 20%—30%。

（四）食物中纤维素对肠功能的影响

近年来,食物中纤维素对肠功能和肠疾病发生的影响,引起了医学界极大的重视。事实证明,适当增加纤维素的摄取有增进健康,预防便秘、痔疮、结肠癌等疾病的作用。食物中纤维素对胃肠功能的影响主要有以下方面:(1)大部分多糖纤维能与水结合而形成凝胶,从而限制了水的吸收,并使肠内容物容积膨胀加大;(2)纤维素多能刺激肠运动,缩短粪便在肠内的停留时间和增加粪便容积;(3)纤维素可降低食物中热量的比率,减少含能物质的摄取,从而有助于纠正不正常的肥胖。

第六节 吸 收

食物的消化产物、水和无机盐等,通过消化管黏膜上皮细胞进入血液和淋巴的过程,称为吸收。每天约有 8～10L 水及 1kg 左右的物质经过消化管,其中很大一部分被吸收。吸收过程包括主动转运和扩散。

一、营养物质吸收部位

消化管不同部位的吸收能力和吸收速度是不同的,这主要取决于各部分消化管的组织结构,以及食物在各部位被消化的程度和停留时间。口腔、食道不吸收。胃吸收酒精、少量水分。小肠是主要吸收部位,一般认为,糖类、蛋白质和脂肪的消化产物大部分是在十二指肠和空肠吸收的。回肠有其独特的功能,即主动吸收胆盐和维生素 B12。大肠吸收水分、盐类。

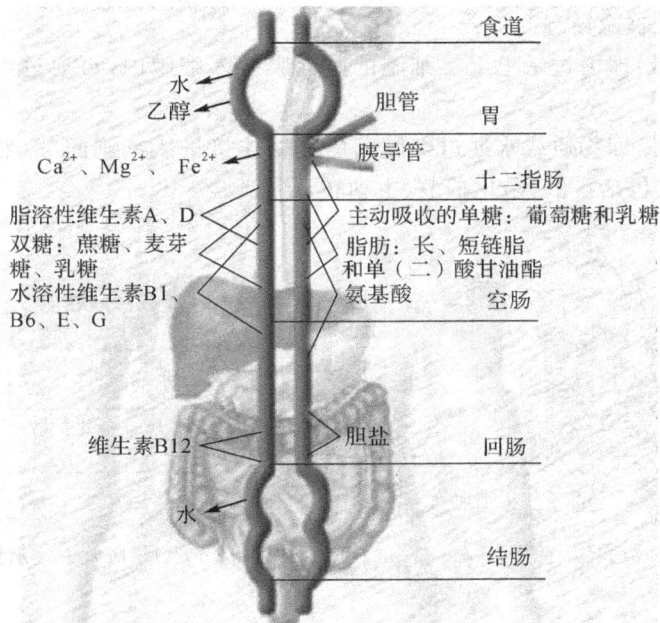

图 19-17 营养物质吸收部位示意图

二、小肠结构的特点

小肠具有很大的吸收面积,这与其吸收功能相适应。小肠黏膜向肠腔突出形成许多皱襞,使小肠内面积增大 3 倍,全部小肠表面黏膜向肠腔内伸出指状突起,称小肠绒毛,又使小肠面积增大 10 倍,每个上皮细胞的管腔游离面长有密集的微绒毛,又使小肠面积增大 20 倍。小肠的这些结构,使小肠的总吸收面积增大 600 倍,达到 $200m^2$。

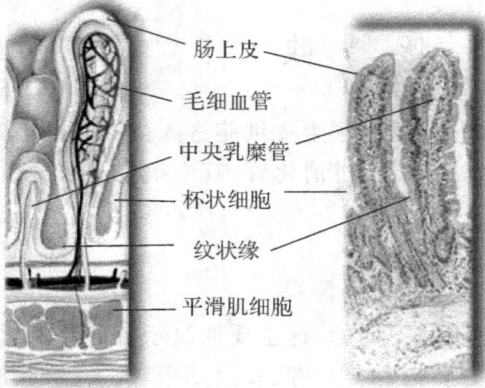

图 19-18 小肠绒毛

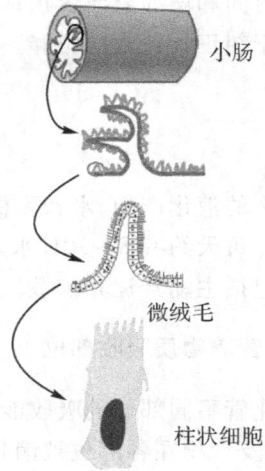

图 19-19 小肠的结构

三、各种营养物质的吸收

营养物质的吸收途径有:

1. 跨细胞途径:即通过绒毛上皮细胞的腔面膜进入细胞内,再通过细胞底侧膜进入血液或淋巴。

2. 旁细胞途径:即物质或水通过细胞间的紧密连接进入细胞间隙,然后再转入血液或淋巴。吸收的方式包括扩散、易化扩散、主动转运、胞饮。

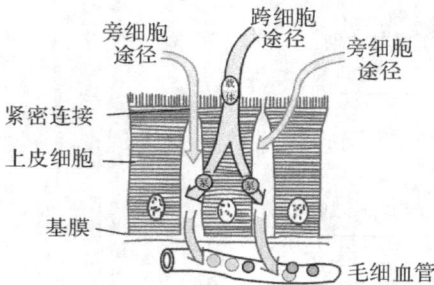

图 19-20 吸收途径示意图

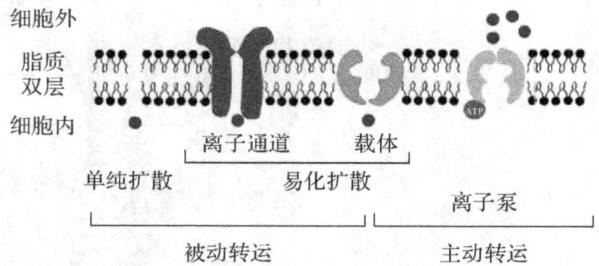

图 19-21 吸收方式示意图

(一)水的吸收

人体每日由胃肠吸收的液体量约 8L。水的吸收都是被动性的,其中溶质被主动吸收所产生的渗透压梯度是水被吸收的动力。

(二)无机盐的吸收

1. 钠的吸收:钠的吸收是主动的,肠上皮细胞的侧膜上的钠泵将胞内的钠离子主动转运入血,造成胞内钠离子浓度降低,肠腔内钠离子借助于刷状缘上的载体,以易化扩散形式进入细胞内。由钠泵形成的细胞内胞内低钠和肠腔内高钠势能也是其他营养物质吸收的动力。许多营养成分如单糖、氨基酸等均依靠钠的势能与钠耦联转运入细胞内。

2. 铁的吸收：铁主要在十二指肠内吸收。这些部位的肠上皮细胞释放转铁蛋白进入管腔，与铁离子结合为复合物，进而以受体介导的入胞作用进入细胞内；转铁蛋白在胞内释放出铁离子后，被重新释放到管腔中。进入胞内的铁，一部分从细胞底侧膜以主动转运形式进入血液，其余则与胞内铁蛋白结合，留在细胞内防止铁被过量吸收。

3. 钙的吸收：钙的吸收是主动运输过程。食物中的钙必须变成 Ca^{++} 后才能被吸收。其吸收部位在小肠和结肠的全长。十二指肠对钙离子的吸收最强。钙的吸收主要通过肠黏膜的主动转运，部分通过扩散。肠黏膜细胞上存在钙结合蛋白，1 分子结合蛋白可以结合 4 个钙。钙进入细胞浆后，可储存在线粒体中，并不是随时转运出去。决定钙吸收的主要因素是机体对钙的需求和维生素 D 的供应情况。食物中的钙大部分随粪便排出，仅小部分被吸收。

4 负离子吸收：在小肠内吸收的负离子主要有氯离子和碳酸氢根离子。肠腔内钠离子被吸收所造成的电位变化可促进负离子向细胞内移动。

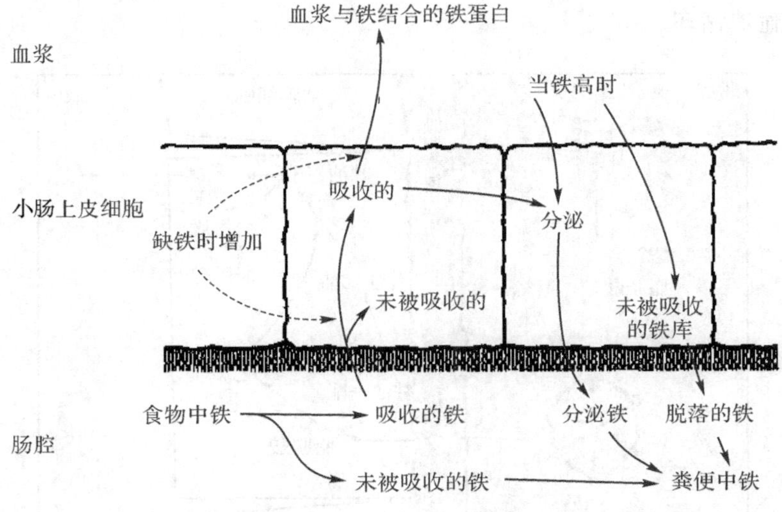

图 19-22 铁的吸收示意图

（三）糖的吸收

单糖的吸收是消耗能量的主动过程，它可逆着浓度差进行，能量来自钠泵，属于继发性主动转运。在肠黏膜上皮细胞的刷状缘上存在着一种转运体蛋白，它能选择性地把葡萄糖和半乳糖从刷状缘的肠腔面转运入细胞内，然后再扩散入血。

（四）蛋白质的吸收

蛋白质通常在分解成氨基酸后被吸收。氨基酸的吸收是主动的。在小肠上皮细胞刷状缘上存在不同种类的氨基酸转运系统，分别选择性地转运中性、酸性和碱性氨基酸。这些转运系统多数与钠的转运耦联，机制与单糖转运相似，但也存在非钠依赖性的氨基酸转运。

（五）脂肪的吸收

在小肠内，脂类的消化产物脂肪酸、甘油一酯、胆固醇等很快和胆汁中的胆盐形成混合

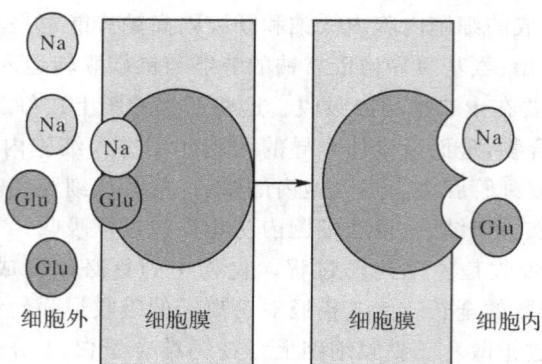

图 19-23　糖吸收示意图

微胶粒。由于胆盐有亲水性,能携带脂肪的消化产物通过覆盖在小肠绒毛表面的非流动水层到达微绒毛。在这里,甘油一酯、脂肪酸、胆固醇等又逐渐从混和微胶粒中释出,并通过微绒毛的脂蛋白膜而进入黏膜。长链脂肪酸及甘油酯被吸收后,在肠上皮细胞的内质网上重新合成甘油三酯,进一步合成乳糜微粒,并由细胞分泌出去,进入中央乳糜管而进入淋巴循环,最后进入血液循环。

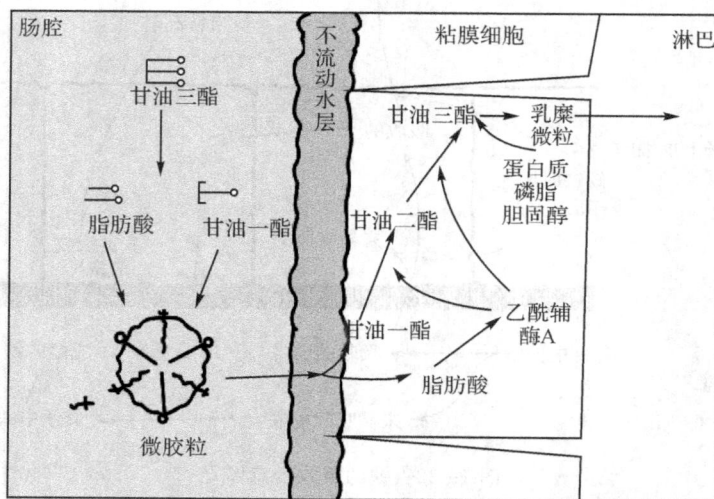

图 19-24　脂肪吸收示意图

(六)胆固醇的吸收

游离的胆固醇通过形成混和微胶粒,在小肠上部被吸收,吸收后的胆固醇大部分在小肠黏膜细胞中又重新酯化,生成胆固醇酯,最后与载酯蛋白一起组成乳糜微粒经由淋巴系统进入血液循环。

(七)维生素

脂溶性维生素 A、D、E、K 通过主动转运或溶解于脂肪被吸收。

水溶性维生素 B、C 多是被动转运。

【课外拓展】

1. 呕吐的生理机理如何?
2. 胆汁的分泌受到哪些因素的影响?

【课程研讨】

1. 要增强消化与吸收功能应从哪些方面着手?
2. 如何从消化吸收角度控制体重过度增加?
3. 请阐述引起消化系统癌变的因素。

【课后思考】

1. 胃液有哪些成分?其生理作用有哪些?为何自身的胃不会被消化?
2. 论述小肠作为主要吸收部位的有利条件。
3. 为何提倡慢嚼细咽?
4. 饮酒过多为何易导致胃部疾病?
5. 油条等为何易导致肝部疾病?
6. 患肝炎时,为何看见油腻食品易恶心?
7. 肠道内容物长期滞留,对身体有益吗?为何?
8. 食物中的营养物质是如何转变为你自身的物质的?

【小资料】

(美)肠胃病专家给胃平反:胃经常被冤枉

吃某种食物会胀气,睡前吃东西会发胖⋯⋯所有这一切,人们往往认为是胃惹的祸,事实未必如此。日前,据美国"网络医学博士"网站报道,几位肠胃病专家对几大误区做了更正,给胃"平反"。

食物在胃里消化。人们通常认为,胃会将食物搅拌、碾碎,大部分消化过程发生在那里。其实,食物并不是按吃进去的顺序而消化,它们经胃搅拌后,直接进入小肠。

少吃东西能让胃变小。一般来说,一个人成年以后,胃的大小基本上就不会变了。不过,少吃东西虽然不能令胃缩小,却能重新设置"食欲调节器",这样你就不会觉得那么饿了。

瘦人比胖人胃小。胃的大小与体重无关。天生的"瘦猴"与胖人相比,胃可能一样大,甚至更大。

吃非水溶性食物(如高纤维谷类)容易胀气。实际上,水溶性纤维(如草莓、苹果、豆类)更易导致腹胀,这其实是负责消化水溶性纤维的肠菌群在"作祟",而非水溶性纤维根本不能消化,只能穿肠而过,既然未曾与肠菌丛发生交互作用,也就谈不上形成肠道气体了。

胃酸和体重无关。这两者之间是有关系的。只要能让腹部脂肪减少一公斤,你的胃就会感觉舒服不少。怀孕就是一个很好的例子:随着胎儿的成长以及对内脏器官的挤压,胃痛的次数随之增多。只要孩子一降生,压力就减少了,胃痛自然也就缓解了。

睡觉前吃东西会发胖。人们的固有观念认为,在某一时间摄入的食物总量与消耗热量的比例,最终决定是否会增加体重。其实,这个想法并不具有科学性。睡觉前吃东西并不会变胖,只是更难以消化,会产生腹胀、腹痛感,并会排气,疲劳有压力时尤为如此。

脂肪比碳水化合物更管饱。脂肪比碳水化合物消化慢,停留在胃里的时间长。也正是由于这个原因,我们自然觉得,吃了含有脂肪的食物在较长一段时间不感觉饿。其实,薄脆饼、面包或甜食一类的简单碳水化合物,反会使血糖和胰岛素水平快速增加或下降,引起心情和胃口的急剧变化,让你有饱腹感。

第二十章　能量代谢与体温调节

【课程体系】

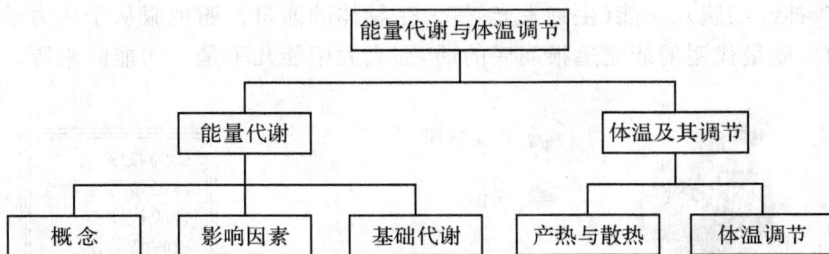

【课前思考】

1. 影响能量代谢的因素。
2. 基础代谢的概念。
3. 机体产热与散热的方式与体温调节的机理。

【本章重点】

1. 影响能量代谢的因素。
2. 机体产热与散热的方式与体温调节的机理。

【教学要求】

1. 掌握食物的热价、氧热价、呼吸商、基础代谢的含义。
2. 掌握影响能量代谢的因素。
3. 熟悉机体的产热过程、散热过程和体温的调节。

在生命活动过程中,营养物质被不断吸收入血液,在细胞中经过同化作用(合成代谢)构成机体的组成成分;同时,细胞也不断地分解营养物质和机体的组成成分(异化作用)以获取能量和进行组织更新。这就是新陈代谢。新陈代谢包括合成代谢和分解代谢两大范畴。

在物质代谢过程中,分解代谢时,营养物质分子中蕴藏的化学能便释放出来,转化为机体的能源,分解代谢是放能反应;在合成代谢时,需要提供能量用于物质的合成,合成代谢是吸能反应。在这种物质代谢过程中伴随的能量的转移称为能量代谢,两者是新陈代谢不可分割的两个方面,它们遵循物质不灭和能量守恒定律。

本章将重点从整体角度讨论能量代谢(即能量收支)和体温调节两个问题。

第一节 能量代谢

能量代谢(energy metabolism)指随着生命现象或作为其原因的能量的出入或转换(energy transduction),也就是从能量方面来观察物质代谢。在能量代谢方面,在化学键能(呼吸、发酵)或光能(光合成)直接转化成热量前,转换成 ATP 等的高能键是其显著的特征之一。(在 ATP 分解为 ADP 时,伴随能量的放出,也属于能量代谢。)但是转化的效率为 30%—60%,转化成热能的一部分用于维持体温,或补偿由于蒸发而散失的热量等。捕获和贮藏的化学能根据需要而转换成力学能(肌肉、纤毛、鞭毛的运动,细胞分裂活动)、电能(生物发电器官、神经细胞)、光能(生物发光)等。生物体的能量代谢也服从于热力学第二定律。如果对生物界能量代谢的能流追根问底的话,那么太阳能几乎是一切能的来源。

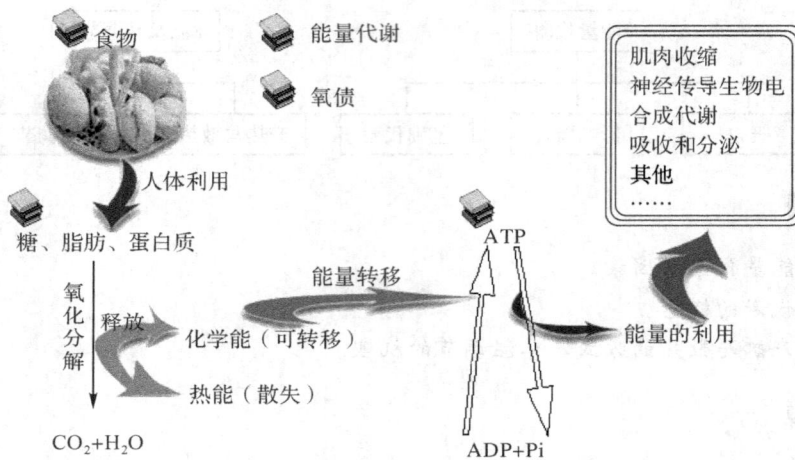

图 20-1 人体内能量转移图解

一、能量代谢的概念

1. 食物的热价(thermal equivalent of food):1g 某种食物氧化(或在体外燃烧)时所释放的热量称为该种食物的热价。热价有生物热价和物理热价之分,它们分别是指食物在体内氧化和在体外燃烧时释放的热量。三种主要营养物质的热价见表 20-1。从表中可以看出,只有蛋白质的生物热价和物理热价是不同的,说明蛋白质在体内是不能被完全氧化的。

2. 食物的氧热价(thermal equivalent of oxygen):把某种食物氧化时消耗 1L 氧所产生的热量,称为该种食物的氧热价。

3. 呼吸商(respiratory quotient,RQ):一定时间内机体呼出的 CO_2 的量与吸入的 O_2 量的比值(CO_2/O_2)称为呼吸商。葡萄糖氧化时产生的 CO_2 量与所消耗的 O_2 量是相等的,所以糖的呼吸商等于 1。脂肪和蛋白质的呼吸商则分别为 0.71 和 0.8。我们可以根据呼吸商的大小来推测能量的主要来源。

$$RQ = \frac{\text{产生的 } CO_2 \quad \text{mol 数（或 mL 数）}}{\text{消耗的 } O_2 \quad \text{mol 数（或 mL 数）}}$$

表 20-1　三种营养物质氧化时的各种数据

营养物质	产热量 / kcal·g^{-1}		氧耗量 /L·g^{-1}	CO_2 产生量 /L·g^{-1}	消耗 1L 氧的 产热量/ kcal	呼吸商 / $CO_2 \cdot O_2$
	在弹式热量 计内燃烧	在体内氧化				
糖	4.1	4.1	0.81	0.81	5.0	1.00
脂　肪	9.3	9.3	1.96	1.39	4.7	0.71
蛋白质	5.6	4.1	0.94	0.73	4.5	0.80

二、影响能量代谢的主要因素

1. 肌肉活动：肌肉活动对于能量代谢的影响最为显著。机体任何轻微的活动，甚至不伴有明显动作的骨骼肌的紧张，都可明显提高代谢率。剧烈运动或劳动，可使产热量超过安静状态下的 15 倍以上。

2. 精神活动：据测定，在安静状态下，100g 脑组织的耗氧量为 3.5/min，此值接近安静肌组织耗氧量的 20 倍。处于紧张状态（如烦恼、恐惧和情绪强烈激动）时，由于随之而出现的无意识的肌紧张以及刺激代谢的内分泌激素释放增多等原因，产热量显著增加。

3. 食物的特殊动力效应：人在进食之后的一段时间内（从进食后 1 小时左右开始，延续到 7～8 小时左右）虽然同样处于安静状态，但所产生的热量要比进食前有所增加。可见这种额外的能量消耗是由进食引起的。食物的这种刺激机体产生额外热量消耗的作用，叫做特殊动力效应。一般食入蛋白质食物效应最强，可增加产热 30%；食入糖类和脂肪类食物增加产热约为 5%—6%。

4. 环境温度：能量代谢在 20～30℃ 的环境中最为稳定。当环境温度低于 20℃ 时，代谢率开始增加；在 10℃ 以下时，则显著增加。环境温度低时代谢率的增加，主要是由于寒冷刺激反射性地引起寒战以及肌肉紧张度增强所致。在 20～30℃ 代谢稳定，主要是由于肌肉松弛的结果。当环境温度超过 30℃，代谢率又会逐渐增加，这可能是因为体内化学过程的反应速度有所增强的缘故。这时还有发汗功能旺盛以及呼吸、循环机能增强等因素的作用。

三、基础代谢

基础代谢（basal metabolism）：是指基础状态下的能量代谢。所谓基础状态，是指满足以下条件的一种状态：清晨，至少禁食 12 小时。被测人保持清醒、静卧，未作肌肉活动；前夜睡眠良好，测定时无精神紧张；测定前及测定过程中，室温保持在 20～25℃。在这种状态下，体内能量的消耗只用于维持一些基本的生命活动，能量代谢比较稳定，所以把这种状态下单位时间内的能量代谢称为基础能量代谢或基础代谢。

基础代谢率（BMR）：是安静状态下，单位时间的能量代谢。即：每 m^2 体表面积在 1h 内所产生或散发的热量。以 kJ/1h·m^2 为单位。

第二节　体温及其调节

一、体温

生理学说的体温是指身体深部的平均温度,即体核温度。由于体核温度特别是血液温度不易测试,所以临床上常用直肠、口腔和腋窝等处的温度来代表体温。直肠温度正常值为36.9～37.9℃。口腔温的正常值为36.7～37.7℃。腋窝温的正常值为36.0～37.4℃。临床上常用口腔温度为准,若测得肛温需减去0.5℃,测得腋窝温需加0.5℃。

体温的正常变动:

1. 温度的昼夜周期变化:体温在一昼夜之间常做周期性的波动:清晨2～6时体温最低,午后1～6时最高。这种昼夜周期性波动称为昼夜节律。

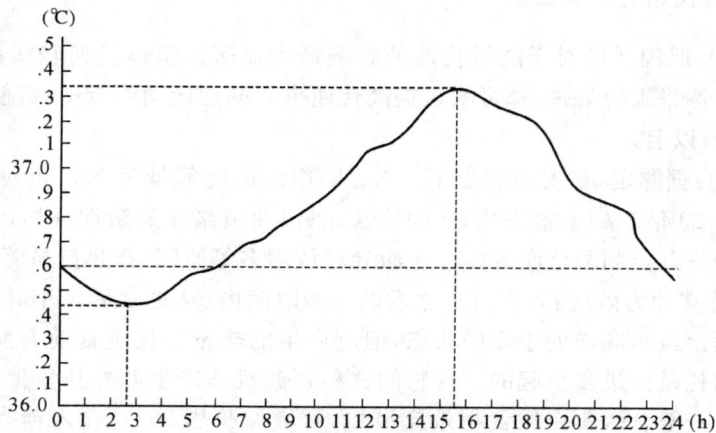

图 20-2　体温的昼夜变化规律

2. 性别的影响:成年女子的体温平均比男子高约0.3℃,并伴随月经周期波动。

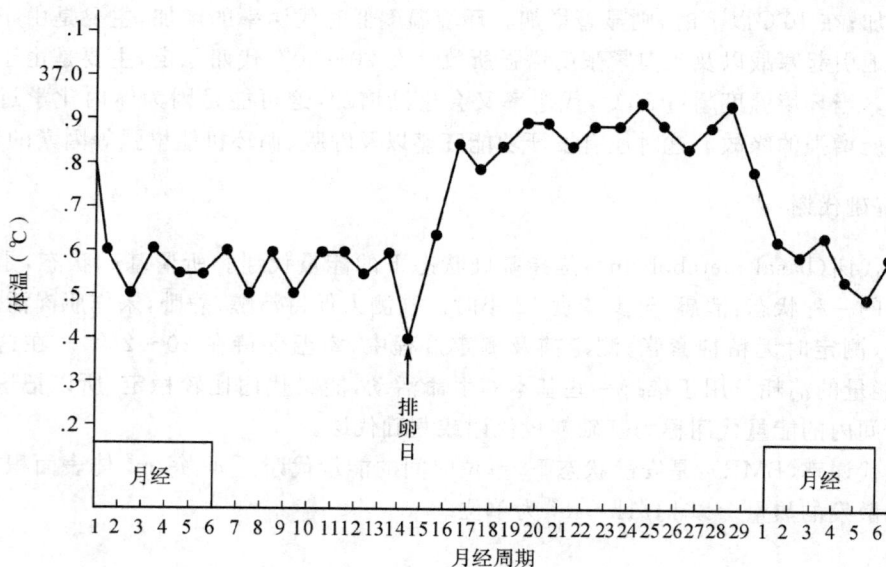

图 20-3　月经周期体温变化示意图

3. 年龄的影响:一般儿童的体温较高,新生儿和老年人的体温较低。由于新生儿的体温调节机制尚未发育完全,体温易受环境的影响,故需加强护理。

二、机体的产热与散热平衡

(一)产热方式

当机体处于寒冷环境中时,散热量显著增加,机体通过战栗(寒战)产热和非战栗(非寒战)产热两种形式来增加热量以维持体温。

1. 战栗产热:战栗是骨骼肌发生不随意的节律性收缩的表现,其节律为 9~11 次/分钟。发生寒战时,代谢率可增加 4~5 倍。

2. 非战栗产热:非战栗产热又称为代谢产热。如肝脏在物质代谢过程中的产热等。同时,内分泌活动引起激素如肾上腺素、去甲肾上腺素、甲状腺素等,均可使产热增加。

在哺乳动物的啮齿目、灵长目等 5 个目中发现褐色脂肪组织,褐色脂肪在细胞内氧化释放大量热量。在低温时,由于交感神经系统的兴奋,褐色脂肪的代谢率可以比平时增加一倍,可以给一些重要组织包括神经组织迅速提供充分的热量,以保证正常的生命活动。因为这部分产热与肌肉收缩无关,称为非寒战性产热,或代谢性产热。

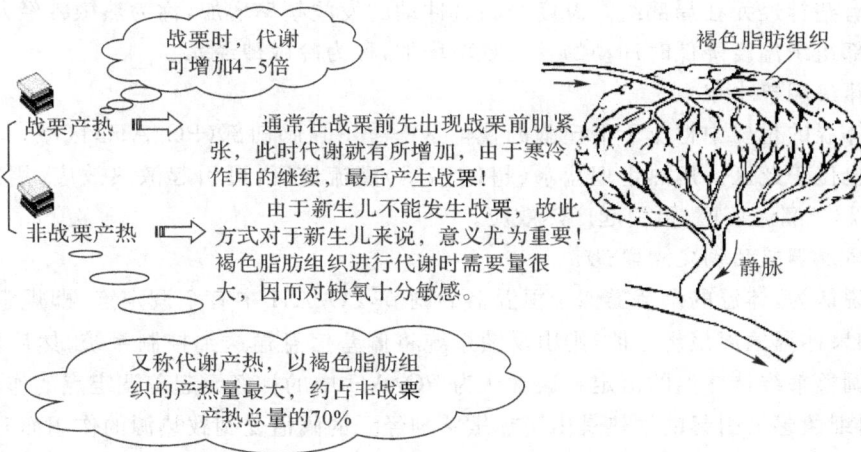

战栗时,代谢可增加4-5倍

通常在战栗前先出现战栗前肌紧张,此时代谢就有所增加,由于寒冷作用的继续,最后产生战栗!

由于新生儿不能发生战栗,故此方式对于新生儿来说,意义尤为重要!褐色脂肪组织进行代谢时需要量很大,因而对缺氧十分敏感。

又称代谢产热,以褐色脂肪组织的产热量最大,约占非战栗产热总量的70%

图 20-4 产热方式示意图

(二)散热方式

1. 辐射散热:人体以热射线(红外线)的形式将体热传给外界的散热形式称为辐射散热。人在不着衣的情况下,21℃的温度环境中,约有 60% 的热量是通过这种方式发散的。辐射散热量的多少主要取决于皮肤与周围环境的温度差。

2. 传导散热:是指机体热量直接传给同它接触的较冷的物体的一种散热方式。如与冷的床、衣服、水等接触引起的散热。

3. 对流散热:对流散热是指通过气体来交换热量的一种散热方式。人的周围总是围绕着一薄层同皮肤接触的空气,人体的热量传给这一层空气,由于空气的不断流动便将体热散发到空间。对流散热与风速密切相关。

4. 蒸发散热:蒸发散热是机体通过体表水分的蒸发来散失体热的一种形式。在人的体温条件下,蒸发 1g 水可使机体散发 2.43kJ 的热量。蒸发散热分为不感蒸发和发汗两种形式。皮肤和呼吸道不断有水分渗出而被蒸发掉,这种水分蒸发叫不感蒸发。其中皮肤的水分蒸发又叫不显汗蒸发。发汗是通过汗腺主动分泌汗液的过程。汗液蒸发可有效地带走热量。因为发汗是可以感觉到的,所以又叫可感蒸发或显汗蒸发。人在安静状态下,当环境温度达 30℃时便开始发汗。如果空气湿度大,着衣较多时,气温达 25℃便可引起发汗;运动或劳动时,则更易发汗。

三、体温调节

自主性调节是由体温自身调节系统来完成的。下丘脑体温调节中枢,包括调定点在内,属于控制系统。它传出信息控制产热器官及散热机构,使机体深部温度维持在一个稳定的水平。

(一)温度感受器

1. 外周温度感受器:此种感受器存在于皮肤、黏膜和内脏中。当局部温度升高时。热感受器兴奋,反之,冷感受器兴奋。

2. 中枢温度感受器:存在于中枢神经系统内的对温度变化敏感的神经元称为中枢温度感受器。有些神经元在局部组织温度升高时冲动的发放频率增加,称为热敏神经元;有些神经元在局部组织温度降低时冲动的发放频率增加,称为冷敏神经元。

(二)体温调节中枢

调节体温的重要中枢位于下丘脑的视前区——下丘脑前部(PO/AH)区域。中枢的温度感受器也位于此区。用热生理盐水(超过 37℃)灌流该区,可引起散热效应;用冷生理盐水(低于 37℃)灌流该区,可引起产热效应。

(三)体温调节的调定点学说

此学说认为,体温的调节类似于恒温器的调节,PO/AH 中有个调定点,即规定数值(如 37℃)。如果体温偏离该规定值,则由反馈系统将偏差信息输送到控制系统,然后经过对受控系统的调整来维持体温的恒定。通常认为 PO/AH 中的神经元起着调定点的作用。此学说认为,由细菌感染引起的发热是由于热敏感神经元的阈值受到致热源的作用而升高,调定

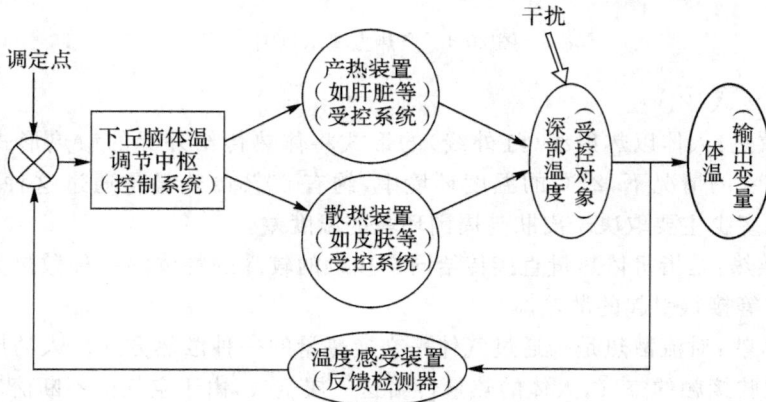

图 20-5 体温调节自动控制示意图

点上移(如 39℃)。因此发热反应开始时出现恶寒寒战等产热反应,直到体温上升到 39℃以上时才出现散热反应,若致热源不清除,产热与散热两个过程就继续在此新的体温水平上保持着平衡。所以,发热时体温调节功能是正常的,只是调定点上移。

【课外拓展】

1. 能量代谢的测定方法有哪些?
2. 为何患传染病时机体常表现发热?

【课程研讨】

1. 对高热病人可采用哪些降温措施? 其理论根据是什么?
2. 针对不同食物的热价,机体在不同的状态该摄取哪些不同的食物?

【课后思考】

1. 机体中产热的器官、组织有哪些?
2. 机体是如何维持体温恒定的?
3. 幼龄时,为何不易感觉冷?
4. 天热时,你会用哪些方法降温? 为什么选择这些方法?
5. 天冷时,肥胖的人,为何不觉冷?

【小资料】

能量消耗少?
——揭秘冷血动物长期不进食却不死之谜

据国外媒体报道,人如果不吃食物,活不到两个月,而鳄鱼不进食却能活一年甚至更长时间。为什么呢? 是什么造成如此大的区别呢?

脊椎动物分为变温动物和恒温动物两种类型。鸟类和哺乳类动物大多数都具有恒定的体温,而鱼类、水陆两栖类动物和爬行类动物大多数的体温与周围环境的温度相接近,它们大多数属于变温动物。

变温动物由于体内所产生的内热比较少,因而它们的体温是随着自然界温度的变化而变化的。例如,当蛇类在河边晒太阳时,它们的体温就会比其在水中游动时要高出很多。又如,熊在冬眠时,它的体温会下降到接近周围环境的温度。变温动物也有人称它为"冷血动物"。

哺乳类和鸟类动物大多数是恒定体温的,一般来说,恒温动物都能控制身体所产生的内热,从而能控制并调整自身的体温。当环境发生变化时,恒温动物能一直保持着体内温度不变。人类也属于恒温动物的一种,人类的恒定温度以 37 摄氏度为正常。恒温动物为了能保持体温的恒定性,具有多种与之生存环境相适应的功能组织,例如羽毛、毛皮和汗腺等。毛发和羽毛都可以在寒冷的冬季里起到保暖的作用;另外,在炎热的夏天,动物的汗腺可以分泌汗液,能使动物体内的热量得以及时散发,以保持动物身体温度的正常。由于恒温动物能一直保持着体温的恒定性,所以,它们的活动范围就更为广阔,不会受到大自然常规性的环境和气候变化所影响,能更加自如地在不同的环境中生存。

生物学家长期以来一直在研究为什么我们哺乳动物是恒温动物。标准的解释是恒温动物要进化成为一定程度的食肉动物者,以便适应积极的掠夺性的生活方式。但去年有专家提出一种新的说法:恒温动物不只包括肉食动物,有些草食动物也是,恒温性是平衡营养需求的一种方式。现在下结论还为时尚早,但这种说法为我们恒温动物如此浪费的生活方式给了很好的解释。

恒温动物确实有点浪费热量,不像有些动物需要时才产生热量。比如棱皮龟将平时产生的热量储存起来,游泳时利用体内热量使身体温度保持在10℃或高于海水的温度。箭鱼在狩猎时会有选择性供给它们的眼睛和大脑热量,而一些鲨鱼和金枪鱼进行长距离的游泳时,使体温高于水温。甚至有些昆虫都会在需要时才产生热量。

那么,为什么大多数哺乳动物和鸟类能把恒温器调到最大? 三十年前加州大学的动物学家阿尔贝—贝内特(Albert Bennett)、俄勒冈州大学的艾尔文(Irvine)和约翰—鲁本(John Ruben)合作研究解释了这一现象。他们发现哺乳动物和鸟类比其他动物具有较强的有氧代谢能力,能为肌肉提供更多的氧气,而且能够维持较长时间的消耗。因此,它们在追逐猎物或与对手竞争时有更多的耐力。这一点毋庸置疑。但是贝内特和鲁本提出更具争议性的问题:较高的氧代谢能力不可避免地导致较快的新陈代谢。换句话说,体力决定恒温性。

但认同这一观点的人并不多。因为认为二者之间有关系的理由还不够充分:有氧能力取决于心血管系统和肌肉的发达程度,而静止代谢率则主要取决于大脑和内脏器官。有一些爬行动物,如巨蜥具有较高的氧代谢能力,但静止代谢率却很低。一些哺乳动物和鸟类休息或冬眠时会将体温降到最低以减少消耗。

第二十一章 尿的生成

【课程体系】

【课前思考】

1. 肾的结构、肾血流量的特点。
2. 尿的生成机理。
3. 影响尿生成的因素。

【本章重点】

1. 肾的结构、肾血流量的特点。
2. 尿的生成机理。

【教学要求】

1. 掌握有关肾小球滤过作用及滤过膜的基本概念。
2. 掌握影响尿生成的因素。
3. 熟悉抗利尿激素、醛固酮对肾小管、集合管上皮细胞的作用机制。

机体在代谢过程中产生的代谢终产物经血液循环被运输到某一排泄器官而排出体外的过程称为排泄。未被吸收的食物残渣由大肠排出体外的过程不属于排泄。脊椎动物的排泄器官有:①呼吸器官;②消化器官;③皮肤;④肾脏。动物机体的排泄途径主要有四条:

①代谢产生的挥发性酸(如 H_2CO_3 以 CO_2 形式)、少量水分以气体的形式由呼吸器官排泄,鱼类的鳃还可排泄一些盐类和易扩散的 NH_3 和尿素;

②由肝脏代谢产生、经胆管排到小肠的胆色素及由小肠分泌的无机盐(钙、镁、铁等)随粪便由大肠(消化道)排泄;

③代谢终产物的一部分水、盐类、氨、尿素通过汗腺分泌由皮肤排泄；

④由含氮化合物代谢所产生、比较难扩散的终产物如尿酸、肌酸、肌酐等,脂肪代谢产生的非挥发性酸的盐(硫酸盐、磷酸盐、硝酸盐)及部分摄入过量的和代谢产生的水、电解质等均以尿的形式由肾脏排泄。其中,肾是最重要的排泄器官之一。

动物体排泄器官的功能可概括如下:

1. 维持体内水分。

2. 维持体内的离子平衡和酸碱度。

3. 维持体液的渗透压。

4. 清除代谢产物。

5. 排出进入体内的异物。

本章主要讲述人体肾脏对尿液生成和调节的机制。

第一节　肾的功能解剖和肾血流量

一、泌尿系统的结构

1. 泌尿系统的组成

人体的泌尿系统由肾、输尿管、膀胱、尿道组成。

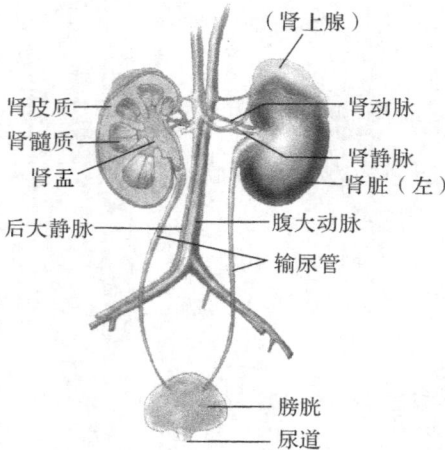

图 21-1　人体泌尿系统的组成

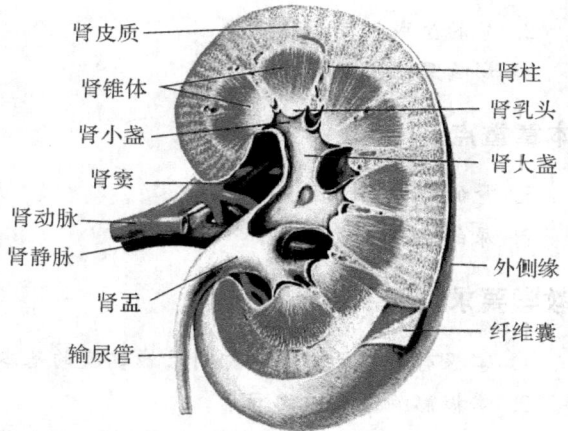

图 21-2　肾的结构示意图

2. 肾脏的内部结构

肾实质分皮质和髓质。皮质是肾实质的外围部分,血管丰富,活体时呈红褐色。皮质深入至髓质的部分称肾柱。肾髓质由若干个锥形结构组成,称肾锥体。锥体底朝向皮质,头朝向肾窦,称为肾乳头。肾乳头被若干个漏斗形的结构包绕,称肾小盏,2—3 个肾小盏汇合成一个肾大盏。数个肾大盏汇合成扁平的漏斗状结构称为肾盂,与输尿管相连。

二、肾的功能解剖

(一)肾单位和集合管

肾单位:是肾的基本功能单位,它与集合管共同完成尿的生成过程。肾单位的构成见图21-3。

集合管:集合管与远球小管相连,每一集合管可接受多条远曲小管的汇合。集合管在尿生成过程中,特别是在尿液浓缩过程中起重要作用。

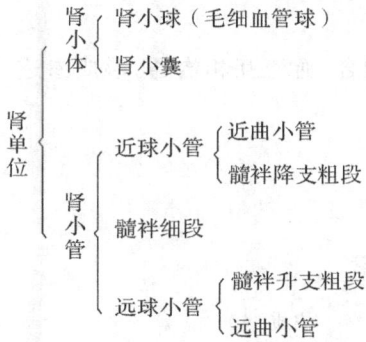

图 21-3　肾单位的构成

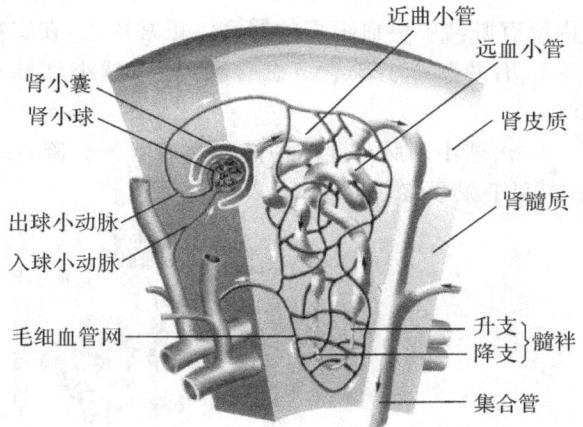

图 21-4　肾的功能解剖示意图

(二)肾小球旁器

肾小球旁器主要分布在皮质肾单位,由球旁细胞、球外系膜细胞和致密斑三者组成。

1. 球旁细胞:是位于入球小动脉中膜内的肌上皮样细胞,由血管平滑肌细胞演变而来。细胞内有分泌颗粒,分泌颗粒内含肾素。球旁细胞是肾素分泌细胞,在尿量与血压调节中起重要作用。

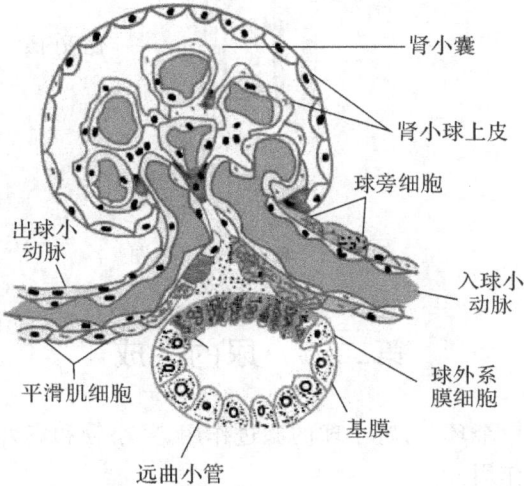

图 21-5　肾小球旁器结构图

2. 球外系膜细胞:是指入球小动脉和出球小动脉之间的一群细胞,具有吞噬能力。它们与致密斑相互联系,细胞内有肌丝,故也有收缩能力。球外系膜细胞的具体功能目前尚不清楚。

3. 致密斑:位于远曲小管的起始部分,此处的上皮细胞变为高柱状细胞,局部呈现斑状隆起,故称为致密斑。致密斑与入球小动脉和出球小动脉相接触。致密斑可感受小管液中NaCl含量的变化,并将信息传递给球旁细胞,调节肾素的释放。

三、肾血流量及其调节

1. 肾血流量大。肾脏重量占体重的 $0.3\%\sim0.7\%$,血流量却占心输出量的 20%,是机体内所有脏器中供血最多的器官。正常成人,在安静时,1200mL/min 血液流经两侧肾。

2. 有两套肾小球毛细血管网,且入球小动脉口径大于出球小动脉,有利于泌尿及重吸收。

3. 出球小动脉与髓质中的各直血管的升降支均有吻合,血流互相沟通,形成渗透压梯度,有利于尿浓缩。

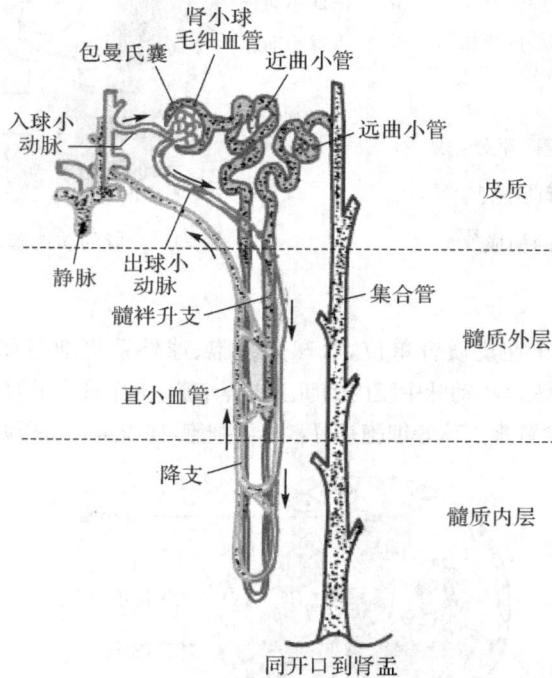

图 21-6　肾血管网示意图

第二节　尿的生成

尿的生成过程包括三个环节:肾小球的滤过作用、肾小管和集合管的重吸收作用以及肾小管和集合管的再分泌作用。

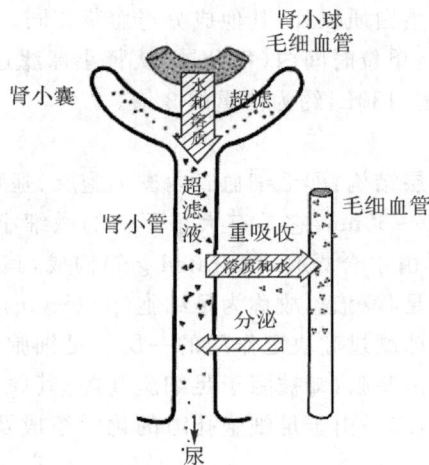

图 21-7　尿的生成示意图

一、肾小球的滤过作用

(一)滤液的形成

表 21-1　正常成人血浆、滤液和尿成分比较表

成分	血浆 /(g·100mL)	滤液 /(g·100mL)	尿 /(g·100mL)	尿中浓缩倍数
水	90	98	96	1.1
蛋白质	8	0.03	0	—
葡萄糖	0.1	0.1	0	—
Na^+	0.33	0.33	0.35	1.1
K^+	0.02	0.02	0.15	7.5
Cl^-	0.37	0.37	0.6	1.6
$H_2PO_4^-$、HPO_4^{2-}	0.004	0.004	0.15	37.5
尿素	0.03	0.03	1.8	60.0
尿酸	0.004	0.004	0.05	12.5
肌酐	0.001	0.001	0.1	100.0
氨	0.0001	0.0001	0.04	400.0

　　从表可以看出,肾小囊内液(滤液)中除蛋白质含量极少之外,其他成分的含量都与血浆基本一致,表明肾小囊内液是血浆流经肾小球毛细血管时滤过来的。在肾小体内,肾小球毛细血管内的血液与肾小囊腔之间的隔膜(包括毛细血管壁和肾小囊壁脏层)是一种筛样的滤过膜,它容许水和小分子溶质自由通过,而大分子的血浆蛋白和血细胞则不能通过,因而,肾小球滤过的原理与组织液生成的原理基本相同。肾小球的滤过主要取决于滤过膜的通透性、总滤过面积和有效滤过压。

　　原尿的形成:血浆中的一部分水和小分子溶质通过滤过作用,滤入肾球囊腔内。原尿中除了不含血细胞和大分子的蛋白质以外,其他成分与血浆相同。

肾小球的滤过率(GFR):单位时间内(每分钟)从肾小球滤过的原尿量。以 mL/min 表示。约 125mL/min,一昼夜达 180L,约为体重的 3 倍。

(二)滤过膜及其通透性

肾小球的滤过膜包括三层结构:即毛细血管内皮细胞层、基膜、肾小囊脏层上皮细胞层。毛细血管内皮细胞层厚约 30～50nm,它具有大小不等的微细小孔,孔径约为 50～100nm。基膜厚约 240～360nm,主要由水合凝胶(hydrated gel)构成,其中含有致密的微细纤维网。肾小囊脏层上皮细胞有许多足状突起,故称为足细胞(podocytes)。

一般认为基膜是对肾小球滤过起决定作用的一层。足细胞小突起之间的孔隙比较大,但有些分子较小的物质能透出基膜,却被阻于足细胞孔隙,其原因可能有二:一是由于足细胞突起表面盖有细毛状外衣,二是由于足细胞孔隙的化学组成及表面电荷也会阻碍某些物质的滤出。

滤过膜的通透性可用它所允许通过的物质的相对分子质量大小来衡量。相对分子质量在 70000 以下的物质,可有限通过,一般相对分子质量越小,就越容易通过滤过膜。一般以相对分子质量 70000 作为肾小球毛细血管不能通过的界限。

滤过膜的通透性不仅取决于相对分子质量的大小,而且还与滤过物质的电荷有关。滤过膜上含有一种唾液蛋白,这种蛋白质是带负电的酸性糖蛋白,由于同性电荷的相斥作用,使带负电的物质难以通过或很少能通过。

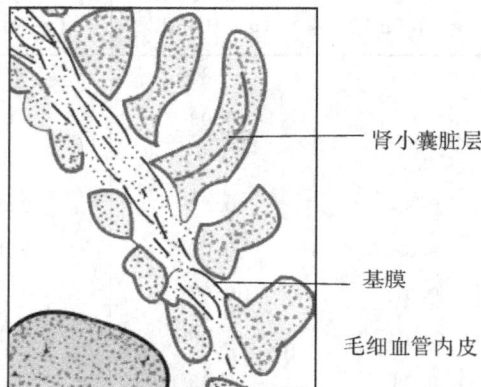

图 21-8　滤过膜示意图

(三)肾小球滤过作用的动力

肾小球进行滤过作用的动力是有效滤过压,它包括三种力量:即肾小球毛细血管压、血浆胶体渗透压和肾小囊压。

有效滤过压=肾小球毛细血管血压-(血浆胶体渗透压+肾小囊内压)

(四)影响滤过率的因素

1.滤过膜的通透性:滤过率与滤过膜通透性成正比。通透性的变化将显著影响滤过率。

2.有效滤过面积:同样,滤过率与有效滤过面积成正比。

3.有效滤过压:决定有效滤过压的三种力量中,肾小球毛细血管压是经常变化的因素,因而是生理情况下影响有效滤过压的主要因素。

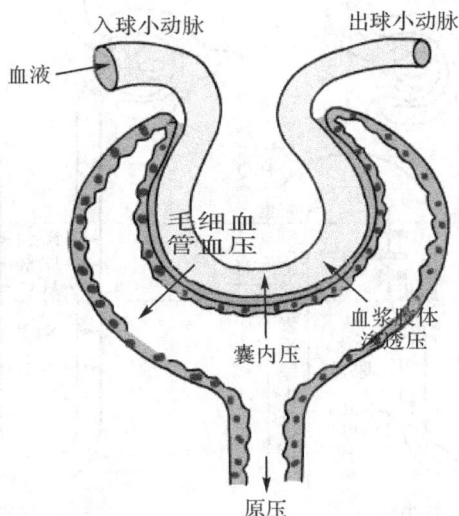

图 21-9　有效滤过压示意图

正正常生理条件下,血浆胶体渗透压很少有明显变化。若全身血浆蛋白明显减少,如向静脉内快速灌注生理盐水时,可使血浆胶体渗透压降低,使有效滤过压升高,从而可增加滤过率。

在正常生理条件下,肾小囊内压变动不大,因而对有效滤过压的影响也很小。只有在病理状态下,如肾盂结石,肿瘤压迫引起尿路梗阻时,尿潴留可使肾小囊内压升高,降低有效滤过压。

二、肾小管与集合管的重吸收作用

肾小球滤过液进入肾小管称为小管液(tubular fluid)。小管液经过肾小管和集合管的重吸收与分泌作用最后排出体外的液体称为终尿(urine)。

重吸收是指溶质从小管液中转运到血液中的过程。肾小管和集合管对各种物质的重吸收具有选择性。

肾小管对滤液中各种物质的重吸收,大致可分为三类:

第一类如葡萄糖,能全部被重吸收;

第二类如水和电解质(Na^+、Cl^-、Ca^{2+}、Mg^{2+}、K^+),能大部分被重吸收;

第三类如尿素、尿酸、肌酐、SO_4^{2-} 和 PO_4^{3-} 等代谢终产物,仅小部分被重吸收,而肌酐则完全不被重吸收。

(一)重吸收的方式

1. 被动重吸收:是指肾小管液中的水和溶质,依靠物理和化学的机制通过肾小管上皮细胞进入细胞外组织液的过程。

2. 主动重吸收:是指肾小管上皮细胞通过自身的代谢活动过程,把小管内的某些物质逆着电化学梯度(浓度差和电位差的合称)转运到小管外组织间液的过程。

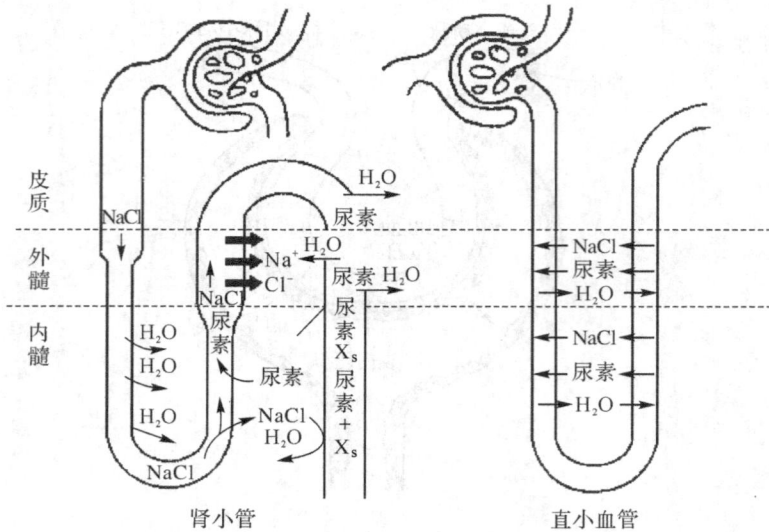

图 21-10 尿浓缩机制示意图

粗箭头表示升支粗段主动重吸收 Na^+ 和 Cl^-。髓袢升支粗段和远曲小管前段对水不通透。
X_s 表示未被重吸收的溶质

(二)肾小管对几种物质的重吸收

1. 钠和氯的重吸收

哺乳动物肾近球小管前半段对 Na^+ 的重吸收量最大,约吸收滤过量的 $65\%\sim70\%$,远曲小管约吸收 10%,其余的 Na^+ 分别在髓袢细段、粗段和集合管内被重吸收。

肾小管壁上皮细胞的管腔对 Na^+ 的通透性高,故小管液中的 Na^+ 就以被动扩散方式进入管壁细胞内。进入细胞内的 Na^+ 随即被细胞侧膜的钠泵泵出而转运到细胞间隙。这样,一方面使细胞内 Na^+ 浓度降低,小管液中的 Na^+ 便可以不断地扩散进入管壁细胞内;另一方面使细胞间隙中 Na^+ 浓度和渗透压升高,小管液中的水因而渗透进入细胞间隙。由于细胞间隙的紧密连接是密闭的,Na^+ 和水进入后提高了细胞间隙的流体静压,此压可促使 Na^+ 和水通过基膜而进入细胞间液和相邻的毛细血管;但同时也有一部分水和 Na^+ 从细胞之间的紧密连接处再漏回小管腔内。此现象称为回漏(backleak)。因此,Na^+ 的重吸收量等于主动吸收量减去回漏量。

滤液中的 Cl^- 有 99% 以上也被重吸收回血。Cl^- 的重吸收主要是被动重吸收。

2. 钾的重吸收

肾小管对 K^+ 的处理,是既有主动重吸收又有分泌。肾小球滤液进入肾小管后,约有 $2/3$ 的 K^+ 在近球小管被重吸收,其余的 K^+ 在远球小管和集合管中被吸收。最后随尿排出的 K^+ 基本是由远球小管分泌出来的。

3. HCO_3^- 的重吸收

$NaHCO_3$ 是血浆中最重要的缓冲物质之一。正常成年人每昼夜由肾小球滤出的 HCO_3^- 可达 $300g$ 左右,而由尿中排出的仅有 $0.3g$ 左右。HCO_3^- 的重吸收过程比较特殊。

肾小管中的 HCO_3^- 同 H^+ 结合生成 H_2CO_3,再分解为 CO_2 和 H_2O。CO_2 迅速通过管腔膜进入细胞内,在碳酸酐酶的催化下又生成 H_2CO_3,进而解离成 H^+ 和 HCO_3^-。H^+ 可由细胞分泌到小管液中,HCO_3^-与Na^+一起被转运回血。

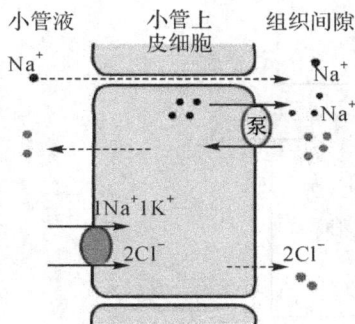

图 21-11　髓袢升支粗段断发性主动重吸收
Na^+、K^+和Cl^-的示意图

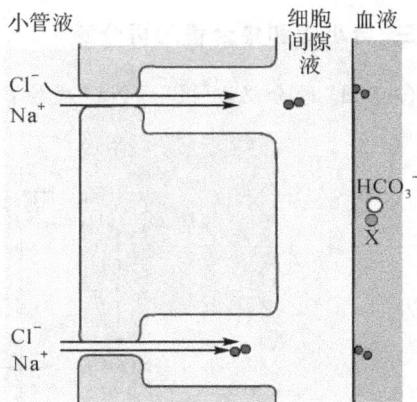

图 21-12　Na^+、Cl^-重吸收示意图

4. 葡萄糖的重吸收

葡萄糖的重吸收是逆浓度差进行的,是由肾小管细胞膜上的载体主动转运的。主动转运过程与Na^+的重吸收有密切关系。一般认为葡萄糖要和载体及Na^+结合,形成三者的复合体后才能穿过细胞膜而被转运到细胞内。这种转运称为协同(同向)转运。

被重吸收的葡萄糖量,随血液中糖的浓度逐步升高而增加,但近球小管对葡萄糖的重吸收不能超过一定限度,这个限度可称为最大转运量(transportmaximum,Tm)。当血液中糖浓度逐渐增加到 200mg/100mL 时,尿中则开始出现葡萄糖,这说明这个浓度是葡萄糖的肾排泄阈值或最大吸收阈值,称为肾糖阈。在血液中的葡萄糖超过最大转运量的限度时,则产生糖尿。

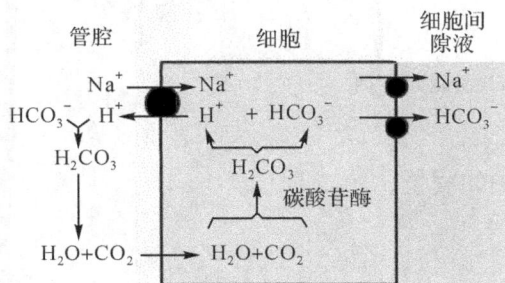

图 21-13　近端小管重吸收 HCO_3^- 的细胞机制

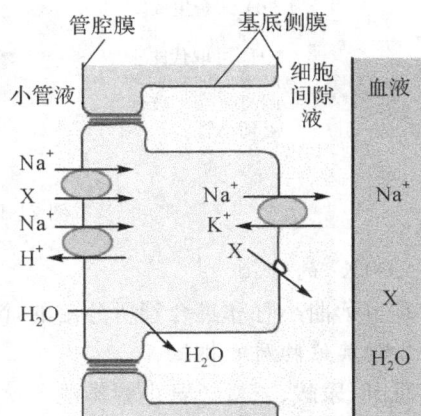

图 21-14　保钠排钾、排氢示意图

5. 蛋白质和氨基酸的重吸收

当滤液中的蛋白质和氨基酸流经近球小管时,又被完全吸收。其转运方式,是由近曲小管上皮细胞以胞饮方式被重吸收,这种转运方式属于主动转运。

肾小管对蛋白质和氨基酸的重吸收机制与葡萄糖的重吸收机制基本相似,也需要 Na^+

的存在。

三、肾小管和集合管的再分泌

（一）H^+ 的分泌与 $H^+ - Na^+$ 交换：

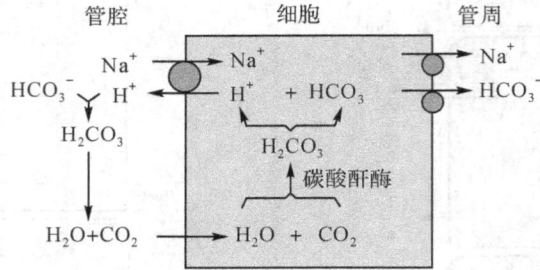

图 21-15 $H^+ - Na^+$ 交换示意图

（二）NH_3 的分泌

与 H^+ 的分泌密切相关。NH_3 和 H^+ 进入小管腔液后，可结合成 NH_4^+。NH_4^+ 可与这些负离子结合生成酸性的铵盐，如 NH_4Cl 等，随尿排出。

NH_3在肾小管代谢过程中生成。谷氨酰氨脱氨氨生成NH_3和NH_4^+。同时HCO_3^-也有生成。
NH_3可以扩散进入小管液或血液。ph下降易向小管液气扩散。
在小管液中NH_3与H^+结合生成NH_4^+，
NH_4^+可取代H^+，由Na^+-H^+逆向转运与交换，被分泌到小管。

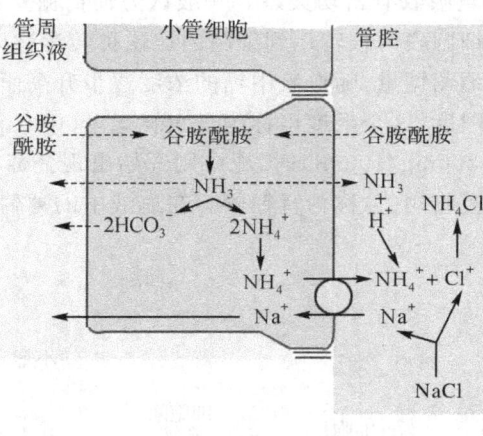

图 21-16 NH_3 分泌示意图

（三）K^+ 的分泌

是由远曲小管和集合管所分泌的，$Na^+ - K^+$ 交换。

（四）其他物质的排泄

肌酐、尿酸、尿素经肾小管排泄。

第三节 尿生成的调节

一、肾血流量的自身调节

肾的血液供应很丰富。正常成人安静时每分钟约有 1200mL 血液通过两侧肾，相当于心输出量的 1/5～1/4。其中约 94% 的血液供应肾皮质层,约 5% 供应外髓,其余不到 1% 供应内髓。通常所说的肾血流量主要指皮质流量。

肾血流量的自身调节表现为动脉血压在 80～180mmHg 范围内变动时,肾血流量保持相对恒定,不随血压的变化而变化,从而使滤液生成量和尿量也保持相对稳定。

二、肾内自身调节

球—管平衡:近球小管对溶质和水的重吸收量不是固定不变的,而是随着肾小球滤过率的变动而发生变化,即近球小管的重吸收率始终为肾小球滤过率的 65%～70%(即重吸收率为 65%～70%),是定比重吸收。这种现象称为球—管平衡。球管平衡的生理意义在于使尿中排出的溶质和水不致因肾小球滤过率的增减而出现大幅度的变动。

三、肾交感神经的作用

肾的血管和肾小管主要受交感神经的支配。

交感神经兴奋时:入球小动脉和出球小动脉收缩,血浆流量减少,刺激球旁器中的球旁细胞释放肾素,增加肾小管对 NaCl 和水的重吸收。其末梢释放去甲肾上腺素,可作用于近端小管和髓袢细胞膜上的 α1 受体,而增加对 Na^+、Cl^- 和水的重吸收。

四、肾小管活动的调节

(一)抗利尿素的分泌及作用

1. 抗利尿素的释放受血浆渗透压(主要指晶体渗透压)的调节

当机体缺水时,血浆渗透压升高,刺激了下丘脑的视上核及其附近对渗透压变化敏感的细胞(成为渗透压感受器)的兴奋,增加抗利尿激素的生成和分泌,从而降低了尿的排出量,保留了体内水分。

渗透压感受器除存在于下丘脑外,还可能存在于其他器官组织中。

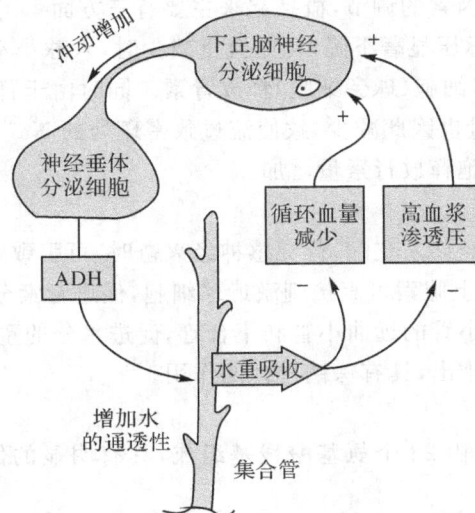

图 21-17　抗利尿激素分泌调节

2．循环血量的改变

循环血量的改变也能刺激有关感受器而反射性地影响抗利尿素的释放。在大动脉、左心房壁的内膜下存在有一种容量感受器（或牵张感受器）。

3．颈动脉窦的压力感受器对抗利尿素释放的作用

刺激了颈动脉窦的压力感受器，能反射性地抑制抗利尿激素的释放。

抗利尿素主要作用于远曲小管和集合管，促进水分的重吸收和尿液的浓缩，引起少尿，抗利尿素分泌多时可引起无尿。

（二）醛固酮的作用——"保 Na 排 K"

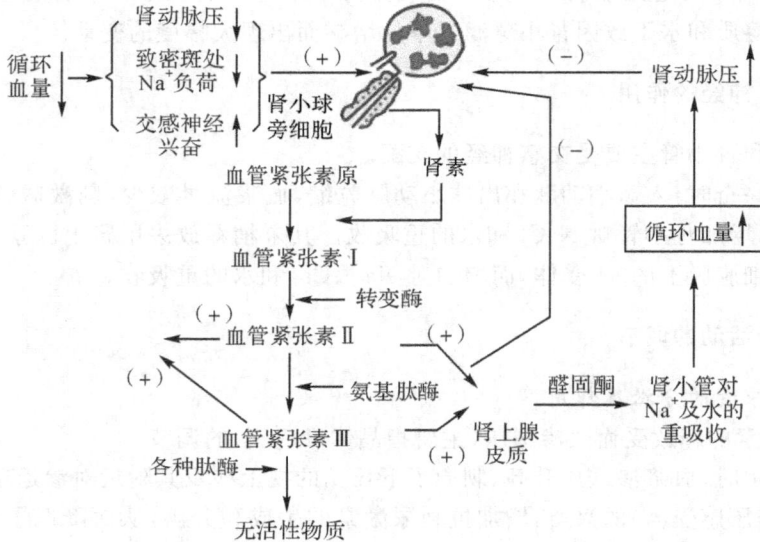

图 21-18　肾素－血管紧张素－醛固酮系统作用示意图

肾素的分泌受多方面因素的调节，概括起来主要有三方面：

1．肾血流量：当肾动脉压显著下降，肾血流量减少时，入球小动脉管壁处被牵张的程度减弱，从而促进其中的近球细胞（球旁细胞）释放肾素。同时由于肾血流量减少，肾小球滤过率随之减少，滤过的 Na^+ 量也因此减少，致使流过致密斑处的 Na^+ 量减少，于是激活了致密斑感受器转而促进近球细胞释放肾素量增加。

2．肾交感神经兴奋

近球细胞受肾交感神经终末支配，肾交感神经兴奋时，可引致肾素释放量增加。

3．肾上腺素和去甲肾上腺素可直接刺激近球细胞，促进肾素分泌量增加。

醛固酮主要作用于肾小管的远曲小管和集合管，促进水分的重吸收及尿液的浓缩，同时促进钠的吸收和钾的分泌排出，具有保钠排钾的作用。

（三）心房钠尿肽

是心房肌合成的激素，由 28 个氨基酸残基组成，具有明显的促进 NaCl 和水排出的作用。其作用机理可能包括：

1．抑制集合管对 NaCl 的重吸收。

2．增加肾血流量和肾小球滤过率。

3. 抑制肾素、醛固酮、抗利尿激素的分泌。

第四节　排　尿

排尿(micturition)是指尿在肾脏生成后经输尿管而暂贮于膀胱中，贮到一定量后，一次地通过尿道排出体外的过程。排尿是受中枢神经系统控制的复杂反射活动。

一、输尿管的功能

输尿管主要由平滑肌组成，能做蠕动运动，从肾盂向下传布。蠕动波每分钟约发生1～5次，每次历时约7秒，每秒约前进3厘米。随着蠕动波的进行，可将尿液喷入膀胱。输尿管的下端斜着穿入膀胱三角区的两侧。当蠕动波到达时，即引起入口的开放。但膀胱接受尿液而膨胀时，却使入口处受压而关闭，这样就阻止了膀胱内尿液倒流。关于输尿管蠕动波产生的原因，以往曾认为是肾盏和肾盂充满尿液而被动地扩张后所引起的；但现在认为，输尿管平滑肌同心肌和胃肠平滑肌一样，也有起步点，能自发地产生动作电位，从而引起输尿管的蠕动。人体输尿管的起步点细胞，位于肾小盏及其附着于肾实质的部分。肾小盏的积尿可影响起步点细胞的活动，但对其动作电位的产生并不是必要的。

二、膀胱和尿道的功能

人的膀胱是中空的肌肉囊。位于骨盆的前部，由韧带与盆腔相连。男子的膀胱附于前列腺的基部；女子的膀胱在子宫的前下方，附于子宫颈和阴道前壁。排空时，膀胱萎陷；贮尿时，膀胱增大，呈梨状。可容纳500～600毫升尿液。膀胱壁内衬皱褶的黏膜。它与输尿管和尿道的黏膜相连续。膀胱壁外层有平滑肌纤维束交织成网构成的逼尿肌。在膀胱和尿道连接处，平滑肌纤维束较多，形成交叉的肌肉襻，称为尿道内括约肌，它只是在功能上起到括约肌的作用，而在结构上并不是真正的环状括约肌。尿道在通过尿-生殖隔膜的过程中被环状的横纹肌纤维包围。这个横纹肌环组成尿道外括约肌。膀胱与尿道，在胚胎发生上均源于泄殖腔的排尿-生殖部。在结构上或是在功能上同属于一个单位。平时，膀胱逼尿肌舒张，尿道括约肌收缩，这样，膀胱内贮存的尿液不致外流；排尿时膀胱逼尿肌收缩而尿道括约肌舒张，尿液得以从膀胱经尿道排出体外。无尿时膀胱内压力为零，若向膀胱内注入100毫升液体，其内压可增至10厘米水柱；若再注入液体，甚至增到300～400毫升时，膀胱内压几乎没有变化，即在一定的容积范围内，膀胱内压并不随尿量增加而上升。这是由于逼尿肌紧张性随尿量增加而松弛，是膀胱贮尿的一种适应。当注入膀胱液体超过400～500毫升时，逼尿肌的紧张性迅速增加，并伴有节律性收缩和松弛；最终引起排尿。由于逼尿肌的这些生理特性，即使膀胱在没有神经支配时，也能贮存一定容积的尿液，并能引起排尿。但在膀胱失去神经中枢控制的情况下，在人总有200～300毫升尿液不能排出。

三、排尿反射

有3对混合神经干支配膀胱和尿道。每条神经都有传入和传出的神经纤维，把膀胱和尿道与调控排尿的神经中枢联系起来。

引起排尿的原发性刺激是由于膀胱扩张，使膀胱壁的张力增加，牵拉了膀胱壁内的牵张感受器产生充胀感觉。随着尿量增加,牵张感受器所受的牵拉张力越大,充胀感觉越强。此外,由于膀胱的过度膨胀和收缩还会刺激膀胱的痛觉末梢引起痛觉。

排尿的基本反射中枢位于脊髓,由两个相联系的反射活动所组成。一是盆神经传入膀胱充胀的感觉冲动,到达脊髓骶 2~4 段侧柱的排尿中枢。经盆神经传出,引起逼尿肌收缩与尿道内括约肌松弛,后尿道放宽,阻力减小,尿液被压入后尿道。二是当尿液进入后尿道,刺激其中的感受器,经盆神经传入脊髓排尿中枢,抑制骶 2~4 段前角细胞,减少阴部神经的紧张性传出冲动而使尿道外括约肌松弛,于是尿液被迫驱出。

在脊髓下位横截之后,开始时逼尿肌松弛,膀胱无紧张性,排尿反射消失,引起尿潴留。只要脊髓骶段中枢及其与膀胱和尿道的神经联系完整,经过一段时间之后不但恢复排尿反射,而且出现尿频。膀胱内只要有 150 毫升左右的尿即可引起排尿。但是不能排空,这样的患者既无"尿意",也不能随意控制排尿,称为尿失禁。可见,膀胱的大量贮尿与完全排空,"尿意"与排尿的随意控制,都需要有脑的高级中枢参与。

脑对排尿的调节:逼尿肌的收缩加强了对膀胱内感受器的刺激,尿流加强了对后尿道内感受器的刺激。冲动经由盆神经、腹下神经与阴部神经传入脊髓;并经脊髓-丘脑通路向上传导,继而经丘脑投射于大脑。正常成人的排尿受大脑皮层的随意抑制,在没有合适的时机或场所时,能够继续憋尿。可以毫无痛苦地憋尿 600 毫升,甚至忍痛憋尿到 800 毫升,就是在排尿过程中,它可以随意使尿道外括约肌和会阴部肌肉强力收缩,关闭后尿道,抑制尿液刺激后尿道所引起的排尿反射,并使尿液退回膀胱和使膀胱逼尿肌逐渐松弛。但是,大脑的排尿抑制区定位还不明确。它的下行通路乃是皮层脊髓束与锥体外通路,最终抑制脊髓排尿中枢和兴奋有关的横纹肌的运动神经元,以实现排尿的抑制。

小儿由于大脑机能发育尚未完善,对基本排尿中枢的抑制能力较弱,所以排尿频繁。夜间容易发生遗尿,乃至失禁。昏迷状态的成年人和大脑机能衰退的老年人也能发生尿失禁。

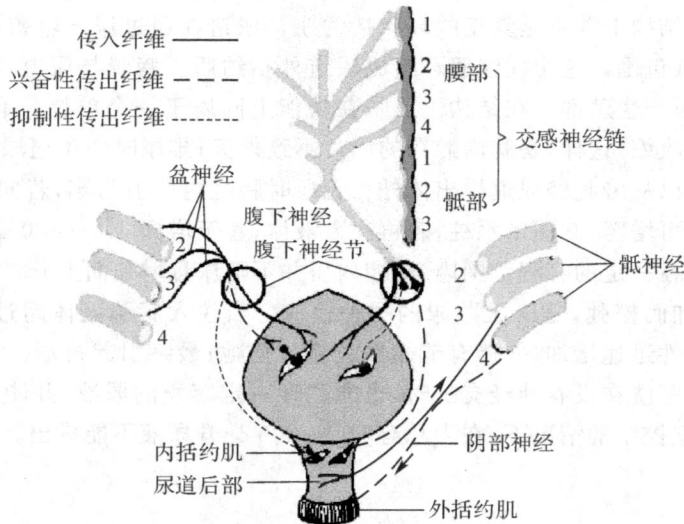

图 21-19　膀胱和尿道的神经支配示意图

【课外拓展】

1. 尿的排放受到哪些因素的支配与影响？
2. 近小管、远端小管的吸收与分泌各有何特点？

【课程研讨】

试分析肾在维持体内水、电解质和酸碱平衡中的作用机制。

【课后思考】

1. 肾血液循环有何特点？
2. 机体中的多余水分是如何排出的？
3. 正常尿液中的主要成分是什么？如果有其他成分，意味着什么？
4. 何谓尿毒症？是什么原因引起的？

【小资料】

吸烟可导致膀胱癌

爱思唯尔期刊《泌尿学杂志》(*The Journal of Urology*)最近刊登了美国密歇根大学的一项最新研究。研究发现，吸烟不仅可以导致肺、口腔、鼻咽等部位的癌变，还可以导致膀胱癌。同时调查还发现，普通民众对吸烟会致癌的意识还远远不够。

膀胱癌是泌尿系统最常见的恶性肿瘤，发病率居泌尿系统恶性肿瘤的首位。研究发现，烟草口的丙烯醛会引发膀胱上皮的弥散性增生，同时烟草中含有的芳香胺类物质和其他有害物质，多以无活性代谢的形式，经尿液排出体外。在此过程中，由于作用于膀胱的毒性和致突变性效应而引发并形成膀胱癌。

膀胱癌治疗花费很大，往往患者会给家庭带来巨大的经济困难。通过对普通民众的调查显示，人们对吸烟危害身体健康的意识还远远不够，调查人数中只有22％知道吸烟会导致癌症。

同时研究表明，那些曾经是烟民而现在戒烟的人要比目前仍在吸烟者患膀胱癌的危险低，即使是重度吸烟者，如果他们开始戒烟，也能减少患膀胱癌的危险，这也说明戒烟具有一定的效果。研究人员希望该研究能够引起一些烟民的重视，为了自己以及家人尽早戒烟。

第二十二章 内分泌生理

【课程体系】

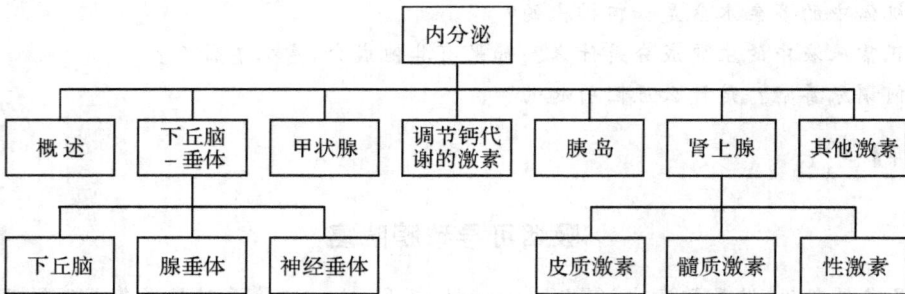

【课前思考】

1. 激素的分类及作用。
2. 各个内分泌器官分泌激素的种类及作用。

【本章重点】

1. 下丘脑—垂体分泌的激素及作用。
2. 甲状腺激素的作用特点。
3. 肾上腺激素功能。
4. 维持体内钙离子平衡的激素及机理。

【教学要求】

1. 掌握激素概念、特点、作用。
2. 掌握甲状腺激素、肾上腺皮质激素、调节钙离子激素的作用与机理。
3. 熟悉各种激素之间的相互关联。

第一节 概 述

内分泌系统是由内分泌腺和分散存在于某些组织器官中的内分泌细胞组成的一个体内信息传递系统。它与神经系统密切联系,相互配合,共同调节机体的各种功能活动,维持内环境相对稳定。

　　人体内主要的内分泌腺有垂体、甲状腺、甲状旁腺、肾上腺、胰岛、性腺、松果体和胸腺；还有广泛散布于组织器官中的内分泌细胞，如消化道黏膜、心、肾、肺、皮肤、胎盘等部位均存在各种各样的内分泌细胞；此外，在中枢神经系统内，特别是下丘脑存在兼有内分泌功能的神经细胞。由内分泌腺或散在的内分泌细胞所分泌的高效能的生物活性物质，经组织液或血液传递而发挥其调节作用，此种化学物质称为激素。

　　远距分泌：大多数激素经血液运输至远距离的靶组织而发挥作用，这种方式称为远距分泌。

　　旁分泌：某些激素可不经血液运输，仅由组织液扩散而作用于邻近细胞，这种方式称为旁分泌。

　　自分泌：如果内分泌细胞所分泌的激素在局部扩散又返回作用于该内分泌细胞而发生反馈作用，这种方式称为自分泌。

　　神经分泌：下丘脑有许多具有内分泌功能的神经细胞，这类细胞既能产生和传导神经冲动，又能合成和释放激素，故称神经内分泌细胞，它们产生的激素称为神经激素。神经激素可沿神经细胞轴突借轴浆流动运送至末梢而释放，这种方式称为神经分泌。

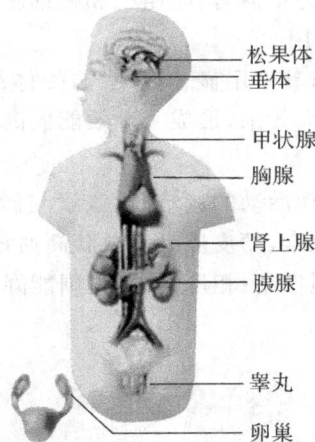

图 22-1　人体内的主要内分泌腺

一、激素的分类

虽然激素种类繁多，来源复杂，但按其化学性质可分为两大类。

（一）含氮激素

含氮激素都含有氮元素，通常都是氨基酸的衍生物或蛋白质、多肽等。

　　1. 肽类和蛋白质激素：有下丘脑调节肽、神经垂体激素、腺垂体激素、胰岛素、甲状旁腺激素、降钙素以及胃肠激素等。

　　2. 胺类激素：包括肾上腺素、去甲肾上腺素和甲状腺激素。

（二）脂类激素

均为脂质衍生物，分子量小，而且都是脂溶性的非极性分子，可以直接透过靶细胞膜，多与胞内受体结合发挥生理效应。

1. 类固醇激素是由肾上腺皮质和性腺分泌的激素,如皮质醇、醛固酮、雌激素、孕激素以及雄激素等。另外,胆固醇的衍生物——1-25-二羟维生素 D_3 也被作为激素看待。

2. 脂肪酸衍生物(fatty acid derivatives)、前列腺素类(prostaglandins,PG)、血栓素(thromboxanes,TX)和白细胞三烯类(leukotrienes,LT)等生物活性物质。

二、激素作用的一般特性

激素在对靶组织发挥调节作用的过程中,具有共同特点。

1. 激素的信息传递作用

激素在细胞与细胞之间进行信息传递。不论是哪种激素,它只能对靶组织的生理生化过程起加强或减弱的作用,调节其功能活动。激素既不能添加成分,也不能提供能量,仅仅起着"信使"的作用,将生物信息传递给靶组织,发挥增强或减弱靶细胞原有生理生化过程的作用。

2. 激素作用的相对特异性

激素只选择性地作用于某些器官、组织和细胞,这称为激素作用的特异性。被激素选择作用的器官、组织和细胞,分别称为靶器官、靶组织和靶细胞。

3. 激素的高效能生物放大作用

激素在血液中浓度都很低,但其作用显著,激素与受体结合后,在细胞内发生一系列酶促放大作用,一个接一个,逐级放大效果,形成一个效能极高的生物放大系统。

4. 激素间的相互作用

当多种激素共同参与某一生理活动的调节时,激素与激素之间往往存在着协同作用或拮抗作用。例如,生长素、肾上腺素、糖皮质激素及胰高血糖素,虽然作用的环节不同,但均能提高血糖,在升糖效应上有协同作用;相反,胰岛素则能降低血糖,与上述激素的升糖效应有拮抗作用。

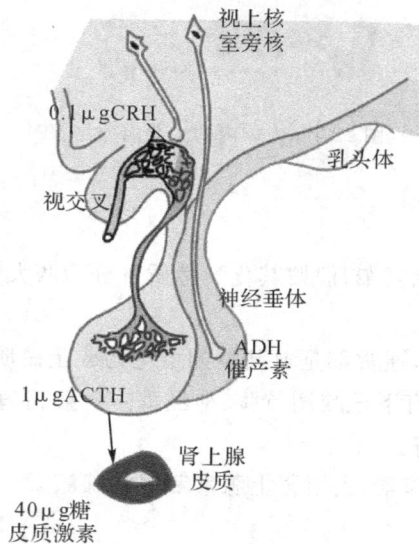

图 22-2 激素间的相互作用与高效性

有的激素本身并不能直接对某些器官、组织或细胞产生生理效应,然而在它存在的条件下,可使另一种激素的作用明显增加,即对另一种激素的调节起支持作用,这种现象称为允许作用。

三、激素的作用

1. 促进生长和发育。如:生长激素、甲状腺激素等。
2. 保证生殖。
3. 维持内环境的稳定、控制细胞外液的容量和组成。
4. 控制代谢过程。
5. 参与机体的应急过程和免疫反应。

四、激素作用的机制

(一)含氮激素作用的机制——第二信使学说(以 cAMP 为第二信使)

1. 激素是第一信使,首先与靶细胞膜上具有立体结构的专一性受体结合。
2. 激素与受体结合后,激活膜上的腺甘酸环化酶系统。
3. 在 Mg^{2+} 存在的条件下,腺甘酸环化酶促使 ATP 转变为 cAMP。cAMP 是第二信使,信息由第一信使传递给第二信使。
4. cAMP 使无活性的蛋白激酶(PKA)激活。PKA 具有两个亚单位,即调节亚单位与催化亚单位。cAMP 与 PKA 亚单位结合,导致调节亚单位与催化亚单位脱离而使 PKA 激

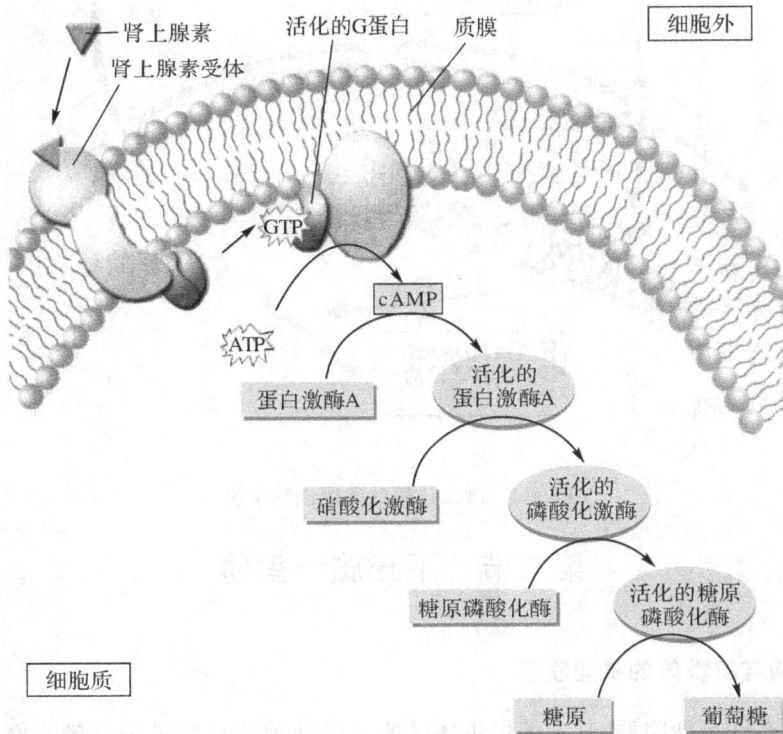

图 22-3 激素作用的第二信使学说

活,催化细胞内多种蛋白质发生磷酸化反应,包括一些酶蛋白发生磷酸化,从而引起靶细胞各种生理生化反应。

　　(二)类固醇激素作用机制——基因表达学说

　　激素与胞浆受体结合,形成激素—胞浆受体复合物。受体蛋白发生构型变化,从而使激素—胞浆受体复合物获得进入细胞核的能力,由胞浆转移至核内。与核内受体相结合,形成激素—核受体复合物,从而激发DNA的转录过程,生成新的mRNA,诱导蛋白质合成,引起相应的生物效应。

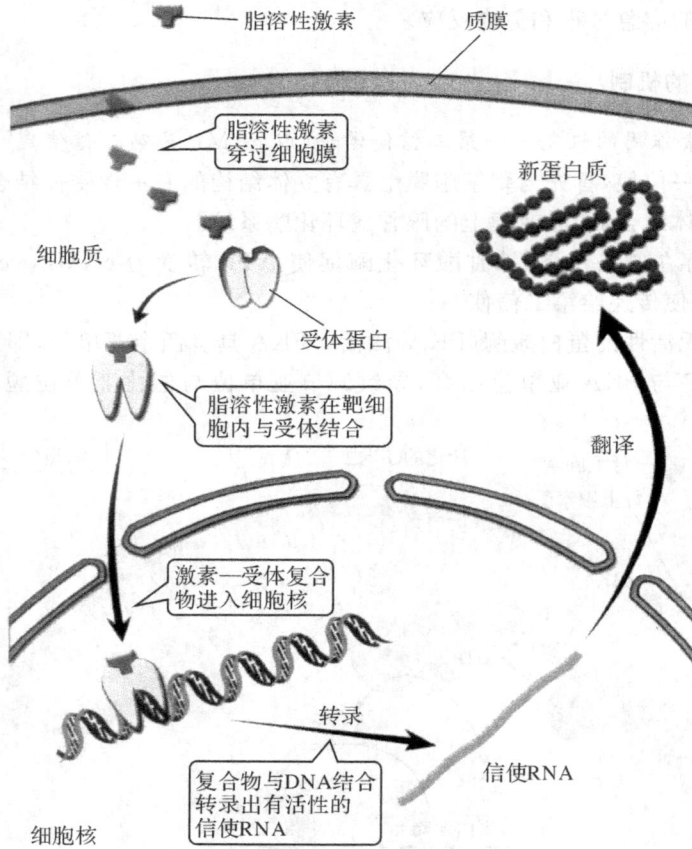

图 22-4　激素作用的基因表达学说

第二节　下丘脑—垂体

一、下丘脑与腺垂体的机能联系

　　下丘脑具有许多细胞群,其中的促垂体区的神经细胞含有促进垂体激素释放或抑制垂体激素释放的激素,并将这些激素颗粒通过轴突运送至位于正中隆起的神经末梢储存。当来自中枢神经系统其他部位的信息到达这些细胞时,引起这些细胞的兴奋并释放激素,这些激素弥散入垂体门脉的第一级毛细血管网,由门脉血液运送至腺垂体细胞,调节腺垂体激素的分泌与释放。

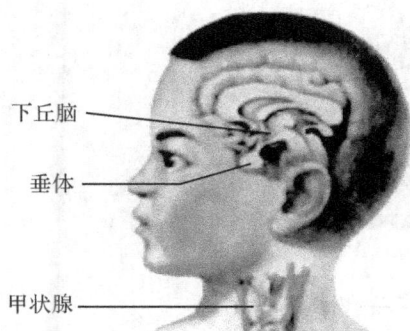

图 22-5　下丘脑—垂体的体表位置

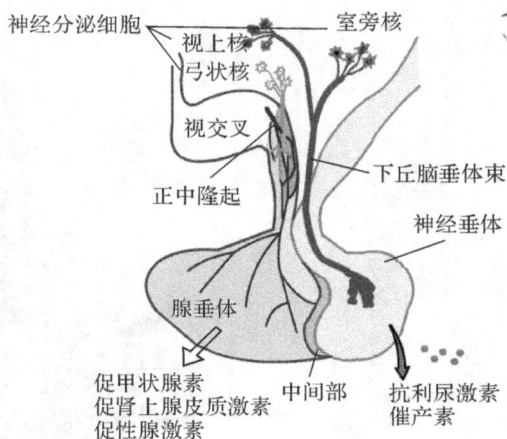

图 22-6　下丘脑与垂体结构示意图

二、下丘脑激素及其功能

下丘脑激素都是肽类激素,其主要作用是调节腺垂体的活动,称为下丘脑调节肽。有 9 种。其中 6 种为释放激素,3 种为释放抑制激素。

1. 促甲状腺激素释放激素(TRH):TRH 是由 3 个氨基酸组成的小分子肽,主要作用于腺垂体促进促甲状腺激素(TSH)释放。

2. 促性腺激素释放激素(GnRH,LRH):是由 10 个氨基酸组成的十肽激素,主要作用是促进腺垂体合成与释放促性腺激素。

3. 生长抑素与生长素释放激素

(1)生长抑素(GHRIH):是由一大分子肽裂解而来的 14 肽。主要作用是抑制腺垂体生长素(GH)的基础分泌,也抑制腺垂体对多种刺激所引起的 GH 分泌效应。

(2)生长素释放激素(GHRH):是由 44 个氨基酸组成的大分子肽。一般认为,GHRH 是 GH 分泌的经常性调节者,而 GHRIH 则是在应激刺激 GH 分泌过多时,才显著地发挥对 GH 分泌的抑制作用。GHRH 与 GHRIH 相互配合,共同调节腺垂体 GH 分泌。

4. 促肾上腺皮质激素释放因子(CRF):是 41 肽,主要作用是促进腺垂体合成与释放促肾上腺皮质激素(ACTH)。

5. 催乳素释放抑制因子(PIF)与催乳素释放因子(PRF):在下丘脑提取物中发现了对腺垂体催乳素(PRL)的分泌有抑制作用的物质(PIF)和有促进作用的物质(PRF)。目前结构尚不清楚。

6. 促黑(素细胞)激素释放激素(MRF)与促黑(素细胞)激素释放抑制激素(MRIF):分别促进或抑制 MSH 分泌。

三、腺垂体的激素及其功能

腺垂体是体内最重要的内分泌腺。它由不同的腺细胞分泌 8 种激素:由生长素细胞分泌生长素(GH);由促甲状腺激素细胞分泌促甲状腺激素(TSH);由促肾上腺皮质激素细胞分泌促肾上腺皮质激素（ACTH）与促黑（素细胞）激素（MSH）；由促性腺激素细胞分泌卵泡刺激素（FSH）与黄体生成素（LH）；由催乳素细胞分泌催乳素（PRL）；促脂解素（LPH）。

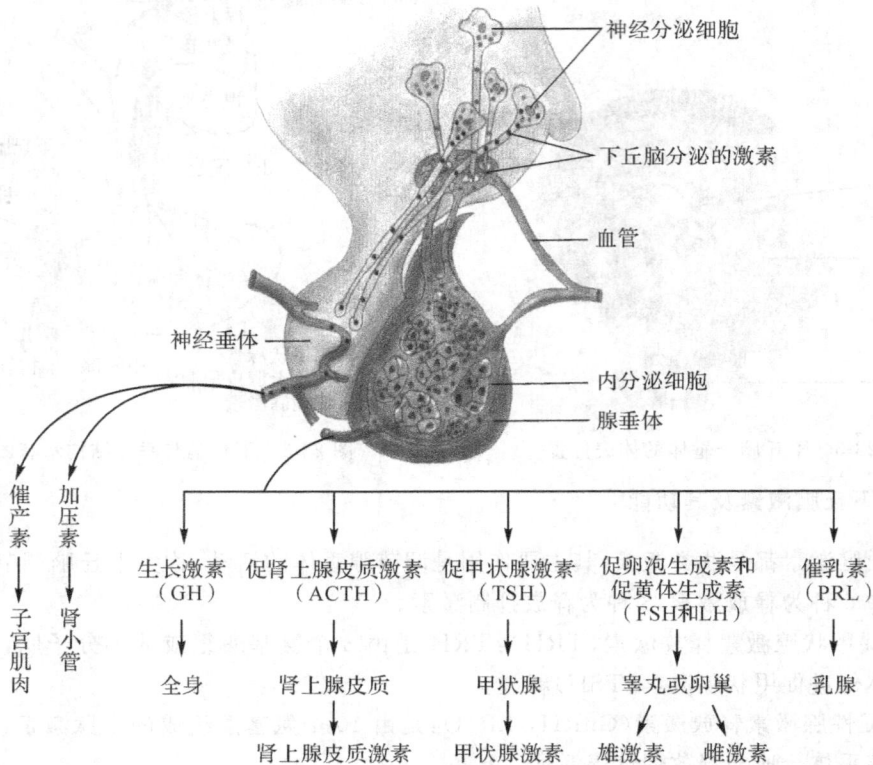

图 22-7　垂体分泌的激素及功能

（一）生长素（GH）的作用

1. 促进生长作用：机体生长受多种激素的影响，而 GH 是起关键作用的调节因素。人幼年时期缺乏 GH，将出现生长停滞，身材矮小，称为侏儒症；如 GH 过多则患巨人症。人成年后 GH 过多，使软骨成分较多的手脚肢端短骨、面骨及其软组织生长异常，以致出现手足粗大、鼻大唇厚、下颌突出等症状，称为肢端肥大症。

2. 促进代谢作用：GH 可通过生长介素促进氨基酸进入细胞，加速蛋白质合成；GH 促进脂肪分解，增强脂肪酸氧化，抑制外周组织摄取与利用葡萄糖，减少葡萄糖的消耗，提高血糖水平。

（二）催乳素（PRL）

1. 对乳腺的作用：PRL 引起并维持泌乳，故名。

2. 对性腺的作用：PRL 对卵巢的黄体功能有一定的作用。少量 PRL 可促进黄体的生成并维持分泌孕激素；而大量的 PRL 则引起相反的抑制作用。

（三）促黑素细胞激素（MSH）：人、哺乳动物的皮肤、毛发变黑。

（四）促性腺激素——促卵泡素 FSH、黄体生成素 LH

1. 女性：FSH、LH、E 促进卵泡生长发育，控制睾酮、雌二醇的合成和分泌。

2. 男性：FSH 能促进曲精细管中精子生成，LH 促进间质细胞中雄性激素（睾酮）的生成。

（五）促肾上腺皮质激素（ACTH）

促进糖皮质激素的合成和分泌。

（六）促甲状腺激素（TSH）

促使甲状腺形态、机能发生变化。

（七）促脂解素（LPH）

促进脂肪分解，释放脂肪酸，"溶脂肪作用"。

四、神经垂体

神经垂体不含腺体细胞，不能合成激素。所谓的神经垂体激素是指下丘脑视上核、室旁核产生而贮存于神经垂体的升压素（抗利尿激素）与催产素，在适宜的刺激下，这两种激素由神经垂体释放进入血液循环。

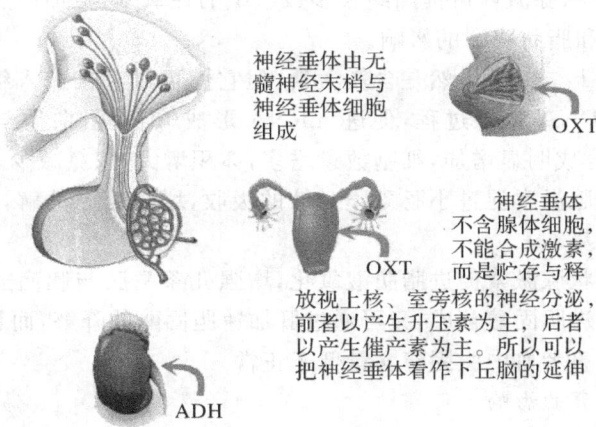

神经垂体由无髓神经末梢与神经垂体细胞组成

神经垂体不含腺体细胞，不能合成激素，而是贮存与释放视上核、室旁核的神经分泌，前者以产生升压素为主，后者以产生催产素为主。所以可以把神经垂体看作下丘脑的延伸

图 22-8 神经垂体分泌的激素及作用

（一）升压素（抗利尿激素）

1. 作用于肾的远曲小管和集合管，促进水的重吸收。

2. 作用于血管平滑肌的抗利尿素受体，促进血管平滑肌的收缩，使血压升高。

（二）催产素

1. 促进乳汁排出：哺乳期间，OXT 促使贮存乳腺的肌上皮细胞收缩，引起排乳。

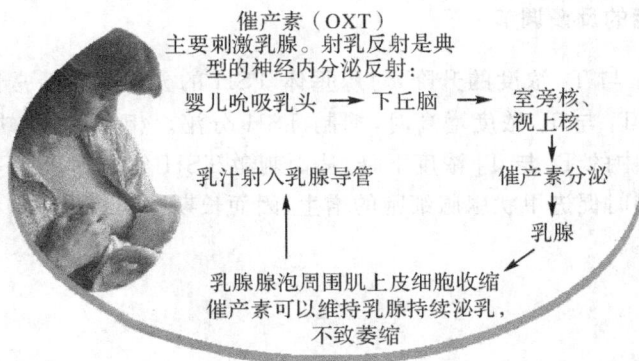

催产素（OXT）主要刺激乳腺。射乳反射是典型的神经内分泌反射：

婴儿吮吸乳头 → 下丘脑 → 室旁核、视上核

乳汁射入乳腺导管 ← 催产素分泌

乳腺

乳腺腺泡周围肌上皮细胞收缩 催产素可以维持乳腺持续泌乳，不致萎缩

图 22-9 射乳反射示意图

2. 刺激子宫收缩：对非孕子宫作用弱，对妊娠子宫的作用比较强。雌激素能增加子宫对 OXT 的敏感性，而孕激素则降低其敏感性。

第三节　　甲状腺

甲状腺是人体最大的内分泌腺，重约 20～25g。甲状腺主要分泌四碘甲腺原氨酸（甲状腺素）和三碘甲腺原氨酸。

一、甲状腺激素的生物学作用

（一）对代谢的影响

1. 产热效应　　甲状腺激素可提高绝大多数组织的耗氧率，增加产热量。

2. 对蛋白质、糖和脂肪代谢的影响。

（1）蛋白质代谢：T_4 或 T_3 虽然是含氮激素，但它们可以直接进入细胞，并进入细胞核，作用于核受体，刺激 DNA 转录过程，促进 mRNA 形成，加速蛋白质与各种酶的生成。肌肉、肝与肾的蛋白质合成明显增加，细胞数量增多，体积增大，尿氮减少，表现为正氮平衡。

（2）糖代谢：甲状腺激素促进小肠黏膜对糖的吸收，增强糖原分解，抑制糖原合成，甲状腺素有升高血糖的趋势。

（3）脂肪代谢：甲状腺激素促进脂肪酸氧化，增强儿茶酚胺与胰高血糖素对脂肪的分解作用。T_4 与 T_3 既促进胆固醇合成，又可通过肝加速胆固醇的降解，而且分解的速度超过合成。甲状腺功能亢进患者血中胆固醇含量低于正常。

（二）对生长与发育的影响

甲状腺激素具有促进组织分化、生长与发育成熟的作用。甲状腺功能低下的儿童，表现为以智力迟钝和身材矮小为特征的呆小症。

（三）对神经系统的影响

甲状腺激素不但影响中枢神经系统的发育，对已分化成熟的神经系统活动也有作用。甲状腺功能亢进时，中枢神经系统的兴奋性增高，主要表现为注意力不易集中，过敏疑虑、多愁善感、喜怒失常、烦躁不安，睡眠不好而且多梦幻，以及肌肉纤颤等。相反，甲状腺功能低下时，中枢神经系统兴奋性降低，出现记忆力减退，说话和行动迟缓，淡漠无情与终日思睡状态。

二、甲状腺功能的反馈调节

血中游离的 T_4 与 T_3 浓度的升降，对腺垂体 TSH 的分泌起着经常性的负反馈调节作用。当血中游离的 T_4 与 T_3 浓度增高时，抑制 TSH 分泌。相反，由于缺碘等因素导致 T_4 与 T_3 合成下降，血中的 T_4 与 T_3 浓度下降，从而刺激 TSH 分泌。TSH 一方面促经甲状腺素的合成与释放，同时促进甲状腺腺细胞的增生，因而长期缺碘将导致甲状腺肥大。

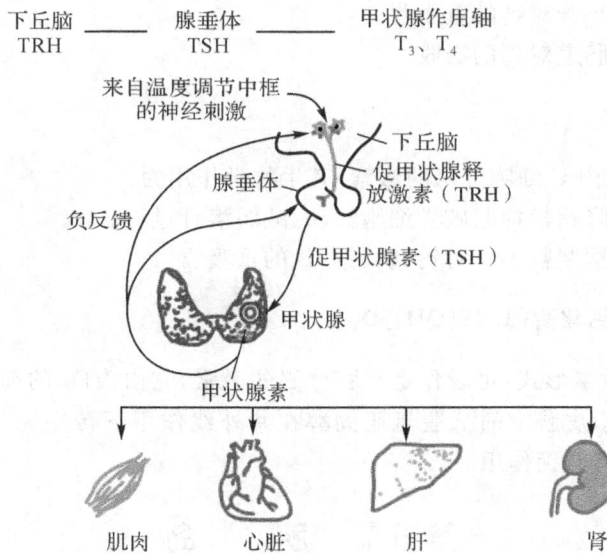

图 22-10　甲状腺功能的反馈调节

第四节　调节钙代谢的激素

正常的血钙水平相对恒定(约为 $10-13mg/dL$),主要有赖于激素的调节。参与钙代谢最重要的激素有:甲状旁腺激素(PTH)、降钙素(CT)、1-25-二羟胆钙化醇[$1.25(OH)_2D_3$]。

主要通过影响(1)肠道对钙的吸收、(2)骨骼对钙的储藏与分解、(3)肾对钙的重吸收和排泄来共同维持体内钙的稳定。其他激素,如:雌激素、胰高血糖素、糖皮质激素、生长激素、胰岛素等也有影响。

一、甲状旁腺激素(PTH)

PTH 是甲状旁腺分泌的激素。甲状旁腺为豆状小体,位于甲状腺表面或内部,共有 2 ~4 个。其 PTH 的合成和分泌受血钙的调节。它有升高血钙的作用。

1. 对骨:加强破骨细胞的活动,使骨组织溶解,释放钙、磷进入血液。

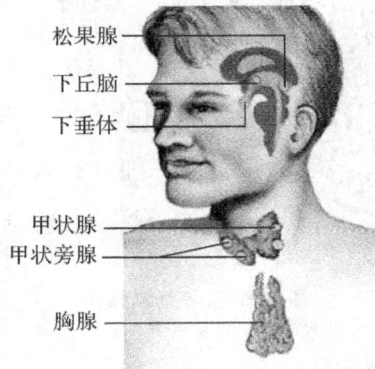

图 22-11　甲状旁腺

2. 对肾：促进肾小管对钙的重吸收。

3. 对肠道：促进肠道对钙的吸收。

二、降钙素

降钙素是甲状腺内 C 细胞分泌的激素，其生物学作用为：

1. 对骨的作用：降钙素抑制破骨细胞活动，减弱溶骨过程。

2. 对肾的作用：抑制肾小管对钙、磷、钠、氯的重吸收。

三、1-25-二羟胆钙化醇[1.25(OH)$_2$D$_3$]

是维生素 D 的激素形式，可看作是肾脏分泌的激素，它由 VD$_3$ 的前身 7-脱氢胆固醇在体内经代谢转变生成，皮肤中的 7-脱氢胆固醇在紫外线作用下转变为 VD$_3$，1.25(OH)$_2$D$_3$ 为主要活性形式，具有升钙作用。

第五节　胰　　岛

胰岛是胰腺的内分泌部分，能分泌多种肽类激素，参与机体代谢。分泌的激素有：胰岛素、胰高血糖素、生长抑素、胰多肽。

一、胰岛素

胰岛素是由胰腺中胰岛的 β 细胞分泌的，是促进合成代谢、调节血糖稳定的主要激素。

1. 对糖代谢的调节：胰岛素促进组织、细胞对葡萄糖的摄取和利用，加速葡萄糖合成为糖原，贮存于肝和肌肉中，并抑制糖异生，促进葡萄糖转变为脂肪酸，贮存于脂肪组织，导致血糖水平下降。

2. 对脂肪代谢的调节：胰岛素促进肝合成脂肪酸，然后转运到脂肪细胞贮存。

3. 对蛋白质代谢的调节：①促进氨基酸通过膜的转运进入细胞；②可使细胞核的复制和转录过程加快，增加 DNA 和 RNA 的生成；③作用于核糖体，加速翻译过程，促进蛋白质合成。

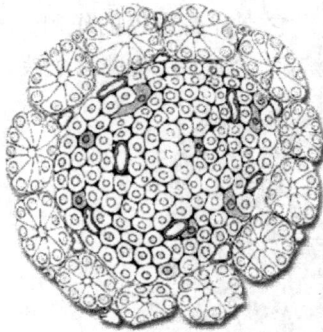

胰岛以散开形式分布在胰脏中。

按胰岛形态学和染色特点，可以对胰岛进行分类。

主要有：

α 细胞：占20%，分泌胰高血糖素。

β 细胞：占50%以上，分泌胰岛素。

γ 细胞：占1%~8%，分泌生长抑素。

图 22-12　胰岛结构图

二、胰高血糖素

胰高血糖素是由胰腺中胰岛的 α 细胞分泌的,其作用与胰岛素的作用相反。胰高血糖素是一种促进分解代谢的激素。胰高血糖素具有很强的促进糖原分解和糖异生作用,使血糖明显升高。

第六节　肾上腺

一、肾上腺的组织结构

肾上腺包括:

1. 肾上腺皮质:(1)球状带分泌盐皮质激素,如:醛固酮、脱氧皮质酮等。(2)束状带分泌糖皮质激素,如:皮质醇、皮质酮。(3)网状带分泌性激素,如:脱氢表雄酮、雌二醇。

2. 肾上腺髓质:由嗜铬细胞构成,分泌肾上腺激素、去甲肾上腺激素。

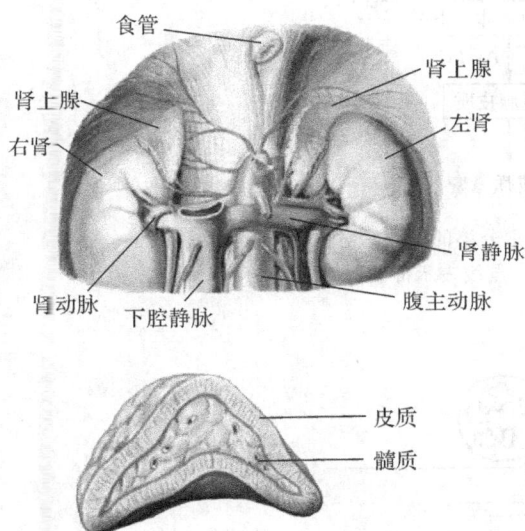

图 22-13　肾上腺

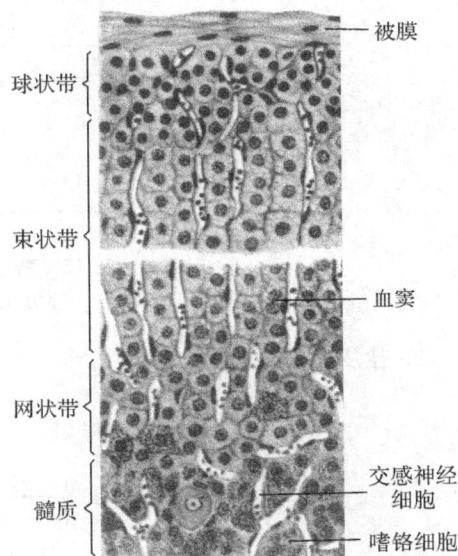

图 22-14　肾上腺组织结构

二、肾上腺皮质激素

(一)皮质激素的生理作用

1. 盐皮质激素:"保钠排钾",使机体保留更多的水分。

2. 糖皮质激素

(1)糖代谢:糖异生血糖。

(2)蛋白质、脂肪分解增加氨基酸、游离脂肪酸进入血液。

(3)参与应急反应。

(4)抗炎:对炎症的发生、发展有抑制作用,可使炎症早期的红、肿、热、痛得到缓解,并防止炎症后期形成肉芽肿和疤痕。

(5)抗免疫作用:对抗原的识别、处理能力下降,减少淋巴细胞增殖,使免疫应答下降,可用来治疗器官移植后的排异反应。

（6）对其他器官组织的作用：维持心脏、骨骼肌的收缩力和神经系统一定的兴奋性和反应能力，促使血中红细胞、白细胞、血小板的生成，增加胃酸、胃蛋白酶原的分泌。

（7）在应激反应中的作用：当机体受到各种有害刺激，如缺氧、创伤、手术、饥饿、疼痛、寒冷以及精神紧张和焦虑不安等，血中 ACTH 浓度立即增加，糖皮质激素也相应增多。能引起 ACTH 与糖皮质激素分泌增加的各种刺激称为应激刺激，而产生的反应称为应激。

3. 性激素：正常时，因分泌量少并不产生明显效应，过量分泌，引起机体异常改变。

（二）皮质激素分泌的调节

1. 肾上腺皮质激素分泌的调节

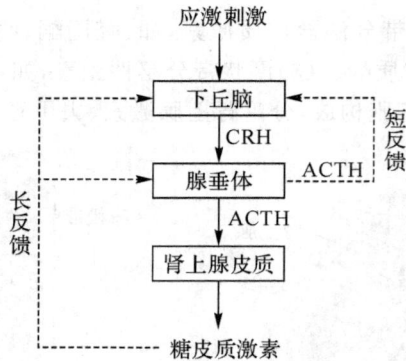

22-15　糖皮质激素分泌的调节示意图

实线表示促进　　点线表示抑制

2. 盐皮质激素分泌的调节

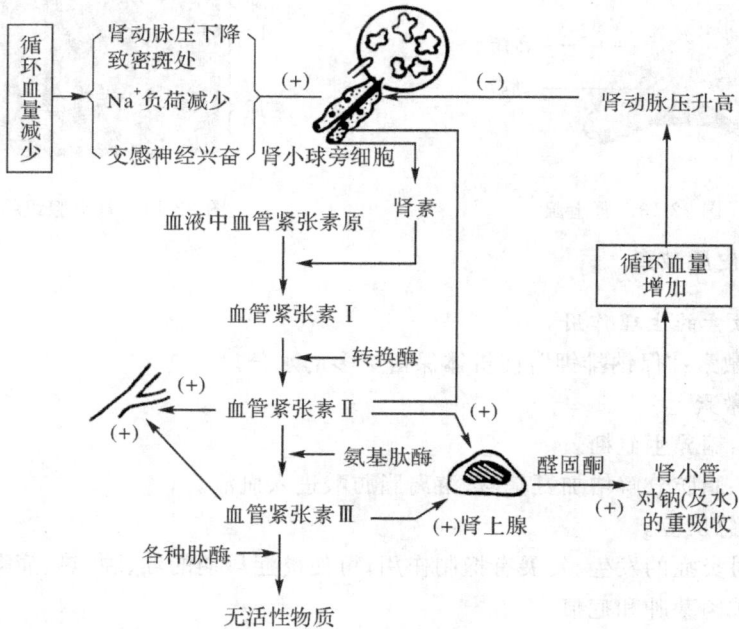

图 22-16　肾素－血管紧张素－醛固酮系统作用示意图（＋:刺激作用；－:抑制作用）

醛固酮分泌主要受肾素－血管紧张素系统的调节。另外,钠离子、钾离子、ACTH、心钠素也有调节作用。

(1)肾素－血管紧张素系统。

(2)K^+ 或 Na^+/K^+ 比例的改变(Na^+↓ K^+↑)促进肾上腺球状带分泌醛固酮增加。

(3)ACTH 应急 肾上腺皮质球状带(变宽)促进血中醛固酮增加。

(4)心钠素作用于球状带细胞,醛固酮减少。前列腺素、β－促脂解素能促进醛固酮分泌增加。

三、肾上腺髓质激素

肾上腺髓质的嗜铬细胞能合成和分泌多巴胺、去甲肾上腺素、肾上腺素。因它们共同含有儿茶酚胺(邻苯二酚)的化学结构,所以总称为儿茶酚胺类激素。其生理作用为:

1. 对心血管系统的作用:心率加快,血压升高。

2. 代谢的作用:促进肝糖原和脂类分解,增加血糖和血浆游离脂肪酸水平,增加组织耗氧量,提高基础代谢率。

3. 对神经和其他器官组织的作用:提高中枢神经兴奋性,对外界刺激的反应性增高,呼吸加快,肺通气量增加,胃肠道和膀胱平滑肌表现抑制作用。

"应急学说":认为机体遇特殊紧急情况时,交感－肾上腺系统被调动,肾上腺素与去甲肾上腺素的分泌增加,使机体处于警觉状态,反应灵敏、呼吸加快,肺通气量增加,心跳加快,心收缩力增强,心输出量增加,血压升高,血液循环加快,骨骼肌血管舒张。同时,血流量增加,内脏血管收缩,血糖升高,血中游离脂肪酸升高。

第七节　其他激素

一、松果体激素

松果体包括:松果腺细胞(主细胞)、分泌松果体激素(褪黑素、加压催产素、促性腺激素释放激素、促甲状腺激素释放激素)和神经胶质细胞。

褪黑素(MT)的作用:

1. 抑制性腺、延缓性成熟。

2. 促进睡眠。

3. 对鱼类、两栖类动物,能使皮肤颜色变淡,适应外界环境的色彩变化(保护色)。

二、前列腺素(PG)生理功能

1. 很强的舒血管作用,使血压下降。

2. 促进排卵及子宫的收缩。

3. 促进 GnRH、LH、催产素、催乳素、甲状腺素的合成、分泌。

4. 使血小板凝集,促进血液凝固。

5. 抑制免疫应答。

【课外拓展】

1. 机体中还有哪些其他激素？各有何作用？
2. 激素与神经调节有何关系？

【课程研讨】

1. 阐述内分泌激素与正常的机体功能的关系。
2. 激素与免疫功能有关吗？请阐述其机理。

【课后思考】

1. 个子长得特高正常吗？是什么原因引起的？
2. 胆子大小真的与胆囊有关吗？你认为与什么有关？
3. 补充碘过多过少对机体有什么影响？
4. 下丘脑—垂体系统的结构与功能联系是怎样的？对于机体活动的意义如何？
5. 机体钙代谢是如何调节来维持钙平衡的？

【小资料】

人体内分泌调节肽可调控食欲与肥胖

日前"中英糖尿病学术交流国际会议"在北京市朝阳糖尿病医院举行,英国皇家医学会院士、英国帝国理工医学院教授布鲁姆(BLoom)介绍了他的最新科研。由他首次发现并验证的人体内分泌调节肽 PYY-3-36,对人的食欲有很强的调控作用;肥胖病人体内的 PYY 分泌量低于正常人,导致肥胖病人摄取更多的热量而更加肥胖。

布鲁姆教授通过大量动物实验和近期志愿者的临床试验,已证明 PYY-3-36 能作用摄食中枢,使人减少饥饿感,增强饱腹感,有效抑制病理性的过多获取食物。此研究对控制肥胖、防治糖尿病等有重要意义。

科学家首次揭秘"肥胖基因"影响内分泌

许多科学研究表明,基因与肥胖存在千丝万缕的联系。一种名为"FTO"的基因正是其中之一。

德国科学家发现,FTO 基因会抑制新陈代谢,降低能量消耗效率,导致肥胖。

抑制 FTO

德国杜塞尔多夫大学科学家乌尔里希·吕特尔等人选取一些实验鼠,抑制它们体内 FTO 基因的作用。他们把这些老鼠与 FTO 基因正常的老鼠进行对比,结果发现,它们吃得很多,不爱活动,却比其他老鼠瘦。

研究报告发表在 2009 年 2 月 22 日出版的英国《自然》杂志上。科学家在报告中说,这些 FTO 基因受到抑制的老鼠出生后生长较慢,脂肪组织和瘦肉组织较少。出生 6 周之内,这些老鼠体重比其他同类轻 30% 至 40%。

参与此次研究的美国纽约大学医学院助理教授斯图尔特·韦斯说:"这些(FTO 基因受

抑制的）老鼠吃得较多,不需运动就能消耗大量卡路里。"

研究人员认为,FTO 基因能抑制新陈代谢,使人行动迟缓,抑制能量转化成热量释放出来。因此,这些 FTO 基因受到抑制的老鼠消耗能量较快。

影响内分泌

英国科学家 2007 年发现与肥胖密切相关的 FTO 基因。体内 FTO 基因较多的人平均体重比其他人高 3 公斤。

此次研究中,科学家首次发现 FTO 基因等"肥胖基因"如何影响一个人的胖瘦。

研究人员说,瘦素是一种由脂肪组织分泌的激素,能控制食欲,平衡体内摄入和释放的能量。体内 FTO 基因作用受到抑制的老鼠,血液中瘦素的浓度偏低。

这些较瘦的老鼠体内的脂联素水平则有所升高。脂联素是一种能影响新陈代谢过程的激素,脂联素水平低会导致肥胖。此外,实验鼠肾上腺素水平也较高。

科学家排除大脑中维持平衡的下丘脑变化使老鼠保持"苗条"的可能,葡萄糖代谢改变也不会使这些老鼠日渐"消瘦"。

尚存疑问

英国剑桥大学研究新陈代谢的专家斯蒂芬·奥拉伊利说:"FTO 基因的改变与肥胖密切相关。但改变 FTO 基因或相关基因的活动可否治疗肥胖仍然未知。"

他说:"这次研究仍然留有疑问。最近一些研究表明,改变人体内的 FTO 基因会影响食欲和饮食,但不一定能提高能量消耗效率。"

奥拉伊利认为,这个发现有望促进研制调节 FTO 基因的药物。抑制 FTO 基因对人体的影响可能不仅仅局限于饮食和能量消耗,但研究人员目前尚不清楚抑制 FTO 基因可能造成的全部后果。

韦斯说,改变生活方式还是减肥的最佳方法,"这经过时间检验和证明,人们却并不喜欢。他们不喜欢长期控制饮食、坚持锻炼"。由于美国人的肥胖率持续升高,有必要采取一定医疗措施。

第二十三章　生殖生理

【课程体系】

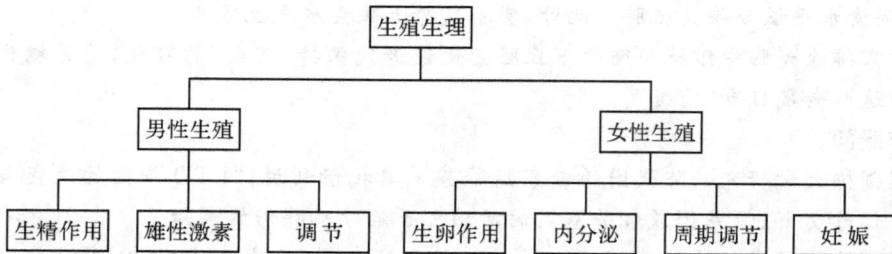

【课前思考】

1. 性激素与机体生殖功能的关系。
2. 一个生命生成的机理。

【本章重点】

1. 卵巢和睾丸的功能及其功能调控。
2. 月经周期与下丘脑—腺垂体—卵巢的关系。
3. 胎盘的内分泌功能。

【教学要求】

1. 掌握雄性、雌性生殖特点。
2. 掌握性腺的主要内分泌功能。
3. 熟悉生殖过程及避孕。

随着生长发育成熟，到青春期后，生物体具有产生与自己相似子代个体的能力，这种功能称为生殖（reproduction）。男性的主性器官是睾丸，附属性器官包括附睾、输精管、精囊、前列腺、尿道球腺和阴茎等。女性的主性器官是卵巢，附属性器官包括输卵管、子宫、阴道及外阴等。

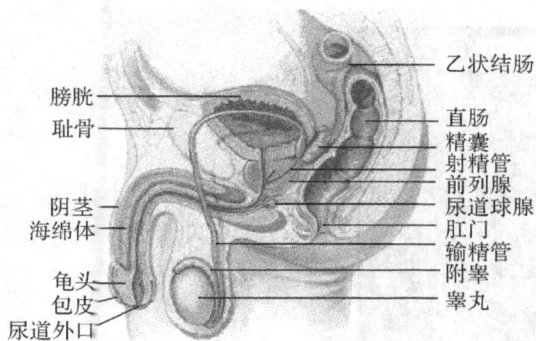

图 23-1　男性生殖系统　　　　　图 23-2　女性生殖系统

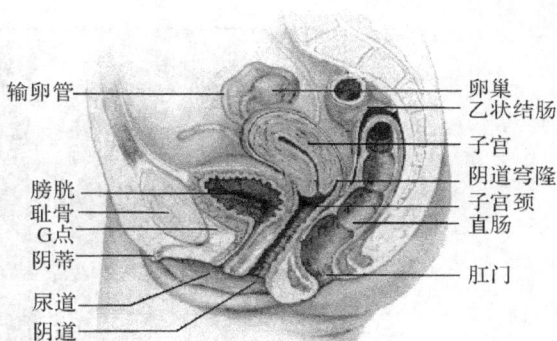

第一节　男性生殖

男性生殖功能主要包括：睾丸的生精作用和内分泌功能、性行为、性反应。

睾丸是男性的主性器官，由曲细精管和间质细胞组成，其功能包括：①生精作用：生成精子；②内分泌功能：产生雄激素。

一、睾丸的功能

（一）睾丸的生精作用

1. 精子生成的部位：曲细精管（曲细精管上皮由生精细胞和支持细胞构成）。

（1）生精细胞：产生精原细胞，产生精子。

（2）支持细胞：提供营养，并起保护、支持作用。

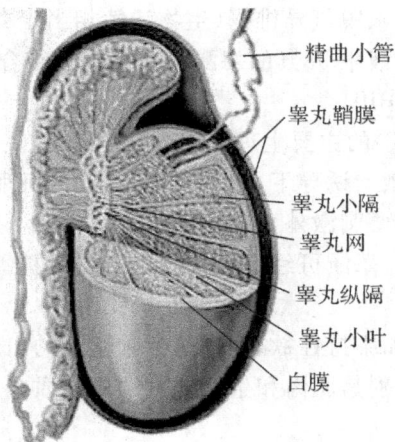

图 23-3　睾丸结构示意图

2. 精子发育成熟的过程：精原细胞→初级精母细胞→次级精母细胞→精子细胞→精子。

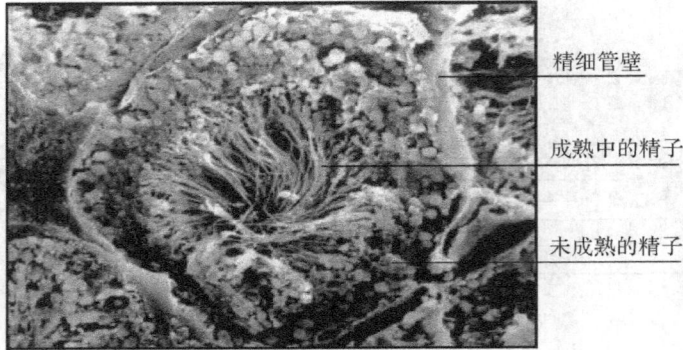

精细管壁

成熟中的精子

未成熟的精子

图 23-4　曲细精管横断面

3. 精子的运输与射精

附睾：进一步发育成熟，并获得运动能力。

精子与附睾、精囊腺、前列腺、尿道球腺的分泌物共同构成"精液"，每次射精 3～6ml。每 ml 含 0.2 亿～4 亿个精子。

4. 影响精子生成的因素

（1）睾丸温度低 3～4℃。

（2）营养水平。

（3）运动。

（二）睾丸的内分泌功能

睾丸的间质细胞分泌雄激素，支持细胞分泌抑制素。

1. 雄激素：由睾丸的间质细胞产生，属类固醇激素，主要有睾酮（量最多，活性仅次于双氢睾酮）、双氢睾酮（活性最强）、脱氢异雄酮（生物活性相当于睾酮的 1/5）和雄烯二酮（生物活性与脱氢异雄酮相当）。血液中 98% 的睾酮与血浆蛋白结合。在肝脏灭活，经尿排出。

2. 睾酮和抑制素的生理作用

（1）睾酮（testosterone，T）的主要生理作用

①影响胚胎发育。在雄激素诱导下，含有 Y 染色体的胚胎向男性方面分化，促进内生殖器的发育，而双氢睾酮则主要刺激外生殖器的发育。

②维持并刺激生精功能。睾酮可经支持细胞进入曲细精管，与生精细胞相应受体结合，促进精子的生成过程。

③刺激生殖器官的生长和维持性欲，促进男性副性征的出现并维持在正常状态。

④促进蛋白质的合成，特别是肌肉和生殖器官的蛋白质合成；骨骼中钙、磷沉积增加；刺激红细胞的生成增多。

（2）抑制素：由睾丸支持细胞分泌，为糖蛋白激素。抑制素（inhibin）可负反馈抑制腺垂体 FSH 的分泌，对维持 FSH 浓度的相对稳定起重要作用，但对 LH 的分泌一般不起明显作用。

二、睾丸功能的调节

睾丸的生精作用和内分泌功能均受下丘脑－腺垂体的调控，下丘脑、腺垂体和睾丸在功

能上联系密切,构成下丘脑－腺垂体－睾丸轴。睾丸分泌的激素又对下丘脑－腺垂体进行反馈调节,从而维持生精过程和各种激素水平的稳态。

（一）下丘脑－腺垂体对睾丸活动的调节

下丘脑弓状核等部位的肽能神经元释放的促性腺激素释放激素(GnRH)调节着腺垂体FSH 和 LH 的分泌,进而对睾丸的生精作用以及支持细胞和间质细胞的活动进行调节。

1.腺垂体对生精作用的调节:腺垂体分泌的 FSH 与 LH 对生精过程均有调节作用,FSH 对生精过程有启动作用,而睾酮对生精过程则有维持作用。LH 通过刺激睾丸的间质细胞分泌睾酮而间接地对生精作用进行调节。

2.腺垂体对间质细胞睾酮分泌的调节:腺垂体分泌的 LH 可促进间质细胞合成与分泌睾酮,因此 LH 又称间质细胞刺激素(ICSH)。LH 与间质细胞膜上的受体结合,通过 G 蛋白介导使细胞内 cAMP 生成增加,加速细胞内功能蛋白质的磷酸化过程,导致胆固醇酯水解增强,并促进胆固醇进入线粒体合成睾酮。同时,LH 也使间质细胞线粒体和滑面内质网中与睾酮合成有关的酶系活性增强,从而加速睾酮合成。LH 还可增加间质细胞膜对钙离子的通透性,使细胞内钙离子的浓度增加,促进睾酮的分泌。

腺垂体分泌的 FSH 具有增强 LH 刺激睾酮分泌的作用。

（二）睾丸激素对下丘脑－腺垂体的反馈调节

睾酮分泌的雄激素与抑制素对下丘脑 GnRH 及腺垂体 FSH 和 LH 的分泌有负反馈的抑制作用。

1.雄激素:睾酮可作用于下丘脑和腺垂体,通过负反馈机制抑制 GnRH 和 LH 的分泌。

2.抑制素:FSH 可促进抑制素的分泌,而抑制素又可对腺垂体 FSH 的合成和分泌起选择性的抑制作用。

（三）睾丸内的局部调节

睾丸内部的支持细胞与生精细胞、间质细胞之间存在复杂的局部调节机制,同时睾丸内还存在旁分泌和自分泌方式。另外,睾丸的温度也可影响生精功能。

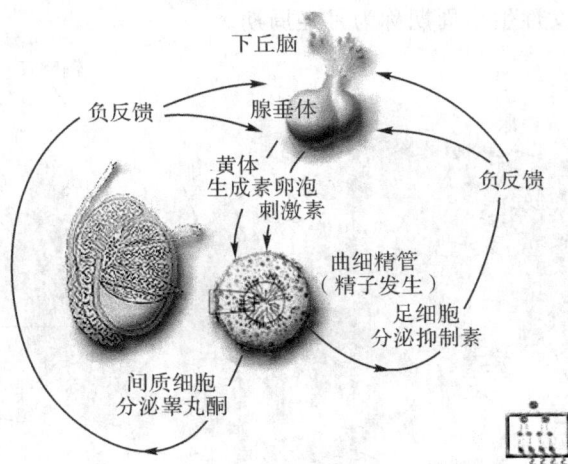

图 23-5　精子发生中的激素调节

第二节　女性生殖

女性生殖功能包括：卵巢的生卵作用、内分泌功能、妊娠与分娩等。

卵巢是女性的主性器官，其重要生理功能包括两方面：①生卵作用：生成卵子；②内分泌功能：产生激素。下丘脑—腺垂体系统可调节卵巢的活动，使之发生周期性的变化，称为卵巢周期（ovarian cycle）。

一、卵巢的生卵作用和卵巢周期

出生后，两侧卵巢有 30 万—40 万个原始卵泡。自青春期起，每月有 15—20 个卵泡开始生长发育，但通常只有一个卵泡发育成优势卵泡并成熟，排出其中的卵细胞，其余的卵泡退化为闭锁卵泡。卵巢在腺垂体促性腺激素的作用下，其生卵功能呈周期性的变化，一般分为三个阶段，即卵泡期、排卵期和黄体期。

1.卵泡期是卵泡发育并成熟的阶段。卵泡的发育过程：原始卵泡→初级卵泡→次级卵泡→成熟卵泡。

2.排卵期：卵泡成熟后破裂，卵细胞与周围的透明带、放射冠等一起排入腹腔的过程称为排卵（ovulation）。

3.黄体期：排卵后，卵泡壁内陷，残存的颗粒细胞与内膜细胞继续演化发育成为黄体细胞（luteal cells）。若卵子受精成功，胚胎可分泌人绒毛膜促性腺激素（human chorionic gonadotropin，hCG），使黄体继续发育为妊娠黄体；若卵子未受精，黄体维持两周退缩，并逐渐被结缔组织所取代，成为白体而萎缩、溶解。

女子在生育年龄，卵泡的生长发育、排卵与黄体形成呈现周期性变化，每月一次，周而复始，称为卵巢周期（ovarian cycle）。

在卵巢类固醇激素的作用下，子宫内膜发生周期性剥落，产生流血现象，称为月经（menstruation），所以女性生殖周期称为月经周期。

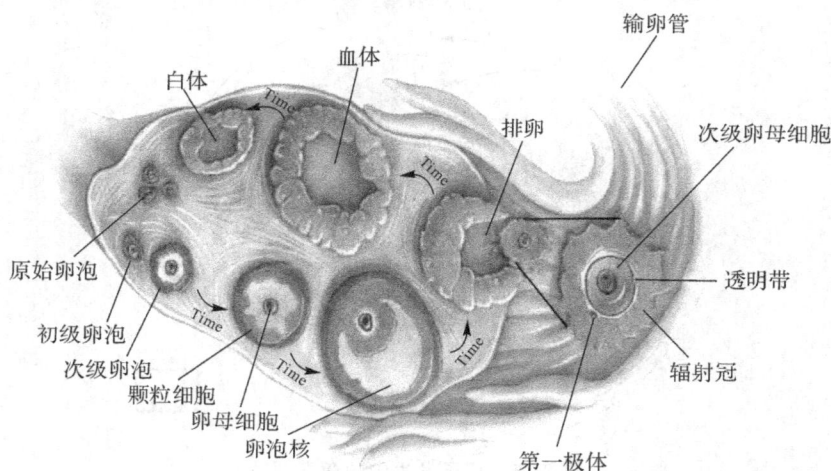

图 23-6　卵泡的发育过程

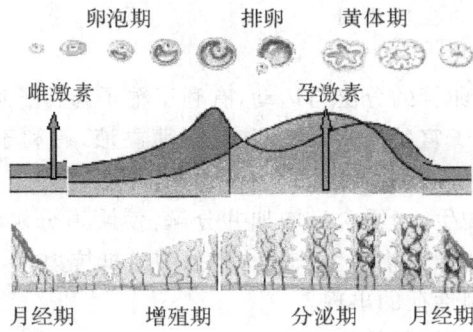

图 23-7　性激素变化对子宫内膜的影响

二、卵巢的内分泌功能

（一）雌激素与孕激素的合成与代谢

卵巢分泌雌激素和孕激素、少量雄激素，也分泌抑制素及多种肽类激素。卵泡期主要由颗粒细胞和内膜细胞分泌雌激素，而黄体期由黄体细胞分泌孕激素和雌激素。

1. 雌激素包括雌二醇（活性最强）、雌酮（活性为雌二醇的 10％）和雌三醇（活性最低）。雌激素是以睾酮为前体合成的，由内膜细胞生成雄激素，再由颗粒细胞生成雌激素，称为雌激素合成的双重细胞学说。血液中，70％的雌二醇与血浆中的性激素结合蛋白结合；25％与白蛋白结合；其余为游离型。48％的激素与血浆皮质类固醇结合球蛋白结合；50％与白蛋白结合 其余为游离型。

雌激素在肝内降解，肝功能障碍时将导致体内的雌激素过多。

2. 孕激素主要有孕酮（prgesterone，P）、20α-羟孕酮和 17α-羟孕酮，以孕酮的生物活性最强。排卵前颗粒细胞和卵泡膜可分泌少量孕酮；排卵后黄体细胞分泌大量孕酮，在排卵后 1～10 天达到高峰，以后逐渐降低。妊娠 2 个月后胎盘开始合成孕酮。

孕酮主要在肝内降解为孕二醇等代谢产物，随尿排出体外。

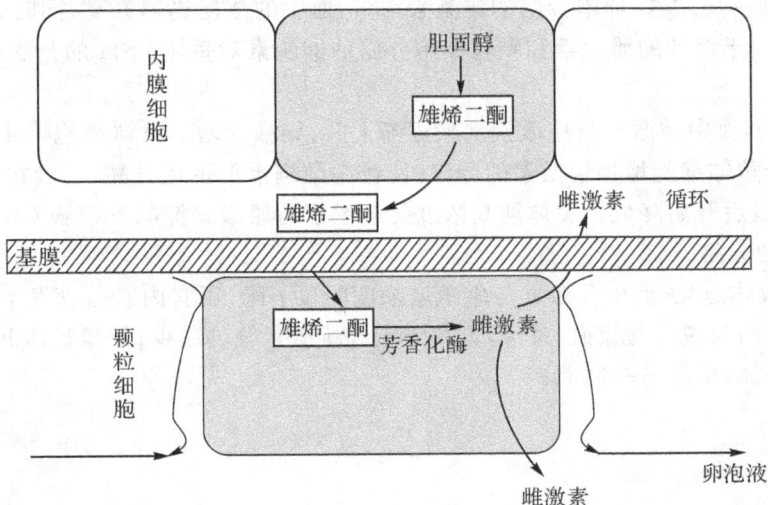

图 23-8　雌激素分泌的双重细胞学说

（二）雌激素和孕激素的生理作用

1. 雌激素的主要生理作用

(1)促进排卵，增强输卵管的分泌与运动，有利于精子与卵子运行。

(2)促进子宫发育，使子宫颈分泌大量清亮、稀薄黏液，有利于精子穿行。分娩前，雌激素能增强子宫对催产素的敏感性。

(3)使阴道上皮细胞增生，糖原含量增加并分解，使阴道分泌物呈酸性(pH4～5)，有利于乳酸杆菌生长，抑制其他微生物的生长——增强阴道抵抗力。

(4)促进乳腺发育及副性征的出现。

(5)促进软骨骺的钙化，抑制骨的生长。

(6)能降低胆固醇。雌激素是抗动脉硬化的重要因素。

2. 孕酮的主要生理作用（以雌激素为基础）

(1)使子宫内膜进一步增厚，抑制子宫收缩及母体排斥胎儿——"安宫保胎"。

(2)孕激素使子宫黏液减少而变稠，使精子难以通过。

(3)抑制排卵。

(4)产热，孕激素使基础体温升高 0.5℃。孕激素是排卵后黄体产生的，并维持于整个黄体期。

3. 雄激素：主要由卵泡内膜细胞和肾上腺皮质网状带细胞产生，女性体内量少。

4. 抑制素：是一种糖蛋白激素，其主要作用是抑制 FSH 的合成和释放。

三、卵巢功能的调节

受下丘脑—垂体的调控，卵巢分泌的激素对下丘脑—垂体进行反馈调节。

1. 原始卵泡至初级卵泡的早期发育阶段，主要受卵巢内在因素的影响；次级卵泡后期至成熟的卵泡发育阶段与排卵期，受垂体促性腺激素和卵巢激素的调控。

2. 卵泡期开始，血中雌激素与孕激素浓度处于低水平，对垂体 FSH 与 LH 分泌的反馈抑制较弱，血中 FSH 含量逐渐升高，随之 LH 也有所增加。

3. 排卵前一周左右，卵泡分泌的雌激素增多，血中的浓度迅速升高，同时，血中 FSH 的水平下降，是由于增加的雌激素和颗粒细胞分泌的抑制素对垂体 FSH 的分泌产生反馈抑制作用。

4. 黄体期，血中孕激素与雌激素水平逐渐上升，雌激素增加黄体细胞 LH 受体数量，促进 LH 作用于黄体细胞增加孕激素的分泌，使血中孕酮水平迅速升高，一般在排卵后 5～10 天出现高峰，以后开始降低。黄体期高浓度的孕激素与雌激素抑制下丘脑 GnRH 和腺垂体 LH 及 FSH 的分泌。

5. 随着黄体退化，血中孕激素与雌激素浓度明显下降，子宫内膜血管发生痉挛性收缩，随后出现子宫内膜脱落与流血（月经）。孕激素和雌激素分泌减少，使腺垂体 FSH 与 LH 的分泌又开始增加，重复另一周期。

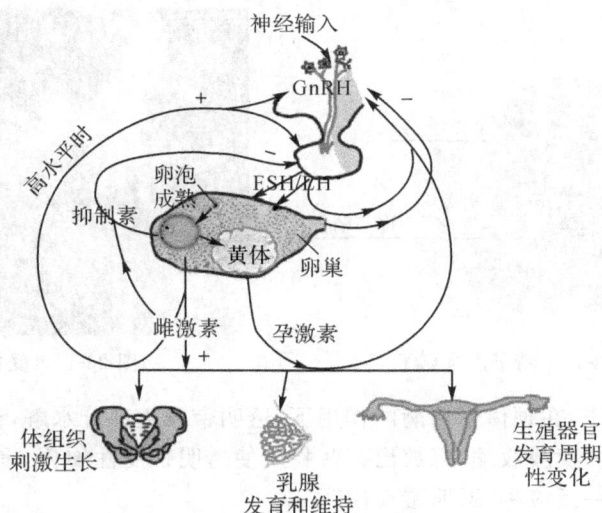

图 23-9　卵巢功能的调节

第三节　妊娠与分娩

妊娠(pregnancy)是子代新个体产生和孕育的过程,包括受精、着床、妊娠的维持、胎儿的生长。分娩(parturition)是成熟胎儿及其附属物从母体子宫产出体外的过程。

一、妊娠

(一)受精(fertilization)

是精子穿过卵子并与卵子相互融合的过程。

1. 受精的部位和时间

部位:输卵管壶腹部。

时间:从射精到受精部位的时间约为 30min。精子的运行除了本身的运动力外,还靠女性生殖道的蠕动。

2. 精子的获能

精子必须在女性生殖道内停留一段时间,才能获得使卵子受精的能力,称为"精子获能"。

获能的机理:暴露精子表面与卵子识别装置。

获能的主要部位:子宫腔,其次是输卵管。

3. 卵子的成熟

排出的卵子能释放抗受精素,对精子起排斥作用,使之不能受精,而生殖道液体中含有受精素,能中和抗受精素,使之受精。卵子排出后,需要发育才达到受精所要求的成熟程度。

4. 受精过程

(1)精子与卵子相遇:精子顶体中释放出各种顶体酶,如放射冠溶解酶、透明质酸酶等,溶解卵子外围的放射冠及透明带——"顶体反应"。

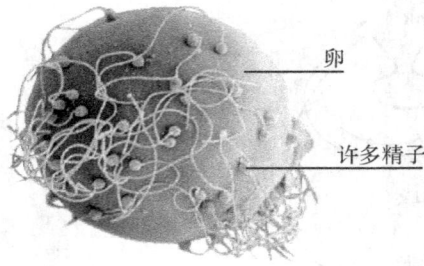

图 23-10 精子围绕卵子

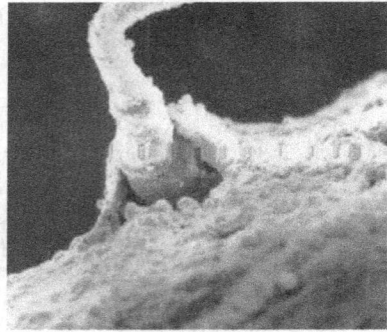

图 23-11 受精

（2）精子进入卵子：在顶体蛋白酶的作用下，透明带发生部分水解，精子能穿越透明带进入卵子。同时，激活卵黄膜收缩，释放出某些物质使透明带变性硬化，重又封闭，阻止随后到达的精子再进入，这一反应称"透明带反应"。

（3）精子与卵子融合成为合子：精子进入卵黄后头部膨大，尾部顶体脱落——"雄原核"；卵子也迅速发育，形成核仁、核膜——"雌原核"。经数小时，两核增大、接近。核膜破裂，核染色体互相混合成为合子。受精过程，约需 16～24 小时。

（二）着床（implantation）

是指胚泡植入子宫内膜的过程，经过定位、粘着和穿透三个阶段。

受精卵在输卵管的蠕动和纤毛运动的共同作用下，在子宫壁一边移动、一边细胞分裂。由胚球发育为桑椹期、胚泡。在子宫腔内停留 2—3 天。在着床过程中，胚泡不断发出信息，使母体识别胚泡并发生适应性变化。如绒毛膜促性腺激素（HCG）刺激月经黄体转变为妊娠黄体，继续分泌妊娠所需要的孕激素。胚泡可分泌蛋白水解酶有利于着床。促使子宫内膜释放多种肽或蛋白质类活性物质，可抑制母体对胚泡的排斥反应，维持胚胎的生长发育。

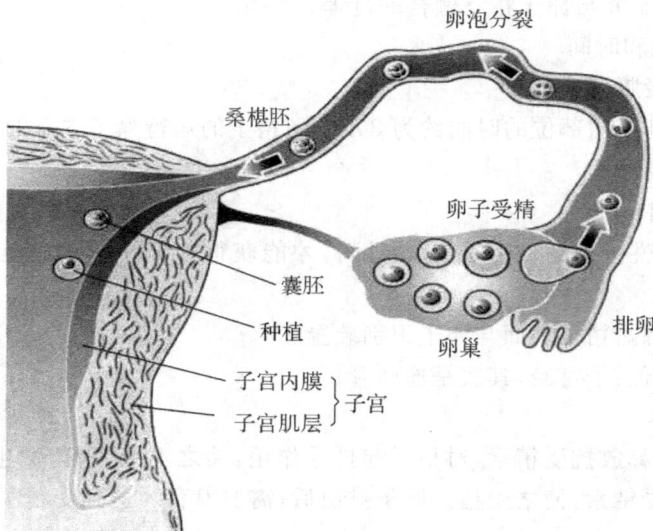

图 23-12 着床

（三）妊娠的维持与激素调节

妊娠的维持有赖于垂体、卵巢和胎盘分泌的各种激素相互配合。胎盘是妊娠期的重要内分泌器官，能分泌大量类固醇激素、蛋白质激素和肽类激素，对维持妊娠起关键作用。

1. 人绒毛膜促性腺激素（human chorionic gonadotropin, HCG）：是由胎盘绒毛组织的合体滋养层细胞分泌的一种糖蛋白激素。妊娠早期绒毛组织形成后，合体滋养层即分泌大量的 hCG，到妊娠 20 周左右降至较低水平，并一直维持到妊娠末期，所以测定母体中 hCG 的浓度（血中或尿中）是诊断早期妊娠的一个指标。

2. 其他蛋白质激素和肽类激素：包括胎盘人绒毛膜生长激素、绒毛膜促甲状腺激素、ACTH、THR、GnRH 及内啡肽等。人绒毛膜生长素（human chorionic somatomammotropin, HCS）是合体滋养层分泌的单链多肽，具有生长激素的作用，可调节母体对胎儿的糖、脂肪和蛋白质代谢，促进胎儿生长。

3. 类固醇激素：胎盘能分泌大量的孕激素和雌激素。

（1）孕激素：由胎盘的合体滋养层细胞分泌。胎盘内有活性很高的 3β-羟脱氢酶，可将母体和胎儿提供的孕烯雌酮转变成孕酮。在妊娠期间，母体血中的孕酮浓度逐渐升高。第六周开始分泌，妊娠末达到高峰。

（2）雌激素：主要是雌三醇，由胎儿和胎盘共同参与合成，检测孕妇尿中的雌三醇可以反映胎儿在子宫体内的情况。

4. 其他：绒毛膜促甲状腺激素、妊娠特异性 β1-糖蛋白、促肾上腺皮质激素、促性腺素释放激素、β-内啡肽。

二、分娩

成熟的胎儿及其附属物从母体子宫产出体外的过程，称为"分娩"（parturition）。成熟胎儿的下丘脑—垂体—肾上腺轴在启动分娩中起决定性作用。近来证明，外周神经机制在分娩过程中也起重要的作用。如：子宫肌肉中的交感神经能增强子宫肌对催产素的敏感性。胎儿头部压迫子宫颈时，刺激壁内的感受器通过荐部脊髓可反射性地引起子宫收缩。

1. 分娩的三个阶段：第一阶段：子宫底部向子宫颈的收缩波频繁发生，推动胎儿头部紧抵子宫颈。此阶段可长达数小时。第二阶段：子宫颈变软并开放完全，胎儿由宫腔经子宫颈和阴道娩出体外。历时 1—2 小时。第三阶段：胎儿娩出后 10 分钟左右，胎盘与子宫分离并排出体外，同时子宫肌强烈收缩，压迫血管以防止过量出血。

2. 分娩中的反馈调节：胎儿对子宫颈的刺激可引起 OXT 的释放和子宫底部肌肉收缩增强，迫使胎儿对子宫颈的刺激更强，从而引起更多的 OXT 分泌及子宫进一步收缩直至胎儿完全娩出为止，因此是一个正反馈调节。

3. 分娩的动力：子宫肌节律性的收缩是分娩的主要动力。

4. 分娩中的激素调节：糖皮质激素、雌激素、孕激素、催产素、松弛素、前列腺素及儿茶酚胺等多种激素参与分娩的启动和分娩过程。

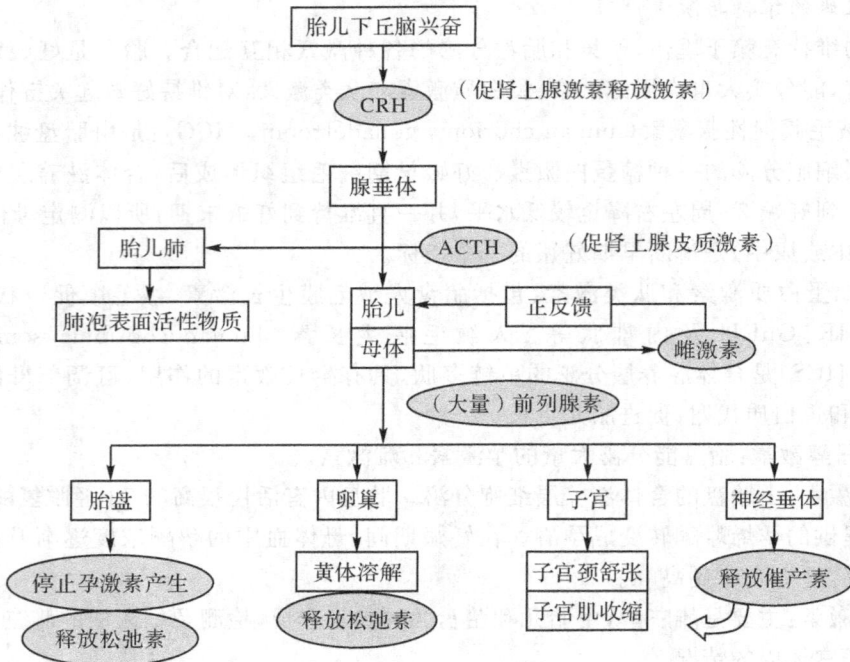

图 23-13　分娩的机理

【课外拓展】

1. 体内哪些激素对生殖生理产生影响？
2. 避孕的措施有哪些？其机理如何？

【课程研讨】

1. 青春期,体内哪些激素在维持机体的各种功能？
2. 目前常用的雌激素和孕激素复合避孕药的避孕机理为何？

【课后思考】

1. 试述在月经周期中,子宫内膜与下丘脑、腺垂体和卵巢的相应变化及其相互关系。
2. 受精卵怎样在子宫内着床？
3. 母体受孕后主要有哪些因素可促进妊娠的继续？为什么？
4. 胎盘可分泌哪些激素？其主要作用有哪些？

【小资料】

胎儿免疫系统不会攻击母亲细胞

2008 年 12 月 5 日的《科学》杂志报道,在孕妇体内,来自母亲的细胞会进入胎儿体内,而胎儿的免疫系统则会学着来容忍它们,而不是像日后攻击其他外来异物那样对它们发动攻击。这种耐受性至少会持续到成年期之初,这可解释为什么那些需要器官移植的患者,容易对那些与他们母亲的组织相类似的组织有耐受性。

科学家很早就知道,发育中的胎儿免疫系统会对异物具有不同寻常的耐受性。可是,除此之外,人们对有关人类胎儿免疫系统却所知甚少。一些研究是在小鼠上进行的,但小鼠与人类免疫系统的发育速度不同,因此在子宫中对外来物质的反应也有很大差异。

加州大学旧金山分校 Jeff Mold 及同事报告说,他们通过研究人类组织发现,有令人惊诧的大量的孕妇细胞会进入胎儿的淋巴结。这些细胞在那里会诱导一群调节性的 T 细胞来抑制胎儿对母体细胞的免疫反应。与小鼠的免疫系统相反,人类胚胎的 T 细胞看来在受到母体抗原的刺激时非常容易成为调节性的 T 细胞。研究人员表示,在出生之后,这些调节性的 T 细胞会继续抑制针对母体细胞的免疫反应。

研究确认孕妇维生素 D 状况影响幼儿乳牙健康

据《每日科学》网报道,怀孕期间身体维生素 D 水平低的产妇可能会影响幼儿乳牙钙化,进而导致乳牙釉质缺陷。这是形成儿童早期蛀牙的一个危险因素。

曼尼托巴大学的研究人员最近提出一项他们的研究结果,确认了怀孕妇女身体的维生素 D 状况与幼儿期间乳牙釉质缺陷、儿童早期蛀牙的发病率及产前维生素 D 水平的关系。

206 名怀孕妇女在其怀孕中期参加了研究。只有 21 名妇女(10.5%)被发现有充足的维生素 D 水平。专家介绍说,维生素 D 的浓度与牛奶的饮用频率和产前维生素的使用有关。

调查人员研究了 135 例(其中 55.6% 为男性)在 16.1±7.4 个月年龄的幼儿,发现 21.6% 的幼儿有乳牙釉质缺陷,而 33.6% 的婴儿有儿童早期蛀牙。患有乳牙釉质缺陷儿童的母亲与那些没有缺陷儿童的母亲相比,在怀孕期间其维生素 D 的浓度较低,但并没有显著的差异。然而,患有儿童早期蛀牙儿童的母亲与孩子口腔健康儿童的母亲相比,有显著较低的维生素 D 水平。而且,患有乳牙釉质缺陷的幼儿具有更大的可能患上儿童早期蛀牙。

这次研究首次表明,产妇身体的维生素 D 水平可能对乳牙和儿童早期蛀牙的发展有一定的影响力。该研究结果在第 86 届国际牙科研究协会的全体大会上,以"产妇维生素 D 状况对婴幼儿口腔健康的影响"为题作了介绍。

《动物科学》合作性学习教学规则

一、研讨小组分组规则

1. 以一个行政班为分组基本单位,每个小组组员人数控制在 5 人左右,在小组成员结构安排上要注意男女生比例及活跃分子与不活跃分子比例的适当搭配。

2. 每一研讨小组要选定一名有责任心的同学担任该研讨小组组长,主要负责"学习研讨"活动中的具体任务分解与分配;负责指定每次"学习研讨"活动的主持人、发言人和记录人员,被指定者不得拒绝;负责召集每次"学习研讨"活动的课后讨论会,确定课后讨论时间和讨论地点;负责收集每次"学习研讨"活动中小组成员所提交的书面材料。

3. 每次"学习研讨"活动时,小组主持人负责主持本次小组讨论会;小组发言人负责主持本次小组讨论分析报告的讲稿制作,并代表本小组就所讨论论题在课堂上发言。

4. 记录员负责小组讨论时的记录工作;每份讨论记录中要包括时间、地点、主持人、参加人员、记录员、所讨论问题和各成员的发言记录及其在各自发言记录后的亲笔签名等。

5. 一般组员必须服从组长的研讨任务安排,不得拒绝;准时参加所在研讨小组的课后研讨活动;按时并保质保量完成自身在研讨活动中的任务,并向组长及发言人提供相关材料;协助发言人做好发言报告;协助记录员做好研讨记录;协助发言人的课堂发言。

二、小组研讨活动的基本规则

1. 研讨活动应符合动物科学专业的基本范畴,禁止任何形式的人身攻击或限制他人的发言自由;

2. 小组成员应就所讨论课题,从不同层面、不同角度展开全面深入的讨论;

3. 每位小组成员均应参与讨论,发表自己的意见,并在记录员的发言记录上签名。

三、分组学习研讨活动流程及相关要求

(一)研讨主题的确定

1. 由主讲教师就所承担授课内容部分拟订若干备选研讨主题,再提交课程改革小组集体讨论确定;

2. 主题选择主要涉及授课内容中的一些重点、难点、热点与前沿问题,以及一些理论授课无法展开而又需要学生掌握的问题;

3. 指导教师在指导学习研讨过程中,可根据实际情况对备选主题做适当调整,并与主讲教师及时沟通。

(二)学习研讨任务的分配(课堂研讨 2—3 周前布置)

指导教师向各学习研讨小组分配任务,各分组组长进一步将本分组承担的研讨任务细分到每个小组成员,尽量做到每个组员负责承担一个研讨主题下子题目的研讨资料收集及研究报告的撰写工作。

(三)学习研讨资料的收集与学习(课堂研讨之前完成)

1. 在指导教师指导下,各分组及其成员应就其承担的研讨主题开展资料收集工作;

2. 每一研讨主题应制作一份学习研讨资料清单,资料数量为 5—10 篇;

3. 每份清单中的资料类型可以是著作、期刊论文、学位论文、报纸文章、会议论文等(规范格式见附录 2);

4. 要求收集资料的组员在力所能及的范围内,尽量将所收集的资料复印或打印出来;

5. 每一组员应认真阅读并归纳总结所收集的资料;

6. 指导教师应根据每次学习研讨任务的难易程度,经与各分组组长协商后确定资料收集工作的最后期限。

(四)自主学习分组课余研讨活动的开展(课堂研讨之前完成)

1. 各分组组长在本分组资料收集工作结束后、课堂研讨活动开展之前,召集本分组成员就该分组所承担的各项研讨主题进行课余研讨。

2. 由分组长指定的本次学习研讨活动的主持人主持。

3. 应就本分组所承担的各项主题逐一展开研讨活动。

4. 每一主题的具体研讨顺序:

(1)先由承担该主题研究任务的发言人做主题发言,向其他组员介绍其就该主题所做的研究状况、主要观点及分析理由等;

(2)然后由其他组员就此主题所涉问题及上述主题发言内容展开讨论,此阶段要求其他组员必须都要发言,并在自己的发言记录部分手写签名;

(3)最后由主持研讨会议的主持人总结。

5. 该课余学习研讨活动要由指定的记录员做好相应的分组学习研讨记录(见附录 3),并及时提交给分组发言人。

(五)学习研究报告的撰写

1. 每一个分组成员应就其承担的研究主题撰写一份个人自主学习研究报告(规范格式见附录 2),并在规定时间内(须在课堂学习研讨活动开展前,并给分组发言人留有准备整个分组发言的时间)提交给本次学习研讨活动的分组发言人。该报告内容主要包括如下方面:

(1)已搜集资料中涉及本研讨主题的主要观点及相应分析理由;

(2)本人对上述观点的分析评价。

2. 本次学习研讨活动的分组发言人,须在综合分组课余研讨活动中的主要观点、参考分组学习研讨记录和每一组员的个人自主学习研究报告基础上,撰写一份分组"学习研讨"发言报告(规范格式见附录 4)。该报告内容主要包括如下方面:

(1)该分组本次学习研讨活动的概况介绍;

(2)对该分组所承担的数个研讨主题予以逐一评析并提出相应结论;

(3)对该分组本次学习研讨活动进行整体评价,总结经验,分析不足,并提出相应改进建议。

（六）自主学习分组课堂研讨活动的开展

1. 由指导教师根据本次学习研讨活动任务的具体情况确定学习分组发言人的发言顺序及发言时间要求。

2. 发言活动按下列流程进行：

（1）该发言人就《分组学习研讨发言报告》中的核心内容做简明扼要的分组发言；

（2）其他分组的同学以及指导老师就该发言人的发言以及该发言人所在分组承担的研究主题相关问题展开提问，发言人及其分组的其他成员予以作答；

（3）指导教师就上述发言、提问及应答情况予以现场评分，并做简短总结。

3. 分组发言人发言完毕后，指导教师应就本次学习研讨活动做一简短的整体评价。

（七）自主学习分组学习研讨活动相关资料的汇集、整理与上交

1. 各分组本次学习研讨活动的发言人应于本次研讨活动结束后，在分组组长、记录员及其他组员的配合下，将本次活动中形成的各类书面资料与电子文稿按要求加以汇集整理，并制作本次《学习研讨活动书面材料汇编》的封面与目录（规范格式见附录1），在规定时间内及时上交给指导老师。

2. 上述材料汇编包括：

（1）封面与目录；

（2）本次学习研讨任务及内部分工（规范格式见附录1）；

（3）每一研讨主题的具体研讨资料，包括：资料清单、资料复印件、个人自主学习研究报告；

（4）分组学习研讨记录（规范格式见附录3）；

（5）分组学习研讨发言报告；

（6）学习研讨活动组员个人评分表（规范格式见附录5）（由指导老师事后附上）；

（7）学习研讨活动分组整体评分表（规范格式见附录6）（由指导老师事后附上）。

附录 1　《动物科学》学习研讨活动材料之一(组长填写)

学习研讨活动书面材料汇编

误程名称：

玨级：

钼别：第　　研讨小组

组长：　　　学号　　　　　　　　姓名

分组成员：　　学号　　　　　　　　姓名

　　　　　　　学号　　　　　　　　姓名

　　　　　　　学号　　　　　　　　姓名

　　　　　　　学号　　　　　　　　姓名

　　　　　　　学号　　　　　　　　姓名

指导教师：

提交时间：

学习研讨活动书面材料汇编目录

序号	材料名称		份数	页码
1	本学习分组本次学习研讨任务及分工			
2	讨论主题1:	资料清单		
		资料复印件		
		个人自主学习研究报告		
3	讨论主题2:	资料清单		
		资料复印件		
		个人自主学习研究报告		
4	讨论主题3:	资料清单		
		资料复印件		
		个人自主学习研究报告		
5	讨论主题4:	资料清单		
		资料复印件		
		个人自主学习研究报告		
6	讨论主题5:	资料清单		
		资料复印件		
		个人自主学习研究报告		
7	分组学习研讨记录			
8	分组学习研讨发言报告			
9	学习研讨活动分组整体评分表			
10	学习研讨活动组员个人评分表			

相关说明:

1. 封面中的"研讨方向"是指本次学习研讨活动各研讨主题的共同方向。

2. 材料清单"份数"栏中主要是"资料复印件"和对组员个人的评分表涉及多份问题,其余为1份。

3. 上述所有材料均用 A4 纸制定,按顺序整理,并在每页材料右下脚连续以"1、2、3、4、…"阿拉伯数字编页码,后将每类材料的起止页填入材料清单"页码"栏内。

4. 除由指导老师事后附上的材料外的上述其他材料,各学习分组在填写完毕、按序整理后,务必在指定时间内交给指导老师,迟交影响评分,各分组责任自负。

5. 序号请根据分组承担的具体研讨主题数量做相应修改。

6. 各类评分表由指导老师事后附上。

本次学习研讨任务及内部分工

生物技术_____班　第_____研讨小组　第_____学习分组　分组长_____

本次研讨方向	
本分组承担具体学习研讨主题	承担该主题研究的组员
1	
2	
3	
4	
5	
本次学习研讨活动的分组发言人	
本次学习研讨活动的分组记录人	

此表填制时间：____年____月____日　　　　填制人：_____

附录 2　《动物科学》学习研讨活动材料之二(个人填写)

个人自主学习研究报告

生物技术_____班　　第___ 学习分组　　　　　姓名:_____　　学号:_____

本次研讨方向:_____

本人承担的具体学习研讨主题:_____

研究报告正文内容及形式要求:(打印时请将本行及以下内容删除)

该报告内容主要包括如下方面:

(1)已搜集资料中涉及本研讨主题的主要观点及相应分析理由;

(2)本人对上述观点的分析评价;

(3)本人对本研讨主题的最终结论及理由分析。

研究报告字数为 1000~1500 字。

字体为 5 号宋体,行距为 1.25 倍,其中一级标题用 5 号黑体。

务必按规定时间将此研究报告打印稿及电子稿交给本次分组发言人,以便于其及时制作分组发言讲稿。

资 料 清 单

生物技术_____班 第____学习分组   姓名：_____   学号：_____

本次研讨方向：_____

本人承担的具体学习研讨主题：_____

一、专著

格式：作者.书名[M].出版地：出版者,出版年:(起止页码).如：

[1]周振甫.周易译注[M].北京：中华书局,1991:12－18.

二、期刊

格式：作者.文题[J].刊名,年,卷(期):起止页码.如：

[2]何龄修.读顾城《南明史》[J].中国史研究,1998,(3):167－173

三、报纸

格式：作者.文题[N].报名,出版日期(版次).如：

[3]谢希德.创造学习的新思路[N].人民日报,1998－12－25(10).

四、论文集

格式：作者.引文文题[A].主编.论文集名[C].出版地：出版者,出版年.引文起止页码.如：

[4]瞿秋白.现代文明的问题与社会主义[A].罗荣渠.从西化到现代化[C].北京：北京大学出版社,1990.121～133.

五、学位论文类

格式：作者名.题名[D].保存地点：保存单位,年份.如：

[5]佘爱华.城市社区建设中的物业管理研究[学位论文].苏州：苏州大学,2003.

六、电子文献

格式：作者.电子文献题名[电子文献及载体类型标识].电子文献的出处或可获得地址,发表或更新日期/引用日期.如：

[6]王明亮.关于中国学术期刊标准化数据库工程的进展[EB/OL].http://www.cajcd.edu.cn/pub/wml.txt/980810－2.html,1998－08－16/1998－10－04.

附录 3 《动物科学》学习研讨活动材料之三(记录员填写)

分组学习研讨记录

生物技术_____班 第_____学习分组
研讨时间：_____年___月___日_____至_____ 研讨地点：_____
主持人：_____ 参与人：_____
本次研讨方向：_____
本次研讨的具体主题：

1.
2.

研讨主要内容记录(5号黑体加粗)

一、主持人说明研讨规则及程序(5号宋体加粗)

该说明需包含以下内容：

1. 要求参与讨论人员就本分组所承担的各项主题逐一展开研讨活动。

2. 确定各项主题的讨论顺序。

3. 每一主题的具体研讨顺序：

(1)先由承担该主题研究任务的发言人做主题发言,向其他组员介绍其就该主题所做的研究状况、主要观点及分析理由等;

(2)然后由其他组员就此主题所涉问题及上述主题发言内容展开讨论,此阶段要求其他组员必须都要发言,并在自己的发言记录部分手写签名;

(3)最后由主持研讨会议的主持人总结。

二、"＊＊＊＊＊＊"主题的研讨记录

(一)＊＊＊同学的主题发言

(二)其他组员的讨论及主题发言人的回应

(三)主持人的简要总结

三、"＊＊＊＊＊＊"主题的研讨记录

(一)＊＊＊同学的主题发言

(二)其他组员的讨论及主题发言人的回应

(三)主持人的简要总结

四、"＊＊＊＊＊＊"主题的研讨记录

(一)＊＊＊同学的主题发言

(二)其他组员的讨论及主题发言人的回应

(三)主持人的简要总结

五、"＊＊＊＊＊＊"主题的研讨记录

(一)＊＊＊同学的主题发言

（二）其他组员的讨论及主题发言人的回应

（三）主持人的简要总结

六、主持人对本次课余学习研讨的总结

对该分组本次课余学习研讨活动进行简要的整体评价,总结经验,分析不足,并提出相应改进建议。

附录 4 《动物科学》学习研讨活动材料之四(小组发言人填写)

分组"学习研讨"发言报告

生物技术_____班　第____学习分组　发言人姓名：_____　　　　学号：_____

本次研讨方向：_____

本分组承担的具体学习研讨主题：

1.

2.

3.

4.

发言报告正文内容及形式要求：(打印时请将本行及以下内容删除)

本次学习研讨活动的分组发言人,须在综合分组课余研讨活动中的主要观点、参考《分组学习研讨记录》和每一组员的《个人自主学习研究报告》基础上,撰写发言报告。

该发言报告内容主要包括如下方面：

(1)该分组本次学习研讨活动的概况介绍；

(2)对该分组所承担的数个研讨主题予以逐一评析并提出相应结论；

(3)对该分组本次学习研讨活动进行整体评价,总结经验,分析不足,并提出相应改进建议。

研究报告字数应不少于 3000 字。

字体为 5 号宋体,行距 1.25 倍,其中一级标题用 5 号黑体。

务必按规定时间将此研究报告打印稿及电子稿交给指导老师。

附录 5　《动物科学》学习研讨活动材料之五(指导老师填写)

学习研讨活动组员个人评分表

生物技术_____ 班　第_____学习分组　学生姓名:_____　学号:_____

本次研讨方向:_____

评分项目	评分标准	得分
资料清单成绩(15%)	资料数量丰富、质量很高、格式规范,获 15～13 分	
	资料数量较为丰富、质量较高、格式规范,获 12～10 分	
	资料数量符合要求、质量较好、格式较规范,获 9～7 分	
	资料数量较少、质量不高、格式不甚规范,获 6～4 分	
	资料数量少、质量差、格式不规范,获 3～0 分	
资料复印件成绩(5%)	复印件数量丰富,获 5～4 分	
	复印件数量中等,获 3～2 分	
	复印件数量少,获 1～0 分	
个人自主学习研究报告成绩(30%)	对研讨主题所涉相关资料及其他组员观点的归纳概括非常全面、分析非常详实,最终结论非常明确、论证非常充分,格式非常规范,获 30～25 分	
	对研讨主题所涉相关资料及其他组员观点的归纳概括全面、分析详实,最终结论明确、论证充分,格式规范,获 24～19 分	
	对研讨主题所涉相关资料及其他组员观点的归纳概括较为全面、分析较为详实,最终结论较为明确、论证较为充分,格式较为规范,获 18～13 分	
	对研讨主题所涉相关资料及其他组员观点的归纳概括不甚全面、分析不甚详实,最终结论不甚明确、论证不甚充分,格式不甚规范,获 12～7 分	
	对研讨主题所涉相关资料及其他组员观点的归纳概括不全面、分析不详实,最终结论不明确、论证不充分,格式不规范,获 6～0 分	
学习研讨活动学习分组团体成绩		
对发言人(分组团体成绩的 20%)、记录员(分组团体成绩的 10%)、主持人(分组团体成绩的 5%)、分组长(分组团体成绩的 10%)的酌情加分		
该生综合成绩合计		

指导老师签名:　　　　　　　　　　　　　签名时间:

附录 6 《动物科学》学习研讨活动材料之六(指导老师填写)

学习研讨活动分组整体评分表

本次研讨方向：＿＿＿＿＿＿＿＿＿＿　生物技术＿＿＿＿班　第＿＿学习分组

评分项目	评 分 标 准	得分
分组学习研讨记录成绩(10%)	分组成员均能参与讨论、讨论内容与各研讨主题关联紧密、对各研讨主题能进行深入讨论、记录完整、字迹工整,获 10～8 分	
	分组成员均能参与讨论、讨论内容与各研讨主题关联比较紧密、对各研讨主题能进行比较深入讨论、记录比较完整、字迹比较工整,获 7～5 分	
	仅有少数成员参与讨论、讨论内容与各研讨主题关联不紧密、对各研讨主题的分析不深入、记录不完整、字迹不工整,获 4～0 分	
分组学习研讨发言报告成绩(15%)	总结分析全面、思路清晰、简明扼要、格式规范,获 15～11 分	
	总结分析较为全面、思路比较清晰、不简明扼要、格式较为规范,10～6 分	
	总结分析不全面、思路不清晰、不简明扼要、格式不规范,获 5～0 分	
分组发言的现场评分成绩(20%)	语言清晰流畅,观点明确、分析合理,答问敏捷、扼要、合理,发言及答问中组员分工明确、配合默契,基本上在规定时间内完成发言及答问,获 20～14 分	
	语言较为清晰流畅,观点较为明确、分析较为合理,答问较为敏捷、扼要、合理,发言及答问中组员分工较为明确、配合较为默契,基本上在规定时间内完成发言及答问,获 13～7 分	
	语言不清晰流畅,观点不明确、分析不合理,答问不敏捷、扼要、合理,发言及答问中组员分工不明确、配合不默契,未在规定时间内完成发言及答问,获 6～0 分	
本次学习研讨活动书面材料汇编成绩(5%)	制作清晰、填写完整,汇编材料齐全,提交及时,获 5～4 分	
	制作较为清晰、填写较为完整,汇编材料较为齐全,提交较为及时,获 3～2 分	
	制作不清晰、填写不完整,汇编材料不齐全,提交不及时,获 1～0 分	
学习研讨活动学习分组整体评价总分		

指导老师签名：　　　　　　　　　　签名时间：

参考文献

参考用书

蔡益鹏(译):《动物科学》(速览),科学出版社 2008 年版。
许崇任:《动物生物学》,高等教育出版社 2008 年版。
陈小麟:《动物生物学》,高等教育出版社 2005 年版。
左仰贤:《动物生物学教程》,施普林格出版社 2001 年版。
黄诗笺:《动物的结构与功能》,高等教育出版社 2004 年版。
顾宏达:《普通生物学》,复旦出版社 2006 年版。
陈阅增:《普通生物学》,高等教育出版社 2005 年版。
陈品健:《动物生物学》,科学出版社 2004 年版。
胡玉佳:《现代生物学》,高等教育出版社 2008 年版。
郑光美:《普通动物学》(第四版),高等教育出版社 2009 年版。
吴庆余:《基础生命科学》,高等教育出版社 2006 年版。
杨秀平:《动物生理学》,高等教育出版社 2006 年版。
孙庆伟:《医用生理学》,北京大学医学出版社 2000 年版。
王庭槐:《生理学》,高等教育出版社 2004 年版。
姚泰:《生理学》(第六版),人民卫生出版社 2005 年版。
王玢:《人体及动物生理学》,高等教育出版社 2009 年版。

专业杂志名录

《生理学报》	《动物学报》	《动物学研究》
《生物多样性》	《实验生物学报》	《细胞生物学杂志》(S)
《水生生物学报》	《中国生物防治》	《热带海洋》
《海洋科学》	《动物学杂志》	《生命科学》(S)

常用网址

http://www.czs.ioz.ac.cn/	中国动物学会
http://bbs.bbioo.com/	生物秀论坛
http://dwxzz.periodicals.net.cn/	动物学杂志
http://ysdw.periodicals.net.cn/	野生动物
http://www.ebiotrade.com/	生物通

http://china. sciencemag. org/	科学在线
http://10. 24. 14. 111/bblfu	基础生物学实验室网页
http://www. ioz. ac. cn/	中国科学院动物研究所
http://www. cas. cn/	中国科学院＞＞＞生物科学
http://zd1. brim. ac. cn/	中国生物多样性信息中心动物学分部
http://www. animal. net. cn/	中国动物信息网
http://entsoc. ioz. ac. cn/	中国昆虫学会
http://animal. ioz. ac. cn/shoulei. htm	野生动物之家
http://www. frogvilla. com/	蛙类网
http://anima. cpst. net. cndwdgindex. html	中国公众科技网动物大观
http://sciencenow. sciencemag. org/	《科学》系列网站（英文）
http://animal. ioz. ac. cn/	动物百科
http://www. pupk. com/lanmu2. asp	动物世界
http://dyzxzy. diy. myrice. com/	生物天地